Linux系统管理与服务配置

胡　玲　曲广平　主编

杨龙平　罗耀军　伍德雁　副主编

電子工業出版社

Publishing House of Electronics Industry

北京 • BEIJING

内 容 简 介

本书以目前最为流行的红帽公司的 Red Hat Enterprise Linux 6 为对象，由浅入深，全面、系统地介绍了 Linux 系统管理及各种网络服务的安装与配置。在编写上以项目教学为主线，以任务驱动为核心，以培养技术应用型人才为目标，将基本技能培养和主流技术相结合，使学生通过学习能够掌握 Linux 的基础知识、安装和配置方法、系统的视窗环境——X Window、文本编辑工具、用户账号与组管理、文件与目录系统管理、逻辑卷、进程、软件和服务管理等内容，增强 Linux 网络基础和常用网络服务器配置等方面的操作和应用能力。特别是本书在最后附加的综合实训，把近年来 Linux 发展的新技术和高职高专全国职业技能大赛的经典案例与职业技能要求有机地结合起来，知识、技能相融合，具有很强的实践性和应用性。

本书可作为高职高专院校计算机专业的教材，也可作为广大计算机爱好者和网络管理员的参考用书，以及社会培训班的教材。

图书在版编目（CIP）数据

Linux 系统管理与服务配置 / 胡玲，曲广平主编. —北京：电子工业出版社，2015.1

ISBN 978-7-121-24756-9

Ⅰ. ①L… Ⅱ. ①胡… ②曲… Ⅲ. ①Linux 操作系统—高等学校—教材 Ⅳ. ①TP316.89

中国版本图书馆 CIP 数据核字（2014）第 268575 号

策划编辑：宋　梅
责任编辑：宋　梅　　文字编辑：张　迪
印　　刷：涿州市般润文化传播有限公司
装　　订：涿州市般润文化传播有限公司
出版发行：电子工业出版社
　　　　　北京市海淀区万寿路 173 信箱　邮编　100036
开　　本：787×1 092　1/16　印张：20.75　字数：531 千字
版　　次：2015 年 1 月第 1 版
印　　次：2024 年 8 月第 15 次印刷
定　　价：49.80 元

凡所购买电子工业出版社图书有缺损问题，请向购买书店调换。若书店售缺，请与本社发行部联系，联系及邮购电话：（010）88254888，88258888。

质量投诉请发邮件至 zlts@phei.com.cn，盗版侵权举报请发邮件至 dbqq@phei.com.cn。

本书咨询联系方式：mariams@phei.com.cn。

前　言

如今，以 Internet 为代表的计算机网络已经深入人们日常生活中的各个层面，网络之所以如此丰富多彩，正是因为网络提供着诸多的网络服务。网络服务主要是由各种服务器所提供的，服务器使用的操作系统是专门的网络操作系统，与普通用户所使用的客户端操作系统不同，网络操作系统具备强大的网络管理和服务功能。目前所使用的网络操作系统主要有两大类：一类是微软的 Windows Server 系列操作系统，另一类是开源的 Linux 系列操作系统。相较于 Windows Server，Linux 系统在企业服务器中应用得更加广泛。Linux 的最大优势在于它的开放性，Linux 系统的所有源代码及 Linux 系统中的绝大部分应用软件都是开源的。在企业网络中部署 Linux 系统不仅可以节省一大笔费用，而且还可以获得比 Windows Server 系统更高的可靠性和稳定性，所以 Linux 系统目前在企业网络中得到了越来越广泛的应用。

本书内容丰富、技术更新及时，图文并茂、通俗易懂，具有很强的实用性。本书以目前最为流行的红帽公司的 Red Hat Enterprise Linux 6 为对象，由浅入深，全面、系统地介绍了 Linux 系统管理及各种网络服务的安装与配置。在编写上以项目教学为主线，以任务驱动为核心，以培养技术应用型人才为目标，将基本技能培养和主流技术相结合，使学生通过学习能够掌握 Linux 的基础知识、安装和配置方法、系统的视窗环境——X Window、文本编辑工具、用户账号与组管理、文件与目录系统管理、逻辑卷、进程、软件和服务管理等内容，增长 Linux 网络基础和常用网络服务器配置等方面的操作和应用能力。特别是本书在书末附加的综合实训，把近年来 Linux 发展的新技术和高职高专全国职业技能大赛的经典案例与职业技能要求有机地结合起来，做到知识、技能相融合，具有很强的的实践性和应用性。

配套的教学资源有 PPT 课件，如有需要，请登录电子工业出版社华信教育资源网（www.hxedu.com.cn），注册后免费下载。

本书可作为高职高专院校计算机或相关专业的教材，也可作为计算机爱好者和网络管理员的参考用书，以及社会培训班的教材。

本书在出版过程中，得到了电子工业出版社编辑宋梅老师在策划方面的大力帮助与支持，同时也得到廖学旺、梁庞莲等同志对编写工作的支持，在此表示由衷的感谢！由于编写时间仓促，又因为计算机网络技术发展迅猛，加之编著者水平有限，书中难免存在不足和错漏之处，敬请广大读者批评指正，以便再版时修订，在此表示衷心的感谢。

编著者

2014 年 12 月

目　录

第1章

了解并安装 Linux 系统

在计算机系统的应用中，Windows 绝对不是唯一被使用的操作系统平台，尤其是在服务器和开发环境等领域，Linux 操作系统正得到越来越广泛的应用。在企业级应用中，Linux 操作系统在稳定性、高效性和安全性等方面都具有相当优秀的表现。在生产环境中，Windows Server 服务器主要被应用在局域网内部，而众多面向互联网的服务器则更多地是采用 Linux 或者是 UNIX 操作系统。

Linux 操作系统版本众多，其中由红帽公司推出的 Red Hat Linux 是影响力最大的发行版本，Red Hat Enterprise Linux 6（以下简称 RHEL 6）是 Red Hat Linux 的最新企业版本。本书就将以 RHEL 6 系统为蓝本，介绍 Linux 操作系统的安装使用、管理维护及基本服务配置等相关知识。

本章将介绍 Linux 系统的发展和特点，Linux 系统的安装过程及基本操作。

1.1　了解 Linux 的发展及特点

任务描述

在学习 Linux 系统之前，如何选择一个恰当的 Linux 发行版本是我们需要解决的首要问题。

通过本任务的学习，我们将了解 Linux 系统的来龙去脉，知道“开源”的概念，能够区分 Linux 那些纷繁复杂的发行版本及众多的类 UNIX 系统之间的区别和联系。

任务分析及实施

1.1.1　Linux 的发展历史

在学习 Linux 系统之前，不得不先简单介绍一下它的发展历史，这将有助于我们更好地去了解和把握 Linux 的特点。

1. UNIX 系统

谈到 Linux，一定要先提起 UNIX。

Linux 来源于 UNIX 系统，UNIX 是一种主流经典的操作系统，于 1969 年诞生于美国贝尔实验室。当时贝尔实验室的工程师肯·汤普森（Ken Thompson）为了能在闲置不用的 PDP-7 计算机上运行他非常喜欢的星际旅行（Space Travel）游戏，在 1969 年夏天趁他夫人回家乡度假期间，在一个月内开发出了 UNIX 操作系统的原型。后来又于 1972 年与丹尼斯·里奇（Dennis Ritchie）一起用 C 语言重写了 UNIX 系统，大幅增加了其可移植性，其后 UNIX 系统开始蓬勃发展。

总体来讲，UNIX 操作系统具有如下特点：

- 多用户、多任务；
- 强大的网络支持，具有完善的安全保护机制；
- 具有强大的并行处理能力，稳定性好；
- 系统源代码是用 C 语言编写的，具有较强的移植性。

在 UNIX 发展的早期，任何感兴趣的机构或个人只需向贝尔实验室支付一笔数目极小的名义上的费用就可以完全获得 UNIX 的使用权，这些使用者主要是一些大学和科研机构，他们对 UNIX 的源代码进行扩展和定制，以适合各自的需要。

随着 UNIX 系统的不断发展，逐渐出现了一些商业化的 UNIX 版本，如美国加州大学伯克利分校开发的 BSD、IBM 开发的 AIX、HP 的 HP-UX 等，后来贝尔实验室也收回了 UNIX 的版权，并推出了商业化的版本——System V。这些不同版本的系统之间展开了激烈的竞争，并且大多数系统至今也仍然在一些大型机或小型机上使用。虽然它们的名称各异，但由于都是来自于 UNIX，因而统称之为“类 UNIX 操作系统”。

2. MINIX 系统

由于贝尔实验室收回了 UNIX 系统的版权，而且各个商业化的 UNIX 系统版本价格不菲，这就为荷兰 Vrije 大学讲授操作系统原理课程的 Andrew S.Tanenbaum 教授带来了诸多不便。于是，Tanenbaum 教授在 1987 年仿照 UNIX 自行设计了一款精简版的微型 UNIX 系统，并将之命名为 MINIX，专门用于教学。

MINIX 系统是免费的，至今仍然可以从许多 FTP 上下载到，但是它作为一款教学演示用的操作系统，功能非常简单，而 Tanenbaum 教授为了保持系统代码的纯洁性，拒绝了全世界许多人对 MINIX 功能进行扩展的要求，这限制了 MINIX 的发展，但同时也为别人创造了机会。

3. Linux 系统

来自芬兰赫尔辛基大学的学生李纳斯·托沃兹（Linus Torvalds）抓住了机会，他在 MINIX 系统的基础上，增加了很多功能并将之完善，并于 1991 年将修改之后的系统发布在互联网上，所有人都可以免费下载、使用它的源代码，这也就是 Linux 系统。

Linux 采用市集（Bazaar）式的开发模式，欢迎任何人参与其开发及修正工作，这吸引了大量黑客及计算机发烧友通过 Internet 使用及寄回自己对系统的改良或研发程序，这使得 Linux 的除错（Debug）及改版速度更快，稳定性和效率更高，并且资源丰富。这也是 Linux 得以迅速发展并广为接受的最主要原因。

经过几十年的发展，Linux 目前已成为全球最受欢迎的操作系统之一。它不仅稳定可靠，而且还具有良好的兼容性和可移植性，其市场竞争力日渐增强。在未来的网络发展领域中，Linux 将占据绝对重要的地位。

1.1.2 Linux Kernel

系统内核 Kernel 是 Linux 系统中一个非常重要的概念。所谓的系统内核，就是负责完成操作系统最基本功能的程序。那什么是操作系统最基本的功能呢？想想我们平常在用计算机时都会做些什么？无非是用 QQ 聊天、用 Word 打字、用 IE 浏览器上网，再加上玩各种游戏……但这些都不是操作系统的功能，而是由应用软件提供的功能。可是系统内核是实现上述所有这些应用的前提——要想做这些事情，必须先把操作系统装好才行。

那么，到底什么是系统内核，它在计算机中具体又起到了什么作用呢？可参看图 1-1。

从图中可以看出，内核直接运行在计算机硬件之上，系统内核的主要作用就是替我们管理计算机中那些形形色色的硬件设备，它是所有外围程序运行的基础，也是计算机硬件跟我们用户之间的一个接口或桥梁。通过它，用户才能让 CPU 去高效地处理各种数据；通过它，我们才能在硬盘中读 / 写各种文件；通过它，用户才能与网络上的计算机之间传输数据……

具体来说，系统内核的主要作用就是负责管理计算机中的硬件资源、提供用户操作界面、提供应用程序的执行环境，因而可以说它是计算机中软件的核心和基础。

Linux 系统中的内核程序称为 Kernel，实际上，当年 Linus Torvalds 在互联网上发布的程序就是 Kernel，而且一直到今天，Linux Kernel 仍是由 Linus Torvalds 领导的一个小组负责开发更新的。Linux Kernel 的官方网站是 http://www.kernel.org，从该站点中可以下载到已发布的每一个版本的 Kernel 程序。

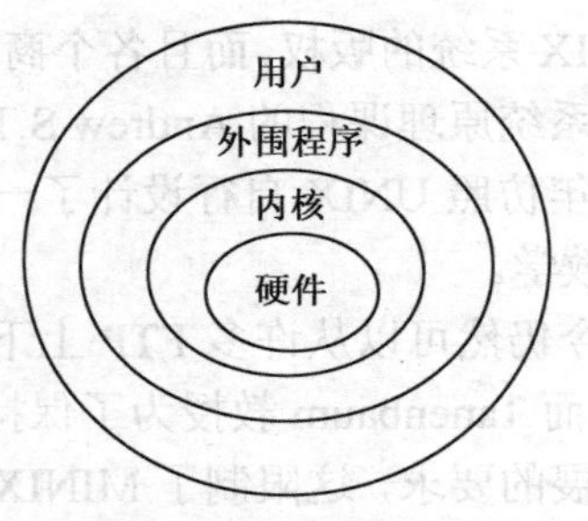

图 1-1　系统内核的作用

图 1-2 为 Linux Kernel 官方网站。

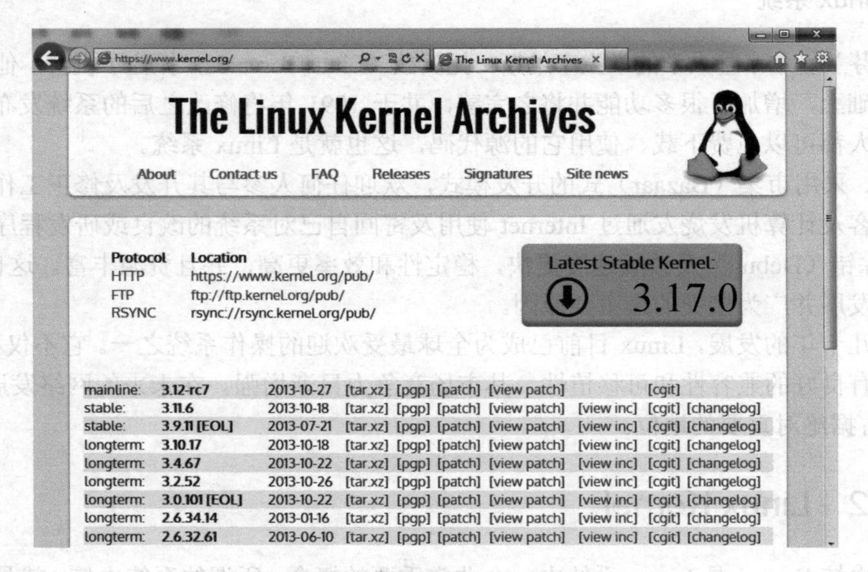

图 1-2　Linux Kernel 官方网站

从官网中可以看到，截至目前，Linux Kernel 的最新版本是 3.17.0。

1.1.3　GNU 计划

Kernel 作为 Linux 系统的心脏，只能实现系统最基本的功能，作为一个操作系统，仅有内核是远远不够的，我们的重点是要使用在 Kernel 之上运行的 Web 服务、FTP 服务、邮件服务……这类应用程序，所以一个完整的 Linux 系统应该包括 Kernel 和应用程序两部分。

无论是 Linux 的 Kernel 还是 Linux 中的应用程序，它们都具有一个共同的特点——都属于一个名为 GNU 的计划项目，都要遵守 GNU 计划中的 GPL 或 LGPL 协议。

GNU 是世界知名的自由软件项目，正是它决定了 Linux 系统自由开放的属性，也正是它才导致了 Linux 系统百花齐放、版本众多的现状。

GNU 计划是由 Richard M. Stallman 于 1984 年发起并创建的，Stallman 堪称世界顶级程

序员，其技术超凡，思想也更是超前。他认为：对于整个人类，知识传播的过程应该是开放的（试想一下，如果一些基本的科学定理或法则都是封闭的，都要求付费以后才能使用，那我们的世界将会是什么样子）。计算机软件作为人类智慧的结晶，也是知识的一种，所以它应以源代码的方式呈现，没有人可以独占。软件的开发没有壁垒，也没有垄断，其主要目的就是为了满足更多的用户需求，激发更多的创新力量。

所以，凡是属于 GNU 计划中的软件都是开放源代码的，任何人都可以自由地去使用、修改或传播这些软件。而且为了保证 GUN 计划内的软件经传播、改写以后仍然具有“自由”的特性，该计划还专门制定了针对自由软件的授权许可协议 GPL 和 LGPL 协议，正是这些协议为 GNU 计划中的软件提供了统一的使用规范。

应当说，Stallman 的思想在当年是很超前的，因为在那个时期有很多人就是靠卖一两款软件而白手起家的，比尔·盖茨更是凭借 DOS 和 Windows 操作系统这两款软件独霸多年的世界首富宝座。但时代的发展越来越体现出 Stallman 这种思想的正确性，这点从 Red Hat 公司与 Microsoft 公司的财报就可见一斑，作为自由软件公司的代表，Red Hat 2012 财年全年总营收 11.3 亿美元，净利润为 1.466 亿美元，而作为对立面的 Microsoft 却在 2012 年首度出现了亏损。所以，单纯靠卖软件赚钱这条路必将越走越窄，提供有偿服务才是将来的大势所趋。

至此，我们可以简单地总结一下：Linux 系统的内核 Kernel 及 Linux 系统中的绝大多数应用软件都来自于 GNU 计划，任何人都可以自由地（也可以狭隘地理解为免费地）去使用、传播它们，因此 Linux 系统的确切名称应该为“GNU/Linux 操作系统”。

1.1.4　Linux 的发行版本

正是由于 Linux 自由开源的特性，才造就了目前各种不同的 Linux 发行版本百花齐放的局面。

Linux 的标识是一只企鹅，如图 1-3 所示。企鹅只在南极才有，而南极洲不属于任何国家，所以企鹅的寓意是开放和自由，这也正是 Linux 的精髓。

图 1-3　Linux Logo

所谓的 Linux 发行版，就是指在 Linux 内核的基础之上添加各种管理工具和应用软件，这就构成了一个完整的操作系统。根据 GNU 的相关协议，任何公司或社团甚至是个人都可以将 Linux 内核和各种自由软件打包成一个完整的 Linux 发行版。据不完全统计，目前各种 Linux 发行版本已超过 300 种，虽然每个 Linux 发行版都有单独的名称，但其实它们所采用的 Linux 内核和使用的软件包都是基本类似的，只是在具体操作和使用上略有差别而已，所以我们只要学会了其中的一种，其他的也就基本是无师自通了。

下面将介绍一些被广泛使用的 Linux 发行版本。

1．Red Hat Linux

在各种 Linux 发行版中最为知名的是 Red Hat Linux，Red Hat 也是全球最大的 Linux 厂商。Red Hat Linux 系列发行版具有广泛的企业用户基础，也代表着 Linux 操作系统的事实标准，因此大多数人学习 Linux 都是从 Red Hat Linux 入手的。

早期的 Red Hat Linux 主要面向个人用户，任何人都可以免费使用。但后来 Red Hat Linux 逐渐发展为两个分支：Fedora 项目和 Red Hat Enterprise Linux（Red Hat Linux 企业版）。

Fedora 项目是一个由 Red Hat 公司资助并被 Linux 社区支持的开源项目，仍然是免费的。Fedora 主要定位于桌面用户，追求绚丽的桌面效果，使用最新的应用软件。

Red Hat Enterprise Linux（简称 RHEL）则专门面向企业用户，功能更加强大，性能也更优越。RHEL 为很多企业所采用，但需要向 Red Hat 付费才可以使用。注意，这个费用并不是用于购买 RHEL 操作系统本身的，而是为了得到 Red Hat 公司的服务和技术支持，以及专门针对企业应用的第三方软件定制的。当然，依据 GNU 的规定，RHEL 系统的源代码依然是开放的。

本书所采用的 Linux 发行版就是 Red Hat Enterprise Linux，截至目前其最新版本为 RHEL 7。

2．CentOS

CentOS 在国内大名鼎鼎，其应用的广泛程度甚至可能超过了 RHEL。

CentOS 是 RHEL 的再编译版本，其实也就是抹去了 RHEL 系统中 Red Hat 的标识信息，其功能和使用与 RHEL 基本是一致的。而且其版本更新也与 RHEL 保持同步，只要 Red Hat 发布了 RHEL 6.0，过不了多久就会紧跟着出现 CentOS 6.0，所以 CentOS 其实就相当于是免费版的 RHEL。

估计 Red Hat 对此会有意见，但根据 GNU 计划，CentOS 的这种做法又是完全合情合理的。所以很多人也用 CentOS 作为学习和实施 Linux 的发行版本，尤其是对于一些中小企业和个人，他们并不需要专门的商业支持服务，用 CentOS 以最低的成本就能开展稳定的业务。

3．Debian

Debian 是除 Red Hat Linux 之外，另外一个被广泛应用的 Linux 发行版。

Debian 由社区组织负责开发，是一个免费版的 Linux 系统，也是迄今为止最遵循 GNU 规范的 Linux 系统。Debian 的官方网站地址是 www.debian.org，用户可在官网上下载最新版本的 Debian 进行安装。

Debian 以稳定性闻名，很多服务器都使用 Debian 作为其操作系统，而在 Debian 的基础之上二次开发的 Ubuntu 则是一个非常流行的桌面版 Linux 系统。

4. SUSE

SUSE 是欧洲最流行的 Linux 发行版，它在软件国际化上做出过不少的贡献。现在 SUSE 已经被 Novell 公司收购，发展也一路走好。不过与 Red Hat 的系统相比，SUSE 并不太适合初级用户使用。

SUSE 也分为两个不同的版本：面向企业用户的 SUSE Linux Enterprise，以及面向个人用户的 openSUSE。

1.1.5 Linux 系统的特点与应用

与其他操作系统相比，Linux 具有三大突出优势。

1. 可靠性高

实践证明，Linux 是能够达到主机可靠性要求的少数操作系统之一，许多 Linux 主机和服务器在国内和国外大中型企业中每天 24 小时、每年 365 天不间断地运行。这是 Microsoft Windows Server 等操作系统所不能比拟的。

2. 彻底的开放性

这是 Linux 系统最重要的特征之一，也是 Linux 强大生命力的所在。按照 GNU 的规定，不仅 Linux 系统本身是开源的，在 Linux 系统核心上开发的软件也必须开源。而实际上 Linux 的内核版本是开源免费的，而部分发行版本则是收费的。对于在 Linux 系统上运行的应用软件，目前的一些跨系统平台的软件采用了中间件的方法，即软件本身不开源，而只是将软件与系统之间的中间件开源。无论如何，Linux 都在 Windows 这种商业操作系统之外，为用户提供了一种更多的选择。

3. 强大的网络功能

实际上，Linux 诞生于互联网，并且也是依靠互联网才迅速发展起来的，因此 Linux 具有强大的网络功能也就不足为奇了。它支持所有标准互联网协议（Linux 是第一个支持 IPv6 的操作系统），可以轻松地与 TCP/IP、LANManager、Windows for Workgroups、Novell NetWare 或 Windows NT 网络集成在一起，还可以通过以太网或调制解调器连接到 Internet 上。由于低成本、高可靠、丰富的 Internet 应用软件，Linux 成为互联网服务提供商 ISP 中最流行的服务器操作系统。任何 Linux 发行版都提供了电子邮件、文件传输、Web 等服务软件，使得 Linux 不仅能够作为网络工作站使用，更可以充当各类服务器，如 Web 服务器、文件服务器、邮件服务器等。

正是由于 Linux 这三大突出优势，使得 Linux 在世界超级计算机 500 强排行榜中占据了 462 个席位，比率高达 92%。基于 Windows 的超级计算机仅有 2 个席位，还有 1 个基于 BSD 的系统，11 个基于混合操作系统，另外 24 个基于 UNIX 系统。

早期的 Linux 主要是被用作服务器的操作系统，如以 Linux 为基础的 LAMP（Linux、

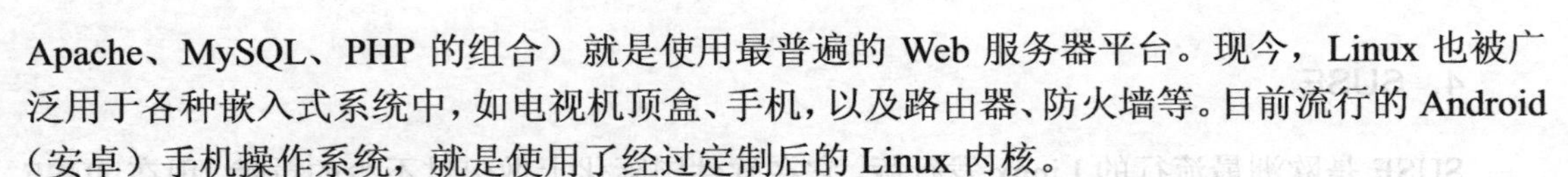

Apache、MySQL、PHP 的组合）就是使用最普遍的 Web 服务器平台。现今，Linux 也被广泛用于各种嵌入式系统中，如电视机顶盒、手机，以及路由器、防火墙等。目前流行的 Android（安卓）手机操作系统，就是使用了经过定制后的 Linux 内核。

Linux 的缺点是没有特定的赞助商，可以在 Linux 系统上运行的软件并不丰富，而且其图形界面也做得不够好，系统操作主要依靠命令进行，这提高了 Linux 系统的使用门槛。因而，目前 Linux 系统主要应用于服务器和嵌入式系统两个方面，Linux 虽然也有像 Fedora 和 Ubuntu 这样的桌面版本，但普通用户在使用和操作时还是有诸多不便，所以这种为个人用户设计的桌面版 Linux 系统使用并不广泛。我们在这里所要介绍的也是服务器版的 Linux 系统。

1.2 利用 VMWare Workstation 搭建实验环境

任务描述

配置好虚拟机是学习本课程的前提，在本任务中将介绍如何安装配置 VMWare Workstation，以及如何在 VMWare 虚拟机中安装 Linux 系统。

任务分析及实施

在学习 Linux 系统的过程中必定要进行大量的实验操作，这些操作离不开各种虚拟机软件。通过虚拟机，用户可以在一台计算机上同时运行多套操作系统和应用程序，这些操作系统使用的是同一套硬件装置，但在逻辑上各自独立运行、互不干扰。虚拟机软件将物理计算机的硬件资源映射为本身的虚拟机器资源，使每个虚拟机器看起来都像拥有各自的 CPU、内存、硬盘、I/O 设备等。

1.2.1 VMWare Workstation 的基本操作

1. 了解虚拟化技术

虚拟化及云计算是目前 IT 领域的热门技术，其中虚拟化技术主要是指各种虚拟机产品的应用。

目前的虚拟机产品主要分为两个大类，如图 1-4 所示：

（1）一类称为原生架构，有时也被称作裸金属架构。这种类型的虚拟机产品直接安装在计算机硬件之上，不需要操作系统的支持，它可以直接管理和控制计算机中的所有硬件设备，因而这类虚拟机拥有强大的性能，主要用于生产环境。典型产品就是 VMWare 的 VSphere 及微软的 Hyper-V，目前所说的虚拟化技术也正是使用的这类产品。

（2）一类称为寄居架构，这类虚拟机必须安装在操作系统之上，通过操作系统去调用计算机中的硬件资源，虚拟机本身被看作操作系统中的一个应用软件。这种虚拟机的性能与原生架构的虚拟机产品有着天壤之别，因而主要被用于学习或教学。典型产品是 VMware 的 VMWare Workstation 及微软的 Virtual PC。

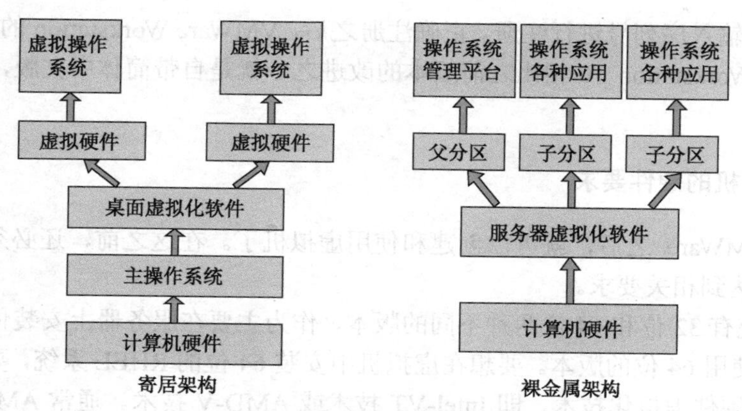

图 1-4　寄居架构和裸金属架构

绝大多数普通用户所接触到的都是寄居架构的虚拟机产品，这其中 VMWare Workstation 凭借其强大的性能及对 Windows 和 Linux 系列操作系统的完美支持，得到了广泛的应用。本书中的绝大部分实验都是利用 VMWare Workstation（以下简称 VMWare）来搭建实验环境的，所使用的软件版本为 VMWare Workstation 10.0。

2．安装 VMWare Workstation

VMWare 的安装过程比较简单，下面是主要步骤。

① 运行安装程序，打开安装向导。接受许可协议之后，在“设置类型”中建议选择“自定义”安装类型，以便对虚拟机的各项配置进行修改。

② 修改软件的安装位置。建议不要使用默认的安装路径，而是将 VMWare 安装到 C 盘以外的分区，如安装到 D:\vmware 文件夹中，如图 1-5 所示。

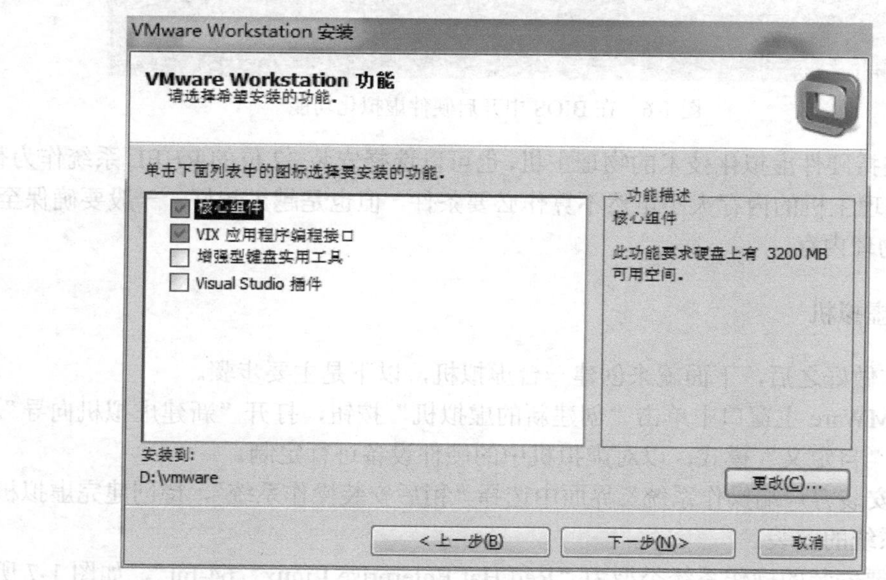

图 1-5　修改安装路径

③ 接下来输入序列号进行注册。正确注册之后，VMWare Workstation 的安装就完成了。

VMWare Workstation 10 相比之前版本的改进之一就是自带简体中文版，因而无须再进行汉化。

3．物理主机的硬件要求

安装完 VMWare 之后，就可以创建和使用虚拟机了。在这之前，还必须先保证物理主机的硬件配置达到相关要求。

Linux 系统有 32 位和 64 位两种不同的版本，作为主要在服务器上安装使用的 RHEL 系统，强烈建议使用 64 位的版本。要想在虚拟机中安装 64 位的 RHEL 系统，要求物理主机的 CPU 必须支持硬件虚拟化技术，即 Intel-VT 技术或 AMD-V 技术。通常 AMD 的 CPU 大都支持虚拟化技术，Intel 的酷睿系列 CPU 也都支持，但一些型号较老的奔腾或赛扬系列 CPU 则有可能不支持虚拟化技术。

另外，在 BIOS 中还必须开启相关硬件虚拟化设置选项，这项功能默认大多是关闭的。进入物理主机的 BIOS，找到图 1-6 中的类似设置选项，将其设为“Enabled”启用即可。当然，如果 CPU 不支持硬件虚拟化，那么 BIOS 中也就没有这项设置了。

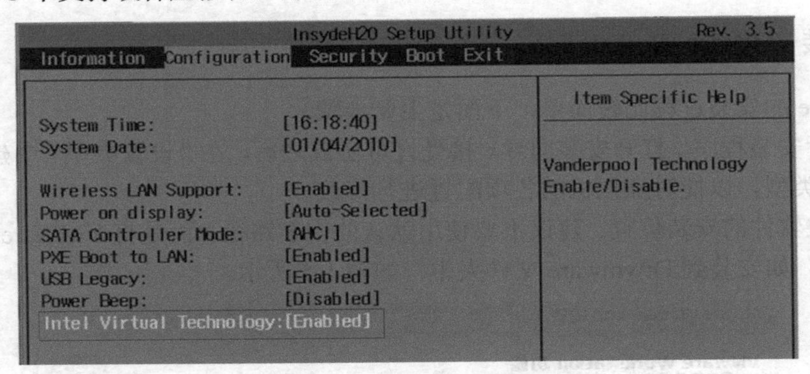

图 1-6　在 BIOS 中开启硬件虚拟化功能

对于不支持硬件虚拟化技术的物理主机，也可以选择安装 32 位的 RHEL 系统作为替代。

另外，物理主机的内存大小虽然不算作必要条件，但也是越大越好，一般要确保至少有 4GB 以上的物理内存。

4．创建虚拟机

准备工作做好之后，下面就来创建一台虚拟机，以下是主要步骤。

① 在 VMWare 主窗口中单击“创建新的虚拟机”按钮，打开“新建虚拟机向导”。

② 选择“自定义”模式，以对虚拟机中的硬件设备进行定制。

③ 在“安装客户端操作系统”界面中选择“稍后安装操作系统”，待创建完虚拟机之后再单独进行系统的安装。

④ 选择要安装的操作系统类型为“Red Hat Enterprise Linux　64-bit”，如图 1-7 所示。注意，如果物理主机不支持虚拟化技术，或者 BIOS 中没有启用虚拟化选项，那么在这里就无法继续“下一步”了。

选择一个客户机操作系统
哪个操作系统将安装到该虚拟机上？
客户机操作系统
Microsoft Windows
Linux
Novell NetWare
Sun Solaris
VMware ESX
其他(O)
版本(V)
Red Hat Enterprise Linux 6 64-bit

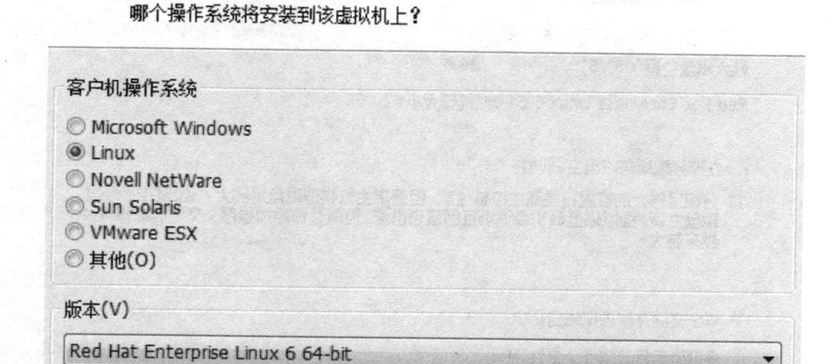

图 1-7　选择安装的操作系统类型

⑤ 设置虚拟机的名称及虚拟机文件的存放位置，如图 1-8 所示。建议最好在专门的文件夹中单独存放。

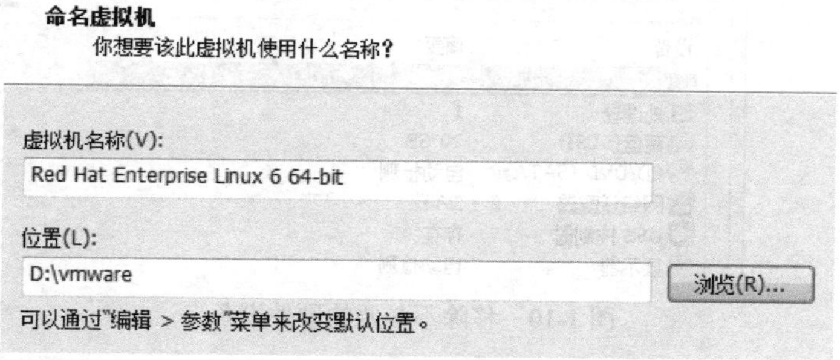

命名虚拟机
你想要该此虚拟机使用什么名称？
虚拟机名称(V):
Red Hat Enterprise Linux 6 64-bit
位置(L):
D:\vmware
浏览(R)...
可以通过"编辑 > 参数"菜单来改变默认位置。

图 1-8　设置虚拟机名称及存放位置

⑥ 对虚拟机的 CPU 和内存进行配置。

物理主机的 CPU 现在大都是双核心四线程的，一般给虚拟机只配置一个 CPU 核心即可。

虚拟机内存可根据物理内存的大小灵活设置。如果物理内存大于 4GB，可以将虚拟机内存设为 2GB，否则建议设为 1GB。

⑦ 网络类型及 I/O 控制器、磁盘类型都选择默认设置即可。

在“选择磁盘”界面中选择“创建新虚拟磁盘”。虚拟磁盘以扩展名为.vmdk 的文件形式存放在物理主机中，虚拟机中的所有数据都存放在虚拟磁盘里。

然后需要指定磁盘容量，默认为 20GB。这里的容量大小是允许虚拟机占用的最大空间，而并不是立即分配使用这么大的磁盘空间。磁盘文件的大小随着虚拟机中数据的增多而动态增长，但如果选中“立即分配所有磁盘空间”，则会立即将这部分空间划给虚拟机使用，这里不建议选择该项。

另外强烈建议选中“单个文件存储虚拟磁盘”，如图 1-9 所示，这样会用一个单独的文件来作为磁盘文件，前提是存放磁盘文件的分区必须是 NTFS 分区。如果选择“虚拟磁盘拆分成多个文件”，则会严重影响虚拟机性能。

⑧ 虚拟机创建完成，可以单击“自定义硬件”按钮对虚拟机硬件做进一步调整。建议将“声卡”、“打印机”等虚拟机用不到的硬件设备都移除掉，以节省系统资源，如图 1-10 所示。

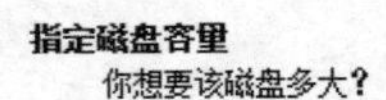

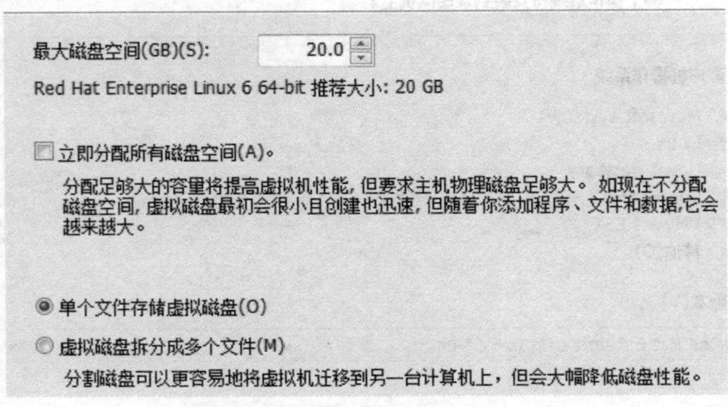

图 1-9 设置虚拟磁盘

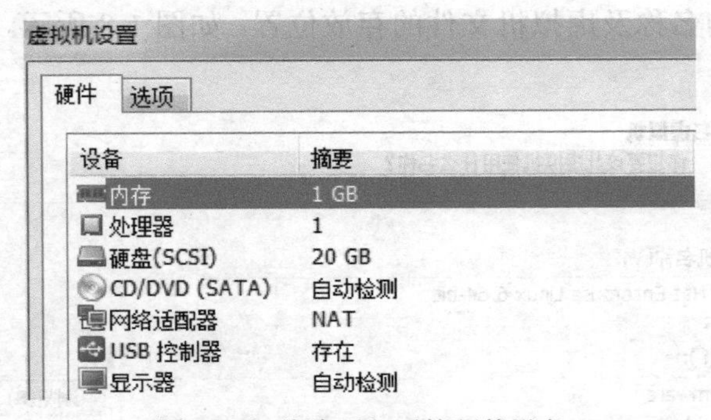

图 1-10 移除不必要的硬件设备

至此，一台新的虚拟机就创建好了。

1.2.2 Linux 中的磁盘分区和目录结构

在正式开始安装 Linux 系统之前，有必要先了解一些 Linux 中的基本概念，如在 Linux 系统中如何表示硬盘和分区，以及 Linux 中的文件系统类型和目录结构等。

1. Linux 中如何表示硬盘和分区

在安装操作系统之前，一般需要先对硬盘进行分区。硬盘分区包括主分区、扩展分区、逻辑分区三种类型，之所以会有这样的区分，是因为在硬盘的主引导扇区 MBR 中用来存放分区信息的空间只有 64 字节（主引导扇区一共只有 512 字节空间），而每一个分区的信息都要占用 16 字节空间，因而理论上一块磁盘最多只能拥有 4 个分区，当然这 4 个分区都是主分区。这在计算机早期没什么问题，但后来随着硬盘空间越来越大，4 个分区就远远不够了，所以才又引入了扩展分区的概念。扩展分区也是主分区，但它不能直接使用，它就相当于是一个容器，可以在扩展分区中再创建新的分区，这些分区被称为逻辑分区。逻辑分区的数量不再受主引导扇区空间大小的限制，像 SCSI 或 SATA 接口的磁盘在 Linux 系统中最多可以创建 12 个逻辑分区。

在 Windows 系统中一般只创建一个主分区（也就是 C 盘），再将剩余的磁盘空间全部划给扩展分区，最后在扩展分区中创建逻辑分区。Linux 系统中表示硬盘及分区的方法与 Windows 完全不同。

首先，在 Linux 系统中所有的磁盘及磁盘中的每个分区都是用文件的形式来表示的，如在计算机中有一块硬盘，硬盘上划分了 3 个分区，那么在 Linux 系统中就会有相对应的 4 个设备文件，一个是硬盘的设备文件，另外每个分区也有一个设备文件，所有的设备文件都统一存放在/dev 目录中。

不仅仅是硬盘，绝大多数的硬件设备在 Linux 系统中都是以文件的形式存在的。“一切皆文件”正是 Linux 系统最重要的特点之一。

不同类型硬盘和分区的设备文件都有统一的命名规则，具体表述形式如下：

- 硬盘：对于 IDE 接口的硬盘设备，表示为“hdX”形式的文件名，对于 SATA 或 SCSI 接口的硬盘设备，则表示为“sdX”形式的文件名，其中“X”可以为 a、b、c、d 等字母序号。例如，将系统中的第 1 个 IDE 设备表示为“hda”，将第 2 个 SATA 设备表示为“sdb”。
- 分区：表示分区时，以硬盘设备的文件名作为基础，在后边添加该分区对应的数字序号即可。例如，第 1 个 IDE 硬盘中的第 1 个分区表示为“hda1”、第 2 个分区表示为“hda2”，第 2 个 SATA 硬盘中的第 3 个分区表示为“sdb3”，第 4 个分区表示为“sdb4”等。

Windows 和 Linux 系统中对磁盘分区的不同表示方式可参看图 1-11。

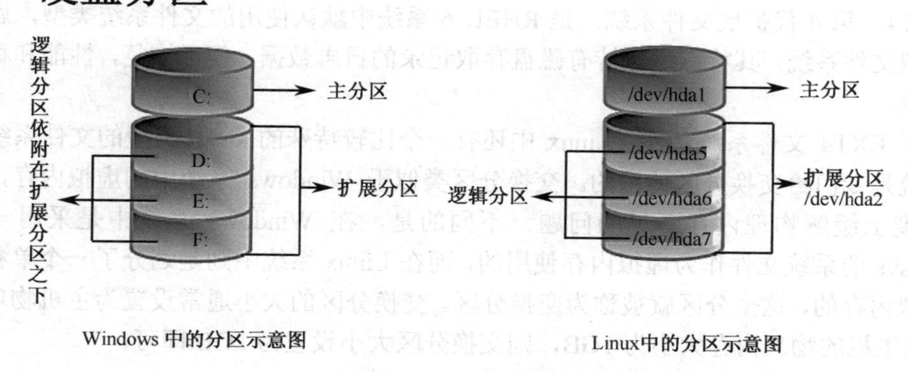

图 1-11 Windows 和 Linux 系统对分区的表示

需要注意的是，由于主分区的数目最多只有 4 个，因此主分区和扩展分区的序号也就限制在 1～4 之间，而逻辑分区的序号将始终从 5 开始。例如，即便系统中的第 1 块 SCSI 硬盘只划分了 1 个主分区和 1 个扩展分区，则第 1 个逻辑分区的序号仍然是从 5 开始，应表示为“sda5”。它们之间的关系如图 1-12 所示。

Linux 中所有的设备文件都存放在/dev 目录中，一个磁盘分区设备文件的各部分含义可参考图 1-13 所示。

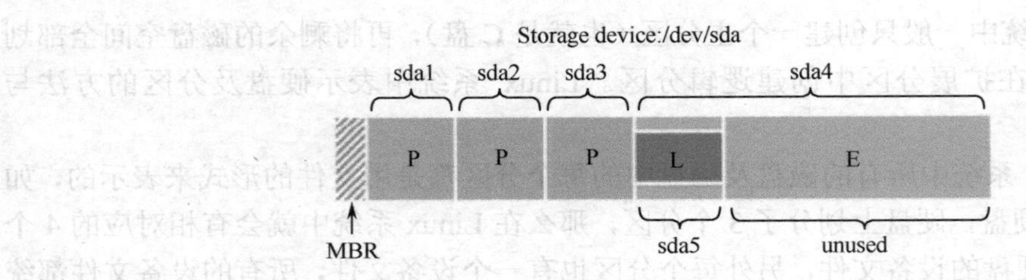

图 1-12　Linux 中磁盘分区的命名

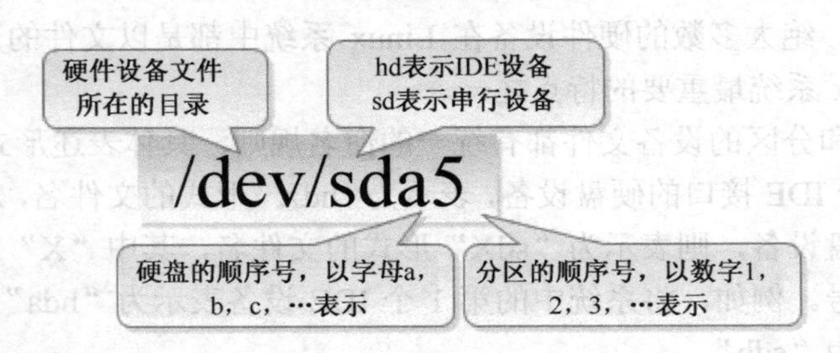

图 1-13　硬盘分区设备文件命名

2．Linux 使用的文件系统类型

文件系统类型决定了向分区中存放、读取文件数据的方式和效率，在对分区进行格式化时需要选择所使用的文件系统类型。在 Windows 系统中，硬盘分区通常都是采用 FAT32 或 NTFS 文件系统的，而在 Linux 系统中，硬盘分区则大都采用 EXT4 文件系统。

EXT4，第 4 代扩展文件系统，是 RHEL 6 系统中默认使用的文件系统类型，属于典型的日志型文件系统。其特点是保持有磁盘存取记录的日志数据，便于恢复，性能和稳定性也更加出色。

除了 EXT4 文件系统之外，Linux 中还有一个比较特殊的 swap 类型的文件系统，swap 文件系统是专门给交换分区使用的。交换分区类似于 Windows 系统中的虚拟内存，能够在一定程度上缓解物理内存不足的问题。不同的是，在 Windows 系统中是采用一个名为 pagefile.sys 的系统文件作为虚拟内存使用的，而在 Linux 系统中则是划分了一个单独的分区作为虚拟内存的，这个分区就被称为交换分区。交换分区的大小通常设置为主机物理内存的 2 倍，如主机的物理内存大小为 1GB，则交换分区大小设置为 2GB 即可。

3．Linux 的目录结构

在 Windows 系统中，为每个分区分配一个盘符，在资源管理器中通过盘符就可以访问相应的分区。每个分区使用独立的文件系统，在每一个盘符中都会有一个根目录。

在 Linux 系统中，将所有的目录和文件数据组织为一个树形目录结构，整个系统中只存在一个根目录，所有的分区、目录、文件都在同一个根目录下面。

在 Linux 系统中定位文件或目录位置时，使用“/”进行分隔（区别于 Windows 中的“\”）。如图 1-14 所示，在整个树形目录结构中，使用独立的一个“/”表示根目录，根目录是 Linux 文件系统的起点。在根目录下面按用途不同划分有很多子目录，而一个硬盘分区只有挂载到某个目录中才能被访问，这个指定的目录就被称为挂载点。例如，将分区“/dev/hda2”挂载到根目录“/”，那么通过访问根目录“/”就可以访问“/dev/hda2”分区，这个分区也就称为根分区。

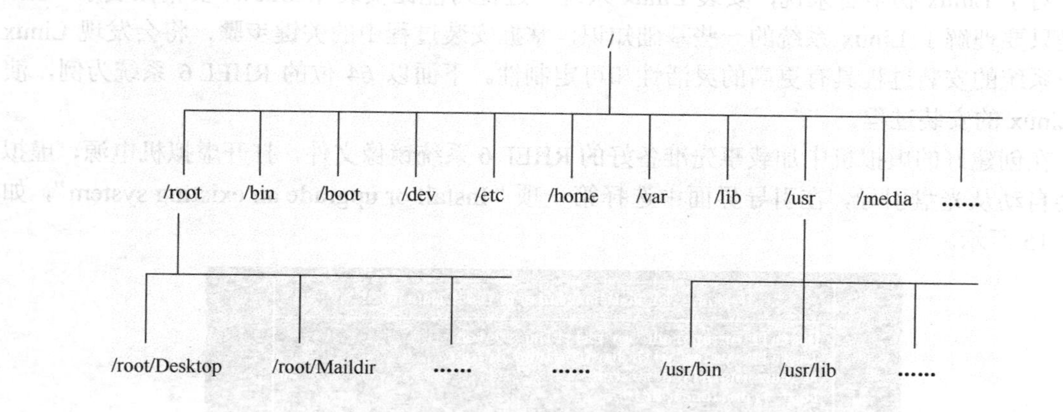

图 1-14　Linux 系统目录结构

在根目录下，Linux 系统将默认建立一些特殊的子目录，分别用于不同的用途。下面简单介绍一下其中常见的子目录及其作用。

- /boot：存放 Linux 系统启动所必需的文件，出于系统安全考虑，/boot 目录通常被划分为独立的分区。
- /etc：存放 Linux 系统和各种程序的配置文件，Linux 中的很多操作和配置都是通过修改配置文件实现的。
- /dev：存放 Linux 系统中的硬盘、光驱、鼠标等硬件设备文件。
- /bin：存放 Linux 系统中最常用的基本命令，普通用户权限可以执行。
- /usr：安装软件的默认存放位置，类似于 Windows 中的 Program Files 目录。
- /home：用户家目录（也称为主目录），类似于 Windows 中的用户配置文件夹。例如，用户账号“student”对应的家目录位于“/home/student”。

如果应用需要，Linux 系统中所有的子目录都可以创建为独立的硬盘分区，没有进行独立分区的子目录都会保存在根分区中。对于初学者，除了交换分区以外，一般只需要再创建两个分区，分别作为根分区和/boot 分区，基本就可以满足需求了。

1.2.3　在虚拟机中安装 Linux 系统

安装系统是学习 Linux 的第一步，安装与升级 Linux 对于一个优秀的管理者来说，也是最重要最基础的工作之一。下面将介绍如何在虚拟机中安装 RHEL 6 系统，RHEL 作为开源系统，获得它的系统安装软件是很方便的，一般可以很容易地从 Internet 获得 RHEL 的系统 ISO 镜像，也可以把它们制作成光盘使用。本教材中由于采用虚拟机搭建实验环境，因而直接采用 ISO 镜像来安装系统。

1. 系统安装过程

对于 Linux 初学者来说，安装 Linux 系统的过程可能比安装 Windows 要稍微复杂一些，但是只要理解了 Linux 系统的一些基础知识，掌握安装过程中的关键步骤，将会发现 Linux 操作系统的安装过程具有更高的灵活性和可定制性。下面以 64 位的 RHEL 6 系统为例，演示 Linux 的安装过程。

在创建好的虚拟机中加载事先准备好的 RHEL 6 系统镜像文件，打开虚拟机电源，虚拟机会自动从光盘引导，在引导界面中选择第一项“Install or upgrade an existing system”，如图 1-15 所示。

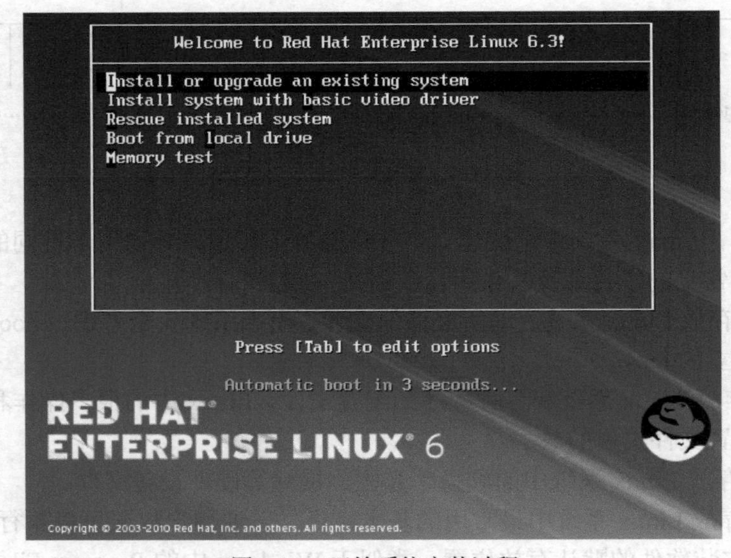

图 1-15　开始系统安装过程

然后要检查光盘的兼容性，这里选择“Skip”跳过，如图 1-16 所示。

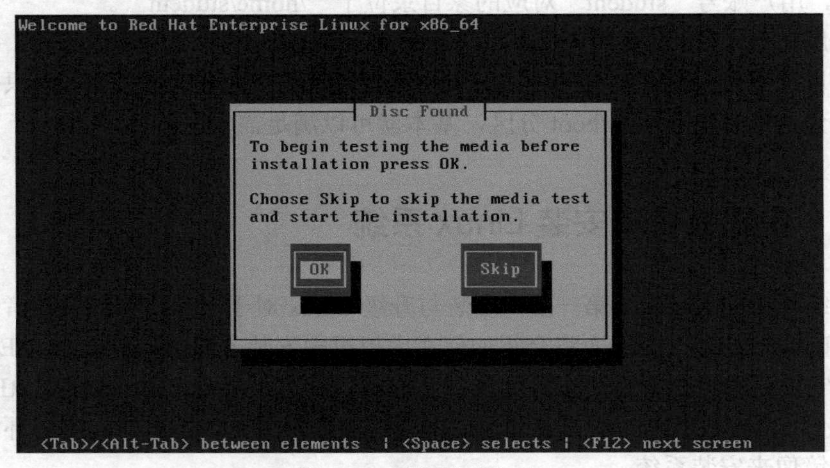

图 1-16　跳过光盘检查

安装语言选择“中文简体”，键盘选择“美国英语式”。

存储设备选择“基本存储设备”，即将系统安装在本地存储设备上，如图 1-17 所示。

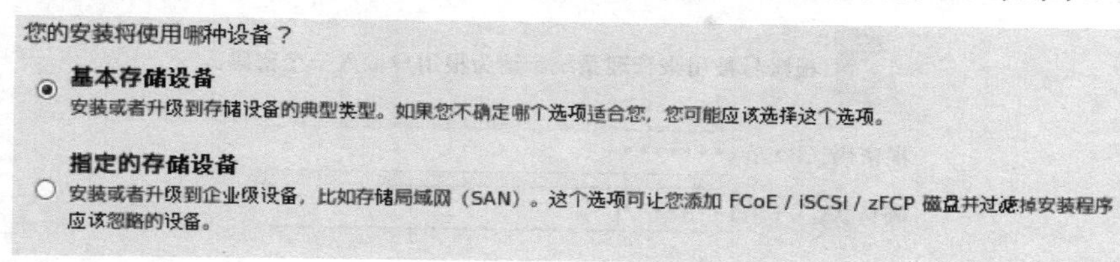

图 1-17　选择存储设备

弹出“存储设备警告”，提示是否要将整个硬盘重新分区格式化，这样会清除掉硬盘中的所有数据。这里选择“是，忽略所有数据（Y）”，如图 1-18 所示。

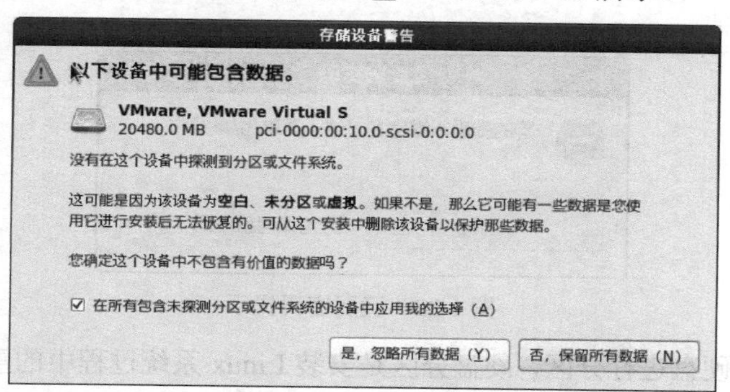

图 1-18　选择“是，忽略所有数据（Y）”

主机名选择默认设置，或是自己定义一个主机名，如图 1-19 所示。

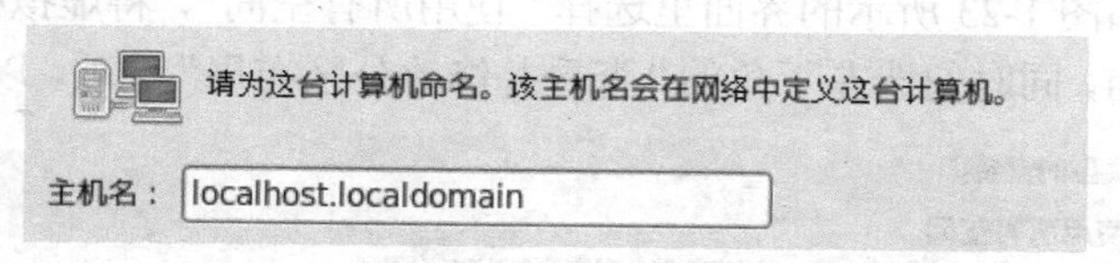

图 1-19　设置主机名

时区选择默认的“亚洲/上海”，如图 1-20 所示。

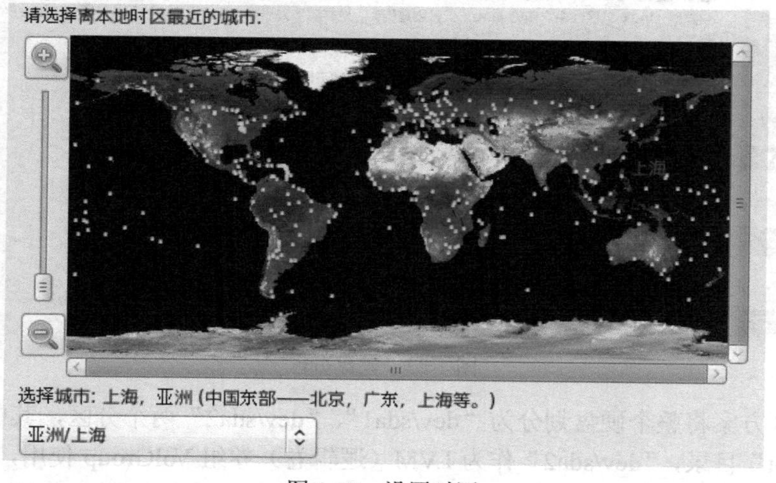

图 1-20　设置时区

为根用户（root 用户）设置密码，密码长度要求至少 6 位，如图 1-21 所示。

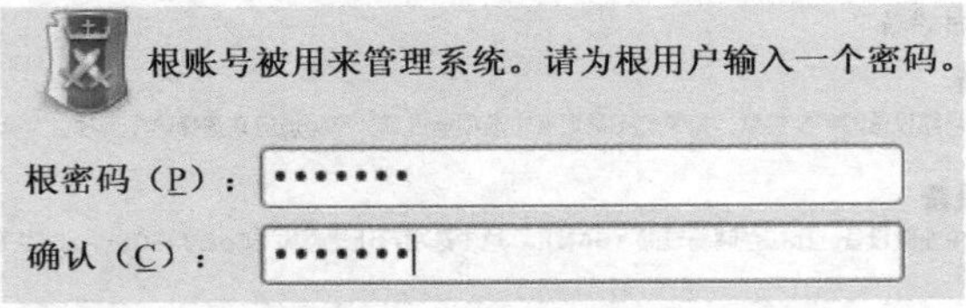

图 1-21　为 root 用户设置密码

Linux 系统对密码的设置要求比 Windows 还要严格，这里很可能会提示密码过于简单，由于只是学习之用，所以可以不用理会，选择“无论如何都要使用（U）”即可，如图 1-22 所示。

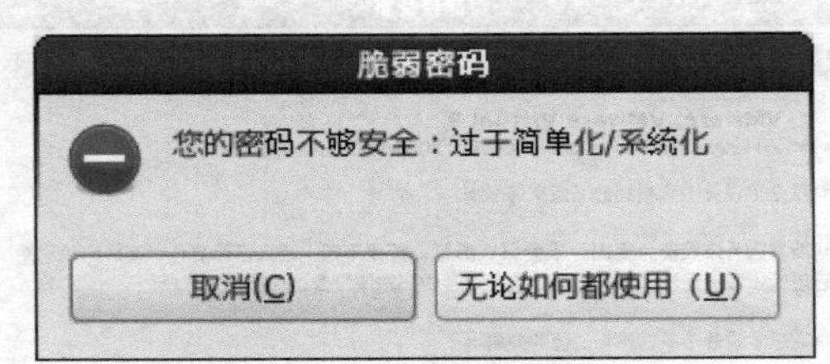

图 1-22　脆弱密码提示

接下来需要对硬盘进行分区，硬盘分区是安装 Linux 系统过程中的重点和难点，若在已包含其他数据的硬盘中安装 RHEL 6 系统，分区时更需小心谨慎。RHEL 6 的安装程序提供了自动分区和手动分区两种方式，作为初学者，而且是在虚拟机里实验，所以这里建议选择自动分区方式。在如图 1-23 所示的界面里选择“使用所有空间”，将虚拟机的所有硬盘空间全部给 Linux 系统使用，同时勾选左下角的“查看并修改分区布局”选项，以查看自动分区情况。

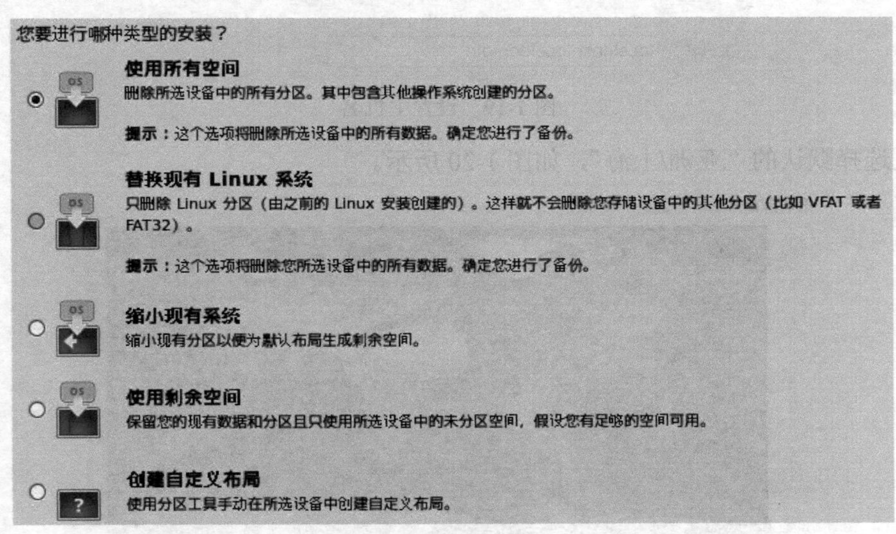

图 1-23　硬盘分区

自动分区方案将整个硬盘划分为“dev/sda1”、“dev/sda2”两个分区，其中“dev/sda1”挂载到“/boot”目录，“dev/sda2”作为 LVM（逻辑卷）卷组 VolGroup 使用，在该卷组中创建了 2 个逻辑卷，并分别挂载为根目录“/”和 swap 交换分区，如图 1-24 所示。

LVM 是 Linux 环境中对磁盘分区进行管理的一种机制，是建立在硬盘和分区之上、文件系统之下的一个逻辑层，可提高磁盘分区管理的灵活性。LVM 的相关知识将在后续内容中介绍。

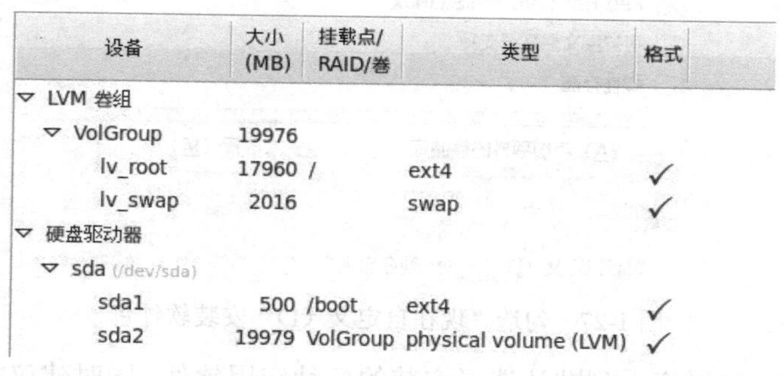

设备	大小 (MB)	挂载点/RAID/卷	类型	格式
▽ LVM 卷组				
▽ VolGroup	19976			
lv_root	17960	/	ext4	✓
lv_swap	2016		swap	✓
▽ 硬盘驱动器				
▽ sda (/dev/sda)				
sda1	500	/boot	ext4	✓
sda2	19979	VolGroup	physical volume (LVM)	✓

图 1-24　硬盘分区方案

确定分区方案之后，选择“将修改写入磁盘（W）”，如图 1-25 所示，系统会自动进行磁盘的分区和格式化操作。

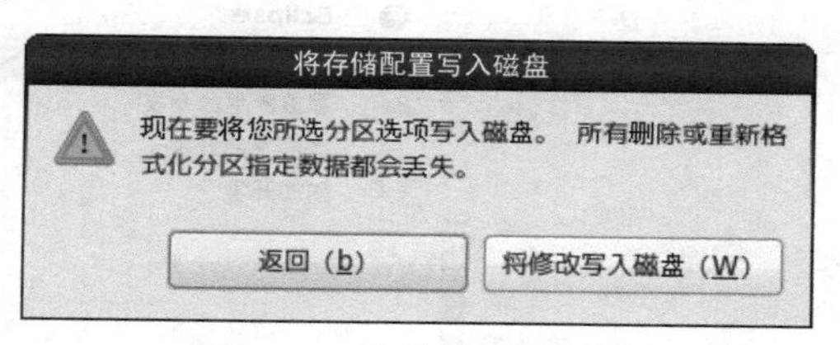

图 1-25　将修改写入磁盘

接下来需要进行软件包的定制，这也是 Linux 与 Windows 的一个很大的区别所在。由于 Linux 的发行版就是“Kernel+各种应用软件”，所以在 Linux 的系统安装光盘中已经集成了在 Linux 中可能会用到的绝大部分应用软件，否则系统光盘的体积也不会这么大了。当然这些应用软件我们不可能全部都安装，而应根据需要选择性地安装，这也就是“软件包定制”。

首先需要确定服务器类型，选择不同类型的服务器会自动安装相应的软件包。这里建议选择“桌面”，如图 1-26 所示，系统会自动安装 X Window 桌面环境，否则将只会安装字符环境。如果是在生产环境下，则建议选择“基本服务器”，这样就只安装最基本的软件包了，系统中安装的软件包数目越少，系统的安全性相应地也就越高了。

Red Hat Enterprise Linux 的默认安装是基本服务器安装。您现在可以随意选择不同的软件组。

- ○ 基本服务器
- ○ 数据库服务器
- ○ 万维网服务器
- ○ 身份管理服务器
- ○ 虚拟化主机
- ◉ 桌面
- ○ 软件开发工作站
- ○ 最小

图 1-26　选择软件包定制方案

同时注意勾选同一界面下方的“现在自定义（I）”，如图 1-27 所示，显示组件的详细安装选项，以便进一步进行软件包的定制。

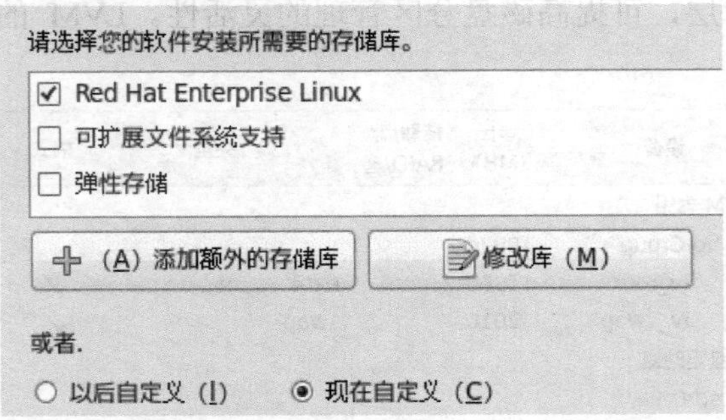

请选择您的软件安装所需要的存储库。

☑ Red Hat Enterprise Linux

☐ 可扩展文件系统支持

☐ 弹性存储

（A）添加额外的存储库　修改库（M）

或者.

○ 以后自定义（I）　◉ 现在自定义（C）

图 1-27　勾选“现在自定义（I）”安装软件包

在定制界面中，可以查看到默认选择安装的各种应用软件。同时建议将“开发”中的“开发工具”勾选上，以方便系统的使用，如图 1-28 所示。至于其他的软件可以在以后系统使用过程中根据需要随时安装。

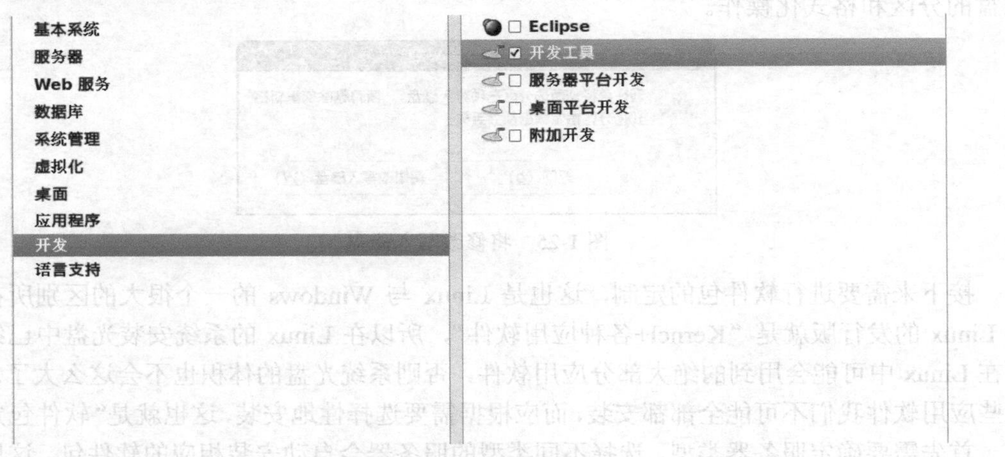

图 1-28　勾选安装开发工具

接下来系统会自动安装所选择的软件包，如图 1-29 所示，耐心等待安装完成。

图 1-29　安装定制的软件包

安装完成后，将系统重启，如图 1-30 所示。

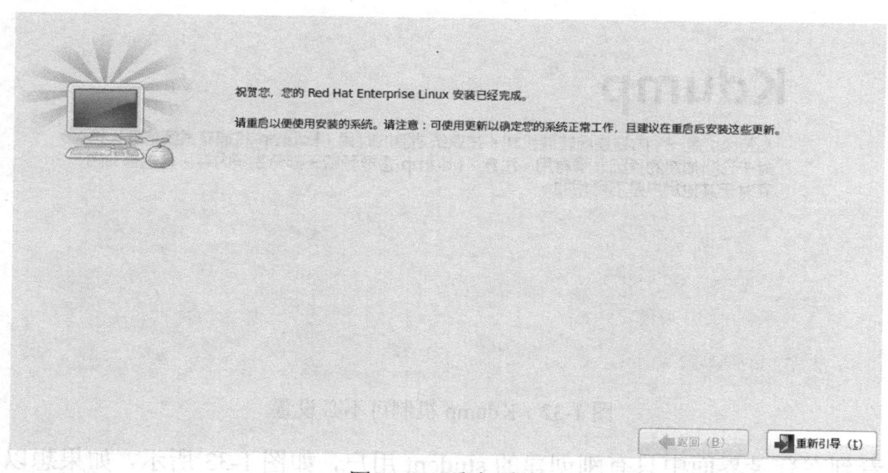

图 1-30　重启系统

2．安装后的初始化配置

系统重启之后，需要对系统做一些基本设置。

首先会出现欢迎界面、许可证信息及更新设置，这些步骤采用默认设置即可。

接下来会要求在系统中创建一个普通用户。由于 root 用户的权限过大，所以 Linux 希望我们能使用普通用户登录处理日常工作，在需要进行系统管理时再切换到 root 用户。不过在学习阶段，还是建议以 root 用户身份登录使用系统，否则很多操作将无法完成。

这里创建了一个名为“student”的普通用户，同时设置了用户密码，如图 1-31 所示。

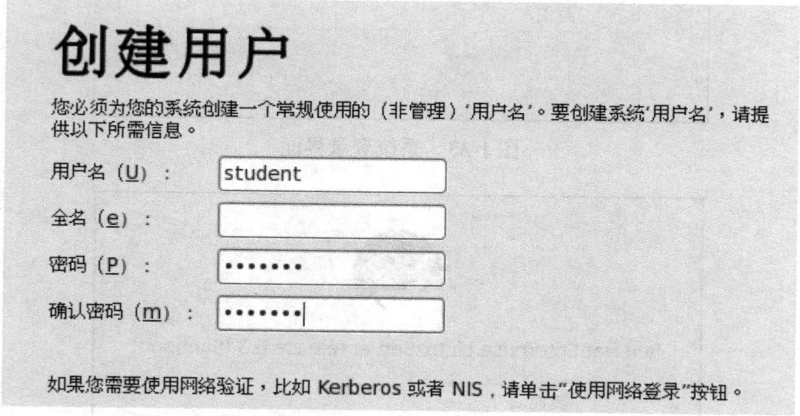

创建用户

您必须为您的系统创建一个常规使用的（非管理）'用户名'。要创建系统'用户名'，请提供以下所需信息。

用户名（U）：student

全名（e）：

密码（P）：•••••••

确认密码（m）：•••••••

如果您需要使用网络验证，比如 Kerberos 或者 NIS，请单击"使用网络登录"按钮。

图 1-31　创建 student 用户

接下来会设置一个名为 Kdump 的内核转储服务，如图 1-32 所示，该服务提供了一种内核崩溃时的强制写入机制。当系统崩溃时，Kdump 会自动记录相关信息，有助于管理员排错。但 Kdump 会占用一部分系统内存，而且是以独立方式占用的，由于我们的虚拟机内存设置得比较小，所以无法启动该服务，但并不会影响系统使用。这里直接单击“完成”。

此时，系统设置完成，我们便可以登录 Linux 系统了。

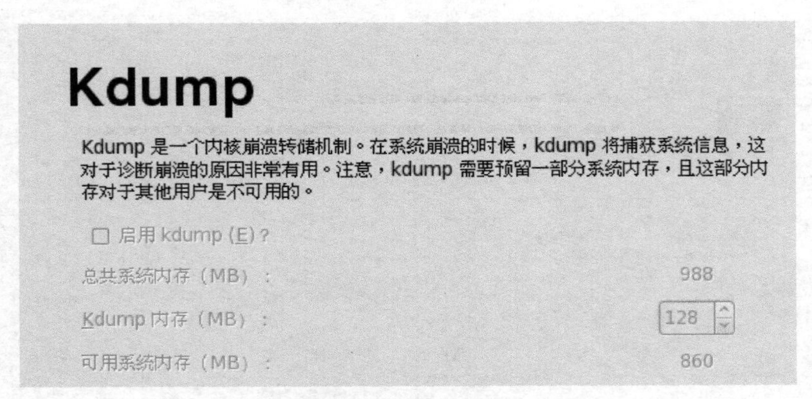

图 1-32　Kdump 机制可不必设置

可以看到在登录界面中只有刚创建的 student 用户，如图 1-33 所示，如果想以 root 用户身份登录，需要单击“其他”。输入用户名“root”及密码，便可以登录 Linux 系统了，如图 1-34 所示。

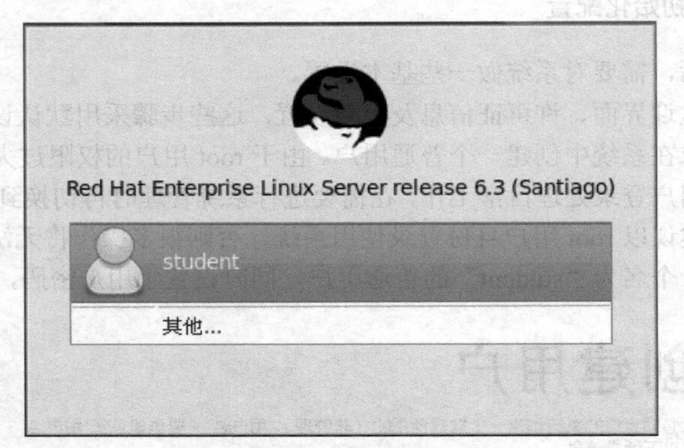

图 1-33　系统登录界面

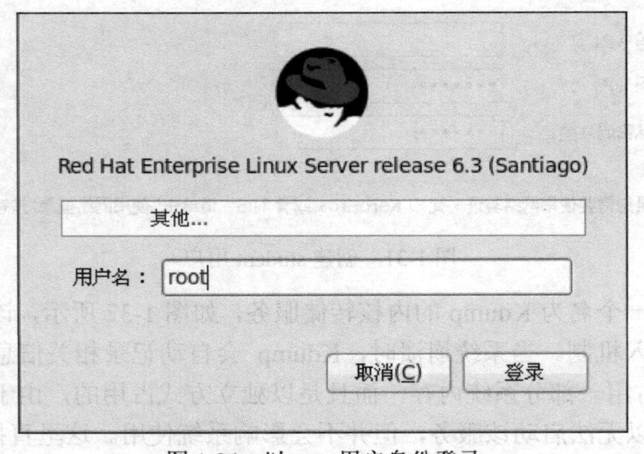

图 1-34　以 root 用户身份登录

之后会看到 Linux 系统的桌面，系统安装成功完成。

1.2.4　VMWare Workstation 的高级设置

在虚拟机中成功安装了 Linux 系统之后，还应再对 VMWare Workstation 做进一步的设置，以更好地满足实验需求。

1. 创建虚拟机快照

通过创建快照可以将系统的当前状态进行备份，以便随时还原。一般在进行一项有一定风险的操作之前可以对系统创建快照。

在虚拟机菜单栏中单击“虚拟机”→“快照”→“创建快照”，可以为当前状态创建一个快照。

图 1-35 所示是以日期为名创建了一个快照，以后可以随时将虚拟机还原到快照创建时的状态。

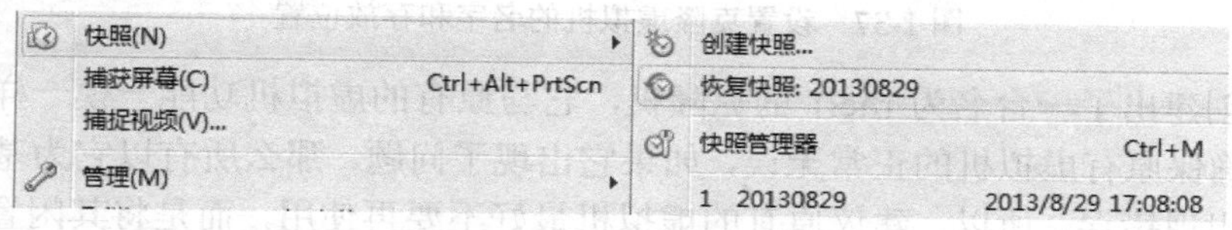

图 1-35　快照管理

2. 克隆虚拟机

搭建网络实验环境一般需要多台虚拟机，如果每台虚拟机都要经过安装系统等操作之后才能使用，则太为烦琐，而且需要占用大量的磁盘空间。通过虚拟机克隆可以很好地解决这个问题，通过克隆，既可以快速得到任意数量的相同配置的虚拟机，省去了安装的过程，而且由于所有的克隆虚拟机都是在原来的虚拟机基础之上增量存储数据，所以也节省了大量的磁盘空间，如图 1-36 所示。

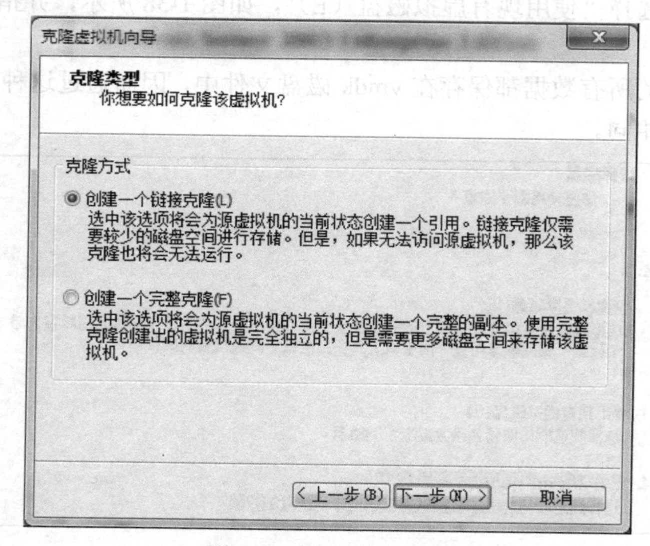

图 1-36　选择克隆类型

克隆操作必须在虚拟机关机的状态下进行。选中一台要克隆的虚拟机，单击鼠标右键，选择“管理”→“克隆”，打开克隆虚拟机向导。

克隆类型建议选择链接克隆，这样克隆出的虚拟机将会以原有的虚拟机为基础增量存储数据，可以极大地节省磁盘空间。

为克隆出的虚拟机起一个名字，并指定存放位置，如图1-37所示。

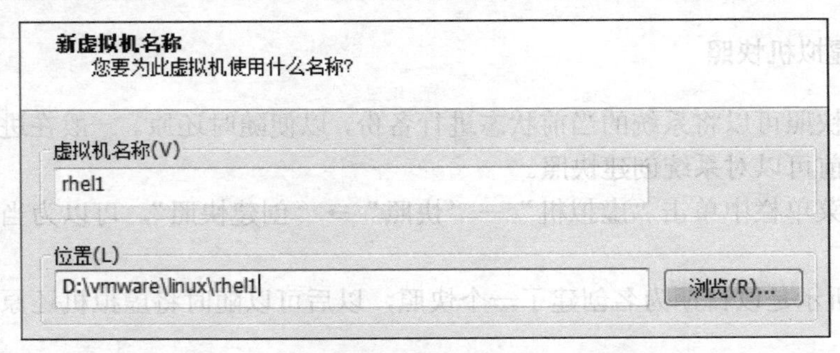

图1-37　设置克隆虚拟机的名字和存放位置

这样就创建出了一台名为rhel1的克隆机，它与原有的虚拟机功能一模一样。要注意的是，一定要确保原有虚拟机的正常无误，如果它出现了问题，那么所有以它为基础创建的克隆机也都会出现错误。所以，建议原有的虚拟机最好不要再使用，而是将其闲置起来，之后所有的实验操作都是基于克隆虚拟机进行的。

3. 利用虚拟硬盘文件创建虚拟机

当物理主机上的操作系统被重新安装，或是VMWare软件被卸载之后，当我们需要再次用到虚拟机时，之前创建好的那些虚拟机是否可以继续使用呢？如果我们把那些虚拟机的磁盘文件完好地保存了下来，那么完全可以利用这些磁盘文件快速地将虚拟机还原。

在VMWare中选择新建虚拟机，虚拟机的创建过程与前面相同，只是要注意在“选择磁盘”的步骤中要选择“使用现有虚拟磁盘（E）”，如图1-38所示，并指定已有的vmdk文件为虚拟机的硬盘。

由于虚拟机中的所有数据都保存在vmdk磁盘文件中，因而通过这种方式创建出来的虚拟机与之前的完全相同。

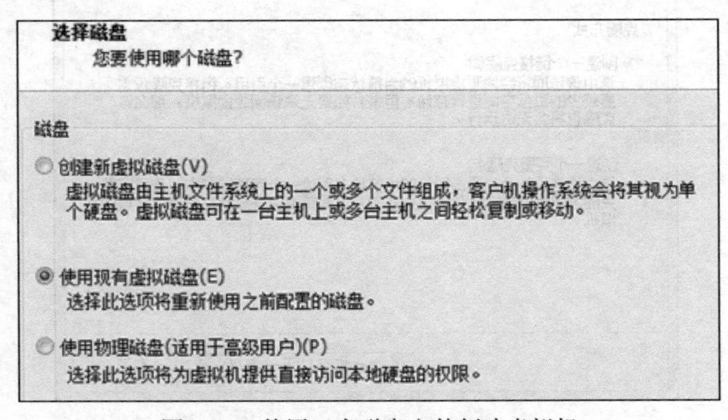

图1-38　使用已有磁盘文件创建虚拟机

4．设置虚拟机的网络环境

虚拟机之间必须进行正确的网络设置，使之可以互相通信，然后才能进行各种网络实验。

打开虚拟机设置界面，选中“网络适配器”，可以看到虚拟机有“桥接”、“NAT”、“仅主机”三种不同的网络连接模式，每种网络模式都对应了一个虚拟网络。注意，必须保证勾选了“设备状态”中的“已连接（C）”，如图 1-39 所示，否则就相当于虚拟机没有插接网线。

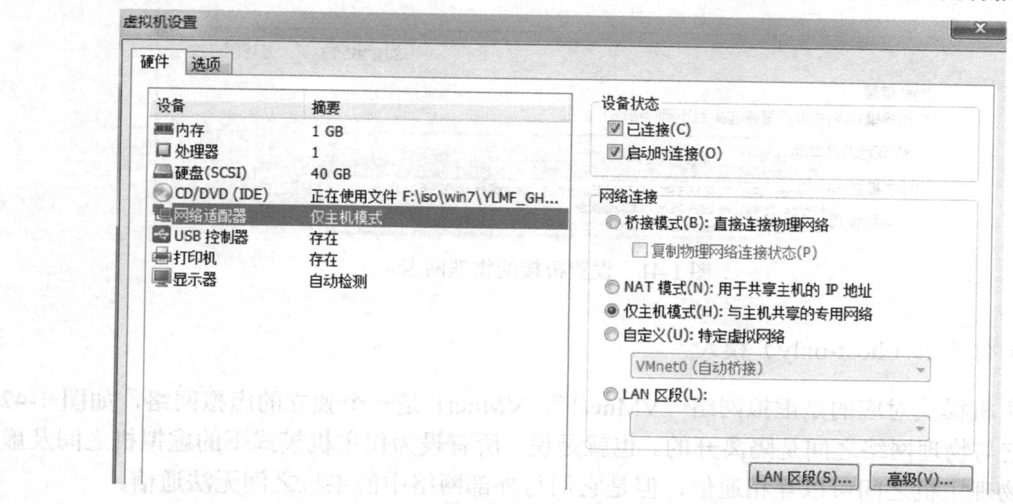

图 1-39　网络设置模式

（1）桥接（bridged）模式

在桥接模式下，虚拟机就像是一台独立主机，与物理主机是同等地位，可以直接访问外部网络上与物理主机相连接的其他计算机或网络，外部网络中的计算机也可以访问此虚拟机。为虚拟机设置一个与物理网卡在同一网段的 IP，则虚拟机就可以与物理主机及局域网中的所有主机之间进行自由通信，如图 1-40 所示是桥接模式示意图。

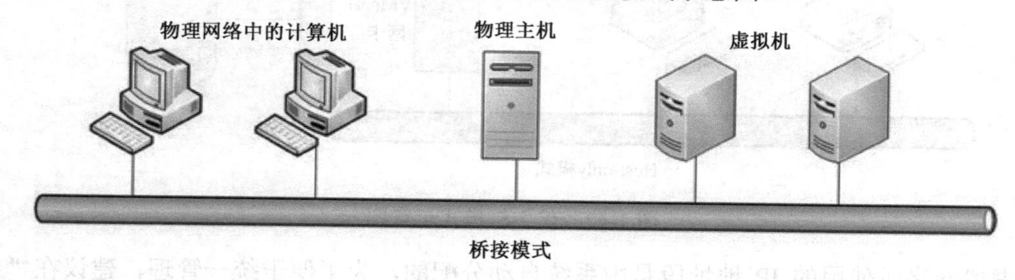

图 1-40　桥接模式示意图

桥接模式对应的虚拟网络名称为“VMnet0”，在桥接模式下，虚拟机其实是通过物理主机的网卡进行通信的，如果物理主机有多块网卡（如一块有线网卡和一块无线网卡），那么还需注意虚拟机实际是桥接到了哪块物理网卡上的。

在“编辑”菜单中打开“虚拟网络编辑器”，可以对 VMnet0 网络桥接到的物理网卡进行设置，如图 1-41 所示。

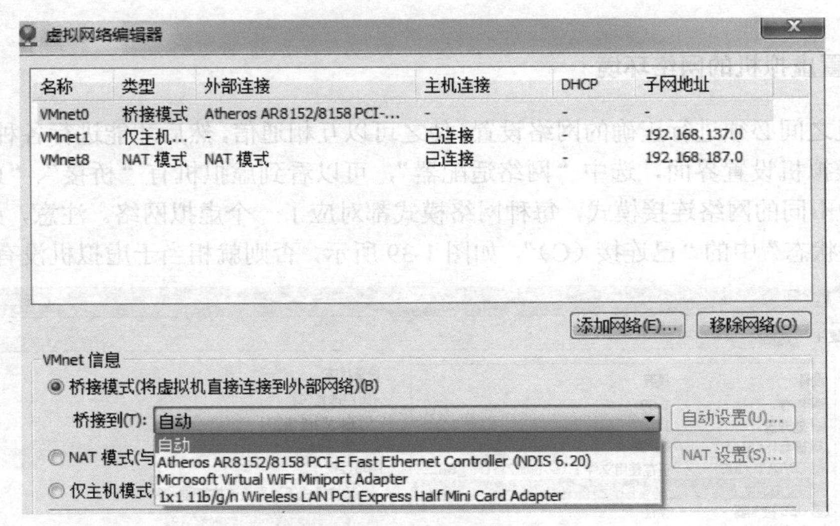

图 1-41　设置桥接的物理网卡

（2）仅主机（host-only）模式

仅主机模式对应的是虚拟网络“VMnet1”，VMnet1 是一个独立的虚拟网络，如图 1-42 所示，它与物理网络之间是隔离开的。也就是说，所有设为仅主机模式下的虚拟机之间及虚拟机与物理主机之间可以互相通信，但是它们与外部网络中的主机之间无法通信。

安装了 VMWare 之后，在物理主机中会添加两块虚拟网卡：VMnet1 和 VMnet8，其中 VMnet1 虚拟网卡对应了 VMnet1 虚拟网络。也就是说，物理主机如果要与仅主机模式下的虚拟机之间进行通信，那么就得保证虚拟机的 IP 要与物理主机 VMnet1 网卡的 IP 在同一网段。

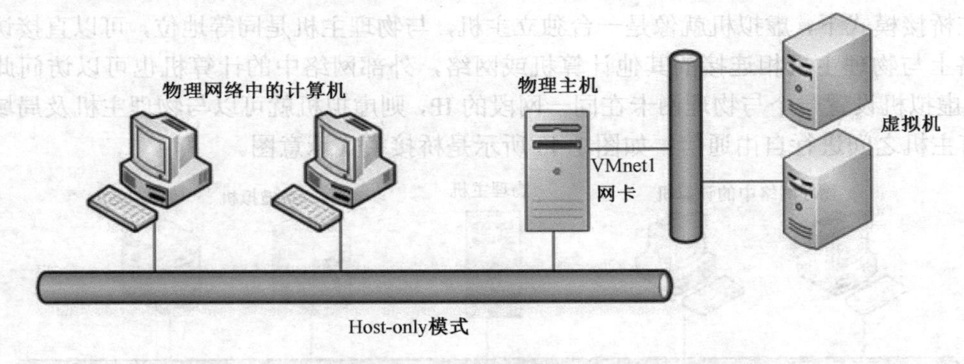

图 1-42　仅主机模式示意图

虚拟网络所使用的 IP 地址段是由系统自动分配的，为了便于统一管理，建议在“虚拟网络编辑器”中将“VMnet1”网络所使用的 IP 地址段设置为“192.168.10.0/24”，如图 1-43 所示。

（3）NAT 模式

NAT 模式对应的虚拟网络是“VMnet8”，这也是一个独立的网络。在此模式下，物理主机就像一台支持 NAT 功能的代理服务器，而虚拟机就像 NAT 的客户端一样，虚拟机可以使用物理主机的 IP 地址直接访问外部网络中的计算机，但是由于 NAT 技术（网络地址转换）的特点，外部网络中的计算机无法主动与 NAT 模式下的虚拟机进行通信，也就是说，只能是由虚拟机到外部网络计算机的单向通信。

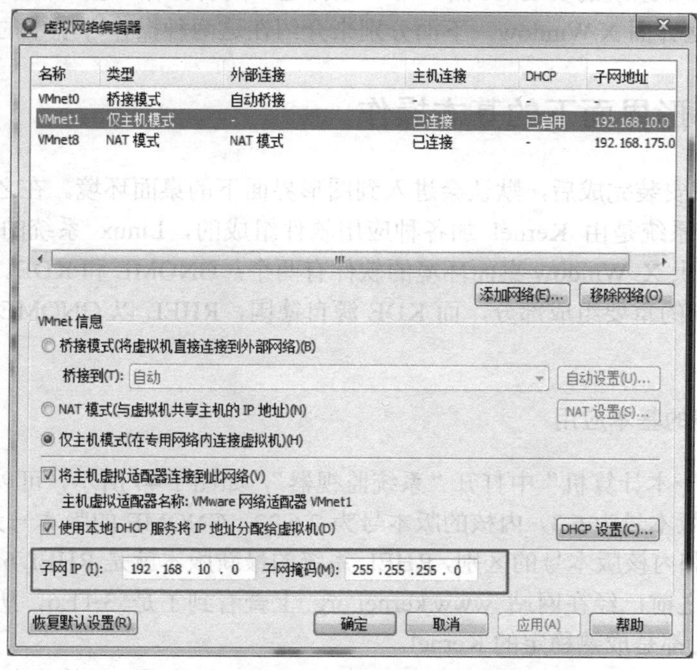

图 1-43　为 VMnet1 网络指定 IP 地址段

当然，物理主机与 NAT 模式下的虚拟机之间是可以互相通信的，前提是虚拟机的 IP 要与 VMnet8 网卡的 IP 在同一网段。同样为了便于统一管理，建议将“VMnet8”网络所使用的 IP 地址段设置为“192.168.80.0/24”。

如果物理主机已经接入到了 Internet，那么只需将虚拟机的网络设为 NAT 模式，虚拟机就可以自动接入到 Internet，所以如果虚拟机需要上网，那么非常适合设置为 NAT 模式。

1.3　Linux 系统的基本操作

任务描述

Linux 安装完成后，用户可以选择进入图形界面或字符界面进行操作。在本任务中，我们将在这两种环境下分别介绍 Linux 的一些基本操作。

任务设计及准备

在 VMWare 中克隆一台 Linux 虚拟机进行操作，将虚拟机命名为“rhel_01”，虚拟网络采用仅主机模式。

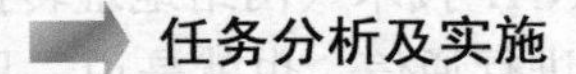任务分析及实施

在完成 RHEL 6 系统的安装后，用户可以选择进入两种操作环境：一种是字符命令界面，另一种就是图形化界面 X Window。下面分别来介绍在这两种操作环境中的一些基本操作。

1.3.1 图形界面下的基本操作

RHEL 6 系统安装完成后，默认会进入到图形界面下的桌面环境。在之前曾提到过，一个完整的 Linux 系统是由 Kernel 加各种应用软件组成的，Linux 系统的桌面环境称为 X Window。负责提供 X Window 桌面环境的软件有两个：GNOME 和 KDE。GNOME 源自美国，是 GNU 计划的重要组成部分，而 KDE 源自德国，RHEL 以 GNOME 作为默认的桌面环境。

1. 桌面环境的基本应用

在“系统/关于本计算机”中打开“系统监视器”，如图 1-44 所示，可以查看到当前所用的 RHEL 系统的版本号为 6.3，内核的版本号为 2.6.32，GNOME 的版本号为 2.28.2。这里要注意系统版本号和内核版本号的区别，RHEL 系统的最新版本就是 RHEL 6.5，而内核 Kernel 的最新版本我们之前已经在网站 www.kernel.org 上查看到了是 3.11.6，所以作为发行版的 Linux 系统使用的都是成熟稳定的 Kernel。

除了可以查看系统信息之外，在这个工具中还可以查看到进程的信息及 CPU、网络、硬盘和内存的使用情况。

图 1-44 系统监视器

GNOME 中的很多操作与 Windows 都是类似的，如在桌面空白位置单击鼠标右键，执行“更改桌面背景”，可以更换 Linux 的桌面；在“系统/首选项/显示”中可以更改屏幕的分辨率和刷新率；在“系统/管理/日期和时间”中可以对日期和时间进行设置等。

在桌面右上角会显示系统当前登录用户，单击该用户，在菜单中选择“账户信息”便可以对用户的信息进行设置，如修改用户密码等，如图 1-45 所示。

另外，在“应用程序/附件”中提供了很多实用的工具，如“抓图”等，读者可以自行

尝试。

2. “连接到服务器”工具

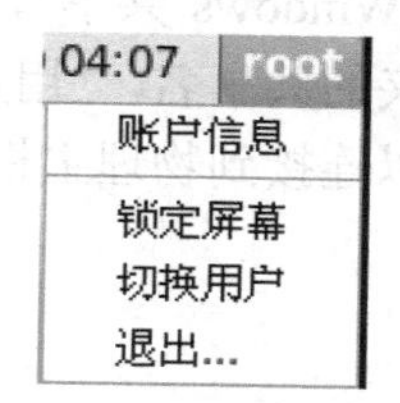

图 1-45 用户信息

下面重点介绍一下在“位置”菜单中的“连接到服务器”工具，通过这个工具可以将当前的 Linux 系统作为客户端连接到其他的服务器上，如我们要在虚拟机中从安装有 Windows7 系统的物理主机里下载一个文件，通过这个工具就可以很方便地完成。

“连接到服务器”工具通过网络来传输数据，所以在使用这个工具之前必须先为 Linux 系统设置好 IP 地址。

IP 地址可以在“系统/首选项/网络连接”里进行设置，但不建议使用这种图形化工具来设置 IP 信息，Linux 系统中很多涉及系统核心功能的配置操作都不建议用图形化工具来实现，因为这些工具往往功能比较弱而且还很容易出错，在 Linux 系统中使用命令才是王道。

在桌面空白位置单击鼠标右键，执行菜单中的“在终端中打开”，会弹出一个运行在图形环境中的字符界面窗口，当然这只是一个虚拟的字符终端，但可以在其中正常地执行各种系统命令。

下面介绍所要接触的第一个 Linux 命令——ifconfig，跟 Windows 中的 ipconfig 命令类似，它也是用来查看和配置 IP 地址信息的。执行 ifconfig 命令会显示两部分信息，如图 1-46 所示。其中上半部分的 eth0 就是系统中的网卡，现在这块网卡还没有设置 IP，下半部分的 lo 代表回环地址 127.0.0.1。

```
root@localhost:~/桌面
文件(F) 编辑(E) 查看(V) 搜索(S) 终端(T) 帮助(H)
[root@localhost 桌面]# ifconfig
eth0      Link encap:Ethernet  HWaddr 00:0C:29:F9:E4:C0
          inet6 addr: fe80::20c:29ff:fef9:e4c0/64 Scope:Link
          UP BROADCAST RUNNING MULTICAST  MTU:1500  Metric:1
          RX packets:245 errors:0 dropped:0 overruns:0 frame:0
          TX packets:6 errors:0 dropped:0 overruns:0 carrier:0
          collisions:0 txqueuelen:1000
          RX bytes:26631 (26.0 KiB)  TX bytes:468 (468.0 b)

lo        Link encap:Local Loopback
          inet addr:127.0.0.1  Mask:255.0.0.0
          inet6 addr: ::1/128 Scope:Host
          UP LOOPBACK RUNNING  MTU:16436  Metric:1
          RX packets:12 errors:0 dropped:0 overruns:0 frame:0
          TX packets:12 errors:0 dropped:0 overruns:0 carrier:0
          collisions:0 txqueuelen:0
          RX bytes:720 (720.0 b)  TX bytes:720 (720.0 b)
```

图 1-46 执行 ifconfig 命令查看网络配置信息

现在需要为这块 eth0 网卡设置 IP 地址为 192.168.10.10/24，可以执行下面这条命令：

```
[root@localhost 桌面]# ifconfig eth0 192.168.10.10/24
```

再次执行 ifconfig 命令，可以看到 IP 地址已经成功设置。

此时只要物理主机 VMnet1 虚拟网卡的 IP 也处于 192.168.10.0/24 网段(如 192.168.10.1)，那么 Linux 虚拟机就可以跟物理主机直接通信了，可以用 ping 命令进行测试。

为 Linux 设置好 IP 之后，在物理主机的 Windows7 系统里设置一个共享文件夹，注意要为这个共享文件夹指定一个用户并设置密码，如将文件夹 share 共享给用户 administrator。

然后在 Linux 虚拟机里打开“连接到服务器”工具，如图 1-47 所示，将服务类型设为

“Windows 共享”，在“服务器”里输入物理主机的 IP（192.168.10.1），“共享”里输入文件夹的共享名，“用户名”里输入指定的共享用户，单击“连接（O）”再输入用户密码，便可以连接到物理主机的共享文件夹了。

图 1-47　访问主机中的共享

3．远程登录 Linux

在生产环境中，管理员一般都是通过网络远程登录到 Linux 上对其进行管理的，下面介绍一款很好用的远程登录工具 PuTTY。

远程登录以前大都采用 Telnet 方式，但 Telnet 的数据是以明文方式在网络中传输的，安全性不高，所以现在大都采用 SSH（安全命令解释器）方式。

PuTTY 是绿色软件，无须安装。在主机上运行 PuTTY，输入 Linux 系统的 IP，连接类型选择 SSH，端口号默认为 22，如图 1-48 所示。单击“打开”按钮，就可以连接到 Linux。

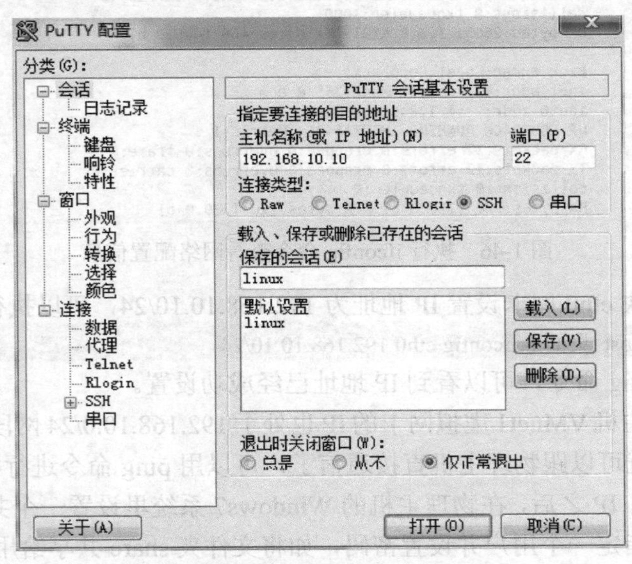

图 1-48　用 PuTTY 远程登录 Linux

也可以在连接之前，先在“保存的会话”里起个名字，然后单击“保存”按钮，将当前会话保存起来，这样下次再次连接 Linux 时，只需直接打开相应的会话便可以了。

第一次连接时，需要在主机和虚拟机的 Linux 系统之间交换会话密钥，选择“是”，保存密钥，如图 1-49 所示。

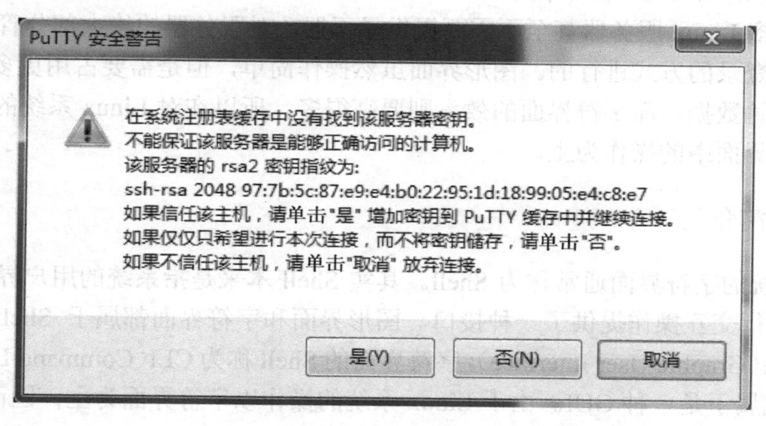

图 1-49 保存会话密钥

输入用户名 root 及相应密码，就可以远程登录上 Linux 了，当然这里只能是字符界面。

默认设置下的 PuTTY 在显示中文信息时会出现乱码，只要改变 PuTTY 默认使用的字符集就可以解决这个问题了。在 PuTTY 窗口的标题栏上单击鼠标右键，执行“修改设置”，在“窗口/转换”中选择将字符集改为 UTF-8，如图 1-50 所示。

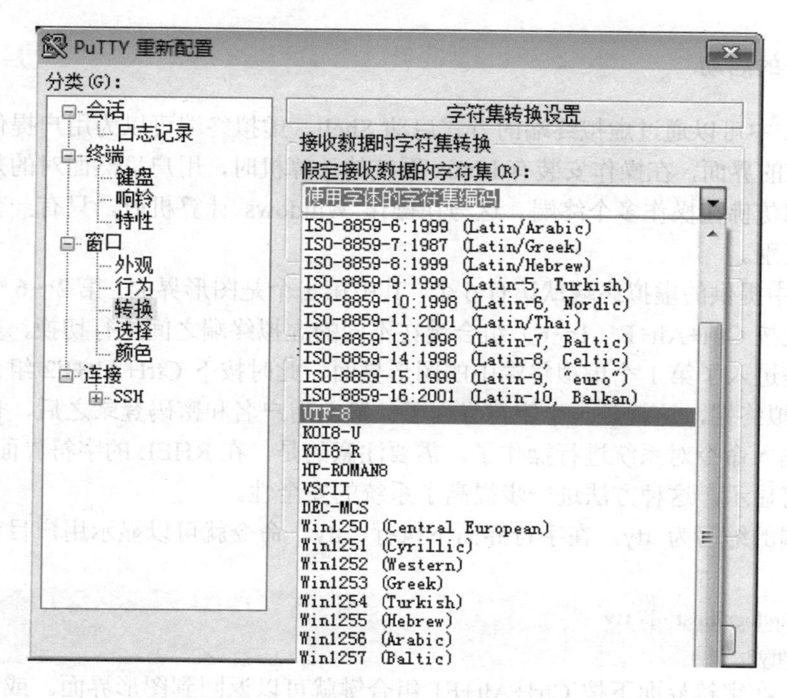

图 1-50 修改 PuTTY 字符集

1.3.2　字符界面下的基本操作

Linux 系统的强大之处并不在于图形界面，它的核心和精华是字符界面。尤其在服务器应用领域，很多 Linux 服务器甚至不需要提供显示器，对服务器的绝大部分管理、维护操作都是通过远程登录的方式进行的。图形界面虽然操作简单，但是需要占用更多的系统资源，不利于远程传输数据，而字符界面的效率则要高得多。所以在对 Linux 系统的学习过程中，要以学习字符界面中的操作为主。

1．Shell 简介

Linux 系统的字符界面通常称为 Shell。其实 Shell 本来是指系统的用户界面，它为用户与系统内核进行交互操作提供了一种接口。图形界面和字符界面都属于 Shell，图形界面的 Shell 称为 GUI（Graphic User Interface），字符界面的 Shell 称为 CLI（Command Line Interface），像 GNOME 就属于是一种 GUI。由于 Linux 系统的操作以字符界面为主，因而 Shell 通常都是专指字符界面 CLI。

Shell 其实也是 Linux 系统中的一个应用程序，它将用户输入的命令解释成系统内核能理解的语言，命令执行之后再将结果以用户可以理解的方式显示出来。Linux 系统中负责提供 Shell 功能的软件也有很多，如 SH，Csh，Zsh，…，在 RHEL 系统中默认使用的 Shell 称为 Bash，这也是目前应用最为广泛的一种 Shell，在接下来的内容中所提到的 Shell 默认都是指 Bash。

2．Shell 的启动

在 RHEL 中可以通过虚拟终端的方式启动 Shell。虚拟终端可以为用户提供多个互不干扰、独立工作的界面，在操作安装有 Linux 系统的计算机时，用户虽然面对的是一套物理终端设备，但却仿佛在操作多个终端。这与在操作 Windows 计算机时，只有一套真实的物理终端有很大区别。

RHEL 6 中提供的虚拟终端默认有 6 个，其中第 1 个是图形界面，第 2～6 个则是字符界面。可以通过按 Ctrl+Alt+F（1～6）组合键在不同的虚拟终端之间进行切换，如 RHEL 6 启动之后默认是进入了第 1 个虚拟终端中的图形界面，此时按下 Ctrl+Alt+F2 组合键就进入到了第 2 个虚拟终端，这就是一个字符界面了。输入用户名和密码登录之后，也就是启动了 Shell，可以输入命令对系统进行操作了。需要注意的是，在 RHEL 的字符界面下输入密码，将不进行任何显示，这种方法进一步提高了系统的安全性。

虚拟终端的缩写为 tty，在字符界面下执行“tty”命令就可以显示用户目前所在的虚拟终端。

```
[root@localhost ~]# tty
/dev/tty2
```

同样的，在字符界面下按 Ctrl+Alt+F1 组合键就可以返回到图形界面。或者在字符界面下执行“startx”命令，同样也可以进入图形界面。

除了虚拟终端之外，还有一种启动 Shell 的方式，称为模拟终端，它的缩写为 pts，如在图形界面中，右键单击桌面空白处然后选择“在终端中打开”，会弹出一个运行在图形环境中的字符界面窗口，这就是一个模拟终端，如图 1-51 所示。在其中执行“tty”命令，发现显示的结果为“/dev/pts/0”，表示这是系统启动的第 1 个模拟终端（模拟终端的编号从 0 开始）。

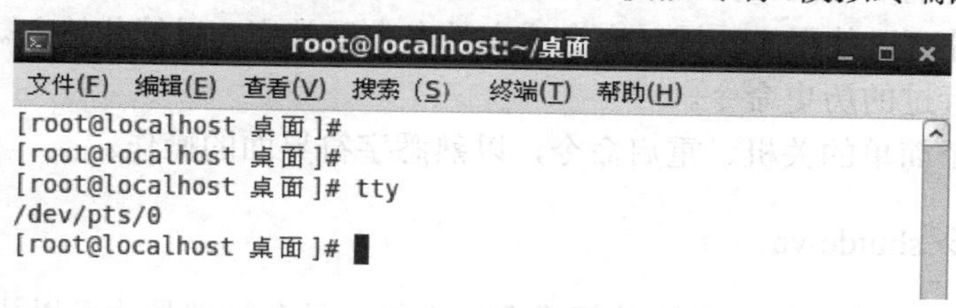

图 1-51　模拟终端

另外，通过 PuTTY 之类的工具远程登录 Linux 系统，所打开的也是一个模拟终端。

无论是虚拟终端还是模拟终端，都为我们提供了一种启动 Shell 的方法。至于具体选择哪种方式，则可以根据个人喜好和实际工作情况而定。

3. 命令提示符

启动 Shell 之后，首先就可以看到类似于“[root@localhost ～]#”形式的命令提示符。

命令提示符是 Linux 字符界面的标志，其中的“root”表示当前登录的用户账户名；“localhost”表示本机的主机名；“～”代表用户当前所在的位置，也就是工作目录，“～”是一个特殊符号，泛指用户的家目录，root 用户的家目录就是/root；最后的“#”字符表示当前登录的是管理员用户，如果登录的是普通用户，则最后的“#”字符将变为“$”。

由于在 Linux 系统中，用户使用某个账号进行系统登录后，还可以使用相应的命令将用户身份转换为其他角色的用户，以实现不同权限的操作，因此命令提示符是用户判断当前身份状态的重要依据。

一旦出现了命令提示符，就可以输入命令名称及命令所需要的参数来执行命令。如果一条命令花费了很长时间来运行，或者在屏幕上产生了大量的输出，可以按 Ctrl+C 组合键发出中断信号来中断此命令的运行。

4. Shell 命令格式

Shell 命令可由命令名、选项和参数三部分组成，其基本格式如下所示：

```
命令名 [选项] [参数]
```

命令名是描述命令功能的英文单词或缩写。例如，date 表示日期，who 表示谁在系统中，cp 是 copy 的缩写，表示复制文件等。在 Shell 命令中，命令名必不可少，并且总是放在整个命令行的起始位置。

选项的作用是调节命令的具体功能，同一命令采用不同的选项，其功能各不相同。选项可以有一个，也可以有多个，当然也可能没有。选项通常以“-”开头，当有多个选项时，可以只使用一个“-”符号，如“ls –l –a”命令与“ls –al”命令功能完全相同。另外，部分选项以“--”开头，这些选项通常是一个单词，还有少数命令的选项不需要“-”符号。

参数是命令的处理对象，通常情况下参数可以是文件名、目录名或用户名等内容。

命令名、选项和参数之间必须用空格分隔。

在 Shell 中，一行中也可以输入多条命令，命令之间用“;”字符分隔。另外，如果在一行命令后加上“\”符号，就表示另起一行继续输入。

在使用命令时需要注意，在 Linux 中命令区分大小写，即同一个命令，大写和小写代表不同的含义。另外可以使用 Tab 键对命令或文件名自动补齐，以简化输入。通过上、下方向键可以找出曾执行过的历史命令。

下面介绍几个简单的关机、重启命令，以熟悉字符界面的操作。

（1）关机命令 shutdown

使用 shutdown 命令可以安全地关闭或重启系统，只有管理员才可以执行该命令。

例：使用 shutdown 命令重启系统。

```
[root@localhost ~]# shutdown -r now
```

例：使用 shutdown 命令关闭系统。

```
[root@localhost ~]# shutdown -h now
```

例：使用 shutdown 命令设置在 15min 以后自动重启系统。

```
[root@localhost ~]# shutdown -r +15
```

对于延时运行的关机、重启操作，必要时可以按 Ctrl+C 组合键取消。

（2）重启系统命令 reboot

例：使用 reboot 命令重启系统。

```
[root@localhost ~]# reboot
```

（3）系统注销

已经登录的用户如果不再需要使用系统，则应该注销，退出登录状态。在字符界面下可以输入 logout 命令或 exit 命令注销用户。

例：student 用户通过执行 exit 命令退出登录。

```
[student@localhost ~]$ exit
```

思考与练习

选择题

1. 在 RHEL 6 系统中，根分区“/”默认使用的文件系统类型是（　　）。

   A. FAT32　　B. NTFS　　C. EXT4　　D. SWAP

2. 在 Linux 系统的目录结构中，可以有（　　）个根目录。

   A. 1　　B. 2　　C. 3　　D. 4

3. 在 Linux 系统中，第 2 个 SATA 设备应该表示为（　　）。

   A. hd2　　B. hdb　　C. sd2　　D. sdb

4. 在 Linux 系统中，第 1 块 SATA 硬盘中的第 2 个逻辑分区应该表示为（　　）。

   A. sda2　　B. sda3　　C. sda5　　D. sda6

5．登录到 Linux 字符界面操作后，命令提示符中最后的符号为“#”，表示当前的用户是（　　）。

A. root　　B. administrator　　C. student　　D. guest

6．用于在虚拟终端之间进行切换的键盘组合键是什么？（　　）

A. Ctrl+Alt+1　　B. Ctrl+Alt+F5

C. Ctrl+Alt+向左箭头键和 Ctrl+Alt+向右箭头键

D. Ctrl+Alt+向上箭头键和 Ctrl+Alt+向下箭头键

7．如何在 Linux 命令行中指定选项？（　　）

A. 选项以“-”或“+”开头　　B. 选项以“@”或“--”开头

C. 选项以“-”或“--”开头　　D. 选项以“$”或“--”开头。

8．下列哪个不属于开源的软件？（　　）

A. Linux 内核　　B. Outlook Express　　C. Apache　　D. Tomcat

操作题

1．安装 VMWare Workstation，新建一台虚拟机，并安装 RHEL 6 操作系统。

2．启动 RHEL 6 系统之后，熟悉图形界面环境中的各项操作。

3．熟悉进入 Linux 字符界面的不同方式，并练习关机和重启命令。

4．将虚拟机关机，通过链接克隆的方式再创建出两台虚拟机 rhel1 和 rhel2。

5．对虚拟机 rhel1 进行网络设置，使之能够与物理主机及物理网络中的其他计算机进行通信。

6．对虚拟机 rhel1 和 rhel2 进行正确的网络设置，使它们之间及与物理主机之间可以互相通信，但是与真实的物理网络隔离。

第2章

Linux 系统文件和目录管理

第 1 章已经初步认识了 Linux 系统的命令行界面，Linux 系统在命令行界面中提供了丰富的管理命令，使用这些命令可以完成 Linux 系统中的所有管理任务。命令是 Linux 系统操作的根本，熟练使用命令行对系统进行管理和操作是作为 Linux 系统管理员必备的技能。

本章将介绍如何通过命令来管理系统的文件和目录，以及通过 vi 编辑器建立或修改文本文件。

2.1 了解文件和目录的概念

任务描述

在 Linux 系统中，一切皆文件。文件和目录管理是 Linux 系统运行维护的基础工作，在本任务中将介绍 Linux 系统中的文件、目录管理的一些基本概念。

任务分析及实施

2.1.1 根目录和家目录

下面首先介绍一个非常简单的命令：pwd，该命令用于显示用户当前所在的工作目录位置，使用 pwd 命令可以不加任何选项或参数。

如在命令提示符后面直接执行 pwd 命令，可以看到当前所在的工作目录为“/root”。

```
[root@localhost ~]# pwd
/root
```

“/root”这个目录的解释如下。

- “/”是 Linux 系统的根目录，也是其他所有目录的起点。
- “/root”是根目录下面的一个子目录，它的用途是作为管理员 root 用户的家目录。

家目录类似于 Windows 系统中的用户配置文件夹，用于存放用户的各种个人数据。Linux 跟 Windows 的区别是：在 Windows 中，每个磁盘分区都会有一个对应的根目录，如“C:\”，“D:\”，…，而在 Linux 系统中永远只有一个根目录“/”，也就是说 Linux 系统中的目录结构是固定的，跟磁盘分区没有任何关系。

Windows 中所有用户的用户配置文件夹都统一存放在“C:\Documents and settings”以用户名命名的子文件夹中，如用户“jerry”的用户配置文件夹是“C:\Documents and settings\jerry”。Linux 系统中所有用户的家目录都是集中存放在“/home”目录中，同样也是以用户名命名的，如用户“natasha”的家目录是“/home/natasha”。例外的是 root 用户，这个在 Linux 中具有至高无上权限的用户，它的家目录也是单独的“/root”，以示与其他普通用户的区别。

2.1.2 绝对路径和相对路径

接下来再介绍一个基本命令：cd，该命令用于切换工作目录，命令的语法格式如下。

```
cd 目录名
```

如要将工作目录更改为/boot/grub，并使用 pwd 命令查看当前所处位置。

```
[root@localhost ~]# cd /boot/grub
[root@localhost grub]# pwd
/boot/grub
```

如果只是单纯执行 cd 命令，默认将返回到用户的家目录。

```
[root@localhost grub]# cd
[root@localhost ~]# pwd
/root
```

可以看到，当执行了 cd 命令后，命令提示符变成了“[root@localhost ～]”，其中的符号“～”就代指用户的家目录。

再如要切换到系统根目录，可以执行命令“cd /”；执行“cd -”命令可以在最近工作过的两个目录之间切换。

在 Linux 系统中表示某个目录（或文件）的位置时，根据其参照的起始目录不同，可以使用两种不同的形式：相对路径和绝对路径。

- 绝对路径：这种方式以根目录“/”作为起点，如“/boot/grub”。因为 Linux 系统中的根目录只有一个，所以不管当前处于哪个目录中，使用绝对路径都可以准确地表示一个目录（或文件）所在的位置。但是如果路径较长，输入的时候会比较烦琐。
- 相对路径：这种方式一般以当前的工作目录作为起点，在开头不使用“/”符号，因此输入的时候更加简单，如“grub.conf”就表示当前目录下的 grub.conf 文件，而“/grub.conf”则表示根目录下的 grub.conf 文件。

所以，如果当前目录是“/root”，要进入当前目录下的一个名为 test 的子目录中，可以使用相对路径“cd test”，也可以使用绝对路径“cd /root/test”。

对于初学者，建议在初始时尽量使用绝对路径，以便于理解和区分。

另外，在表示路径时还有两个特殊的符号：“.”和“..”。

- “.”表示当前目录，如“./grub.conf”表示当前目录下的 gurb.conf 文件。
- “..”表示以当前目录的上一级目录（父目录），如若当前处于“/boot/grub”目录中，则“../vmlinuz”等同于“/boot/vmlinuz”。

读者可以思考一下“cd ..”这个命令是什么意思？如执行下列操作：

```
[root@localhost ~]# cd /boot/grub
[root@localhost grub]# cd ..
[root@localhost boot]# pwd
/boot
```

可以看出，“cd ..”就是进入到当前目录的上一级目录。

2.2 文件管理命令

任务描述

Linux 用户日常的操作几乎都是围绕着文件系统来使用的，熟练掌握文件管理的相关操作就跟学习 Windows 首先要掌握如何用鼠标一样，是 Linux 系统中最基本的操作。

在本任务中将介绍 Linux 系统中最常用的一些基础命令，只要掌握了这二十几个命令，就可以说已经通过了 Linux 入门的第一关。

任务分析及实施

2.2.1 文件和目录操作命令

1. ls 命令——列表显示目录内容

ls 可谓 Linux 中最常用的命令，主要用来列表显示一个目录中包含的内容，或是用来查看一个文件或目录本身的信息（类似于 Windows 中查看文件或文件夹的属性）。命令的语法格式：

```
ls [选项] [目录名或文件名]
```

例如，要查看一下当前目录（一般习惯以 root 用户的家目录"/root"作为当前工作目录）中都包含哪些内容，可以直接执行 ls 命令。

```
[root@localhost ~]# ls
anaconda-ks.cfg   install.log.syslog    模板   图片   下载   桌面
install.log       公共的                视频   文档   音乐
```

ls 显示结果以不同的颜色来区分文件类别。蓝色代表目录，灰色代表普通文件，绿色代表可执行文件，红色代表压缩文件，浅蓝色代表链接文件。

再如，想查看"/boot"目录都有什么内容，可以用指定的路径作为命令参数。

```
[root@localhost ~]# ls /boot
config-2.6.32-279.el6.x86_64                 lost+found
efi                                          symvers-2.6.32-279.el6.x86_64.gz
grub                                         System.map-2.6.32-279.el6.x86_64
initramfs-2.6.32-279.el6.x86_64.img   vmlinuz-2.6.32-279.el6.x86_64
```

单纯的 ls 命令只能显示一些基本信息，下面将介绍一些 ls 命令的常用选项，结合这些选项，ls 可以实现更为强大的功能。

（1）-a 选项，显示所有文件，包括隐藏文件

```
[root@localhost ~]# ls -a
.                  .esd_auth     .imsettings.log       .thumbnails
..                 .evolution    install.log           公共的
.abrt              .gconf        install.log.syslog    模板
anaconda-ks.cfg    .gconfd       .local                视频
```

执行"ls –a"命令后会发现多出了很多以"."开头的文件或目录。在 Linux 系统中，以"."开头的就是隐藏文件或隐藏目录。通常，隐藏文件都是 Linux 系统中比较重要的文件，将这些文件隐藏的目的主要是为了防止用户对它们进行误操作。

（2）-l 选项，以长格式（内容更详细）显示文件或目录的详细信息

```
[root@localhost ~]# ls -l
总用量 100
-rw-------. 1 root root    1552 10 月  30 19:40 anaconda-ks.cfg
```

```
-rw-r--r--. 1 root root 46423 10 月  30 19:39 install.log
-rw-r--r--. 1 root root 10151 10 月  30 19:36 install.log.syslog
drwxr-xr-x. 2 root root   4096 10 月  31 19:28  公共的
drwxr-xr-x. 2 root root   4096 10 月  31 19:28  模板
```

输出的信息共分为 7 组，每组的含义分别是：

- 第 1 组，文件类别和文件权限。其中第 1 个字符代表文件的类别，“-”代表普通文件，“d”代表目录，“l”代表符号链接，“c”代表字符设备，“b”代表块设备。
- 第 2 组，硬链接的数量，文件默认为 1，目录默认为 2。
- 第 3 组，文件所有者。
- 第 4 组，文件所属组。
- 第 5 组，文件大小（单位为字节 B）。需要注意的是，对于目录，这里只显示目录本身的大小，而不包括目录中的文件及下级子目录的大小。一般情况下，目录的大小都是 4096B。
- 第 6 组，文件创建或修改时间。
- 第 7 组，文件名。

这些信息的具体含义将在后续章节中详细介绍。之前曾提到过，所有的硬件设备在 Linux 系统中都是以文件的形式存在的，用户可以像使用普通文件那样对设备进行操作，从而实现设备无关性，设备文件都统一存放在/dev 目录中。设备文件主要分为块设备和字符设备两种。块设备指的是成块读取数据的设备，通常具有自动缓存机制，如硬盘、内存等；字符设备指的是按单个字符读取数据的设备，如键盘、鼠标等。

再如查看/dev 目录中的详细信息。

```
[root@localhost ~]# ls -l /dev
总用量  0
crw-rw----. 1 root video      10, 175 11 月    3 21:14 agpgart
crw-rw----. 1 root root       10,   57 11 月    3 21:14 autofs
drwxr-xr-x. 2 root root            640 11 月    3 21:14 block
drwxr-xr-x. 2 root root             80 11 月    3 21:14 bsg
drwxr-xr-x. 3 root root             60 11 月    3 21:14 bus
```

ls 命令也可以指定查看某个具体文件的详细信息，如“ls -l install.log”。

（3）-d 选项，显示目录本身的属性，而不是显示目录中的内容

如查看/dev 目录本身的属性信息。

```
[root@localhost ~]# ls -l -d /dev
drwxr-xr-x. 18 root root 3720 11 月    3 21:14 /dev
```

如果不用“-d”选项，那就是显示/dev 目录中所有文件和子目录的详细信息了。

上面这条命令也可以简写成“ls -ld /dev”，如果将多个选项结合在一起使用，一般习惯使用这种简写的形式。

（4）-h 选项，以 K、M、G 等单位显示文件大小（默认为字节），提高信息可读性

如以易读的形式显示当前目录下文件的详细信息。

```
[root@localhost ~]# ls -lh
总用量 100K
-rw-------. 1 root root      1.6K 10 月    30 19:40 anaconda-ks.cfg
-rw-r--r--. 1 root root       46K 10 月    30 19:39 install.log
-rw-r--r--. 1 root root       10K 10 月    30 19:36 install.log.syslog
-rw-r--r--. 1 root root         0 11 月     4 11:15 sr0
drwxr-xr-x. 2 root root      4.0K 10 月    31 19:28 公共的
```

（5）通配符

ls 命令还可以结合通配符“？”、“*”或“[…]”一起使用。

通配符“*”可以匹配任意数目的字符，如以长格式列出/etc 目录下所有以“ns”开头并以“.conf”结尾的文件信息。

```
[root@localhost ~]# ls -lh /etc/ns*.conf
-rw-r--r--. 1 root root 1.7K 5 月    5 2010 /etc/nsswitch.conf
```

再如显示/etc 目录中所有名字中包括“conf”的文件或目录（加上-d 选项，表示对于目录只显示目录本身，而不显示目录中的内容）。

```
[root@localhost ~]# ls -d /etc/*conf*
```

通配符“？”可以在相应位置上匹配任意单个字符，如以长格式列出/dev 目录中所有以“sd”开头并且文件名只有 3 个字符的文件信息。

```
[root@localhost ~]# ls -lh /dev/sd?
brw-rw----. 1 root disk 8, 0 11 月    3 21:14 /dev/sda
```

通配符“[…]”可以匹配括号中给出的字符或字符范围。“[ ]”中的字符范围可以是几个字符的列表，也可以使用“-”给定一个取值范围，还可以用“!”或“^”表示不在指定字符范围内的其他字符。

例：列出/dev 目录中所有以“d”、“f”开头并且文件名为 3 个字符的文件。

```
[root@localhost test]# ls /dev/[d,f]??
/dev/dvd    /dev/fb0
```

例：列出/dev/目录中以“a”、“b”、“c”开头的所有文件。

```
[root@localhost test]# ls /dev/[a-c]*
/dev/agpgart    /dev/cdrom    /dev/console    /dev/cpu_dma_latency
/dev/autofs     /dev/cdrw     /dev/core       /dev/crash
```

例：列出/dev 目录中不是以“f”、“h”、“i”开头的所有文件。

```
[root@localhost test]# ls /dev/[!fhi]*
/dev/agpgart        /dev/ram10        /dev/tty17    /dev/tty53
/dev/autofs         /dev/ram11        /dev/tty18    /dev/tty54
```

这三个通配符同样也适用于 Shell 环境中的其他大多数命令。

2．mkdir 命令——创建目录

mkdir 命令用于创建新的空目录，命令的语法格式：

```
mkdir [选项] 目录名
```

例：在当前目录中创建名为 test 的子目录。

```
[root@localhost ~]# mkdir test
```

例：在根目录中创建名为 public 的子目录。

```
[root@localhost ~]# mkdir /public
```

mkdir 命令也可以同时创建多个目录。

例：在当前目录中同时创建 3 个子目录。

```
[root@localhost ~]# mkdir mp3 mp4 rmvb
```

“-p”选项，创建嵌套的多级目录结构。

例：在根目录下创建子目录 media，并在 media 目录中再建立子目录 cdrom。

```
[root@localhost ~]# mkdir -p /media/cdrom
```

执行上面的命令后，若根目录（/）中没有 media 目录，系统将首先创建 media 目录，然后在 media 下创建 cdrom 目录。

3．rmdir 命令——删除空目录

rmdir 命令的作用与 mkdir 命令的作用正好相反，使用 rmdir 命令可以删除指定的目录，而且同样可以使用“-p”选项删除多级目录。

例：一次性删除目录/media 及其子目录/media/cdrom。

```
[root@localhost ~]# rmdir -p /media/cdrom
```

注意，rmdir 命令所删除的目录要求必须是空目录（目录中没有任何文件和子目录）。

```
[root@localhost ~]# mkdir –p test/test1          #创建/root/test 及/root/test/test1 目录
[root@localhost ~]# rmdir test                   #删除/root/test 目录，提示错误
rmdir: test: 目录非空
[root@localhost ~]# rmdir test/test1             #先删除/root/test/test1 目录
[root@localhost ~]# rmdir test                   #再删除/root/test 目录
```

由于后面还要介绍功能更为强大的 rm 命令，所以这个 rmdir 命令在实践中很少使用。

4．touch 命令——建立空文件或修改时间戳

touch 命令用于创建空文件或是修改已有文件的时间戳，其命令格式为：

```
touch 选项 文件名
```

执行命令后，如果所输入的文件名不存在，那么就会创建相应的空文件。

例：在当前目录下创建名为 test1 的空文件。

```
[root@localhost test]# touch test1
[root@localhost test]# ls -l
-rw-r--r--  1 root root    0 04-13 23:59 test1
```

可以发现创建的文件大小为 0 字节。

如果 touch 命令中指定的文件已存在，那么就会将文件的时间戳更新为系统当前时间，文件中的数据则原封不动地被保留下来。

时间戳包括访问时间和修改时间，可以通过不同的选项分别对其进行修改：

- “-a”选项：更改访问时间。

- "-m"选项：更改修改时间。
- "--d='字符串'"选项：将文件的访问和修改时间更改为指定时间，而不是系统当前时间。

例：将当前工作目录中 test.txt 文件的时间戳修改为指定时间"2014-07-08"。

```
[root@localhost ~]# touch --d="2014-07-08" test.txt
[root@ localhost ~]# ls –l test.txt
-rw-r--r--. 1 root root        0 7 月     8 2014 test.txt
```

5. rm 命令——删除文件或目录

在 Linux 中，无论是删除文件还是删除目录，一般都使用 rm 命令，在前面提到的专门删除目录的 rmdir 命令则很少使用。rm 命令的语法格式：

```
rm [选项] 文件名或目录名
```

例：将/tmp 目录中的 test2.txt 文件删除。

```
[root@localhost ~]# rm /tmp/test2.txt
rm：是否删除普通空文件 "/tmp/test2.txt"? y
```

rm 命令也支持通配符。

例：删除/root/test 目录中的所有内容。

```
[root@localhost ~]# rm /root/test/*
```

例：删除/tmp 目录中所有后缀名为 txt 的文件。

```
[root@localhost ~]# rm /tmp/*.txt
```

常用选项：

（1）-f: 强制删除，不需要用户确认

在系统的默认状态下，rm 命令会对每个删除的文件一一询问。如果用户确定要删除这些文件，则可以使用参数-f 来避免询问。

例：强制删除/tmp 目录中所有后缀名为 txt 的文件。

```
[root@localhost ~]# rm –f /tmp/*.txt
```

（2）-r: 删除目录时必须使用此选项，表示递归删除整个目录

一般在删除目录时都会将-r 和-f 选项一起使用，以避免麻烦。

例：强制删除/root/rc.d 目录。

```
[root@localhost ~]# rm -rf /root/rc.d
```

注意，-rf 选项功能强大，应谨慎使用。

6. cp 命令——复制文件或目录

通过 cp 命令可以复制文件或目录，命令的语法格式：

```
cp [选项] 源文件或目录 目标文件或目录
```

在用 cp 命令复制的同时还可以将文件改名。

例：将/bin/touch 文件复制到/root/test 目录中，并重命名为 mytouch。

```
[root@localhost ~]# cp /bin/touch /root/test/mytouch
```

例：将当前目录下的 afile 文件复制到/tmp 目录中（为了区分文件和目录，最好在目录名的后面加上“/”）。

```
[root@localhost ~]# cp afile /tmp/
```

例：将/etc/inittab 文件复制一份进行备份，仍保存在/etc 目录下，文件名添加“.bak”后缀。

```
[root@localhost ~]# cp /etc/inittab /etc/inittab.bak
```

常用选项：

“-r”选项，复制目录时必须使用此选项，表示递归复制所有文件及子目录。

例：将目录/etc/rc.d 整体复制到/root 目录下。

```
[root@localhost ~]# cp /etc/rc.d /root/              #未使用-r 选项，提示错误
cp: 略过目录"/etc/rc.d"
[root@localhost ~]# cp -r /etc/rc.d /root            #使用-r 选项后，可成功复制
```

7．mv 命令——移动文件或目录

mv 命令用来移动文件或对文件重命名，命令的语法格式：

```
mv [选项] 源文件或目录 目标文件或目录
```

如果第二个参数中的目标是一个目录，则 mv 命令将文件移动到该目录中；若第二个参数中的目标是一个文件，则 mv 命令将对源文件进行重命名。

例：将/root/test 目录中的文件 test1.txt 改名为 test2.txt。

```
[root@localhost ~]# mv /root/test/test1.txt /root/test/test2.txt
```

例：将文件/root/test/test2.txt 移动到/tmp 目录中。

```
[root@localhost ~]# mv /root/test/test2.txt /tmp/
```

2.2.2 查看文件内容命令

1．cat 命令——显示文件的内容

cat 是应用最为广泛的文件内容查看命令。

例：查看/etc/sysconfig/network-scripts/ifcfg-eth0 文件中的内容（这个路径很长，在输入时可以使用 Tab 键自动补齐），以了解网卡配置信息。

```
[root@localhost ~]# cat /etc/sysconfig/network-scripts/ifcfg-eth0
```

例：查看/etc/passwd 文件中的内容，了解 Linux 系统中的用户信息。

```
[root@localhost ~]# cat /etc/passwd
```

cat 在显示文本文件的内容时不停顿，对于内容较长的文件，在快速滚屏显示之后，只有最后一页的文件内容保留在屏幕中显示，因此 cat 不适合查看长文件。

2．more 和 less 命令——分页显示文件内容

使用 more 和 less 命令可以进入阅读环境，采用全屏的方式分页显示文件内容。当内容

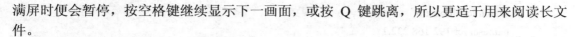

满屏时便会暂停，按空格键继续显示下一画面，或按 Q 键跳离，所以更适于用来阅读长文件。

例：分页显示/etc/passwd 文件中的内容。

```
[root@localhost ~]# more /etc/passwd
```

less 命令的用法与 more 命令类似，它们之间的区别是：在 less 命令的阅读环境中可以前后翻页，而在 more 命令的阅读环境中则只能向后翻页；另外，当文件内容显示到文件尾部时，more 命令会自动退出阅读环境，而 less 命令不自动退出，当要结束浏览时，要在 less 命令的提示符"："后按 Q 键退出。所以 less 命令更有利于对文件内容的反复阅读，而 more 命令更多的是与其他命令结合使用，通过后面所介绍的管道操作符将前一个命令的执行结果分屏显示。

3．head 和 tail 命令——查看文件开头或末尾的部分内容

head 和 tail 命令用于显示文件的局部内容，默认情况下，head 显示前 10 行内容，tail 显示后 10 行内容。

例：查看/etc/passwd 文件的前 10 行内容。

```
[root@localhost ~]# head /etc/passwd
```

例：查看/etc/passwd 文件的后 10 行内容。

```
[root@localhost ~]# tail /etc/passwd
```

常用选项：

（1）"-n"选项，指定显示的具体行数。

例：查看/etc/passwd 文件的前 2 行内容。

```
[root@localhost ~]# head -2 /etc/passwd
root:x:0:0:root:/root:/bin/bash
bin:x:1:1:bin:/bin:/sbin/nologin
```

（2）"-f"选项，实时显示文件增量内容。

在生产环境中，tail 命令更多地被用于查看系统日志文件，以便观察相关的网络访问、服务调试等相关信息。配合"-f"选项可以用于跟踪日志文件末尾的内容变化，实时显示更新的日志内容。

例：查看系统公共日志文件/var/log/messages 倒数最后 10 行内容（默认值），并在末尾跟踪显示该文件中更新的内容（按 Ctrl+C 组合键终止）。

```
[root@localhost ~]# tail -f /var/log/messages
……          #省略显示内容
```

4．wc 命令——文件内容统计

wc 命令用于统计指定文件中的行数、单词数、字节数。

例：依次统计/etc/resolv.conf 文件中的行数、单词数、字节数。

```
[root@localhost ~]# cat /etc/resolv.conf
# Generated by NetworkManager
domain localdomain
```

```
search localdomain
nameserver 192.168.232.1
[root@localhost ~]# wc /etc/resolv.conf
4 10 93 /etc/resolv.conf
```

结果显示/etc/resolv.conf 文件中共有 4 行、10 个单词、93 字节。

常用选项：

“-l”选项，统计行数；“-w”选项，统计单词数；“-c”选项，统计字节数。其中最常用的是“-l”选项。

例：统计当前系统中的用户数量（/etc/passwd 文件中的行数）。

```
[root@localhost ~]# wc -l /etc/passwd
35 /etc/passwd
```

2.2.3 查找命令

Linux 中有两个比较重要的查找命令：find 和 grep。在介绍这两个命令之前，先把它们的区别解释一下。

- find 命令是在某个指定的路径下找需要的文件或目录，目标是文件或目录。
- grep 命令是在某个文件中找需要的某部分内容，目标是字符串。

如果与 Windows 系统做对比的话，find 命令类似于在 Windows 系统中执行的“搜索”操作，而 grep 命令则类似于在 Word 中执行的“查找”操作，两个命令的性质是完全不一样的。

1．find 命令——文件或目录查找命令

find 命令采用递归的方式，可以在指定的目录及其子目录中进行查找。

find 命令的基本使用格式：

```
find [查找范围] [查找条件表达式]
```

较常用的几种查找条件类型如下：

（1）“-name”选项，按名称查找，允许使用通配符

例：在/etc 目录中查找所有名称以“net”开头、以“.conf”结尾的文件。

```
[root@localhost ~]# find /etc -name "net*.conf"
/etc/dbus-1/system.d/net.reactivated.Fprint.conf
/etc/sane.d/net.conf
/etc/latrace.d/netdb.conf
```

（2）“-type”选项，按文件类型查找

文件类型指的是普通文件（f)、目录（d)、块设备文件（b)、字符设备文件（c）等。

例：在/boot 目录中查找所有的子目录。

```
[root@localhost ~]# find /boot -type d
```

（3）“-user”选项，按文件所有者查找，根据文件是否属于某个目标用户进行查找

例：在/home 目录下查找所有属于用户 student 的文件或目录。

```
[root@localhost ~]# find /home -user student
```

（4）“-size”选项，按文件大小查找

一般使用“+”、“-”号设置超过或小于指定的大小作为查找条件。常用的容量单位包括 k（注意是小写）、M、G。

例：在/boot 目录中查找大小超过 1024KB 的文件。

```
[root@localhost ~]# find /boot -size +1024k
```

在 find 命令中可以同时指定多个查找条件，各个条件之间默认是逻辑与的关系。

例：在 boot 目录中查找大小超过 1024KB 而且文件名以“init”开头的文件。

```
[root@localhost ~]# find /boot -size +1024k -name "init*"
```

2．grep 命令——文件内容查询命令

grep 命令用于在文件中查找并显示包含指定字符串的行，通过该命令可以从众多杂乱的信息中找到所需要的部分。命令语法格式：

```
grep [选项] 查找条件 目标文件
```

例：在/etc/passwd 文件中查找包含“root”字符串的行。

```
[root@localhost ~]# grep root /etc/passwd
root:x:0:0:root:/root:/bin/bash
operator:x:11:0:operator:/root:/sbin/nologin
```

注意，grep 命令不支持“*”和“？”这些普通意义上的通配符，而是通过使用正则表达式来设置所要查找的条件。正则表达式定义了很多表示不同含义的符号，对于初学者没必要一次性记住所有的正则表达式，只需掌握那些最常用的符号即可，如符号“^”表示以什么字符开头，符号“$”表示以什么字符结尾；如“^word”表示以“word”开头，“word$”表示以“word”结尾，“^$”则表示空行。

例：在/etc/httpd/conf/httpd.conf 文件中查找所有以“#”开头的行。

```
[root@localhost ~]# grep "^#" /etc/httpd/conf/httpd.conf
```

常用选项：

“-v”选项，反转查找，即输出与查找条件不相符的行。

例：在/etc/httpd/conf/httpd.conf 文件中查找所有不是以“#”开头的行。

```
[root@localhost ~]# grep -v "^#" /etc/httpd/conf/httpd.conf
```

3．内部命令和外部命令

内部命令，指的是集成在 Shell 里的命令，属于 Shell 的一部分，系统中没有与命令单独对应的程序文件。只要 Shell 被执行，内部命令就自动载入内存，用户可以直接使用，如 cd 命令等。

外部命令，考虑到运行效率等原因，不可能把所有的命令都集成在 Shell 里，更多的 Linux 命令是独立于 Shell 之外的，这些就称为外部命令。每个外部命令都对应了系统中的一个文

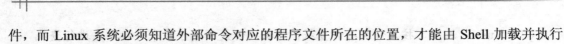

件，而 Linux 系统必须知道外部命令对应的程序文件所在的位置，才能由 Shell 加载并执行这些命令，如 cp、ls 等都属于外部命令。

可以用 type 命令来判断一个命令是内部命令还是外部命令，如：

```
[root@localhost ~]# type cd
cd is a Shell builtin
```

外部命令的程序文件大都存放在/bin，/sbin，/usr/bin，…这些目录里，Linux 系统会默认将这些路径添加到一个名为 PATH 的变量里，执行“echo $PATH”命令可以显示出 PATH 变量里保存的目录路径（路径之间用“:”间隔）。

```
[root@localhost ~]# echo $PATH
/usr/lib64/qt-3.3/bin:/usr/local/sbin:/usr/local/bin:/sbin:/bin:/usr/sbin:/usr/bin:/root/bin
```

当用户输入并执行命令时，Shell 首先检查命令是否是内部命令。若不是，Shell 就会从 PATH 变量所保存的这些路径里寻找外部命令所对应的程序文件，只有找到了程序文件才能正确地执行命令。这也就意味着，如果把一个外部命令所对应的程序文件删了，或者是存放外部命令程序文件的目录没有添加到 PATH 变量里，这些都会导致外部命令无法正常执行，这点在以后还会再提到。当然，对于目前而言，并不需要知道这些外部命令的具体位置，甚至不用刻意地去分辨一个命令到底是内部命令还是外部命令，因为它们的使用方法都是基本类似的。

4. which 命令——查找外部命令所对应的程序文件

which 也是一个用于查找或搜索的命令，但它查找的是 Linux 外部命令所对应的程序文件，其搜索范围由环境变量 PATH 决定。

例：查找 ls 命令所对应的程序文件。

```
[root@localhost ~]# which ls
alias ls='ls --color=auto'
/bin/ls
```

执行命令后，首先显示出系统中所设置的 ls 命令的别名，然后是 ls 命令的程序文件“/bin/ls”。

如果要查找的是一个内部命令，那将找不到任何对应的程序文件。

2.2.4 其他辅助命令

1. ln 命令——为文件或目录建立链接

ln 命令用于为文件或目录建立快捷方式（在 Linux 系统中称为链接文件）。

ln 命令的一般格式：

```
ln （选项） 源文件 目标文件
```

链接文件分为硬链接和软链接两种类型，主要区别是：不能对目录创建硬链接，也不能跨越不同分区创建硬链接文件，而软链接则没有这些限制，所以平时使用的大都是软链接。

在创建软链接时需要使用“-s”选项。

例：为网卡配置文件/etc/sysconfig/network-scripts/ifcfg-eth0 在/root 目录中创建一个名为

net 的软链接。

```
[root@localhost test]# ln -s /etc/sysconfig/network-scripts/ifcfg-eth0 /root/net
```

查看这个链接文件的详细信息，可以看到其对应的源文件。

```
[root@localhost ~]# ls -lh /root/net
lrwxrwxrwx. 1 root root 41 1 月  9 22:47 /root/net -> /etc/sysconfig/network-scripts/ifcfg-eth0
```

同 Windows 中的快捷方式一样，对链接文件所做的操作都会对应到源文件上。但是如果使用 rm 命令删除链接文件时，将只删除该链接文件，而实际的源文件仍将存在。

2．alias 命令——设置命令别名

命令别名通常是命令的缩写，对于经常使用的命令，通过设置别名可以简化操作，提高工作效率。

alias 命令的一般格式：

```
alias [别名='标准 Shell 命令行']
```

单独执行 alias 命令可以列出当前系统中已经存在的别名命令。

```
[root@localhost ~]# alias
alias cp='cp -i'
alias l.='ls -d .* --color=auto'
alias ll='ls -l --color=auto'
alias ls='ls --color=auto'
alias mv='mv -i'
alias rm='rm -i'
```

可以发现其中有一个系统定义的别名命令 ll，执行“ll”就相当于执行“ls -l”命令。

例：设置别名命令 cpd，其功能是查看/etc/passwd 文件的内容。

```
[root@localhost ~]# alias cpd='cat /etc/passwd'
```

在执行这个命令时需要注意，“=”的两边不能有空格，在标准命令的两端要使用单引号。这样以后只要执行 cpd 就相当于执行了“cat /etc/passwd”命令。

如果要取消所设置的别名命令，可以使用 unalias 命令。

```
[root@localhost ~]# unalias cpd
```

需要注意的是，利用 alias 命令设定的用户别名命令，其有效期限仅持续到用户退出登录为止，当用户下一次登录到系统时，该别名命令已经无效。如果希望别名命令在每次登录时都有效，就应该将 alias 命令写入用户家目录下的.bashrc 文件中。

3．history——查看命令历史记录

在 Bash 中查看命令历史记录最简单的方法是用上下方向键，而要查看所有或部分的命令历史记录则要使用 history 命令。

执行 history 命令可以列出用户登录后所有曾执行过的命令，另外也可以指定列出哪些历史命令，如“history 3”就是要列出最近执行过的 3 条历史命令。

```
[root@localhost ~]# history 3
15 wc /etc/resolv.conf
16 wc -l /etc/passwd
```

```
17 history 3
```

在每一个执行过的 Shell 命令行前均有一个编号，代表其在历史列表中的序号。如果想重新执行其中某一条命令，可以采用“!序号”的格式，如“!16”就表示把第 16 条历史命令重新执行一遍。

```
[root@localhost ~]# !16
wc -l /etc/passwd
35 /etc/passwd
```

4．help 命令——查看内部命令的帮助信息

help 命令只能查看内部命令的帮助信息。

例：查看 pwd 命令的帮助信息。

```
[root@localhost ~]# help pwd
pwd: pwd [-LP]
    Print the name of the current working directory.
    Options:
      -L        print the value of $PWD if it names the current working directory
      -P        print the physical directory, without any symbolic links
    By default, 'pwd' behaves as if '-L' were specified.
    Exit Status:
    Returns 0 unless an invalid option is given or the current directory cannot be read.
```

当用 help 查看外部命令的帮助信息时则会报错。

```
[root@localhost ~]# help ls
-bash: help: no help topics match 'ls'. Try 'help help' or 'man -k ls' or 'info ls'.
```

对于外部命令，大都可以使用一个通用的命令选项“--help”，以查看命令的帮助信息。

例：使用“--help”选项查看 ls 命令的帮助信息。

```
[root@localhost ~]# ls --help
用法：ls [选项]... [文件]...
列出 FILE 的信息（默认为当前目录）。
如果不指定-cftuvSUX 或--sort 选项，则根据字母大小排序。
长选项必须使用的参数对于短选项时也是必须使用的。
  -a, --all                  不隐藏任何以. 开始的项目
  -A, --almost-all           列出除. 及.. 以外的任何项目
      --author               与-l 同时使用时列出每个文件的作者
  -b, --escape               以八进制溢出序列表示不可打印的字符
      --block-size=大小      块以指定大小的字节为单位
  -B, --ignore-backups       不列出任何以"~"字符结束的项目
```

5．man 命令——查看命令的帮助手册

help 命令查看的帮助信息较为简略，如果要查看更为详尽的帮助信息，可以使用 man 命令查看指定命令的帮助手册。

例：查看 ls 命令的帮助手册。

```
[root@localhost ~]# man ls
```

执行 man 命令后将进入阅读环境，按 q 键可以退出。

无论是内部命令还是外部命令，都可以使用 man 命令查看其帮助手册。

6．重定向

Linux 系统中标准的输入设备为键盘，标准的输出设备为屏幕，但在某些情况下，希望能从键盘以外的其他输入设备读取数据，或者将数据送到屏幕外的其他输出设备，这种情况称为重定向。Shell 中输入/输出重定向主要依靠重定向符号来实现，重定向的目标通常是一个文件。

（1）输入重定向

输入重定向就是将命令中接收输入的途径由默认的键盘重定向为指定的文件，需要使用“<”重定向操作符。

以 wc 命令为例说明输入重定向的用法。如：

```
[root@localhost ~]# cat a.txt
a b c
[root@localhost ~]# wc a.txt
1 3 6 a.txt
[root@localhost ~]# wc < a.txt        #将文件 a.txt 中的内容输入重定向到 wc 命令
1 3 6
```

输入重定向并不经常使用，因为大多数命令都以参数的形式在命令行上指定输入文件的文件名。在某些特殊情况下，可以利用输入重定向将命令执行过程中需要频繁输入的数据保存到文件中，并在执行命令时将文件输入重定向到命令，这样可以大大提高命令的执行效率。

（2）输出重定向

相比输入重定向，输出重定向使用得更为频繁，一般所说的重定向大都指输出重定向。

输出重定向是将命令的输出结果重定向到一个文件中，而不是显示在屏幕上。在很多情况下可以使用这种功能，例如，某个命令的输出很多，在屏幕上不能完全显示，可以将其重定向到一个文件中，命令执行完毕后再用文本编辑器来打开这个文件。当想保存一个命令的输出时也可以使用这种方法。

输出重定向使用“>”或“>>”操作符，分别用于覆盖、追加文件。

“>”重定向符后面指定的文件如果不存在，在命令执行中将建立该文件，并保存命令结果到文件中。“>”重定向符后面指定的文件如果存在，命令执行时将清空文件的内容并保存命令结果到文件中。

例：查看/etc/passwd 文件的内容，并将输出结果保存到 pass.txt 文件中。

```
[root@localhost ~]# cat /etc/passwd > pass.txt
```

执行该命令后，会在当前目录下生成一个名为 pass.txt 的文件，文件中的内容就是“cat /etc/passwd”命令执行的结果。

“>>”重定向操作符可以将命令执行的结果重定向并追加到指定文件的末尾保存，而不覆盖文件中原有的内容。

如查看/etc/shadow 文件的后 3 行内容，并将输出结果追加保存到 pass.txt 文件中。

```
[root@localhost ~]# tail -3 /etc/shadow >> pass.txt
```

（3）错误信息重定向

程序的输出设备分为标准输出设备和错误信息输出设备，当程序输出错误信息时使用的设备是错误信息输出设备时，前面介绍的输出重定向只能重定向程序的标准输出，错误信息的重定向使用下面方法："2>"，将命令的执行结果显示在屏幕上，而错误信息重定向到指定文件。

例：查看/test 目录的详细信息（/test 并不存在），将错误信息保存在 error 文件中。

```
[root@localhost ~]# ls /test 2> error
[root@localhost ~]# cat error
ls: 无法访问/test: 没有那个文件或目录
```

7．管道符“|”

通过管道符“|”，可以把多个简单的命令连接起来实现更加复杂的功能。

管道符“|”用于连接左右两个命令，将“|”左边命令的执行结果作为“|”右边命令的输入，这样“|”就像一根管道一样连接着左右两条命令，并在管道中实现数据从左至右的传输。

如 ls 命令与 more 命令使用管道符组合使用便可以实现目录列表分页显示的功能。

例：分页显示/etc 目录下所有文件和子目录的详细信息。

```
[root@localhost ~]# ls -lh /etc | more
```

ls 命令与 grep 命令使用管道符组合使用可以只显示目录列表中包含特定关键字的列表项。

例：显示/etc 目录下包含“net”关键字的所有文件和子目录的详细信息。

```
[root@localhost ~]# ls -lh /etc | grep net
-rwxr-xr-x. 1 root root 1.3K 4 月  10 2012 auto.net
-rw-r--r--. 1 root root 74 5 月  31 2012 issue.net
-rw-r--r--. 1 root root 767 11 月  30 2009 netconfig
-rw-r--r--. 1 root root 58 5 月  23 2012 networks
drwxr-xr-x. 2 root root 4.0K 1 月  8 19:14 xinetd.d
```

例：统计/etc 目录下所有以“.conf”结尾的文件的个数。

```
[root@localhost ~]# ls -l /etc/*.conf | wc –l
44
```

例：查看/etc/httpd/conf/httpd.conf 文件中除了以“#”开头的行和空行以外的内容。

```
[root@localhost ~]# grep -v "^#" /etc/httpd/conf/httpd.conf | gerp –v "^$"
```

8．clear 命令——清屏

clear 命令可以清除当前终端屏幕的内容。该命令很简单，这里就不举例了。

2.3　vi 编辑器的使用

任务描述

Linux 系统中的很多功能都需要通过修改相应的配置文件来实现，在字符界面下修改文件的内容时大都需要用到一个名叫 vi 编辑器的工具。vi 编辑器相当于 Windows 系统中的 Word+记事本，它在 Linux 系统中的地位非常重要。

在本任务中将学习 vi 编辑器一些常用的操作方法。

任务分析及实施

文本编辑器是 Linux 系统中的重要工具，其中 vi 是使用最广泛的文本编辑器，vi 编辑器可以在任何 Shell、字符终端或基于字符的网络连接中使用，能够高效地在文件中进行编辑、删除、替换、移动等操作。vi 是一个基于 Shell 的全屏幕文本编辑器，没有菜单，全部操作都基于命令。vim 是 vi 编辑器的增强版本，在 vi 编辑器的基础上扩展了很多实用的功能，但是习惯上也将 vim 称作 vi。平常使用的大都是 vim。

vi 编辑器本身的命令格式很简单：

```
vim [文件名]
```

如果指定的文件不存在，那么 vim 命令会创建文件并进入编辑状态；如果文件存在，则进入编辑状态对其进行编辑。

2.3.1　vi 编辑器的工作模式

由于 vi 是一个工作在字符界面下的编辑器，因此它的大部分功能都是通过命令或快捷键来实现的，操作相对于那些图形界面下的编辑工具要复杂一些。但当用户熟悉了 vi 的常用命令之后，将会发现 vi 的使用也是十分灵活便捷的。

vi 编辑界面中有三种不同的工作模式：命令模式、插入模式、末行模式，不同的工作模式所起的功能是不同的，如图 2-1 所示。

- 命令模式。启动 vi 编辑器后默认进入命令模式，该模式下主要完成光标移动、字符串查找、删除、复制、粘贴等操作。不论用户处于何种模式下，只要按下 Esc 键，即可进入命令模式。
- 插入模式。在命令模式下，按“i”、“o”、“a”键或“Insert”键就可以切换到插入模式，该模式中的主要操作就是录入文件内容，可以对文件正文进行修改，或者添加新的内容。处于插入模式时，vi 编辑器的最后一行会出现“—INSERT—”的状态提示信息。

- 末行模式。在命令模式下，按“:”键即可进入末行模式，该模式中可以保存文件、退出编辑器，以及对文件内容进行查找、替换等操作。处于末行模式时，vi 编辑器的最后一行会出现“:”提示符。

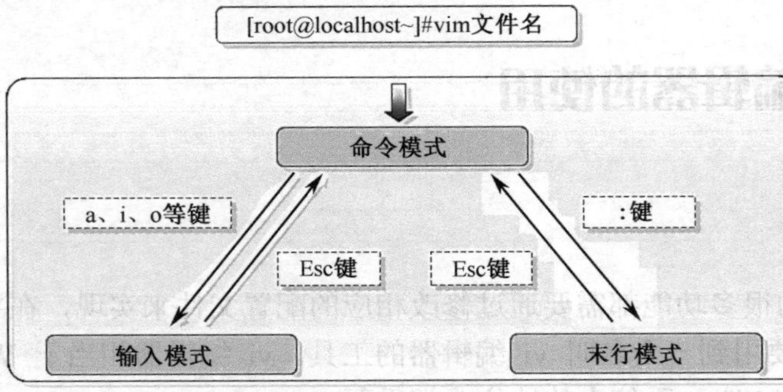

[root@localhost~]#vim文件名

命令模式

a、i、o等键

:键

Esc键

Esc键

输入模式

末行模式

图 2-1 vi 编辑器的工作模式

vi 编辑器中涉及的命令和快捷键非常多，下面以一个具体的实例来介绍一些常用的操作。首先将系统中的/etc/inittab 文件复制到/root 目录中，以它为对象用 vi 编辑器进行编辑。

```
[root@localhost ~]# cp /etc/inittab /root/
[root@localhost ~]# vim inittab
```

2.3.2 命令模式的基本操作

在命令模式下可以完成光标移动、字符串查找、删除、复制、粘贴等操作。

1. 光标移动

在命令模式下，可以直接使用键盘方向键完成光标移动，也可以使用 Page Up 或 Page Down 向上或向下翻页。另外有些常用的快捷键也需要掌握，如图 2-2 所示。

❖ 光标移动

操作类型	操作键	功能
光标方向移动	↑、↓、←、→	上、下、左、右
翻页	Page Down或Ctrl+F	向下翻动一整页内容
	Page Up或Ctrl+B	向上翻动一整页内容
行内快速跳转	Home键或“^”、数字“0”	跳转到行首
	End键或“$”键	跳转到行尾
	#→	向右移动#个字符
	#←	向左移动#个字符
行间快速跳转	1G或者gg	跳转到文件的首行
	G	跳转到文件的末尾行
	#G	跳转到文件中的第#行
行号显示	:set nu	在编辑器中显示行号
	:set nonu	取消编辑器中的行号显示

图 2-2 光标移动的常用快捷键

为了便于查看行间跳转效果，可以先进入末行模式执行“:set nu”显示行号，然后使用“1G”或“gg”跳转到第 1 行，使用“G”可以跳转到最后一行，使用“3G”可以跳转到第 3 行，使用“5G”跳转到第 5 行等。

按下“^”或数字“0”键，可以将光标移动到所在行的行首。按下“$”或“End”键，可以将光标移动到所在行的行尾。按下“10→”键，可以将光标向右移动 10 个字符；按下“10←”键，可以将光标向左移动 10 个字符。

2．复制、粘贴、删除

复制、粘贴、删除操作的常用快捷键如图 2-3 所示。

❖ **复制、粘贴、删除**

操作类型	操作键	功能
删除	x或Del	删除光标处的单个字符
	dd	删除当前光标所在行
	#dd	删除从光标处开始的#行内容
	d^	删除当前光标之前到行首的所有字符
	d$	删除当前光标处到行尾的所有字符
复制	yy	复制当前行整行的内容到剪贴板
	#yy	复制从光标处开始的#行内容
粘贴	p	将缓冲区中的内容粘贴到当前光标的右侧
	P	将缓冲区中的内容粘贴到当前光标的左侧

图 2-3 复制、粘贴、删除操作的常用快捷键

使用删除命令“x”或“Del”键可以删除光标处的单个字符，“#x”可以删除“#”个字符。

使用“dd”命令可以删除当前光标所在行，使用“d^”命令可以删除当前光标之前到行首的所有字符，使用“d$”删除当前光标处到行尾的所有字符。

“#dd”删除“#”行（其中#号用具体数字替换），如“4dd”表示删除光标所在行，以及光标下面的 3 行。

使用“yy”可以复制当前行整行的内容到剪贴板，使用“#yy”可以复制从光标处开始的“#”行内容，按“P”键可将剪贴板中的内容粘贴到光标位置处。

3．文件内容查找

文件内容查找操作的常用快捷键如图 2-4 所示。

❖ **文件内容查找**

操作键	功能
/word	从上而下在文件中查找字符串“word”
?word	从下而上在文件中查找字符串“word”
n	定位下一个匹配的被查找字符串
N	定位上一个匹配的被查找字符串

图 2-4 文件内容查找操作的常用快捷键

在命令模式下，按"/"键后输入指定的字符串，将从当前光标处开始向后进行查找。例如，输入"/runlevel"，回车后将查找文件中的"runlevel"字符串并高亮显示结果，光标自动移动到第一个查找结果处，按"n"键移动到下一个查找结果，按"N"键移动到上一个查找结果。

按"?"键可以自当前光标处开始向上查找，用法与"/"键类似。

4．撤销编辑

撤销编辑操作的常用快捷键如图 2-5 所示。按"u"键可以取消最近一次的操作，并恢复操作结果；按"U"键可以取消对当前行所做的所有编辑。

❖ 撤销编辑

操作键	功能
u	按一次取消最近的一次操作 多次重复按"u"键，恢复已进行的多步操作
U	用于取消对当前行所做的所有编辑

图 2-5　撤销编辑操作的常用快捷键

2.3.3　末行模式的基本操作

在命令模式下按":"可以切换到末行模式，vi 编辑器的最后一行将显示":"提示符，用户可以在该提示符后输入特定的末行命令。

1．保存退出 vi 编辑器

保存退出操作的常用快捷键如图 2-6 所示。

❖ 保存文件及退出vi编辑器

功能	命令	备注
保存文件	:w	
	:w /root/newfile	另存为其他文件
退出vi	:q	未修改退出
	:q!	放弃对文件内容的修改，并退出vi
保存文件退出vi	:wq	

图 2-6　保存退出操作的常用快捷键

":w"可以保存文件内容，如需要另存为其他文件，则需要指定新的文件名，":w /root/newfile"。

":q"可以退出 vi 编辑器，":q!"可以不保存强制退出。

":wq"保存退出。

2．文件内容替换

在末行模式下，使用 s 命令能够将文件中特定的字符串替换成新的内容。使用替换功能时的末行命令格式如下：

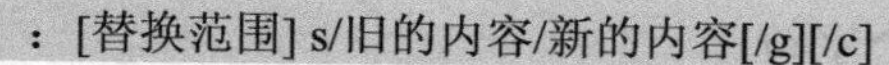

```
:[替换范围] s/旧的内容/新的内容[/g][/c]
```

文件内容替换操作举例如图 2-7 所示。

❖ 文件内容替换

命令	功能
:s /old/new	将当前行中查找到的第一个字符串"old"替换为"new"
:s /old/new/g	将当前行中查找到的所有字符串"old"替换为"new"
:#,# s/old/new/g	在行号"#,#"范围内替换所有的字符串"old"为"new"
:% s/old/new/g	在整个文件范围内替换所有的字符串"old"为"new"
:s /old/new/c	在替换命令末尾加入c命令，将对每个替换动作提示用户进行确认

图 2-7　替换操作举例

替换范围如果用"%"，表示在整个文件内容中进行查找并替换。也可以使用"12,23"的形式，表示将从 12 行到 23 行中的特定字符串进行替换。如果不指定范围，则只对当前所在行进行操作。

最末尾的"/g"部分是可选内容，表示对替换范围内每一行所有的匹配结果都进行替换，省略"/g"时将只替换每行中的第一个匹配结果。

"/c"，每次替换前都要进行询问，要求用户确认。

例：将整个文档中所有的"runlevel"都替换成"level"。

```
:% s/runlevel/level/g
```

2.3.4　vi 编辑器案例练习

vi 编辑器看似很复杂，其实常用的操作也就那几个，而且同样的一个操作往往有好几种不同的实现方法，至于到底用哪种方法，则完全可以视个人的喜好而定。

下面是一个 vi 编辑器的任务训练，读者可以自行练习，如果能熟练完成这个任务，那么 vi 编辑器也就掌握得差不多了。

1. 案例练习

（1）在/root 目录下建立一个名为 vitest 的目录；

（2）将文件/etc/man.config 复制到/root/vitest 目录中；

（3）使用 vi 编辑器打开文件/root/vitest/man.config，对其进行编辑；

（4）在 vi 编辑器中设定行号；

（5）移动光标到第 58 行，再向右移动 40 个字符，说出看到的双引号内是什么目录；

（6）移动光标到第一行，并且向下搜寻一下"X11R6"这个字符串，请问它在第几行？

（7）将第 50～100 行之间的 man 改为 MAN，并且一个一个地确认是否需要修改；

（8）修改完之后，突然反悔了，要全部复原，有哪些方法？

（9）复制第 51～60 行这 10 行的内容，并且粘贴到最后一行之后；

（10）删除第 11～30 行之间的 20 行；

（11）将这个文件在当前目录下另存为一个名为 man.test.config 的文件；

（12）把光标移到第29行，并且删除15个字符；

（13）保存退出。

2．参考答案

（1）mkdir /root/vitest

（2）cp /etc/man.config /root/vitest

（3）vim /root/vitest/man.config

（4）:set nu

（5）先按下58G，再按下40→，会看到“/dir/bin/foo”。

（6）先按下gg，然后按下/X11R6搜寻，会看到它在第47行。

（7）:50,100 s/man/MAN/gc

（8）①一直按u回复到原始状态；②使用不储存离开:q!。

（9）先按下51G 然后再按下10yy，之后按下G 到最后一行，再按p粘贴上10行。

（10）按下11G之后，再按下20dd即可删除20 行了。

（11）:w man.test.config

（12）按下29G之后，再按下15x即可删除15个字符；

（13）:wq!

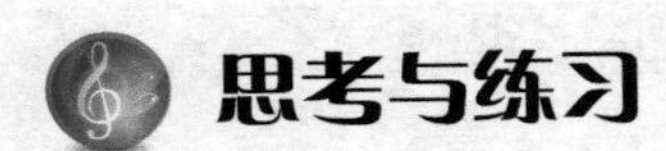

选择题

1．在 Linux 中，（　　）命令可用于显示当前用户的工作目录。

A. # where　　B. # mkdir　　C. # pwd　　D. # rmdir

2．Linux系统中的文件操作命令grep用于（　　）。

A. 列出文件的属性信息　　B. 在指定路径查找文件

C. 复制文件　　D. 在指定文件中查找指定字符串

3．在Linux系统中可用ls -al命令列出文件列表，（　　）列出的是一个符号连接文件。

A．drwxr-xr-x 2 root root 220 2009-04-14 17:30 doe

B．-rw-r--r-- 1 root root 1050 2009-04-14 17:30 doc1

C．lrwxrwxrwx 1 root root 4096 2009-04-14 17:30 profile

D．drwxrwxrwx 4 root root 4096 2009-04-14 17:30 protocols

4．Linux系统中，下列关于文件管理命令cp与mv说法正确的是（　　）。

A．没有区别　　B．mv操作不增加文件个数

C．cp操作不增加文件个数　　D．mv操作不删除原有文件

5．在RHEL 6系统中，通过使用Shell的（　　）功能，可以将命令的执行结果保存到指定的文本文件中。

A. 别名　　B. 管道　　C. 重定向输出　　D. 自动补齐

6．使用 Linux Shell 的（　　）功能，可以将一个命令的输出结果交给另一个命令处理。

A. alias 别名　B. 管道“|”　C. 重定向输出“>”　D. Tab 键自动补齐

7. 将文件 a 重命名为 b 的命令是（　）。

A. ren a b　B. rename a b　C. mv a b　D. in a b

8．在 Linux 中，下列（　　）命令可以获得任何 Linux 命令的在线帮助。

A. #help　<command>　B. #show　<command>

C. #man　<command>　D. #ls　<command>

9．Linux 有三个查看文件的命令，若希望用光标上下移动来查看文件内容，应使用（　）命令。

A．cat　B．more　C．less　D．menu

10．假设你不知道 test.txt 文件在什么目录下，你如何准确地找到这个文件？（　）

A. find　/　-name test.txt　B. whereis test.txt

C. ls * test.txt　D. find / -type f –name test.txt

11．rm 命令可以删除文件，以下哪个选项表示强制删除？（　）

A. -f　B. -i　C. -r　D. -l

12．使用以下哪个命令可以在当前目录下建立空文件？（　）

A．cp　B. touch　C. mkdir　D. mv

13．为匹配以 001 开头的行，可以使用（　）正则表达式。

A. ^001　B. $001　C. *001　D. \001

14．当用 vi 编辑器编辑一个名为 a.txt 的文件（命令行模式），如何保存文件内容到一个名为/tmp/extra.txt 的文件中？（　）

A. :w /tmp/extra.txt　B. :lq/tmp/extra.txt

C. Ctrl-O, /tmp/extra.txt　D. 从菜单中选择 save 按钮

15．执行“vim a.txt”命令后，现要将 a.txt 文件里的所有 old 替换为 new，如何操作？（　）

A．:% s/old/new/g　B. :/old/new

C．:s/old/new　D. :s/old/new/s

16．在 Redhat Enterprise Linux 中，显示 info 文件的前 4 行，可以用以下（　）命令。

A．head 4 info　B. cat -n 4 info

C．head –n 4 info　D. more -n 4 info

操作题

1．以 root 用户身份登录到 Linux 系统字符界面，指出 RHEL 中默认使用的是什么 Shell。默认的 Shell 命令提示符为“[root@localhost ～]#”，指出命令提示符中每部分的具体含义。

2．执行命令查看用户当前所在的目录。

3．显示当前目录下所有文件的详细信息（包含隐藏文件），在 Linux 系统中，隐藏文件的标识是什么？在显示的文件详细信息中，第 1 组数的第 1 个字符代表文件类别，“-”、“d”、“l”、“c”、“b”分别代表的是哪种类别的文件？

4．显示/etc/inittab 文件的详细信息。

5．显示/dev 目录中所有以“sd”开头的文件的详细信息。

6．在 root 用户的家目录里创建一个名为 test1 的目录。

7．在 test1 目录中创建一个名为 temp1 的空文件。

8．将文件 temp1 复制一份进行备份，仍然保存在/root/test1/目录下，备份的文件名为 temp1.bak。

9．将文件 temp1.bak 改名为 temp.bak，并将 temp.bak 移动到/tmp/目录下。

10．将/root/test1/目录强制删除。

11．用 cat 命令查看/etc/sysconfig/network-scripts/ifcfg-eth0 文件的内容，注意用 Tab 键补齐。

12．分别用 more、less 命令分屏查看/etc/passwd 文件的内容。

13．查看/etc/passwd 文件的前 10 行内容。

14．查看/etc/passwd 文件的后 5 行内容。

15．统计/etc 目录中扩展名是“*.conf”的文件的个数。

16．查找/dev 目录中所有以“sd”开头的文件。

17．查找/etc 目录下以 http 开头的文件，将结果保存到/tmp/fhttp.file 文件中。

18．在/boot 目录中查找大小超过 1024KB 而且文件名以“init”开头的文件。

19．在/etc/passwd 文件中查找包含“root”字符串的行。

20．在/etc/httpd/conf/httpd.conf 文件中查找所有以“#”开头的行。

21．查找/etc/httpd/conf/httpd.conf 文件中所有不是以“#”开头的行。

22．查找所有属于普通用户 student 的文件。

23．为/etc/httpd/conf/httpd.conf 文件在 root 用户家目录中创建一个名为 httpd 的软链接。

24．创建一个名为 wcl 的命令别名，完成下列要求：

统计/etc/httpd/conf/httpd.conf 文件中不是以“#”开头的并且不是空白行的行数。

25．找到 find 命令的命令文件路径。

26．查看 find 命令的帮助信息。

27．查看 grep 命令的帮助手册。

28．查看历史命令。

29．查找/root/install.log 中包含字符串“lib”的行，并复制到/root/lines.txt 文件中。

30．将/etc/passwd 文件中前 10 行的内容复制到/root/test/aa.txt 文件中。

第3章

Linux 系统用户、组和权限的管理

无论是 Windows 还是 Linux 系统，对用户和组的管理都属于最基本的系统管理设置。

本项目主要介绍如何对 Linux 中的用户和用户组进行管理，包括用户和组的重要配置文件、如何使用命令行进行用户和组的管理，以及与用户密切相关的权限设置等方面内容。

3.1 了解用户和组的概念

任务描述

Windows 系统中所有的本地用户信息都存放在 SAM 数据库中，Linux 系统也有一个类似的用户数据库文件：/etc/passwd，文件中每行代表一个用户，默认情况下有 34 行，也就是有 34 个用户账号。

Windows 系统中的默认用户只有 2 个，而 Linux 系统中为什么会有这么多默认用户账号呢？本任务将介绍 Linux 系统中用户账号及用户组的一些基本概念。

任务分析及实施

3.1.1 用户和组的基本概念

1. 用户账号的类型

在 Linux 系统中，根据系统管理的需要将用户账号分为三种不同的类型：超级用户、普通用户、虚拟用户，每种类型的用户账号所拥有的权限、担任的角色都各不相同。

- 超级用户：root 是 Linux 系统中默认的超级用户账号，对本主机拥有至高无上的完全权限，类似于 Windows 系统中的 Administrator 用户，但其实比 Administrator 权限还要更大。使用 root 账号，管理员可以突破系统的一切限制，方便地维护系统。普通用户也可以使用 su 命令使自己转变为超级用户。由于 root 权限太大，所以一般不建议直接用 root 用户登录系统，只有当进行系统管理、维护任务时，才临时转换到 root 身份，日常事务处理建议使用普通用户账号进行。
- 普通用户：普通用户账号需要由 root 用户或其他管理员用户创建，拥有的权限受到一定限制，一般只在用户自己的家目录中有完全权限。
- 虚拟用户：虚拟用户最大的特点是不能登录系统，它们的存在主要是为方便系统管理，用于维持系统或某个程序的正常运行，它们大多是在安装系统及部分应用程序时自动添加的。

Linux 系统中所有的用户信息都存放在/etc/passwd 文件中，可以执行“wc –l /etc/passwd”命令统计“/etc/passwd”文件中的行数，默认情况下应该有 34 行，也就是有 34 个用户账号。

```
[root@localhost ~]# wc -l /etc/passwd
34 /etc/passwd
```

下面再来查看一下/etc/passwd 文件的部分内容：

```
[root@localhost ~]# head -3 /etc/passwd        #查看/etc/passwd 的前 3 行
root:x:0:0:root:/root:/bin/bash
bin:x:1:1:bin:/bin:/sbin/nologin
daemon:x:2:2:daemon:/sbin:/sbin/nologin
```

```
[root@localhost ~]# tail -3 /etc/passwd            #查看/etc/passwd 的后 3 行
sshd:x:74:74:Privilege-separated SSH:/var/empty/sshd:/sbin/nologin
tcpdump:x:72:72::/:/sbin/nologin
student:x:500:500::/home/student:/bin/bash
```

可以看到，/etc/passwd 文件中的第一行就是 root 用户的信息，最后一行是在安装系统时所创建的 student 用户的信息，student 就是一个普通用户。除了这两个用户之外，其余的都是虚拟用户，也就是说这些用户是用来支撑系统运行的，不能用它们来登录，今后一般不去考虑这些虚拟用户。

2．用户组的类型

具有某种共同特征的用户集合起来就是用户组，用户组的设置主要是为了方便检查、设置文件或目录的访问权限。

每一个用户账号至少属于一个组，这个组称为该用户的基本组。与 Windows 不同，在 Linux 系统中每创建一个用户账号就会自动创建一个与该账号同名的用户组，如已经创建了一个名为“student”的普通用户账号，那么同时也将自动创建一个名为“student”的用户组。“student”用户默认就属于“student”组，这个组也就是“student”用户的基本组。

在 Linux 系统中，每个用户可以同时加入多个组（Windows 中也是如此），这些用户又另外加入的组就称为该用户的附加组。

例如，将用户 student 再加入到邮件管理员组 mailadm，那么 student 就同时属于 student 和 mailadm 组，student 是其基本组，而 mailadm 是其附加组。

3．UID 和 GID

关于用户和组，还有一个基本概念就是 UID 和 GID。

UID（用户 ID）是 Linux 系统中每一个用户账号的唯一标识符，对于系统核心来说，UID 是区分用户的基本依据（类似于 Windows 系统中的 SID）。root 用户的 UID 为固定值 0，虚拟用户账号的 UID 默认在 1～499 之间，500～60000 的 UID 号默认分配给普通用户账号使用。

与 UID 相类似，每一个组也有一个数字形式的标识符，称为 GID（组 ID）。root 组的 GID 为固定值 0，虚拟组账号的 GID 默认在 1～499 之间，普通组账号的 UID 默认为 500～60000。

Linux 系统其实只认识 UID 和 GID，至于用户账号和组账号，只是为了方便人们记忆而已。

4．利用 id 命令查看用户信息

可以通过 id 命令查看用户的 UID 及所属的基本组和附加组等信息。

例：查看 student 用户的身份信息。

```
[root@localhost ~]# id student
uid=500(student) gid=500(student)  组=500(student)
```

在 id 命令显示的结果中，“gid”部分表示用户所属的基本组，“组”部分表示用户所属的基本组和附加组。

例：只执行 id 命令，查看当前用户的身份标识信息。

```
[root@localhost ~]# id
uid=0(root) gid=0(root) 组=0(root)
```

3.1.2 用户配置文件

Linux 系统中的用户账号、密码等信息均保存在相应的配置文件中，与用户账号相关的配置文件主要有两个：/etc/passwd 和/etc/shadow。前者用于保存用户名称、家目录、登录 Shell 等基本信息，后者用于保存用户的密码、账号有效期等信息，这两个文件是互补的。例如，当用户以 student 这个账号登录时，系统首先会查阅/etc/passwd 文件，看是否有 student 这个账号，然后确定 student 的 UID，通过 UID 来确认用户和身份。如果存在账号，则读取/etc/shadow 影子文件中所对应的 student 的密码，如果密码无误，则允许用户登录系统。

在这两个配置文件中，每一行对应一个用户账号，不同的配置项之间用冒号“:”进行分隔。

1. 用户账号文件/etc/passwd

先来看一下/etc/passwd 文件，该文件是文本文件，任何用户都可以读取文件中的内容。

在 passwd 文件的开头部分，包括超级用户 root 及各虚拟用户的账号信息，系统中新增加的用户账号信息将保存到 passwd 文件的末尾。

passwd 文件的每一行记录对应一个用户，每行的各列被冒号“:”分隔，其格式和具体含义如下：

```
用户名:密码:UID:GID:注释性描述:家目录:默认 Shell
```

下面以 root 用户为例，来介绍这些配置字段的含义。

```
[root@localhost ~]# grep ^root /etc/passwd
root:x:0:0:root:/root:/bin/bash
```

- 第 1 字段，用户名 root。
- 第 2 字段，密码占位符 x。所谓的密码占位符只是表示这是一个密码字段，用户的密码并不是存放在这里，而是存放在/etc/shadow 文件中。之所以这样设计，主要是出于安全性方面的考虑。由于/etc/shadow 文件的权限受到了严格控制，因而相比直接将密码保存在/etc/passwd 文件中要安全许多。
- 第 3 字段，用户的 UID。root 的 UID 默认为 0。
- 第 4 字段，用户所属组的 GID，需要注意的是，这个 GID 专指基本组。root 组的 GID 默认也为 0。
- 第 5 字段，用户注释信息，可填写与用户相关的一些说明信息。这个字段是可选的，可以不设置。
- 第 6 字段，用户家目录，即用户登录后所在的默认工作目录。
- 第 7 字段，用户登录所用的 Shell 类型，默认为/bin/bash。虚拟用户的默认 Shell 为/sbin/nologin，意味着不允许登录。

基于系统运行和管理需要，所有用户都可以访问/etc/passwd 文件中的内容，但是只有 root

用户才能进行更改。

2. 用户影子文件/etc/shadow

/etc/shadow 文件又被称为影子文件，主要用来存放各用户账号的密码信息。为了安全性，只有超级用户 root 才有权限读取 shadow 文件中的内容，普通用户无法查看这个文件，并且即使是 root 用户，也不允许直接编辑该文件中的内容。

查看一下/etc/shadow 文件中 root 用户的相关行：

```
[root@localhost ~]# grep ^root /etc/shadow
root:$6$9jb7PcUy4dSFu.D2$2cM6oibXNEp0zjq0HIPOgjk8QmBoW3L82O7SL2L1q0AMugRRf6HS
6HbtvueBbSDfnnH3ZRo8dzs3tDPzuBmpE1:15282:0:99999:7:::
```

/etc/shadow 文件的内容包括 9 个配置字段。其中第 1 字段表示用户的名称；第 2 字段是使用 Hash 加密的用户密码，如果有的用户在此字段中是“*”或“!!”，则表示此用户不能登录到系统。至于其他字段，由于很少用到，所以就不一一介绍了。

3.2 用户账号和组的管理

任务描述

Linux 系统提供了 useradd、usermod、passwd、groupadd 等命令来管理用户账号和组，本任务将介绍这些命令的使用方法。

任务分析及实施

Linux 系统中对用户和组的管理主要通过修改用户配置文件完成，各种用户管理命令执行的最终目的也是为了修改用户配置文件，所以在进行用户管理的时候，直接修改用户配置文件一样可以达到用户管理的目的。

3.2.1 用户管理

1. useradd 命令——创建用户

useradd 命令用于添加用户账号，其基本的命令格式为：

```
useradd [选项] 用户名
```

例：按照默认值新建用户 user1。

```
[root@localhost ~]# useradd user1
```

在 Linux 系统中，useradd 命令在添加用户账号的过程中会自动完成以下几项任务：

- 在/etc/passwd 文件和 etc/shadow 文件的末尾增加该用户账号的记录。
- 若未指明用户的家目录，则在/home 目录下自动创建与该用户账号同名的家目录，并在该目录中建立用户的初始配置文件。
- 若未指明用户所属的组，则自动创建与该用户账号同名的基本组账号，组账号的记录信息保存在 etc/group 和 etc/gshadow 文件中。

在创建完用户 user1 之后，可以分别查看/etc/passwd、/etc/shadow 文件及/home 目录中新增加的信息。

useradd 命令的常用选项：

（1）"-u" 选项：指定用户的 UID，要求该 UID 号未被其他用户使用

如果不使用"-u"选项，那么普通用户的 UID 将是从 500 开始递增，使用"-u"选项则可以任意指定 UID，甚至是 500 之前的 UID，当然前提是这个 UID 并未被占用。对于普通用户，建议尽量还是使用 500 之后的 UID，以免混乱。

例：创建名为 user2 的用户账号，并将其 UID 指定为 504。

```
[root@localhost ~]# useradd -u 504 user2
[root@localhost ~]# tail -1 /etc/passwd
user2:x:504:504::/home/user2:/bin/bash
```

（2）"-d" 选项：指定用户的家目录

普通用户的家目录都默认存放在/home 目录下，通过"-d"选项可以指定到其他位置。

例：创建一个辅助的管理员账号 admin，将其家目录指定为/admin。

```
[root@localhost ~]# useradd -d /admin admin
```

此时，会在根目录下创建 admin 用户的家目录：

```
[root@localhost ~]# ls /
admin   boot   etc    lib     lost+found   misc   net   proc   sbin      srv   tmp   var
bin     dev    home   lib64   media        mnt    opt   root   seLinux   sys   usr
```

在默认的/home 目录中将不再创建用户家目录：

```
[root@localhost ~]# ls /home
student   user1   user2
```

（3）"-g" 选项：指定用户的基本组

如果在创建用户时指定了基本组，那系统就不再创建与用户同名的用户组。当然，必须要保证所指定的用户组事先已经存在。

例：创建一个用户 user4，指定其基本组为 admin。

```
[root@localhost ~]# useradd -g admin user4
[root@localhost ~]# id user4
uid=506(user4) gid=505(admin)  组=505(admin)
```

（4）"-G" 选项：指定用户的附加组

例：创建一个用户 user5，指定其附加组为 root。

```
[root@localhost ~]# useradd -G root user5
[root@localhost ~]# id user5
uid=507(user5) gid=507(user5)  组=507(user5),0(root)
```

（5）“-e”选项：指定用户账号的失效时间，可以使用 yyyy-mm-dd 的日期格式

例：创建一个临时账号 temp01，指定属于 users 基本组，该账号于 2014 年 1 月 30 日失效。

```
[root@localhost ~]# useradd -g users -e 2014-01-30 temp01
```

（6）“-M”选项：不建立用户家目录

某些用户不需要登录系统，而只是用来使用某种系统服务，如 FTP 用户，这类用户就可以不必创建家目录。

（7）“-s”选项：指定用户的登录 Shell

用户的默认 Shell 为/bin/bash，如果将 Shell 指定为/sbin/nologin，那么该用户将禁止登录。

例：创建一个用于 FTP 访问的用户账号 ftpuser，禁止其登录，而且不为其创建家目录。

```
[root@localhost ~]# useradd -s /sbin/nologin -M ftpuser
```

上述所有选项都可以结合在一起使用，例如：创建一个用户 super，指定其基本组为 admin，附加组为 root，主目录为/super。

```
[root@localhost ~]# useradd -g admin -G root -d /super super
```

2．passwd 命令——为用户账号设置密码

通过 useradd 命令添加新的用户账号，还必须为其设置一个密码才能用来登录 Linux 系统。

例：为用户 user1 设置密码。

```
[root@localhost ~]# passwd user1
更改用户 user1 的密码
新的 密码：
无效的密码： WAY 过短
无效的密码： 过于简单
重新输入新的 密码：
passwd： 所有的身份验证令牌已经成功更新
```

笔者在这里设置的密码为“123”，虽然系统提示密码无效，但其实这个密码仍然是设置成功了，因为最后出现了“所有的身份验证令牌已经成功更新”这个提示。

Linux 系统对密码要求非常严格，要求密码符合下列规则：

- 密码不能与用户账号相同；
- 密码长度最好在 8 位以上；
- 密码最好不要使用字典里面出现的单词或一些相近的词汇，如 Password 等；
- 密码最好要包含英文大小写、数字、符号这些字符。

当以 root 用户的身份为普通用户设置密码时，密码即使不符合规则要求，也可以设置成功。但如果是普通用户在修改自己的密码时，则必须要符合规则要求。

在上面的操作中，因为是用 root 用户的身份为普通用户 user1 设置密码的，此时无论设置什么密码都可以成功，但如果是 user1 用户自己为自己设置密码，则就必须遵守规则了。所以对 Linux 中的普通用户，设置密码的确是一件比较头疼的事，像“Red Hat2013”才是一

个符合要求的密码。

用户账号具有可用的登录密码以后，就可以登录 Linux 系统了。

passwd 命令的相关选项：

（1）“-d”选项，清空密码

例：清除用户 user1 的密码。

```
[root@localhost ~]# passwd -d user1
```

用户的密码被清除之后，无需使用密码就可以实现在本地登录，但远程登录时始终是需要密码的。

（2）“-l”选项，锁定用户账号

例：锁定用户 user2 的账号。

```
[root@localhost ~]# passwd -l user2
```

锁定用户账号会对/etc/shadow 文件进行改动：

```
[root@localhost ~]# grep user1 /etc/shadow
user2:!!$6$wI0j/JyA$ip1s6XoXjDB6mAFK/yJNGfGZcMHaLXXKgyRMvY0oAUrRxm6iDdSXp2wu
epKRQ7YuGtxk36BJ1d.8zlgFayQZ0/:15648:0:99999:7:::
```

可以看到，用户密码锁定之后，shadow 文件中用户的密码串前多了一个“!!”号。此时使用 user2 登录，将会被拒绝。

（3）“-u”选项，解锁用户账号

例：将用户账号 user2 解锁。

```
[root@localhost ~]# passwd -u user2
```

解锁之后，user2 就可以登录系统了。

此外，在/etc/passwd 文件中，在相应的用户行前面加上“#”或“*”将该行注释，也是同样起到将该用户禁用的作用。

3. su 命令——切换用户身份

为了保证系统安全正常的运行，在生产环境中一般建议管理员以普通用户身份登录系统，当要执行必须有 root 权限的操作时，再切换为 root 用户。

切换用户身份可以用 su 命令来实现，其基本的命令格式为：

```
su [-] 用户名
```

如果是默认用户名，则切换为 root，否则切换到指定的用户（必须是存在的用户）。root 用户切换为普通用户时不需要输入口令，普通用户之间切换时需要输入被转换用户的口令，切换之后就拥有该用户的权限。使用 exit 命令可以返回原来的用户身份。

```
[root@localhost ~]# su - user1          #从 root 用户可直接切换到普通用户
[user1@localhost ~]$ su - user2         #从普通用户切换到其他用户需输入口令
密码:
[user2@localhost ~]$ su -               #默认用户名时切换到 root 用户
```

```
密码：
```

4．userdel 命令——删除用户账号

例：删除用户账号 user1。

```
[root@localhost ~]# userdel user1
```

user1 的账号虽然被删除了，但是他的家目录仍然还在。

```
[root@localhost ~]# ls /home
admin   temp01   user1   user2   user4   user5
```

“-r”选项，删除用户账号及其家目录。

一般情况下，普通用户只对自己的家目录拥有写权限，所以用户的相关文件一般也都是存放在家目录里的。多数情况下，都希望在删除一个用户账号时，能将他的所有相关文件一并删除，这时就需要使用“-r”选项，将用户账号连同家目录一起删除。

例：将用户账户 user3 连同家目录一起删除。

```
[root@localhost ~]# userdel -r user3
[root@localhost ~]# ls /home
admin   temp01   user1   user2   user4   user5
```

注意，如果在新建该用户时创建了私有组，而该私有组当前没有其他用户，那么删除用户的同时也将删除这一私有组。

5．usermod 命令——修改用户账号属性

对于系统中已经存在的用户账号，可以使用 usermod 命令重新设置各种属性。

usermod 命令的选项与 useradd 命令基本相同。

（1）“-d”选项，修改用户的家目录

例：将 admin 用户的家目录移动到/home 目录下，并使用 usermod 命令做相应调整。

```
[root@localhost ~]# grep admin /etc/passwd                    '查看 admin 用户的家目录位置
admin:x:505:505::/admin:/bin/bash
[root@localhost ~]# mv /admin /home
[root@localhost ~]# ls /home
admin   temp01   user1   user2   user4   user5
[root@localhost ~]# usermod -d /home/admin admin              '修改 admin 的家目录
[root@localhost ~]# grep admin /etc/passwd                    '再次查看家目录位置
admin:x:505:505::/home/admin:/bin/bash
```

（2）“-l”选项，更改用户账号的名称

例：将 admin 用户的账号名改为 master。

```
[root@localhost ~]# usermod -l master admin
[root@localhost ~]# grep “master” /etc/passwd
master:x:505:505::/home/admin:/bin/bash
```

（3）“-g” 选项，更改用户的基本组

例：将用户 master 的基本组改为 ftp。

```
[root@localhost ~]# usermod -g ftp master
[root@localhost ~]# id master
uid=509(master) gid=50(ftp)  组=50(ftp)
```

（4）“-G” 选项，更改用户的附加组

例：将用户 master 的附加组改为 root。

```
[root@localhost ~]# usermod -G root master
[root@localhost ~]# id master
uid=509(master) gid=50(ftp)  组=50(ftp),0(root)
```

3.2.2 用户组管理

1. 用户组配置文件

与组账号相关的配置文件也有两个：/etc/group 和/etc/gshadow。前者用于保存组账号名称、GID 号、组成员等基本信息，后者用于保存组账号的加密密码字串等信息（但很少使用到）。

例：查看 adm 组的信息。

```
[root@localhost ~]# grep "^adm" /etc/group
adm:x:4:adm,daemon
```

每行组信息包括 4 个字段，各个字段的含义如下：

- 第 1 字段，组名。
- 第 2 字段，组密码占位符 x。
- 第 3 字段，GID。
- 第 4 字段，以该组为附加组的用户列表。注意，以该组为基本组的用户账号并不显示在该字段中。

2. groupadd 命令——创建用户组

例：创建用户组 class1，并查看配置文件中的相关信息。

```
[root@localhost ~]# groupadd class1
[root@localhost ~]# tail -1 /etc/group
class1:x:506:
```

“-g” 选项，指定 GID 号。

例：创建用户组 class2，并指定 GID 为 1000。

```
[root@localhost ~]# groupadd –g 1000 class2
[root@localhost ~]# tail -1 /etc/group
class2:x:1000:
```

3. gpasswd 命令——添加、删除组成员

gpasswd 命令本来是用于设置组账号的密码，但是该功能极少使用，实际上该命令更多地用来为指定组账号添加、删除用户成员，对应的选项分别为“-a”、“-d”。

gpasswd 命令的基本格式：

```
gpasswd [选项] 用户名 组名
```

注意，gpasswd 命令改变的是用户的附加组，将用户加入到某个组之后，该组将成为用户的一个附加组。

例：将用户 super 加入到 root 组中。

```
[root@localhost ~]# gpasswd -a super root
Adding user super to group root
[root@localhost ~]# id super
uid=510(super) gid=505(admin) 组=505(admin),0(root)
```

例：将用户 super 从 root 组中删除。

```
[root@localhost ~]# gpasswd -d super root
Removing user super from group root
[root@localhost ~]# id super
uid=510(super) gid=505(admin) 组=505(admin)
```

4. groupdel 命令——删除用户组

如果要删除的组为某些用户的基本组，则必须先删除这些用户后，方能删除组。

```
[root@localhost ~]# gpasswd -a super class1          ‘将 class1 设为用户 super 的附加组
Adding user super to group class1
[root@localhost ~]# groupdel class1                  ‘此时可以删除 class1 组
```

```
[root@localhost ~]# usermod -g class2 super          ‘将 class2 设为用户 super 的基本组
[root@localhost ~]# groupdel class2                  ‘此时不可以删除 class2 组
groupdel: cannot remove the primary group of user 'super'
[root@localhost ~]# usermod -g admin super           ‘将 admin 设为用户 super 的基本组
[root@localhost ~]# groupdel class2                  ‘此时可以删除 class2 组
```

5. groups 命令——查询某个用户账号所属的组

例：分别查询当前用户（root）和 super 用户所属的组账号信息。

```
[root@localhost ~]# groups
root
[root@localhost ~]# groups super
super : super root
```

3.2.3 图形化的用户和组管理工具

在 RHEL 6 的图形界面中提供了专用的用户和组管理工具，大大降低了对用户和组账号管理的难度，可以作为 Linux 初学者的辅助管理手段。

通过选择桌面环境中的“系统”→“管理”→“用户和组群”，即可启动“用户管理者”程序。

下面通过图形界面来完成下列用户和组管理任务。

- 创建 manager 组；
- 创建用户账号：natasha、harry，并将它们的附加组设为 manager；
- 创建用户账号 strlt，不允许该用户登录；
- 创建用户账号 susa，指定 UID 为 4000。

1. 创建 manager 组（图 3-1）

图 3-1 创建组

2. 创建用户（图 3-2）

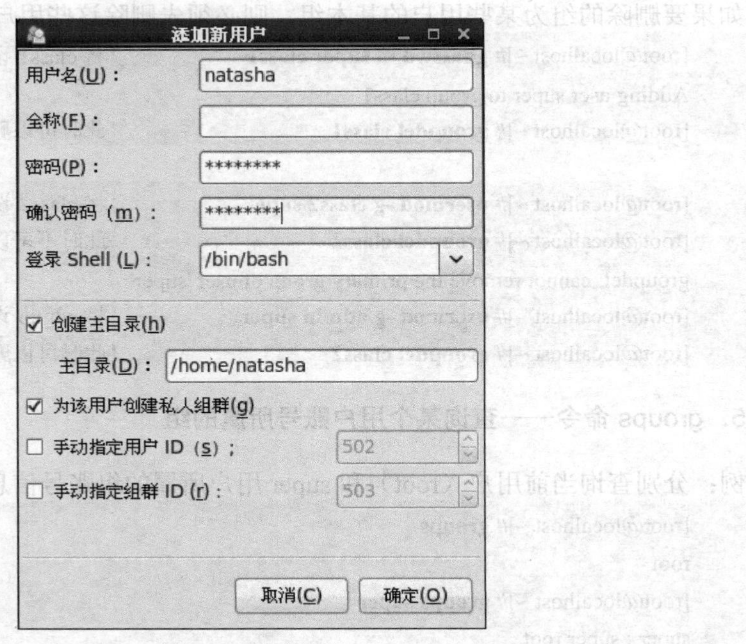

图 3-2 创建用户

3. 将用户加入用户组（图 3-3）

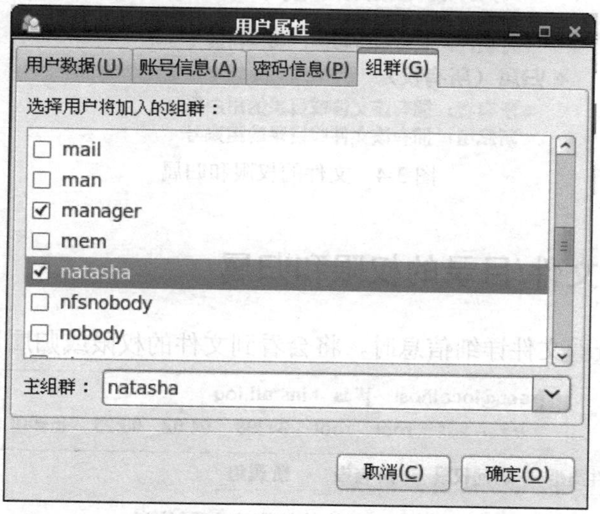

图 3-3　将用户加入组

图形界面下的工具操作非常简单，读者可以自行练习完成其他任务要求。

3.3　管理文件和目录的权限及归属

任务描述

在多用户操作系统中，出于安全性的考虑，需要给每个文件和目录加上访问权限，严格规定每个用户的权限。同时，用户可以为自己的文件赋予适当的权限，以保证他人不能修改和访问。

Linux 中的权限设置与 Windows 有很大区别，本任务中将介绍文件权限和归属的概念，以及如何来设置或更改文件的权限及归属。

任务分析及实施

Linux 系统中的每一个文件或目录都被赋予了两种属性：访问权限和文件所有者，简称为“权限”和“归属”。

访问权限包括读取、写入、可执行三种基本类型，归属包括所有者（拥有该文件的用户账号）、所属组（拥有该文件的组账号）。其具体含义如图 3-4 所示。

Linux 系统根据文件或目录的归属、访问权限来对用户访问数据的过程进行控制。

在下面的操作中需要注意，root 用户是系统的超级用户，拥有完全的管理权限，因此文件、目录的权限限制对 root 用户将不起作用。

❖ **访问权限**

■ **读取：允许查看文件内容、显示目录列表**

■ **写入：允许修改文件内容，允许在目录中新建、移动、删除文件或子目录**

■ **可执行：允许运行程序、切换目录**

❖ **归属（所有权）**

■ **所有者：拥有该文件或目录的用户账号**

■ **所属组：拥有该文件或目录的组账号**

图 3-4 文件的权限和归属

3.3.1 查看文件/目录的权限和归属

在用 ls –l 命令查看文件详细信息时，将会看到文件的权限或归属设置，如图 3-5 所示。

图 3-5 文件的权限和归属信息

在显示的信息中，第 3、4 个字段的数据分别用于表示该文件的所有者和所属组，在图 3-5 中，文件 install.log 的所有者和所属组分别是 root 用户和 root 组。

第 1 个字段中除第 1 个字符以外的其他部分表示该文件的访问权限，如上例中的“rw-r--r--”。

权限字段由 3 部分组成，各自的含义如下：

- 第 1 部分（第 2～4 个字符），表示该文件的所有者（可用 user 表示）对文件的访问权限。
- 第 2 部分（第 5～7 个字符），表示该文件的所属组内各成员用户（可用 group 表示）对文件的访问权限。
- 第 3 部分（第 8～10 个字符），表示其他任何用户（可用 other 表示）对文件的访问权限。

在表示访问权限时，主要使用了三种不同的权限字符：r、w、x，分别表示可读、可写、可执行，如图 3-6 所示是某文件的权限类型。若需要去除对应的权限位，则使用“-”表示。

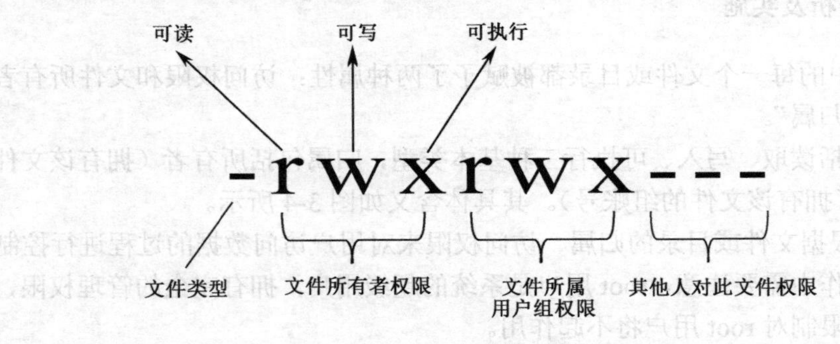

图 3-6 文件权限类型

例如，root 用户对 install.log 文件具有可读可写权限（rw-），root 组内的各用户对 install.log 文件只具有读取权限（r--），其他用户对 install.log 文件也是具有只读权限（r--）。

另外，对于文件和目录来说，具体权限的含义是有差别的，如表 3-1 所示。例如，用户只要对目录有写入权限，就可以删除该目录下的任何文件或子目录，而不管这些文件或子目录是否属于该用户。

表 3-1　权限的含义

权限	文件	目录
r	查看文件内容	查看目录内容（显示子目录、文件列表）
w	修改文件内容	修改目录内容（在目录中新建、移动、删除文件或子目录）
x	执行该文件（程序或脚本）	执行 cd 命令进入或退出该目录

若用户在访问文件或目录时不具备相应的权限，系统将会拒绝执行。

例如，/etc/shadow 文件的权限设置极为严格：

```
[root@localhost ~]# ls -l /etc/shadow
----------. 1 root root 1320 11 月   5 00:11 /etc/shadow
```

这个文件除了 root 用户之外，任何其他用户都没有任何权限（虽然看起来 root 用户也没有任何权限，但 root 用户不受权限制约）。

```
[root@localhost ~]# su – super                #切换到普通用户 super
[super@localhost ~]$ cat /etc/shadow          #查看 shadow 文件内容
cat: /etc/shadow:  权限不够                    #提示没有权限
```

另外，还有个问题需要注意，在这三种权限之间存在等级关系，即：

所有者权限>=所属组权限>=其他用户权限

如下面这个例子，用户 user（也是 sales 组的成员）对 TEST 文件具有什么权限？

```
-r--rw-r-x 1 user sales 2887 Sep 7 12:06 TEST
```

遵循上面的等级关系原则，用户 user 将只具有读取权限，而不是 sales 组的读 / 写权限。

3.3.2　设置文件/目录的权限

通过 chmod 命令可以设置更改文件或目录的权限，只有文件所有者或 root 用户才有权用 chmod 改变文件或目录的访问权限。

在用 chmod 命令设置权限时，可以采用两种不同的权限表示方法：字符形式和数字形式。

1．字符形式的 chmod 命令

用字符表示用户和权限的 chmod 命令，其格式和含义如图 3-7 所示。

❖ chmod命令

对应的权限字符

■ 格式1：chmod [ugoa] [+-=] [rwx] 文件或目录...

u、g、o、a 分别表示
所有者、所属组、其他用户、所有用户

+、-、= 分别表示
增加、去除、设置权限

图 3-7　字符形式的 chmod 命令

在命令选项中，用“ugoa”来代表用户类别：

- “u”表示文件所有者；
- “g”表示文件所属组；
- “o”表示其他用户；
- “a”表示所有用户。

命令选项中用“+-=”表示权限设置的操作动作：

- “+”表示增加相应权限；
- “-”表示减少相应权限；
- “=”表示赋值权限。

下面通过一个实例来说明权限设置的方法。

首先新建/root/test目录，然后将mkdir命令的程序文件/bin/mkdir复制到/root/test目录中，并改名为mymkdir。

```
[root@localhost ~]# mkdir test
[root@localhost ~]# cd test
[root@localhost test]# cp /bin/mkdir mymkdir
```

查看mymkdir文件的权限，可以看到这是一个可执行文件，所有用户都对这个文件具有执行权限。

```
[root@localhost test]# ls –l
-rwxr-xr-x. 1 root root 49384 11 月   5 04:46 mymkdir
```

下面我们尝试能否用mymkdir文件来创建目录。

由于 mymkdir 相当于是一个外部命令，而它的程序文件路径/root/test/mymkdir 又不在PATH变量里，所以无法直接执行这个文件，而是必须要告诉系统这个文件的具体路径，然后才能执行它。所以要执行这个文件，应采用“/root/test/mymkdir test1”的形式（test1是要创建的目录名字）。为了简化输入，一般建议采用“./mymkdir test1”的形式，“.”代表当前目录，“./mymkdir”就表示当前目录下的mymkdir文件。

```
[root@localhost test]# ./mymkdir test1              #运行 mymkdir 文件，创建一个目录
```

可以看到，命令被成功执行了。下面去掉mymkdir文件的可执行权限，然后再次测试该文件能否执行。

```
[root@localhost test]# chmod a-x mymkdir            #去掉 mymkdir 文件的执行权限
[root@localhost test]# ll mymkdir                   #查看 mymkdir 文件的权限
-rw-r--r--. 1 root root 49384 11 月   5 04:46 mymkdir
[root@localhost test]# ./mymkdir test2              #再次运行 mymkdir 文件创建一个目录
-bash: ./mymkdir: 权限不够
```

由于了没有了执行权限，所以mymkdir文件无法运行。

如果只想让mymkdir文件的所有者具有执行权限，可以执行下面的命令为所有者增加执行权限。

```
[root@localhost test]# chmod u+x mymkdir
```

也可以执行下面的命令，直接赋予所有者读 / 写执行权限。

```
[root@localhost test]# chmod u=rwx mymkdir
```

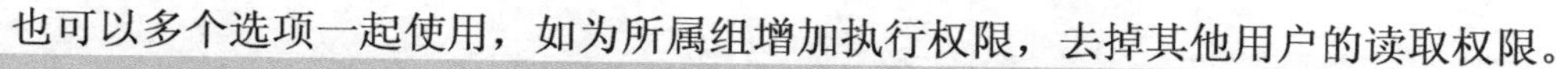

也可以多个选项一起使用，如为所属组增加执行权限，去掉其他用户的读取权限。

```
[root@localhost test]# chmod u+x,o-r mymkdir
```

2. 数字形式的 chmod 命令

用数字表示用户和权限的 chmod 命令，其格式和含义如图 3-8 所示。

❖ chmod命令

■ 格式2：chmod nnn 文件或目录...

3位八进制数

图 3-8　数字形式的 chmod 命令

“nnn”表示 3 位八进制数，r、w、x 权限字符可以分别表示为八进制数字 4、2、1。表示一个权限组合时需要将数字进行累加。例如，“rwx”采用累加数字形式表示成“7”，“r-x”采用累加数字形式表示成“5”，而“rwxr-xr-x”由三组权限组成，因此可以表示成“755”，“rw-r—r--”可以表示成“644”，如图 3-9 所示。

权限项	读	写	执行	读	写	执行	读	写	执行
字符表示	r	w	x	r	w	x	r	w	x
数字表示	4	2	1	4	2	1	4	2	1
权限分配	文件所有者			文件所属组			其他用户		

图 3-9　权限对应的八进制数

相比字符形式，数字形式更为简便易用。通常在设置权限时都采用数字形式，字符形式主要用来对权限进行细微的调整。

例如，对 mymkdir 文件进行如下权限设置：

- 所有者具有读 / 写执行权限；
- 所属组具有读和执行权限；
- 其他用户具有读和执行权限。

用数字形式的 chmod 命令完成：

```
[root@localhost test]# chmod 755 mymkdir
[root@localhost test]# ls -l mymkdir
-rwxr-xr-x. 1 root root 49384 11 月   5 04:46 mymkdir
```

chmod 命令常用选项：“-R”选项，递归修改指定目录下所有文件、子目录的权限。

在实际的目录权限管理工作中，有时会需要将某一个目录中的所有子目录及文件的权限都设置为同一个值，只要结合“-R”选项就可以实现。若不指定“-R”选项，chmod 命令将只改变所指定目录本身的权限。

例：将/usr/src 目录及其中所有的子目录、文件的权限都设置为 rw-r—r--。

```
[root@localhost test]# chmod -R 644 /usr/src
```

3.3.3 设置文件/目录的归属

通过 chown 命令可以更改文件或目录的所有者、所属组。其基本的命令格式如图 3-10 所示。

❖ chown命令

■ 格式：chown 所有者 文件或目录
chown :所属组 文件或目录
chown 所有者:所属组 文件或目录

图 3-10 chown 命令格式

chown 可以同时设置所有者和所属组，之间用冒号“:”间隔，也可以只设置所有者或者所属组。单独设置所属组时，要使用“:组名”的形式以示区别。

例：将 mymkdir 文件的所有者更改为 mike 用户，更改后，mike 将具有 rwx 的权限。

```
[root@localhost test]# chown mike mymkdir
[root@localhost test]# ll
-rwxr-xr-x. 1 mike root 49384 11 月   5 04:46 mymkdir
```

例：将 mymkdir 文件的所属组更改为 wheel 组，更改后，wheel 组的成员用户将具有 r-x 权限。

```
[root@localhost test]# chown :wheel mymkdir
[root@localhost test]# ll
-rwxr-xr-x. 1 mike wheel 49384 11 月   5 04:46 mymkdir
```

例：同时将 mymkdir 文件的所有者更改为 root 用户，所属组更改为 daemon 组。

```
[root@localhost test]# chown root:daemon mymkdir
[root@localhost test]# ll
-rwxr-xr-x. 1 root daemon 49384 11 月   5 04:46 mymkdir
```

chown 命令也可以结合“-R”选项递归更改目录中所有子目录及文件的归属。

例：将“/var/www”目录中的所有子目录、文件的所有者更改为 root 用户。

```
[root@localhost ~]# chown -R root /var/www
```

注意：只有 root 用户可以更改文件的所有者，只有 root 用户或文件所有者可以更改文件的所属组。而且对于文件所有者，只能将所属组更改为当前用户所在的组。

3.4 系统高级权限设置

任务描述

除了基本权限设置之外，Linux 系统中还提供了访问控制列表 ACL，以及 SUID、SGID、Sticky Bit 等特殊权限设置，通过这些高级权限设置，可以进一步满足用户的系统管理需求。

任务分析及实施

3.4.1　配置访问控制列表 ACL

Linux 系统中传统的权限设置方法比较简单，仅有 3 种身份、3 种权限而已，通过配合 chmod 和 chown 等命令来对文件的权限或所有者进行设置。如果要进行比较复杂的权限设定，如某个目录要开放给某个特定的使用者使用时，这些传统的方法就无法满足要求了。

例如，对于/home/project 目录，该目录的所有者是 student 用户，所属组是 users 组，预设权限是 770。现在有个名为 natasha 的用户，属于 natasha 组，希望能够对/home/project 目录具有读 / 写执行权限；还有一个名为 instructor 的用户，属于 instructor 组，希望能够对/home/project 目录具有读取和执行权限。

很明显，利用 chmod 或 chown 命令是无法完成这个要求的。因而，Linux 系统提供了 ACL（Access Control List）专门来完成这种细部权限设置。

1. 设置 ACL

设置 ACL 使用的是 setfacl 命令，该命令格式如下：

```
setfacl [选项] 设定值 文件名
```

常用选项：

- -m，设定一个 ACL 规则。
- -x，取消一个 ACL 规则。
- -b，取消所有的 ACL 规则。

例：设置 natasha 对/home/project 目录具有 rwx 权限。

```
[root@localhost ~]# setfacl -m u:natasha:rwx /home/project/
[root@localhost ~]# ll -d /home/project/
drwxrwxrwx+ 2 student users 4096 12 月   2 16:43 /home/project/
```

设置完 ACL 后，查看文件详细信息时在权限部分会多出一个“+”的标识，代表文件启用了 ACL 权限。

下面再设置 instructor 用户对/home/project 目录具有 r-x 权限。

```
[root@localhost ~]# setfacl -m u:instructor:r-x /home/project/
```

2. 管理 ACL

通过 getfacl 命令可以查看 ACL 权限。

```
[root@localhost ~]# getfacl /home/project/
getfacl: Removing leading '/' from absolute path names
# file: home/project/
# owner: student
# group: users
user::rwx
user:instructor:r-x
```

```
user:natasha:rwx
group::rwx
mask::rwx
other::rwx
```

通过“setfacl -m”命令可以修改 ACL。

例：将 instructor 用户的权限修改为 rwx。

```
[root@localhost ~]# setfacl -m u:instructor:rwx /home/project/
```

通过“setfacl -x”命令可以从 ACL 中去除某个用户。

例：将 instructor 用户从 ACL 中去除。

```
[root@localhost ~]# setfacl -x u:instructor /home/project/
```

3．启动 ACL 支持

ACL 可以针对用户设置，也可以针对用户组设置。要使用 ACL，必须要有文件系统的支持，Linux 中标准的 EXT2/EXT3/EXT4 文件系统都支持 ACL 功能。但是要注意，RHEL 6 中默认的文件系统支持 ACL，如果是新挂载的分区，则不支持 ACL 应用，可以在挂载文件系统时使用“-o acl”选项启动 ACL 支持。

例：将/dev/sdb1 分区挂载到/home 目录，并启动 ACL 支持。文件系统挂载之后，通过 mount 命令确认 ACL 已启动。

```
[root@localhost ~]# mount -o acl /dev/sdb1 /home
[root@localhost ~]# mount | grep home
/dev/sdb1 on /home type ext4 (rw,acl)
```

如果想要在系统启动时自动应用 ACL 功能，则需要修改/etc/fstab 文件，添加以下行：

```
[root@localhost ~]# vim /etc/fstab
/dev/sdb1                    /home                    ext4     defaults,acl     0     0
```

4．配置 ACL 时应注意的问题

ACL 用于提供额外权限，主要用来对权限进行微调。在系统中设置权限时，主要还是依靠 chmod、chown 这些传统的方法，而不能以 ACL 为主，否则维护起来会比较吃力。

因而当在生产环境中设置权限时，建议先用 chmod、chown 设置总体权限，然后根据需要再用 ACL 设置细部权限。

3.4.2 设置特殊权限：SUID/SGID/Sticky Bit

虽然通过 ACL 增加了权限设置的灵活性，但是 Linux 系统中可供设置的权限只有读、写、执行三种，在某些特殊的场合，这可能将无法满足要求。因而，在 Linux 系统中还提供了几种特殊的附加权限，用于为文件或目录提供额外的控制方式，可用的附加权限包括 SET 位权限（SUID、SGID）和粘滞位权限（Sticky Bit）。

SET 位权限多用于给可执行的程序文件或目录进行设置，其中 SUID 表示对所有者用户添加 SET 位权限，SGID 表示对所属组内的用户添加 SET 位权限。当一个可执行文件被设置

了 SUID、SGID 权限后，任何用户在执行该文件时，将获得该文件所有者、所属组相对应的权限。

SET 位权限的权限字符为“s”，设置 SET 位权限同样要通过 chmod 命令实现，可以使用“u+s”、“g+s”的权限模式分别用于设置 SUID、SGID 权限。

设置 SUID、SGID 权限后，使用 ls 命令查看文件的属性时，对应位置的“x”将变为 s，表示该文件在执行时将以所有者（root 用户）的身份访问系统。注意，如果文件原来位置有 x 权限，执行该命令后其权限字符 S 为小写；若文件原位置没有 x 权限，则设置 S 权限后将显示为大写字符 S。

（1）设置 SUID

例：查看 passwd 命令所对应的程序文件的属性信息。

```
[root@localhost ~]# ll /usr/bin/passwd
-rwsr-xr-x. 1 root root 30768 2 月   17 2012 /usr/bin/passwd
```

/usr/bin/passwd 文件的权限是“rwsr-xr-x”，SET 位权限设置在第一组，表示针对所有者用户设置，因而称为 SUID。这样，当其他用户执行 passwd 命令时，会自动以文件所有者 root 用户的身份去执行。

SUID 仅能针对可执行文件设置，对于目录无效。

由于 SUID 权限会改变用户身份，这给系统带来了一定的安全隐患，因而一般不建议自己去设置 SUID，但是系统中有不少默认已经设置了 SUID 权限的可执行文件，能够了解其用途即可。

系统中常见的已经设置了 SUID 权限的可执行文件还包括：

```
[root@localhost ~]# ll /bin/su
-rwsr-xr-x. 1 root root 34904 4 月   17 2012 /bin/su
[root@localhost ~]# ll /bin/mount
-rwsr-xr-x. 1 root root 76056 4 月    6 2012 /bin/mount
[root@localhost ~]# ll /bin/ping
-rwsr-xr-x. 1 root root 40760 3 月   22 2011 /bin/ping
```

（2）设置 SGID

如果 SET 位权限设置在所属组所对应的第二组权限位时，就称为 SGID。

SGID 可以针对可执行文件设置，也可以针对目录设置，但是所表达的含义却截然不同。

- 文件：如果针对文件设置 SGID，则无论使用者是谁，它在执行该程序的时候，都将以文件所属组成员的身份去执行。
- 目录：如果针对目录设置 SGID，则在该目录内所建立的文件或子目录的所属组，将会自动成为此目录的所属组。

一般来说，SGID 通常用于目录的权限设置。

例如，设置/home/test 目录的所有者是 student，所属组是 users，权限是 770，默认情况下在该目录下创建的文件的所有者和所属组都是创建者，如下所示。

```
[root@localhost ~]# ll -d /home/test
drwxrwx---. 2 student users 4096 12 月   2 21:46 /home/test
```

```
[root@localhost ~]# touch /home/test/file1
[root@localhost ~]# ll /home/test
总用量 0
-rw-r--r--. 1 root root 0 12 月   2 21:47 file1
```

为/home/test 目录设置 SGID 权限，再在目录中创建文件时，文件的所属组将被自动设置为目录的所属组 users，如下所示。

```
[root@localhost ~]# chmod g+s /home/test
[root@localhost ~]# ll -d /home/test
drwxrws---. 2 student users 4096 12 月   2 21:47 /home/test
[root@localhost ~]# touch /home/test/file2
[root@localhost ~]# ll /home/test
总用量 0
-rw-r--r--. 1 root root   0 12 月   2 21:47 file1
-rw-r--r--. 1 root users 0 12 月   2 21:50 file2
```

SUID 权限在生产环境中被广泛用于协同办公。当为目录设置了 SUID 权限之后，所有用户在该目录中创建的文件都将属于同一个用户组。这样，只要是该组的成员都将自动拥有对文件的相应权限，以方便同组成员之间的文件修改和信息交流。

3.4.3 设置粘滞位权限

通常情况下用户只要对某个目录具备 w 写入权限，便可以删除该目录中的任何文件，而不论这个文件的权限是什么。

如进行下面的操作：

```
#创建/test 目录，并赋予 777 权限
[root@localhost ~]# mkdir /test
[root@localhost ~]# chmod 777 /test
#以 root 用户的身份在/test 目录中创建文件 file1，并查看其默认权限
[root@localhost ~]# touch /test/file1
[root@localhost ~]# ll /test/file1
-rw-r--r--. 1 root root 0 12 月   2 20:32 /test/file1
#以普通用户 natasha 的身份登录系统，可以删除/test/file1
[natasha@localhost ~]$ rm /test/file1
rm：是否删除有写保护的普通空文件 "/test/file1"？ y
```

通过上面的操作可以发现，虽然普通用户 natasha 对文件/test/file1 只具备“r—”权限，但因为从/test 目录获得了“rwx”权限，因而仍然可以将/test/file1 删除。

Linux 系统中比较典型的例子就是/tmp 和/var/tmp 目录。这两个目录作为 Linux 系统的临时文件夹，权限为 rwxrwxrwx，即允许任意用户、任意程序在该目录中进行创建、删除、移动文件或子目录等操作。然而试想一下，若任意一个普通用户都能够删除系统服务运行中使用的临时文件，则将会造成什么结果？

粘滞位权限便是针对此种情况设置的，当目录被设置了粘滞位权限以后，即便用户对该

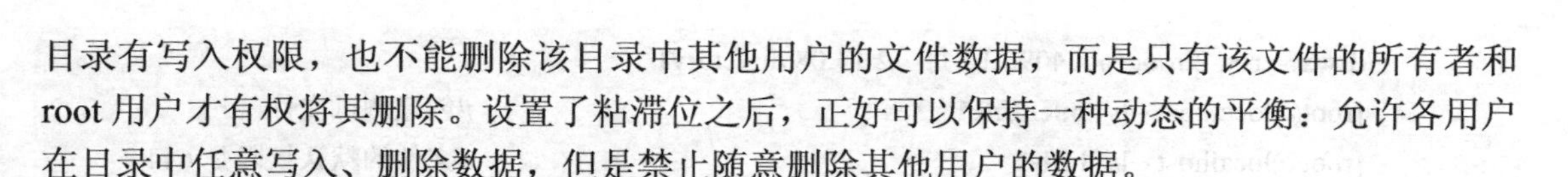

目录有写入权限，也不能删除该目录中其他用户的文件数据，而是只有该文件的所有者和root 用户才有权将其删除。设置了粘滞位之后，正好可以保持一种动态的平衡：允许各用户在目录中任意写入、删除数据，但是禁止随意删除其他用户的数据。

需要注意的是，粘滞位权限只能针对目录设置，对于文件无效。

设置了粘滞位权限的目录，使用 ls 命令查看其属性时，其他用户权限处的“x”将变为“t”。

例如，查看/tmp、/var/tmp 目录本身的权限，确认存在“t”标记。

```
[root@localhost ~]# ll -d /tmp
drwxrwxrwt. 16 root root 4096 12 月   2 17:16 /tmp
[root@localhost ~]# ll -d /var/tmp
drwxrwxrwt. 3 root root 4096 12 月   2 09:46 /var/tmp
```

粘滞位权限都是针对其他用户(other)设置的，使用 chmod 命令设置目录权限时，“o+t”、“o-t”权限模式可分别用于添加、移除粘滞位权限。

例如，为/test 目录设置粘滞位权限。

```
[root@localhost ~]# chmod o+t /test
[root@localhost ~]# ll -d /test
drwxrwxrwt. 2 root root 4096 12 月   2 20:39 /test
```

此时普通用户 natasha 便无法删除/test/file1 文件了。

```
[natasha@localhost ~]$ rm /test/file1
rm：是否删除有写保护的普通空文件 "/test/file1"？ y
rm：无法删除"/test/file1": 不允许的操作
```

粘滞位权限在生产环境中也被广泛应用，当需要为用户提供一个开放目录而又不希望造成管理混乱时，通过为目录设置粘滞位权限便可以解决问题。

3.4.4 设置 umask 值

umask 值用于设置用户在创建文件时的默认权限，当在系统中创建目录或文件时，目录或文件所具有的默认权限就是由 umask 值决定的。

对于 root 用户，系统默认的 umask 值是 0022；对于普通用户，系统默认的 umask 值是 0002。执行 umask 命令可以查看当前用户的 umask 值。

```
[root@localhost ~]# umask
0022
```

默认情况下，对于目录，用户所能拥有的最大权限是 777；对于文件，用户所能拥有的最大权限是目录的最大权限去掉执行权限，即 666。因为 x 执行权限对于目录是必须的，没有执行权限就无法进入目录，而对于文件则不必默认赋予 x 执行权限。

对于用户创建的目录，默认的权限就是用 777 减去 umask 值，即 755；对于创建的文件，默认的权限则是用 666 减去 umask 值，即 644。

可以通过下面的测试操作来了解 umask 值。

```
[root@localhost ~]# mkdir directory1                    #创建测试目录
[root@localhost ~]# ll -d directory1                    #目录的默认权限是 755
```

```
drwxr-xr-x. 2 root root 4096 12 月   2 13:08 directory1
[root@localhost ~]# touch file1                        #创建测试文件
[root@localhost ~]# ll file1                           #文件的默认权限是 644
-rw-r--r--. 1 root root 0 12 月   2 13:09 file1
```

通过 umask 命令可以修改 umask 值，如将 umask 值设为 0077。

```
[root@localhost ~]# umask 0077
[root@localhost ~]# umask
0077
```

此时创建的目录默认权限为 700，文件默认权限是 600：

```
[root@localhost ~]# mkdir directory2
[root@localhost ~]# ll -d directory2
drwx------. 2 root root 4096 12 月   2 13:14 directory2
[root@localhost ~]# touch file2
[root@localhost ~]# ll file2
-rw-------. 1 root root 0 12 月   2 13:14 file2
```

umask 命令只能临时修改 umask 值，系统重启之后 umask 将还原成默认值。如果要永久修改 umask 值，可以修改配置文件/etc/bashrc，不过这里不建议修改该文件，读者如有需要，可以查阅相关资料。另外，有关文件和目录的权限值及用户密码、UID 号、GID 号等信息都可从/etc/login.defs 文件的配置信息中得到。

思考与练习

选择题

1．Linux 系统中默认的管理员用户是（　　）。

A. administrator　　B. admin　　C. root　　D. master

2．在 Linux 操作系统中，存放用户账号加密口令的文件是（　　）。

A．/etc/sam　　B．/etc/shadow　　C．/etc/group　　D．/etc/security

3．下面命令中，哪个用于密码修改（　　）。

A．password　　B. pwd　　C. change　　D. passwd

4．查看当前目录下 file1 文件的大小和所有者等属性可用以下哪个命令？（　　）

A. ls –l file1　　B. ls –s file1　　C. ls –b file1　　D. ls –a file1

5．创建一个组名字为 tech 并且组 Id 为 300 的命令是（　　）。

A. addgroup 300 tech　　B. groupadd –g 300 tech

C. newgrp –g 300 tech　　D. groups --gid 300 --name tech

6．在 RHEL 6 系统中，用户 jerry 在家目录下执行“ls -l myfile”命令显示的信息为“-rw-r----- 1 root jerry 7 07-04 20:40 myfile”，则 jerry 对文件 myfile 的权限是（　　）。

A. 可以查看文件内容　　B. 可以修改文件内容

C. 可以执行文件　　D. 可以删除文件

7. 若需设置文件的所有者有读取、写入权限，而其他任何用户只能进行只读访问，则权限模式可以表示为（　　）。

A. 566　　B. 644　　C. 655　　D. 764

8. 在 Linux 操作系统中，命令“chmod 777 /home/abc”的作用是（　　）。

A. 把所有的文件复制到公共目录 abc 中

B. 修改 abc 目录的访问权限为可读、可写、可执行

C. 设置用户的初始目录为/home/abc

D. 修改 abc 目录的访问权限为对所有用户只读

9. 用户 user（也是 sales 组的成员）能对下面文件进行什么操作（　　）。

-r--rw-r-x 1 user sales 2887 Sep 7 12:06 TEST.

A. 读 / 写　　B. 只读　　C. 读和执行　　D. 读 / 写执行

10. 以下（　　）命令可以将文件 xfile 的权限设置为所有者用户只读。

A. chmod a=r xfile　　B. chmod u=r xfile

C. chmod g-wx xfile　　D. chmod o+r xfile

11. 使用以下（　　）命令可以改变文件或目录的所属组。

A. chmod　　B.chown　　C.groups　　D.chgrp

12. 如何切换到 root 用户（　　）。

A. df –　　B. mu –　　C. du –　　D. su –

13. 记录 GID 与组名称的文件是（　　）。

A. /etc/passwd　　B. usr/group　　C. /etc/pgroup　　D. /etc/group

操作题

1. 创建一个名为 financial 的组。

2. 创建一个名为 test1 的用户，指定其 UID 为 600，将 financial 设为 test1 的基本组。

3. 为 test1 用户设置密码，从/etc/passwd 文件中找出 test1 用户的相关信息：UID、GID、家目录、登录 Shell，从/etc/shadow 文件中找出 test1 用户以密文形式存放的密码。

4. 另开一个终端，以 test1 用户的身份登录系统。在 test1 的家目录中创建一个名为 test1.txt 的文件，并查看 test1.txt 文件的权限设置。

5. 对文件 test1.txt 进行权限设置，要求文件所有者具有读 / 写执行权限，所属组和其他用户具有读和执行权限。然后将 test1 用户退出登录。

6. 创建名为 sales 的组。将用户 test1 家目录中的 test1.txt 文件的所有者改为 root，所属组改为 sales（要求这两个操作用两条命令分别来完成）。

7. 将用户 test1 家目录中的 test1.txt 文件的所有者改为 test1，所属组改为 financial（要求用一条命令同时修改所有者和所属组）。

8. 将 test1 用户锁定，禁止其登录。再次打开一个终端，尝试能否以 test1 用户的身份登录。

9. 将 test1 用户解锁，在终端中尝试能否以 test1 用户的身份登录。

10. test1 用户退出登录后，将之删除，默认情况下用户的家目录仍然会保留下来。手工将 test1 用户的家目录删除。

11．创建一个名为 test2 的用户，并指定其附加组为 root。然后再将用户 test2 连同其家目录一并删除。

12．创建用户 test3，禁止其登录。

13．创建用户 test4，并指定其家目录为/test4。

14．将用户 test4 的基本组修改为 admin。

15．查看用户 test4 所属组的信息。

16．将 test3 用户的用户名改为 mike。

17．将 test4 用户加入到 root 组，使 root 成为其附加组。

18．将用户 test4 的家目录/test4 移动到/home 目录中，然后将其家目录改为/home/test4。

19．新建目录/var/www/mike，并设置如下权限：

- 将此目录的所有者设置为 mike，并设置读 / 写执行权限；
- 将此目录的所属组设置为 sales，并设置读执行权限；
- 将其他用户的权限设置为只读。

20．创建/var/test 目录，要求在此目录中的任何用户都可以创建文件或目录，但只有用户自身和 root 用户可以删除用户所创建的文件或目录。

21. 新建一个名为 manager 的用户组，创建两个用户账号：natasha 和 harry，并将 manager 设为它们的附加组。复制文件/etc/fstab 到/var/tmp 目录中，对文件/var/tmp/fstab 进行如下权限设置：

- 将 manager 组设为文件所属组；
- 用户 harry 具有读 / 写权限；
- 用户 natasha 不能做任何操作；
- 其他用户具有读取权限。

22．创建目录/home/cnrts，将 manager 组设为目录的所属组，并设置 manager 组用户对目录有读 / 写执行权限，其他人没有权限（root 除外）。设置用户在该目录中创建的文件自动继承组的权限。

第4章

Linux 磁盘与文件系统管理

在计算机领域中，广义上来说硬盘、光盘、软盘、U 盘等用来保存数据信息的存储设备都可以称为磁盘，而其中的硬盘更是计算机主机的关键组件。无论在 Windows 系统还是在 Linux 系统中，规划、管理磁盘分区及文件系统都是管理员的重要工作内容之一。

本项目将从磁盘及分区、文件系统、磁盘配额和 LVM 逻辑卷等几个方面，介绍在 Linux 系统中的磁盘和文件系统管理技术。

4.1 磁盘分区与格式化

任务描述

在 Linux 服务器中，当现有硬盘的分区规划不能满足要求（如根分区的剩余空间过少，无法继续安装新的系统程序）时，就需要对硬盘中的分区进行重新规划和调整，有时候还需要添加新的硬盘设备来扩展存储空间。

本任务将通过为 Linux 虚拟机新增一块硬盘并建立分区的过程，介绍 fdisk 分区工具的使用。另外，在分区之后，还需要对每个分区分别用 mkfs 命令进行格式化。

任务分析及实施

4.1.1 硬盘分区前的准备工作

1. 磁盘及分区的表示方法

在之前的章节中曾简单介绍过，Linux 系统中把所有的磁盘设备及磁盘分区都看作文件，它们都有一个相对应的设备文件。

硬盘的设备文件名主要与硬盘的接口类型有关，如第一块 IDE 硬盘的设备文件是/dev/hda，第一块 SATA 或 SCSI 硬盘的设备文件则是/dev/sda。

另外，对于所有使用 USB 接口的移动存储设备，无论是移动硬盘、U 盘，还是 USB 光驱，都一律使用/dev/sdxx 的设备文件。

光驱（光盘）的设备文件一般默认为/dev/cdrom，与光驱的接口类型无关。

磁盘分区的设备文件名中采用编号来区分不同的分区。

- 主分区与扩展分区：使用 1～4 的编号。
- 逻辑分区：使用 5～63 的编号。

如/dev/sda 的第一个主分区，其设备文件是/dev/sda1；而/dev/sdb 的第一个逻辑分区，其设备文件是/dev/sdb5。

2. 查看分区信息

Linux 中最基本的磁盘及分区管理工具是 fdisk，很多人对 fdisk 应该都不陌生，它同样也是 DOS 系统中最经典的分区工具，不过 Linux 中的 fdisk 与 DOS 中的 fdisk 还是有很大区别的。

fdisk 命令的基本格式：

```
fdisk [-l] [设备名称]
```

fdisk 命令不仅可以进行硬盘分区，而且还可以查看硬盘及分区信息，这要用到“-l”选项。

“fdisk -l”命令的作用是列出当前系统中所有磁盘设备及其分区的信息，命令执行结果如图 4-1 所示。

```
[root@localhost ~]# fdisk -l

Disk /dev/sda: 42.9 GB, 42949672960 bytes
255 heads, 63 sectors/track, 5221 cylinders
Units = cylinders of 16065 * 512 = 8225280 bytes
Sector size (logical/physical): 512 bytes / 512 bytes
I/O size (minimum/optimal): 512 bytes / 512 bytes
Disk identifier: 0x0002f3b7

   Device Boot      Start         End      Blocks   Id  System
/dev/sda1   *           1          64      512000   83  Linux
Partition 1 does not end on cylinder boundary.
/dev/sda2              64        5222    41430016   8e  Linux LVM
```

图 4-1　查看分区信息

上述信息中包含了硬盘的整体情况和分区信息，其中分区信息的各字段含义如下：

- Device：分区的设备文件名称。
- Boot：是否是引导分区。是，则带有“*”标识。
- Start：该分区在硬盘中的起始位置（柱面数）。
- End：该分区在硬盘中的结束位置（柱面数）。
- Blocks：分区的大小，以 Blocks（块）为单位，默认的块大小为 1024 字节。
- Id：分区类型的 ID 标记号，对于 EXT4 分区为 83，LVM 分区为 8e。
- System：分区类型。“Linux”代表 ext4 文件系统，“Linux LVM”代表逻辑卷。

3．在虚拟机中添加硬盘

为了练习硬盘分区操作，需要先在虚拟机中再添加额外的硬盘。由于 SCSI 接口的硬盘支持热插拔，因而可以在虚拟机开机状态下直接添加硬盘。

打开虚拟机的硬件设置界面，单击“添加”按钮，添加一块容量为 20GB 的 SCSI 硬盘，如图 4-2 所示。

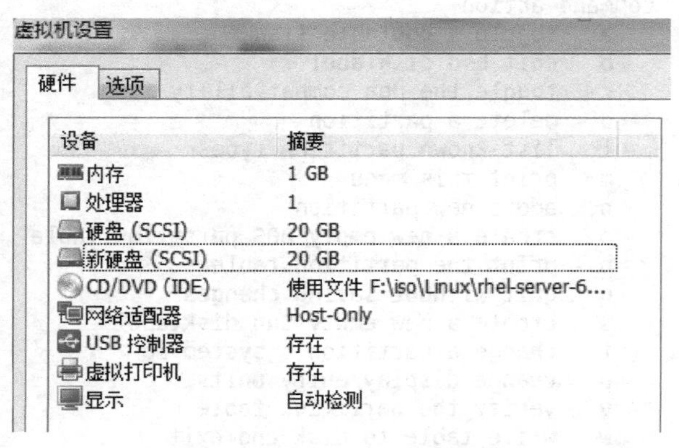

图 4-2　在虚拟机中添加硬盘

然后，需要将虚拟机重启以识别新增加的硬盘。

系统重新启动之后，执行“fdisk -l”命令查看硬盘分区信息，可以发现增加的硬盘

“/dev/sdb”，新的硬盘设备还未进行初始化，因而没有包含有效的分区信息，如图 4-3 所示。

```
Disk /dev/sdb: 21.5 GB, 21474836480 bytes
255 heads, 63 sectors/track, 2610 cylinders
Units = cylinders of 16065 * 512 = 8225280 bytes
Sector size (logical/physical): 512 bytes / 512 bytes
I/O size (minimum/optimal): 512 bytes / 512 bytes
Disk identifier: 0x00000000
```

图 4-3　新增加的硬盘信息

4.1.2　对硬盘进行分区

以硬盘设备文件名为参数执行 fdisk 命令，就可以以交互方式对相应的硬盘进行创建、删除、更改分区等操作。

下面执行“fdisk /dev/sdb”命令，进入到交互式的分区管理界面中，如图 4-4 所示。

```
[root@localhost ~]# fdisk /dev/sdb
Device contains neither a valid DOS partition table, nor Sun, SGI or OSF disklab
el
Building a new DOS disklabel with disk identifier 0x7a485c1a.
Changes will remain in memory only, until you decide to write them.
After that, of course, the previous content won't be recoverable.

Warning: invalid flag 0x0000 of partition table 4 will be corrected by w(rite)

WARNING: DOS-compatible mode is deprecated. It's strongly recommended to
         switch off the mode (command 'c') and change display units to
         sectors (command 'u').

Command (m for help): 
```

图 4-4　fdisk 命令的交互式界面

开头是一段英文提示，可以不必理会。在操作界面中的“Command (m for help):”提示符后，用户可以输入特定的分区操作指令，完成各项分区管理任务。例如，输入“m”指令后，可以查看各种操作指令的帮助信息，如图 4-5 所示。

```
Command (m for help): m
Command action
   a   toggle a bootable flag
   b   edit bsd disklabel
   c   toggle the dos compatibility flag
   d   delete a partition
   l   list known partition types
   m   print this menu
   n   add a new partition
   o   create a new empty DOS partition table
   p   print the partition table
   q   quit without saving changes
   s   create a new empty Sun disklabel
   t   change a partition's system id
   u   change display/entry units
   v   verify the partition table
   w   write table to disk and exit
   x   extra functionality (experts only)

Command (m for help): 
```

图 4-5　查看操作指令帮助信息

使用 n 指令可以进行创建分区的操作，包括主分区和扩展分区。然后再根据提示继续输入“p”选择创建主分区，输入“e”选择创建扩展分区。之后依次选择分区序号、起始位置、结束位置或分区大小即可完成新分区的创建。

选择分区号时，主分区和扩展分区的序号只能在 1～4 之间。分区起始位置一般由 fdisk 默认识别，结束位置或大小可以使用“+size(K、M、G)”的形式，如“+20G”表示将分区的容量设置为 20GB。

下面首先创建一个容量为 5GB 的主分区，如图 4-6 所示。

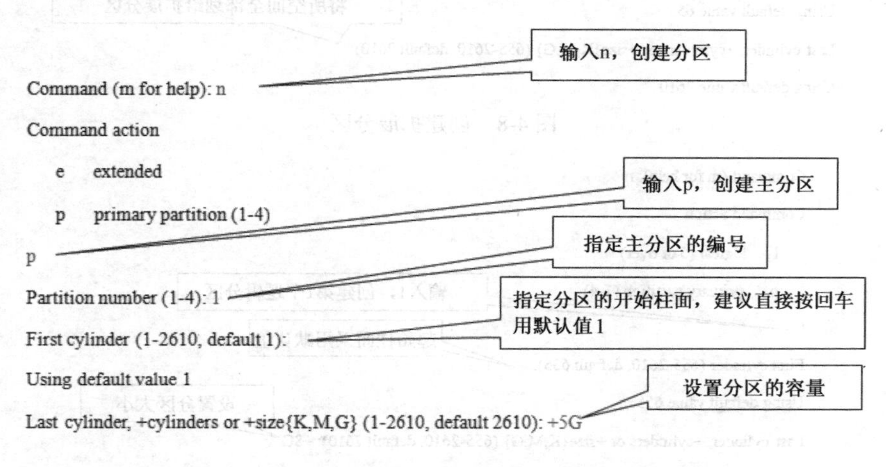

图 4-6　创建容量为 5GB 的主分区

分区结束之后，可以输入 p 指令查看创建好的分区/dev/sdb1，如图 4-7 所示。

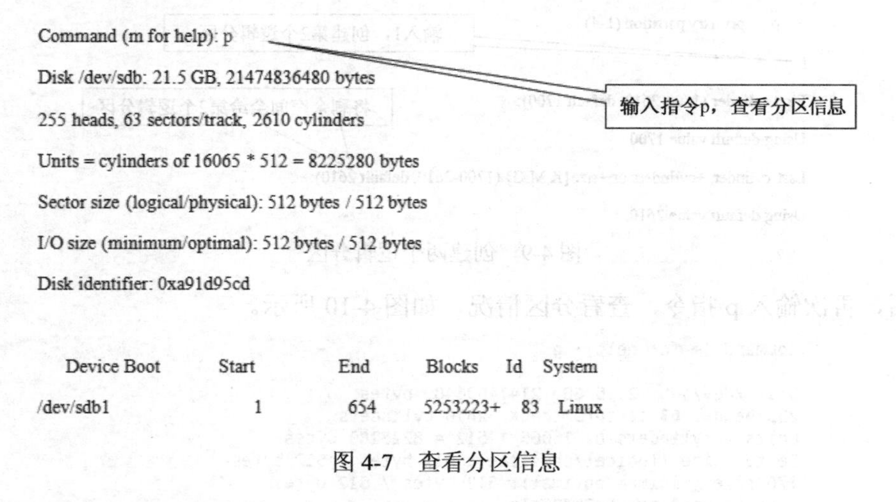

图 4-7　查看分区信息

下面再继续创建两个逻辑分区，创建逻辑分区之前首先需要创建扩展分区，如图 4-8 所示。需要注意的是，必须把所有剩余空间全部分给扩展分区。

扩展分区创建好之后，接着就可以创建逻辑分区，如图 4-9 所示。在创建逻辑分区的时候就不需要指定分区编号了，系统将会自动从 5 开始顺序编号。

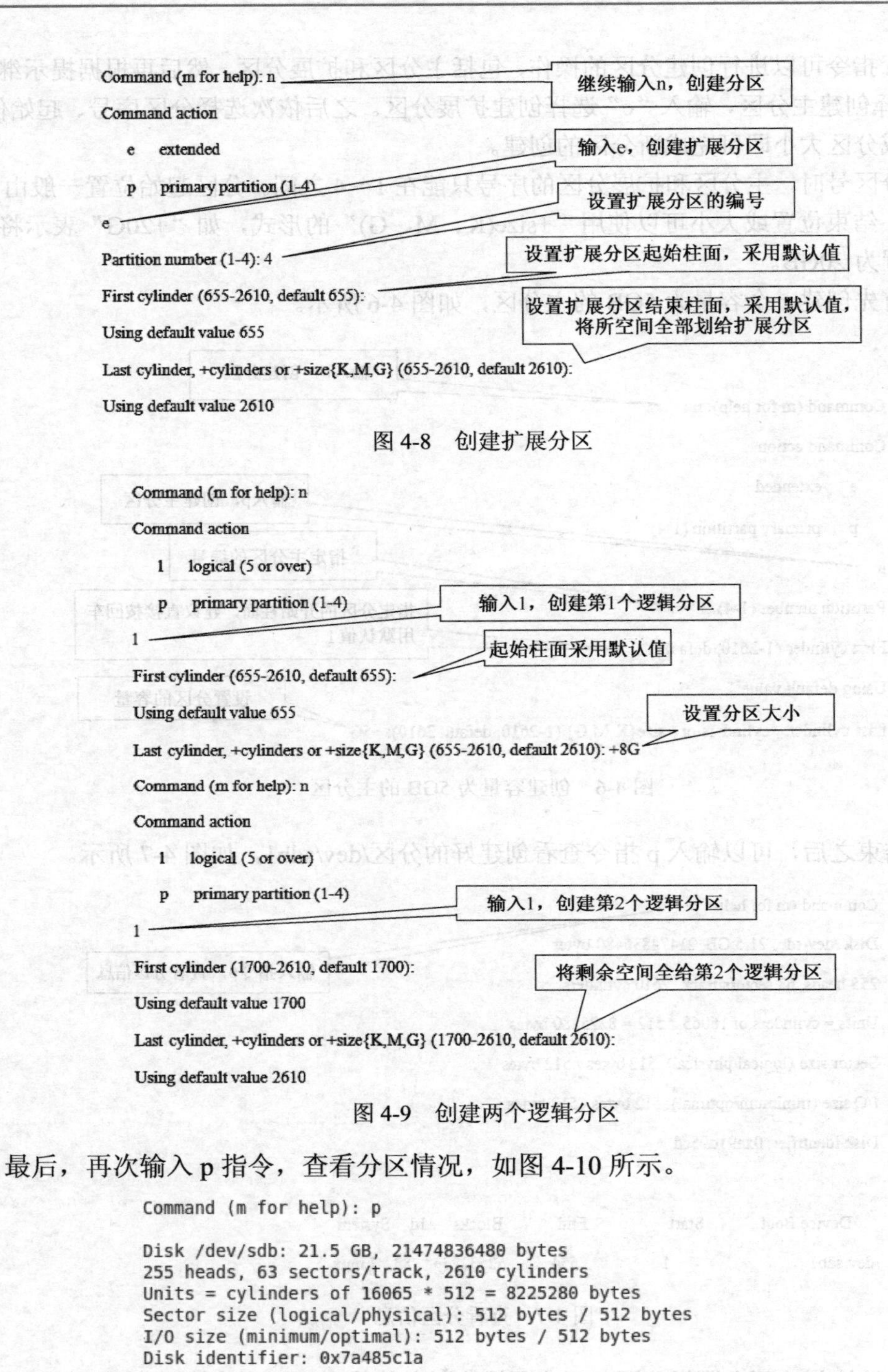

图 4-8　创建扩展分区

图 4-9　创建两个逻辑分区

最后，再次输入 p 指令，查看分区情况，如图 4-10 所示。

```
Command (m for help): p

Disk /dev/sdb: 21.5 GB, 21474836480 bytes
255 heads, 63 sectors/track, 2610 cylinders
Units = cylinders of 16065 * 512 = 8225280 bytes
Sector size (logical/physical): 512 bytes / 512 bytes
I/O size (minimum/optimal): 512 bytes / 512 bytes
Disk identifier: 0x7a485c1a

   Device Boot      Start         End      Blocks   Id  System
/dev/sdb1               1         654     5253223+  83  Linux
/dev/sdb4             655        2610    15711570    5  Extended
/dev/sdb5             655        1699     8393931   83  Linux
/dev/sdb6            1700        2610     7317576   83  Linux
```

图 4-10　查看分区信息

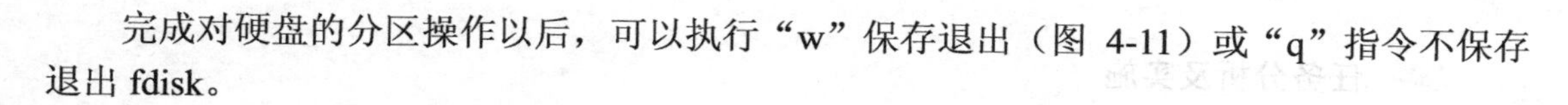

完成对硬盘的分区操作以后，可以执行“w”保存退出（图 4-11）或“q”指令不保存退出 fdisk。

图 4-11　保存退出 fdisk 交互界面

硬盘分区设置完成以后，一般需要将系统重启以使设置生效，如果不想重启系统，可以使用 partprobe 命令使操作系统获知新的分区表情况。

例：执行 partprobe 命令重新探测/dev/sdb 磁盘中分区情况的变化。

```
[root@localhost ~]# partprobe /dev/sdb
```

如果需要删除已创建好的分区，可以在 fdisk 命令操作界面中使用“d”指令将指定的分区删除，根据提示输入需要删除的分区序号即可。在删除时建议从最后一个分区开始进行删除，以免 fdisk 识别的分区序号发生紊乱。另外，如果扩展分区被删除，则扩展分区之下的逻辑分区也将同时被删除。

4.1.3　格式化分区

分区创建好之后，还必须要经过格式化才能使用，格式化分区的主要目的是在分区中创建文件系统。Linux 专用的文件系统是 ext，包含 ext2、ext3、ext4 等诸多版本，RHEL 6 中默认使用的是 ext4。另外，Linux 也支持 Windows 中的 FAT32 文件系统，Linux 中表示为 vfat。

格式化分区的命令是 mkfs，使用“-t”选项指定所要采用的文件系统类型。

mkfs 命令的基本格式：

```
mkfs –t 文件系统类型 分区设备
```

例：将/dev/sdb1 格式化为 ext4 文件系统。

```
[root@localhost ~]# mkfs -t ext4 /dev/sdb1
```

例：将/dev/sdb5 格式化为 fat32 文件系统。

```
[root@localhost ~]# mkfs -t vfat /dev/sdb5
```

需要注意的是，格式化时会清除分区上的所有数据，所以应注意安全，留意备份。

4.2　挂载／卸载文件系统

任务描述

Linux 系统中，对各种存储设备中的资源访问（如读取、保存文件等）都是通过目录结构进行的，虽然系统核心能够通过设备文件的方式操纵各种设备，但是对于用户来说，还需要有一个“挂载”的过程，这样才能像正常访问目录一样访问存储设备中的资源。

本任务将详细介绍如何挂载及卸载硬盘分区、光盘、U 盘和 ISO 镜像等各种存储设备。

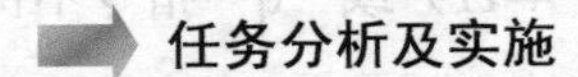

任务分析及实施

4.2.1 挂载文件系统

通过之前的任务操作，已经将系统中新增加的第二块硬盘分成了 4 个分区：/dev/sdb1、/dev/sdb4、/dev/sdb5、/dev/sdb6，其中/dev/sdb4 作为扩展分区无法实际使用，实际可用的分区只有 3 个。但这 3 个分区也无法直接被使用，要想使用这些分区，还必须经过最后一步操作——挂载。挂载是 Linux 系统与 Windows 系统在存储设备操作方式上的一个非常重要的区别。

1. 了解什么是挂载

挂载就是指定系统中的一个目录作为挂载点，用户通过访问这个目录来实现对硬盘分区的数据存取操作，作为挂载点的目录就相当于是一个访问硬盘分区的入口，挂载示意图如图 4-12 所示。挂载这个操作就是用来告诉 Linux 系统：现在有一个磁盘空间，请你把它放在某一个目录中，好让用户可以调用里面的数据。挂载文件系统时，必须以设备文件来指定要挂载的文件系统。

例如，把/dev/sdb5 挂载到/tmp/目录，当用户在/tmp/目录下执行数据存取操作时，Linux 系统就知道要到/dev/sdb5 上执行相关的操作。

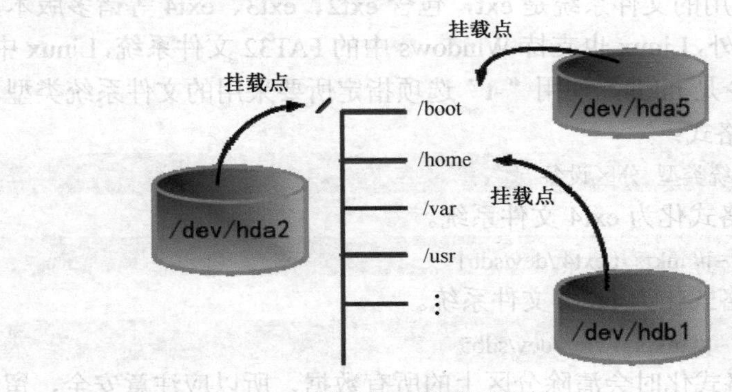

图 4-12 挂载示意图

安装 Linux 系统的过程中，自动建立或识别的分区通常会由系统自动完成挂载，如“/”分区、“boot”分区等，对于后来新增加的硬盘分区、U 盘、光盘等设备，就必须由管理员手动进行挂载。

Linux 系统中已经提供了两个默认的挂载点目录：/media 和/mnt。/media 用作系统自动挂载点，/mnt 用作用户手动挂载点，如当在图形界面下插入 U 盘或光盘时，系统会将它们自动挂载到/media 目录下，而如果用户要手动挂载这些设备，则建议挂载到/mnt 目录下。另外，在挂载时不建议将设备直接挂载到/mnt 目录之下，而应先在其中创建子目录，然后分别将不同的设备挂载到相应的子目录中去。

理论上讲，Linux 中的任何一个目录都可以作为挂载点，但是从系统角度考虑，以下 5 个目录是不能作为挂载点使用的：/bin、/sbin、/etc、/lib、/lib64，这点在实际应用中需要注意。

挂载文件系统使用命令 mount，该命令的基本格式：

```
mount [-t 文件系统类型] 文件系统 挂载点
```

其中，文件系统类型通常可以省略（由系统自动识别），文件系统对应分区的设备文件名（如/dev/sdb1）或网络资源路径，挂载点为用户指定用于挂载的目录。

挂载点必须是一个已经存在的目录，一般在挂载之前使用 mkdir 命令先创建一个新的目录，如果把现有的目录当作挂载点，则这个目录最好为空目录，否则新安装的文件系统会暂时覆盖安装点的文件系统，该目录下原来的文件将不可读 / 写，所以不能将文件系统挂载到根目录上。

2．挂载硬盘分区

下面将硬盘分区/dev/sdb1 挂载到/data 目录下，如图 4-13 所示。

```
[root@localhost ~]# mkdir /data
[root@localhost ~]# mount /dev/sdb1 /data
[root@localhost ~]# df -hT
文件系统      类型      容量  已用  可用 已用% 挂载点
/dev/mapper/VolGroup-lv_root
              ext4       18G  2.9G   14G  18% /
tmpfs        tmpfs      495M  100K  495M   1% /dev/shm
/dev/sda1     ext4      485M   33M  427M   8% /boot
/dev/sr0   iso9660      3.5G  3.5G     0 100% /media/RHEL_6.3 x86_64 Disc 1
/dev/sdb1     ext4      5.0G  139M  4.6G   3% /data
```

图 4-13　将/dev/sdb1 挂载到/data/

这里用到了一个 df 命令，df 命令主要用来了解系统中已经挂载的各个文件系统的磁盘使用情况，它的常用选项有“-h”、“-T”。使用“-h”选项将显示更易读的容量单位，“-T”选项用于显示文件系统的类型。df 命令在磁盘管理中经常用到。

接下来继续将/dev/sdb5 这个已经被格式化成 FAT32 文件系统的分区挂载到/mailbox 目录下，如图 4-17 所示。

```
[root@localhost ~]# mkdir /mailbox
[root@localhost ~]# mount /dev/sdb5 /mailbox
[root@localhost ~]# df -hT
文件系统      类型      容量  已用  可用 已用% 挂载点
/dev/mapper/VolGroup-lv_root
              ext4       18G  2.9G   14G  18% /
tmpfs        tmpfs      495M  100K  495M   1% /dev/shm
/dev/sda1     ext4      485M   33M  427M   8% /boot
/dev/sr0   iso9660      3.5G  3.5G     0 100% /media/RHEL_6.3 x86_64
/dev/sdb1     ext4      5.0G  139M  4.6G   3% /data
/dev/sdb5     vfat      8.0G  8.0K  8.0G   1% /mailbox
```

图 4-14　将/dev/sdb5 挂载到/mailbox

3．挂载光盘

在挂载光盘和 U 盘等外围设备时，一般习惯性地将挂载点放在/mnt 目录下。

光盘对应的设备文件通常为/dev/cdrom，下面将光盘挂载到/mnt/cdrom 目录，如图 4-15 所示。

```
[root@localhost ~]# mkdir /mnt/cdrom
[root@localhost ~]# mount /dev/cdrom /mnt/cdrom
mount: block device /dev/sr0 is write-protected, mounting read-only
[root@localhost ~]# df -hT
文件系统       类型      容量  已用  可用 已用% 挂载点
/dev/mapper/VolGroup-lv_root
              ext4      18G  2.9G   14G  18% /
tmpfs        tmpfs     495M  100K  495M   1% /dev/shm
/dev/sda1     ext4     485M   33M  427M   8% /boot
/dev/sr0   iso9660     3.5G  3.5G     0 100% /media/RHEL_6.3 x86_64 Disc 1
/dev/sdb1     ext4     5.0G  139M  4.6G   3% /data
/dev/sdb5     vfat     8.0G  8.0K  8.0G   1% /mailbox
/dev/sr0   iso9660     3.5G  3.5G     0 100% /mnt/cdrom
```

图 4-15　挂载光盘

由于光盘是只读的存储介质，因此在挂载时系统会出现“mounting read-only”的提示信息。

另外，在 df 命令显示的结果中可以发现，光盘（光驱）的实际设备文件是/dev/sr0，/dev/cdrom 其实只是一个符号链接，不过一般都习惯用/dev/cdrom 这个更容易记忆的名字。光盘的文件系统是 iso9660，这个了解即可。再是可以看到光盘被系统自动挂载到了“/media/RHEL_6.3 x86_64 Disc 1”目录下，虽然被挂载了两次，但并不影响使用。

光盘被挂载之后，可以通过 ls 命令查看其中的内容。

```
[root@localhost ~]# ls /mnt/cdrom
```

4．挂载移动存储设备

下面以 U 盘为例，介绍如何在 Linux 系统中挂载使用移动存储设备。

由于是在虚拟机中进行操作，所以首先需要将 U 盘接入到虚拟机中。如图 4-16 所示，在虚拟机上单击鼠标右键，在“可移动设备（D）”中找到 U 盘，然后单击“与主机连接或断开连接（C）”，就可以将 U 盘转接到虚拟机中了。

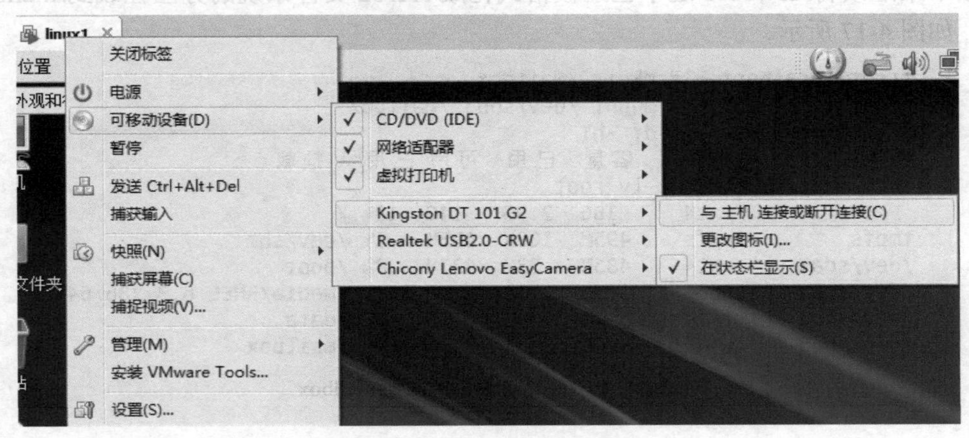

图 4-16　将 U 盘转接到虚拟机中

之前曾介绍过，对 Linux 系统而言，将 USB 接口的移动设备视作 SCSI 设备对待，因而 U 盘也是使用“/dev/sdxx”的设备文件名。

在实验环境中，U 盘现在相当于是系统中的第 3 块 SCSI 接口设备，所以它对应的设备文件为/dev/sdc，可以用“fdisk -l”命令查看。

```
[root@localhost ~]# fdisk -l
Disk /dev/sdc: 7784 MB, 7784628224 bytes
109 heads, 58 sectors/track, 2404 cylinders
Units = cylinders of 6322 * 512 = 3236864 bytes
Sector size (logical/physical): 512 bytes / 512 bytes
I/O size (minimum/optimal): 512 bytes / 512 bytes
Disk identifier: 0x868c868c
   Device Boot      Start         End      Blocks   Id  System
/dev/sdc1   *          68        2405     7389184    c  W95 FAT32 (LBA)
```

可以看到 U 盘只有一个分区/dev/sdc1，下面将它挂载到/mnt/usb 目录。

```
[root@localhost ~]# mkdir /mnt/usb
[root@localhost ~]# mount /dev/sdc1 /mnt/usb
```

5. 挂载 iso 镜像

如今 iso 镜像使用的是越来越多，光驱逐渐有淘汰之势。在 Windows 中使用 iso 镜像需要安装 Daemon Tools 之类的虚拟光驱软件，而在 Linux 系统中可以将 iso 镜像直接挂载使用。Linux 将 iso 镜像视为一种特殊的“回环”文件系统，因此在挂载时需要添加“-o loop”选项。

下面将 U 盘中事先准备好的“winbaicai_xpsp3ghost_2012_6_v5.8.iso”镜像挂载到“/mnt/xp”目录中。

```
[root@localhost ~]# mkdir /mnt/xp
[root@localhost ~]# cd /mnt/usb
[root@localhost usb]# mount -o loop winbaicai_xpsp3ghost_2012_6_v5.8.iso /mnt/xp
```

注意，在写这类很长的文件名时要善于使用 Tab 键补全。

4.2.2 自动挂载文件系统

通过 mount 命令所挂载的文件系统在 Linux 系统关机或重启时都会自动被卸载掉，这样每次开机后管理员都需要将它们手工再挂载一遍，如果在挂载的文件系统里存放了一些开机要自动运行的程序数据，就可能会导致程序出现错误。在 Linux 系统中可以通过修改/etc/fstab 文件来完成文件系统的自动挂载，即表示系统启动以后自动将硬盘各分区挂载到文件系统中，用户可以直接使用这些分区中的内容。

1. 了解/etc/fstab 配置文件

/etc/fstab 称为文件系统数据表（File System Table），Linux 在每次开机的时候都会按照这个文件中的配置来自动挂载相应的文件系统。

/etc/fstab 文件中的内容如图 4-17 所示。

```
[root@localhost ~]# cat /etc/fstab

#
# /etc/fstab
# Created by anaconda on Tue Jan  8 19:09:49 2013
#
# Accessible filesystems, by reference, are maintained under '/dev/disk'
# See man pages fstab(5), findfs(8), mount(8) and/or blkid(8) for more info
#
/dev/mapper/VolGroup-lv_root /                       ext4    defaults        1 1
UUID=0d960b45-a42a-4255-9135-efb0af1d5977 /boot                   ext4    defaults
/dev/mapper/VolGroup-lv_swap swap                    swap    defaults        0 0
tmpfs                   /dev/shm                tmpfs   defaults        0 0
devpts                  /dev/pts                devpts  gid=5,mode=620  0 0
sysfs                   /sys                    sysfs   defaults        0 0
proc                    /proc                   proc    defaults        0 0
```

图 4-17　/etc/fstab 文件

文件中的每一行对应了一个自动挂载的设备，每行包括了 6 个字段，每个字段的含义如下：

- 第 1 字段：需要挂载的设备文件名。
- 第 2 字段：挂载点，挂载点必须是一个目录，而且必须用绝对路径。对于交换分区，这个字段定义为 swap。
- 第 3 字段：文件系统的类型。如果是 ext4 文件系统，则写成 ext4；如果是 FAT32 文件系统，则写成 vfat；如果是光盘，可以写成 auto，由系统自动检测。
- 第 4 字段：挂载选项。一般都是采用“defaults”。
- 第 5 字段：文件系统是否需要 dump 备份（dump 是一个备份工具），1 表示需要，0 表示忽略。
- 第 6 字段：表示在系统启动时是否检查这个文件系统及检查的顺序，设为 0 表示不检查，设为 1 表示优先检查，2 表示其次检查。对于根分区应设为 1，其他分区设为 2 或者 0。

2. 实现自动挂载

下面通过修改/etc/fstab 文件分别来实现磁盘分区和光盘的自动挂载。

例：将磁盘分区/dev/sdb1 自动挂载到/data 目录下。

利用 vi 编辑器修改/etc/fstab 文件，在文件的最下方增加下面的一行：

```
[root@localhost ~]# vim /etc/fstab
/dev/sdb1          /data          ext4     defaults     0 0
```

例：将光盘自动挂载到/mnt/cdrom 目录下。

```
[root@localhost ~]# vim /etc/fstab
/dev/cdrom          /mnt/cdrom          auto     defaults     0 0
```

设置完/etc/fstab 之后，如果需要测试设置值是否正确，可以执行 mount –a 命令，自动挂载文件中所有的文件系统。

4.2.3 卸载文件系统

卸载文件系统使用的命令为 umount，需要指定挂载点目录或对应设备文件名作为参数。因为同一设备可能被挂载到多个目录下，所以一般建议通过挂载点目录的位置来进行卸载。

例：卸载光盘。

```
[root@localhost ~]# umount /mnt/cdrom
```

在使用 umount 命令卸载文件系统时，必须保证此时文件系统不能处于 busy 状态。使文件系统处于 busy 状态的情况有：文件系统中有打开的文件；某个进程的工作目录在此系统中；文件系统的缓存文件正在被使用等。最常见的错误是在挂载点目录下进行卸载操作。

例：在挂载点目录下进行卸载操作，出现错误提示。

```
[root@localhost ~]# cd /mnt/cdrom
[root@localhost cdrom]# umount /mnt/cdrom
umount: /mnt/cdrom: device is busy.
        (In some cases useful info about processes that use
         the device is found by lsof(8) or fuser(1))
```

4.3 管理交换分区

任务描述

交换分区是 Linux 系统中的虚拟内存，在 Linux 系统中必不可少。交换分区的大小一般设为主机物理内存的 1.5～2 倍，采用专门的 swap 文件系统。

本任务将介绍如何创建并启用交换分区。

任务分析及实施

交换分区的概念在之前曾提到过，它类似于 Windows 系统中的虚拟内存，能够在一定程度上缓解物理内存不足的问题。不同的是，Windows 系统中是采用一个名为 pagefile.sys 的系统文件作为虚拟内存使用的，而在 Linux 系统中则是划分了一个单独的交换分区作为虚拟内存。Linux 系统中的交换分区设计相比 Windows 系统要更为高效，因为 Linux 系统会优先使用物理内存，只有万不得已时才会动用交换分区，而 Windows 系统中，无论物理内存有多大，都一定会用到虚拟内存。

交换分区在 Linux 系统中必不可少，其大小通常设置为主机物理内存的 1.5～2 倍，采用专门的 swap 文件系统，如物理内存为 1GB，那么交换分区就可以设为 2GB，如果物理内存为 8GB，交换分区则比较适合用 12GB。

在 32 位的 Linux 系统中，每一个交换分区空间最大不能超过 2GB，而且同时启用的交换分区数量最多只能有 32 个，64 位系统没有这个限制。

4.3.1　配置交换分区空间

配置交换分区空间也就是要指定用哪个分区作为交换分区。在用 fdisk 命令进行分区时，所有的分区默认使用的文件系统类型为 EXT4，如果要将某个分区作为交换分区，则首先必须更改该分区的类型。

fdisk 命令中，使用“t”指令可以更改分区的类型，只要依次指定分区序号及更改后分区类型 ID 标记号即可。如果不知道分区类型对应的 ID 号，可以输入“l”指令查看各种分区类型所对应的 ID 标记号。Linux 系统中最常用的两种文件系统：EXT4 的 ID 标记号为 83 和 swap 的 ID 标记号为 82（十六进制数）。

例：将逻辑分区/dev/sdb6 的类型更改为 swap，如图 4-18 所示。

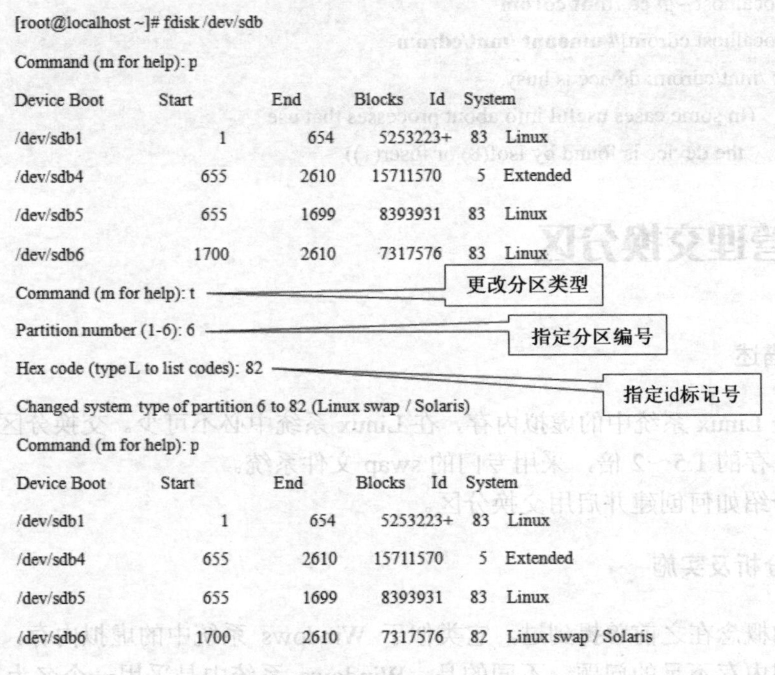

```
[root@localhost ~]# fdisk /dev/sdb
Command (m for help): p
Device Boot      Start        End      Blocks    Id  System
/dev/sdb1            1        654     5253223+   83  Linux
/dev/sdb4          655       2610    15711570     5  Extended
/dev/sdb5          655       1699     8393931    83  Linux
/dev/sdb6         1700       2610     7317576    83  Linux
Command (m for help): t
Partition number (1-6): 6
Hex code (type L to list codes): 82
Changed system type of partition 6 to 82 (Linux swap / Solaris)
Command (m for help): p
Device Boot      Start        End      Blocks    Id  System
/dev/sdb1            1        654     5253223+   83  Linux
/dev/sdb4          655       2610    15711570     5  Extended
/dev/sdb5          655       1699     8393931    83  Linux
/dev/sdb6         1700       2610     7317576    82  Linux swap / Solaris
```


图 4-18　创建 swap 分区

确认修改无误后，输入“w”指令保存退出 fdisk 分区工具。

分区创建成功后，要保存分区表，重启系统生效。如果不想重启，需要执行“partprobe /dev/sdb”命令。

4.3.2　创建交换文件系统

配置好交换分区空间之后，接着需要将交换分区格式化成专门的 swap 文件系统。

注意，由于交换分区中存储的数据与一般的文件数据不一样，所以这里不能使用先前介绍的 mkfs 格式化命令，要创建交换文件系统，必须使用专门的 mkswap 命令。

例：将/dev/sdb6 格式化为 swap 交换文件系统。

```
[root@localhost ~]# mkswap /dev/sdb6
```

4.3.3 启用交换分区

使用 swapon 命令启用交换分区。

```
[root@localhost ~]# swapon /dev/sdb6
```

想要查看系统的交换分区，可以使用 swapon -s 命令。

```
[root@localhost ~]# swapon -s
Filename                Type        Size     Used    Priority
/dev/dm-1               partition   2031608  0       -1
/dev/sdb6               partition   7317568  0       -2
```

可以看到，现在系统中已经启用了两个交换分区，其中的/dev/dm-1 是系统所默认创建的交换分区。

需要注意的是，这个由我们手工创建并启用的/dev/sdb6 交换分区，同之前介绍的手工挂载的磁盘分区一样，也是临时性的。如果希望系统在每次开机或重启时能够自动挂载这个交换分区，同样需要修改/etc/fstab 文件，在文件的末尾添加下面一行：

```
/dev/sdb6        swap        swap    defaults    0 0
```

修改完/etc/fstab 文件后，需要执行 swapon -a 命令启用文件中设置的所有交换分区。

如果想要将某个交换分区关闭，可以使用 swapoff 命令。

例：关闭/dev/sdb6 交换分区。

```
[root@localhost ~]# swapoff /dev/sdb6
[root@localhost ~]# swapon -s
Filename                Type        Size     Used    Priority
/dev/dm-1               partition   2031608  0       -1
```

4.4 quota 磁盘配额管理

任务描述

quota 是 Linux 系统中提供的磁盘配额功能，用于对用户的可用磁盘空间进行限制。与 Windows 中的磁盘配额功能相比，quota 不仅可以针对用户设置配额，而且还可以针对用户组设置配额，因而功能相比 Windows 更为强大。

本任务将介绍如何配置并启用 quota 磁盘配额功能。

任务分析及实施

磁盘配额管理，即限制某些用户的可用磁盘空间，这是磁盘管理工作的一个重要方面。例如，针对提供虚拟主机的 Web 服务器，需要对网站的空间大小进行限制；针对邮件服务器，需要对用户邮箱大小进行限制；针对文件服务器，需要对每个用户可用的网络硬盘空间进行限制等。

Linux 系统中引入了 quota 磁盘配额功能，目的就是将用户对磁盘容量的使用限制在一个合理的水平，防止存储资源耗尽。

4.4.1 了解磁盘配额的概念

quota 设置的磁盘配额功能，只在指定的文件系统（分区）内有效，用户使用其他未设置配额的文件系统时，将不会受到限制。

quota 主要针对系统中指定的用户账号和组账号进行限制，没有被设置限额的用户或组将不受影响。对组账号设置配额后，组内所有用户使用的磁盘容量、文件数量的总和不能超过限制。

通过设置磁盘配额可以对用户或组进行两方面的限制：磁盘容量和文件数量。

- 磁盘容量：限制用户能够使用的磁盘数据块（block）大小，也就是限制磁盘空间大小，默认单位为 KB。
- 文件数量：限制用户能够拥有的文件个数。在 Linux 系统中，每一个文件都有一个对应的数字标记，称为 i 节点（inode）编号，这个编号在文件系统内是唯一的，因此 quota 通过限制 i 节点的数量来实现对文件数量的限制。

磁盘配额的限制方法分为软限制和硬限制两种。

- 软限制是指设定一个软性的配额数值（如 500MB 磁盘空间、200 个文件），在固定的宽限期（默认为 7 天）内允许暂时超过这个限制，但系统会给出警告信息。
- 硬限制是指设定一个硬性的配额数值（如 1GB 磁盘空间、500 个文件），而且绝对禁止用户超过该限值。当达到硬限制值时，系统也会给出警告并禁止继续写入数据。硬限制的配额值应大于相应的软限制值，否则软限制值将失效。

4.4.2 设置磁盘配额

下面以硬盘分区“/dev/sdb1”为例，先将其挂载到“/data”目录下，然后在该文件系统中配置实现磁盘配额功能。

1. 启用 quota 磁盘配额

首先需要在指定的文件系统上启用磁盘配额功能。有两种方法可以启用磁盘配额：执行 mount 命令和修改/etc/fstab 文件。

通过执行 mount 命令启用的磁盘配额，在下次分区重新挂载时，设置将消失，因而建议采用第二种方法，即通过修改配置文件/etc/fstab 的方式启用 quota 磁盘配额，通过这种方式启用的磁盘配额功能可以永久生效。

下面修改文件/etc/fstab，给需要设置配额的文件系统添加“usrquota”和“grpquota”选项。

在文件系统/data 对应行的 defaults 字段后面添加 usrquota，启用用户配额功能，添加 grpquota 启用组配额功能。

```
[root@localhost var]# vim /etc/fstab
/dev/sdb1        /data        ext4     defaults,usrquota,grpquota     0   0
```

修改完/etc/fstab 文件后需要将文件系统重新挂载，使设置生效。

```
[root@localhost ~]# mount -o remount /data                    #重新挂载文件系统
```

重新挂载后，可以执行 mount 命令查看已经挂载的文件系统，发现其已经启用了 usrquota 和 grpquota 功能：

```
[root@localhost ~]# mount | grep sdb1                         #查看已经挂载的文件系统
/dev/sdb1 on /data type ext4 (rw,usrquota,grpquota)
```

2．生成配额文件

使用 quotacheck 命令可以对文件系统进行磁盘配额检测，发现哪些文件系统启用了磁盘配额功能，并在这些文件系统中生成配额文件 aquota.user 和 aquota.group，以便保存用户、组在该分区中的配额设置。

```
[root@localhost ~]# quotacheck -cvug /data
```

相关选项的作用：

- -c，创建配额文件。
- -v，显示详细信息。
- -u，检查用户配额信息，创建 aquota.user 文件。
- -g，检查组配额信息，创建 aquota.group 文件。

注意，在采用默认设置的 RHEL 6 系统中执行该命令时将产生“权限不够”的错误提示，如图 4-19 所示。

```
[root@localhost ~]# quotacheck -cvug /data
quotacheck: Your kernel probably supports journaled quota but you are not using it. Cons
ider switching to journaled quota to avoid running quotacheck after an unclean shutdown.
quotacheck: Scanning /dev/sdb1 [/data] done
quotacheck: Cannot stat old user quota file: 没有那个文件或目录
quotacheck: Cannot stat old group quota file: 没有那个文件或目录
quotacheck: Cannot stat old user quota file: 没有那个文件或目录
quotacheck: Cannot stat old group quota file: 没有那个文件或目录
quotacheck: Checked 2 directories and 0 files
quotacheck: Cannot create new quotafile /data/aquota.user.new: 权限不够
quotacheck: Cannot initialize IO on new quotafile: 权限不够
quotacheck: Cannot create new quotafile /data/aquota.group.new: 权限不够
quotacheck: Cannot initialize IO on new quotafile: 权限不够
```

图 4-19　SELinux 导致 quotacheck 命令出错

这是由于系统中默认启用了 SELinux 安全机制，将 SELinux 设为许可模式，再次执行命令，即可成功。

```
[root@localhost ~]# setenforce 0                         #将 SELinux 设为许可模式
[root@localhost ~]# quotacheck -cvug /data               #再次执行 quotacheck 命令
```

命令执行成功后，会在/data 目录中生成两个配额文件：aquota.user 和 aquota.group，分别用于保存用户和组的配额限制。

```
[root@localhost ~]# ls /data                             #查看生成的配额文件
aquota.group    aquota.user    lost+found
```

3．编辑用户和组账号的配额设置

配额设置是实现磁盘配额功能中最重要的环节，使用 edquota 命令结合“-u”、“-g”选项可用于编辑用户或组的配额设置。

例：针对用户 jerry 进行磁盘配额设置。

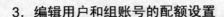

```
[root@localhost ~]# edquota -u jerry                #设置用户 jerry 的磁盘配额
```

正确执行 edquota 命令后，将进入到文本编辑界面，可以设置磁盘容量和文件数目的软、硬限制数值，如图 4-20 所示。

```
Disk quotas for user jerry (uid 604):
  Filesystem                   blocks       soft       hard     inodes     soft     hard
  /dev/sdb1                         0     400000     500000          0        0        0
```

图 4-20　设置 jerry 用户的磁盘配额

在 edquota 的编辑界面中，第 1 行提示了当前配额文件所对应的用户或组账号，第 2 行是配置标题栏，分别对应以下每行配置记录。配置记录从左到右分为七个字段，各字段的含义如下所述。

- Filesystem：表示本行配置对应的文件系统（分区），即配额的作用范围。
- blocks：表示用户当前已经使用的磁盘容量，默认单位为 KB，该值由 edquota 程序自动计算生成。
- inodes：表示用户当前已经拥有的文件数量，该数值也是由 edquota 程序自动计算生成的。
- soft：第 3 列中的 soft 对应为磁盘容量的软限制数值，默认单位为 KB；第 6 列中的 soft 对应为文件数量的软限制数值，默认单位为个。
- hard：第 4 列中的 hard 对应为磁盘容量的硬限制数值，默认单位为 KB，第 7 列中的 hard 对应为文件数量的硬限制数值，默认单位为个。

进行配置设置时，只需要修改相应的 soft 和 hard 列下的数值即可。另外，由于很少对用户的文件数量进行限制，所以主要是修改第 3 列和第 4 列中的软限制容量和硬限制容量。

将用户 jerry 的磁盘容量软限额设置为 400000（即 400MB），硬限额设置为 500000（即 500MB），设置完成后保存退出。

也可以通过 edquota -g 命令对用户组进行配额设置。

```
[root@localhost ~]# edquota -g financial            #设置 financial 组的磁盘配额
```

将 financial 组的硬限额设置为 4000000（即 4GB），如图 4-21 所示。

```
Disk quotas for group financial (gid 4003):
  Filesystem                   blocks       soft       hard     inodes     soft     hard
  /dev/sdb1                         0          0    4000000          0        0        0
```

图 4-21　设置 financial 组的磁盘配额

需要注意的是，配额设置仅对基本组生效，如用户 jerry 所属的基本组是“financial”，所属的附加组是“technology”，那么只有针对“financial”组设置的配额才对 jerry 有效，而针对“technology”组设置的配额则对 jerry 没有限制。

4. 激活磁盘配额

磁盘配额设置完毕后，还必须用 quotaon 命令将之激活，在命令中需要指定设备文件名或文件系统的挂载点目录作为命令参数。

```
[root@localhost ~]# quotaon -vug /data        #激活"/data"文件系统的用户、组配额
/dev/sdb1 [/data]: group quotas turned on
/dev/sdb1 [/data]: user quotas turned on
```

相关选项的作用：

- -u，激活用户磁盘配额。
- -g，激活组磁盘配额。
- -v，显示详细信息。

Linux 系统每次开机后会自动检查是否有支持磁盘配额的文件系统，如果找到，则启用该系统的磁盘配额功能，因此下次开机后无须再手动执行 quotaon 命令。

4.4.3 验证并查看磁盘配额

1. 验证磁盘配额

下面使用受配额限制的用户账号（jerry）登录 Linux 系统，并向应用了配额的文件系统进行复制文件等写入操作，测试所设置的磁盘配额项是否有效。为了方便测试，将用户 jerry 的基本组设为 financial，对用户和组的磁盘配额功能一并进行测试。

在测试过程中，为了快速看到效果，可以使用 dd 命令作为调试命令。dd 是一个设备转换和复制命令，分别使用"if="选项指定输入设备（或文件）、"of="选项指定输出设备（或文件），比较方便的是可以使用"bs="选项指定读取数据块的大小，"count="指定读取数据块的数量。

例：从设备文件/dev/zero 中复制数据到/home/jerry/test 文件，读取 210 个大小为 1MB 的数据块。

```
[root@localhost ~]# dd if=/dev/zero of=/home/jerry/test bs=1M count=210
记录了 210+0 的读入
记录了 210+0 的写出
220200960 字节(220 MB)已复制，13.3504 s，16.5 MB/s
[root@localhost ~]# ll -h /home/jerry
总用量 211M
-rw-r--r--. 1 root root 210M 11 月  6 10:49 test
```

开放/data 目录的写入权限。

```
[root@localhost ~]# chmod 777 /data
```

切换到 jerry 用户的身份进行测试，磁盘配额功能验证成功。

```
[root@localhost ~]# su – jerry                    #切换到 jerry 用户身份
[jerry@localhost ~]$ cp test /data               #向/data 目录中复制测试文件
[jerry@localhost ~]$ cp test /data/test2         #再次复制测试文件，开始报警
```

```
sdb1: warning, user block quota exceeded.
[jerry@localhost ~]$ cp test /data/test3                #第三次复制测试文件，提示超出限额
sdb1: write failed, user block limit reached.
cp: 正在写入"/data/test3": 超出磁盘限额
```

2. 查看用户或分区的配额使用情况

可以使用 quota 命令结合“-u”、“-g”选项分别查看指定用户和组的配额使用情况。

例：执行 quota -u jerry 命令查看用户 jerry 的磁盘配额使用情况，如图 4-22 所示。

```
[root@localhost ~]# quota -u jerry
Disk quotas for user jerry (uid 4004):
     Filesystem  blocks   quota   limit   grace   files   quota   limit   grace
      /dev/sdb1  500000* 400000  500000   6days       3       0       0
```

图 4-22　用户 jerry 的配额使用情况

可以看到 jerry 所用的磁盘空间（blocks）已经达到了最大限额（limit）。

例：执行 quota -g financial 命令查看 financial 组的磁盘配额使用情况，如图 4-23 所示。

```
[root@localhost ~]# quota -g financial
Disk quotas for group financial (gid 4003):
     Filesystem  blocks    quota   limit   grace   files   quota   limit   grace
      /dev/sdb1  500000        0 4000000               3       0       0
```

图 4-23　financial 组的配额使用情况

可以看到 financial 组所用的磁盘空间 500000KB 尚未达到最大限额 4000000KB。

也可以使用 repquota 命令针对指定的文件系统输出配额情况报告。

例：执行 repquota /data 命令查看/data 文件系统的配额使用情况报告，如图 4-24 所示。

```
[root@localhost ~]# repquota /data
*** Report for user quotas on device /dev/sdb1
Block grace time: 7days; Inode grace time: 7days
                        Block limits                File limits
User            used    soft    hard  grace    used  soft  hard  grace
----------------------------------------------------------------------
root      --      20       0       0              2     0     0
jerry     +-  500000  400000  500000  6days       3     0     0
```

图 4-24　/data 文件系统的配额使用情况

从图 4-24 中可以看到有哪些用户在/data 文件系统中被设置了磁盘配额，以及用户磁盘空间的使用情况。

3. 关闭磁盘配额

利用 quotaoff 命令可以关闭磁盘配额功能，该命令与 quotaon 命令类似，同样需要指定设备文件名或文件系统的挂载点目录作为命令参数，并支持“vug”选项。

例：关闭/data 挂载点的磁盘配额功能。

```
[root@server ~]# quotaoff -vug /data
/dev/sdb1 [/data]: group quotas turned off
/dev/sdb1 [/data]: user quotas turned off
```

4．磁盘配额小结

通过 quota 磁盘配额可以方便地对单个用户或用户组的可用磁盘空间进行限制，使磁盘管理工作具有更大的灵活性。

在生产环境中具体应用时还应注意，quota 是以每一个使用者、每一个文件系统为基础的，它不能跨文件系统对用户做出限制，如果使用者可能在超过一个以上的文件系统中建立文件，那么必须在每一个文件系统上分别设定 quota 配额。

另外，由于 root 用户在 Linux 系统中具有至高无上的权限，所以无法对 root 用户设置配额。

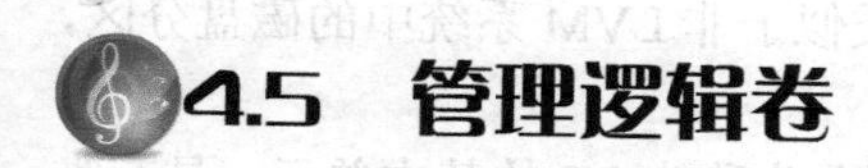

4.5 管理逻辑卷

任务描述

逻辑卷管理 LVM 是 Linux 系统中比较重要的一种磁盘管理机制，它类似于 Windows 系统中的动态磁盘，通过 LVM 可以实现对磁盘的动态管理。管理员利用 LVM 可以在磁盘不用重新分区的情况下动态调整文件系统的大小，并且利用 LVM 管理的文件系统可以跨越磁盘，当服务器添加了新的磁盘后，管理员不必将原有的文件移动到新的磁盘上，而是通过 LVM 可以直接扩展文件系统跨越磁盘。

本任务将分别介绍如何通过图形界面和命令行来配置使用逻辑卷管理 LVM。

任务分析及实施

管理员在对磁盘进行分区大小规划时，有时很难确定这个分区要使用的总空间大小。当磁盘分完区以后，每个分区的大小已经固定了，如果分区设置得过大，就白白浪费了磁盘空间，分区设置的过小，又会导致空间不够用。而一旦分好区之后再改变分区大小就非常困难了，虽然可以重新划分磁盘分区或是利用 Partition Magic 之类的磁盘管理工具来调整分区大小，但无论采用哪种方式，操作起来都比较麻烦，而且在操作的过程中必须要将服务器停机或重启，这对一些担任重要角色的服务器是绝不允许的。

逻辑卷管理（Logical Volume Manager，LVM）的设计目的就是为了实现对磁盘的动态管理。LVM 是建立在磁盘分区和文件系统（文件系统可以理解为挂载点目录）之间的一个逻辑层，管理员利用 LVM 可以在磁盘不用重新分区的情况下动态调整文件系统的大小，并且利用 LVM 管理的文件系统可以跨越磁盘，当服务器添加了新的磁盘后，管理员不必将已有的磁盘文件移动到新的磁盘上，通过 LVM 可以直接扩展文件系统跨越磁盘。可以说，LVM 提供了一种非常高效灵活的磁盘管理方式。

4.5.1 了解 LVM 的概念

LVM 是建立在物理磁盘和分区之上的一个逻辑层，通过它可以将若干个磁盘分区连接为一个整块的卷组，形成一个存储池。在卷组中可以任意创建逻辑卷，并进一步在逻辑卷上创建文件系统，最终在系统中挂载使用的就是逻辑卷，逻辑卷的使用方法与普通的磁盘分区完全一样。

在LVM中主要涉及以下几个概念。

- 物理卷PV（Physical Volume），物理卷是构建LVM的基础，通常就是指磁盘分区，但和基本的磁盘分区不同的是，物理卷中包含与LVM相关的管理参数。
- 卷组VG（Volume Group），LVM卷组类似于非LVM系统中的物理磁盘，可以在卷组上创建一个或多个“LVM分区”（逻辑卷），LVM卷组由一个或多个物理卷组成。
- 逻辑卷LV（Logical Volume），LVM的逻辑卷类似于非LVM系统中的磁盘分区，在逻辑卷之上可以创建文件系统。
- 物理块PE（Physical Extent），每一个物理卷被划分为称为PE的基本单元，具有唯一编号的PE是可以被LVM寻址的最小单元。PE的大小是可配置的，默认为4MB。一个卷组最多能包括65534个PE，所以它的大小会影响整个卷组的最大容量。

LVM各组成部分之间的对应关系如图4-25所示。

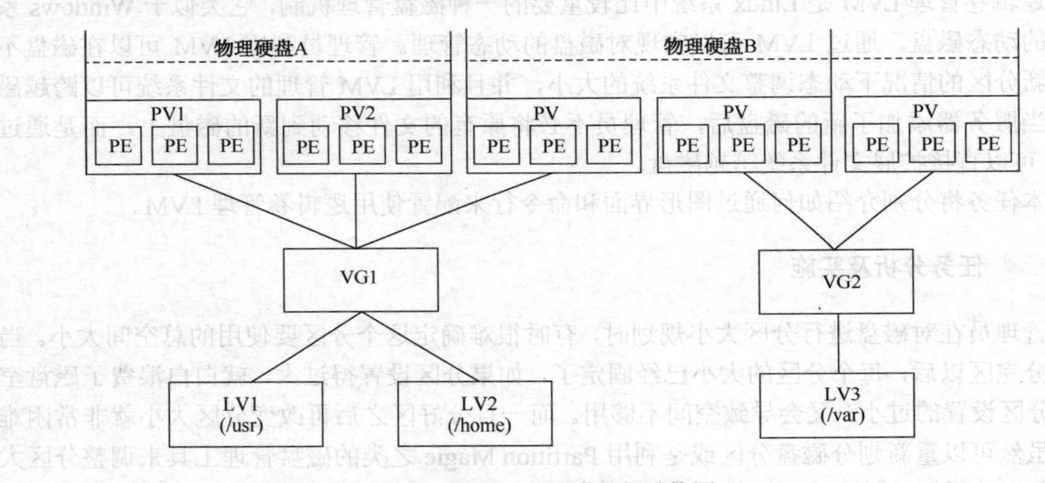

图4-25 LVM磁盘组织结构图

从图4-25中可以看出，物理卷PV由大小等同的基本单元物理块PE组成，一个卷组VG由一个或多个物理卷组成，逻辑卷LV建立在卷组之上，逻辑卷相当于非LVM系统中的磁盘分区，可以在其上创建文件系统。

LVM屏蔽了系统底层的磁盘布局，但需要注意的是，由于“/boot”分区用于存放系统引导文件，所以不能应用LVM机制。

在RHEL 6系统中，LVM得到了高度重视，如在安装系统的过程中，如果设置由系统自动进行分区，则系统除了创建一个“/boot”引导分区之外，会将剩余的磁盘空间全部采用LVM进行管理，并在其中创建两个逻辑卷，分别挂载到根分区和交换分区，如图4-26所示。

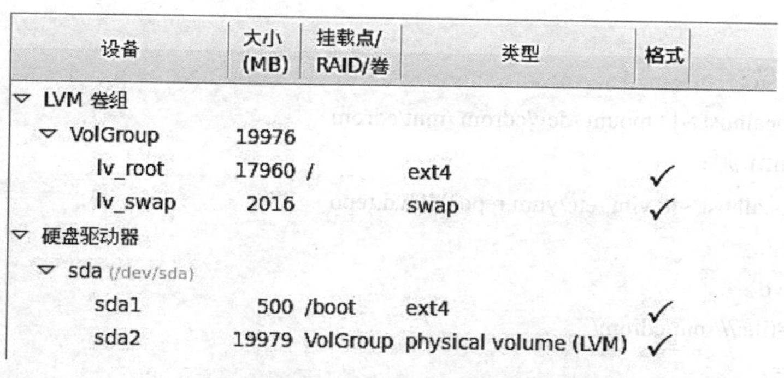

设备	大小 (MB)	挂载点/ RAID/卷	类型	格式
▽ LVM 卷组				
▽ VolGroup	19976			
lv_root	17960	/	ext4	✓
lv_swap	2016		swap	✓
▽ 硬盘驱动器				
▽ sda (/dev/sda)				
sda1	500	/boot	ext4	✓
sda2	19979	VolGroup	physical volume (LVM)	✓

图 4-26　RHEL 6 系统自动创建的 LVM 逻辑卷

4.5.2　利用图形化工具实现 LVM

在 RHEL 6 系统中实现 LVM 的方法有两种：一种是利用 LVM 管理命令在字符界面下实现，另一种是利用 system-config-lvm 工具在图形界面下实现。

由于 LVM 涉及的概念和命令比较多，为便于理解，下面首先采用图形工具来实现 LVM，图形工具相比命令行操作起来要更加简单直观一些。RHEL 6 中的很多图形工具要么功能比较弱，要么容易出问题，system-config-lvm 相对算是一个比较不错的图形工具，这也是在本书中推荐使用的为数不多的几款图形工具之一。

1．准备实验环境

在进行 LVM 管理操作之前，建议重新克隆一台虚拟机进行实验，并在虚拟机中额外添加 2 块硬盘（整个虚拟机共有 3 块硬盘），如图 4-27 所示。

硬件　选项

设备	摘要
内存	1 GB
处理器	1
硬盘 (SCSI)	20 GB
新硬盘 (SCSI)	20 GB
新硬盘 (SCSI)	20 GB
CD/DVD (IDE)	使用文件 F:\iso\Linux\rhel-server-6...
网络适配器	Host-Only
USB 控制器	存在
虚拟打印机	存在
显示	自动检测

图 4-27　在虚拟机中再添加 2 块硬盘

虚拟机启动之后，建议再为虚拟机创建快照。

2．安装 system-config-lvm

在 RHEL 6 系统中默认并没有安装 system-config-lvm 管理工具，不过在系统光盘中提供了相应的安装包，下面以 yum 安装的方式安装 system-config-lvm（关于软件安装，将会在后面详细介绍）。

挂载系统光盘：

```
[root@localhost ~]# mount /dev/cdrom /mnt/cdrom
```

配置本地 yum 源：

```
[root@localhost ~]# vim /etc/yum.repos.d/dvd.repo
[dvd]
name=dvd
baseurl=file:///mnt/cdrom/
enabled=1
gpgcheck=0
```

安装 system-config-lvm：

```
[root@localhost ~]# yum install system-config-lvm
```

安装好 system-config-lvm 之后，在“系统/管理”中会看到 LVM 管理工具——“逻辑卷管理器”。

3．创建磁盘分区

磁盘分区是实现 LVM 的前提和基础，在使用 LVM 之前，首先需要划分磁盘分区。先将第二块硬盘/dev/sdb 分成一个主分区/dev/sdb1 和一个逻辑分区/dev/sdb5。需要注意的是，在分区的同时要将分区类型指定为“Linux LVM”，也就是要将分区的 ID 修改为“8e”。

图 4-28 是分区操作结束后查看到的分区信息。

```
Disk /dev/sdb: 21.5 GB, 21474836480 bytes
255 heads, 63 sectors/track, 2610 cylinders
Units = cylinders of 16065 * 512 = 8225280 bytes
Sector size (logical/physical): 512 bytes / 512 bytes
I/O size (minimum/optimal): 512 bytes / 512 bytes
Disk identifier: 0x7093320f

   Device Boot      Start         End      Blocks   Id  System
/dev/sdb1               1         654     5253223+  8e  Linux LVM
/dev/sdb4             655        2610    15711570    5  Extended
/dev/sdb5             655        2610    15711538+  8e  Linux LVM
```

图 4-28　分区信息

4．创建物理卷 PV

创建物理卷是实现 LVM 的第一步。

打开“逻辑卷管理器”，在“未初始化的实例”中可以看到已有的磁盘分区信息，选中磁盘分区“/dev/sdb1”，单击下方的“初始化实例”按钮，将之转化为物理卷，如图 4-29 所示。

用同样的方式将磁盘分区“/dev/sdb5”也转化为物理卷。

5．创建卷组 VG

卷组是 LVM 的主体，类似于非 LVM 系统中的硬盘。

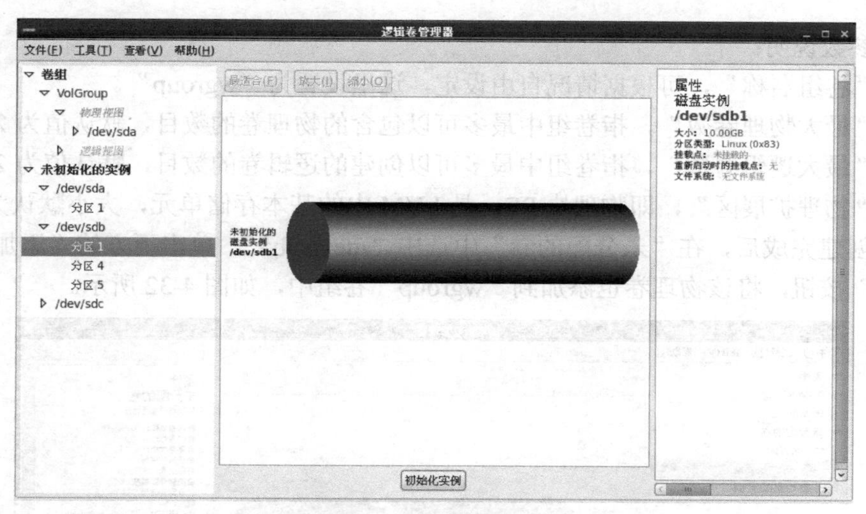

图 4-29　创建物理卷

在“未分配的卷”中选中刚才初始化好的物理卷“/dev/sdb1”，单击下方的“创建新的卷组”按钮，如图 12-32 所示。

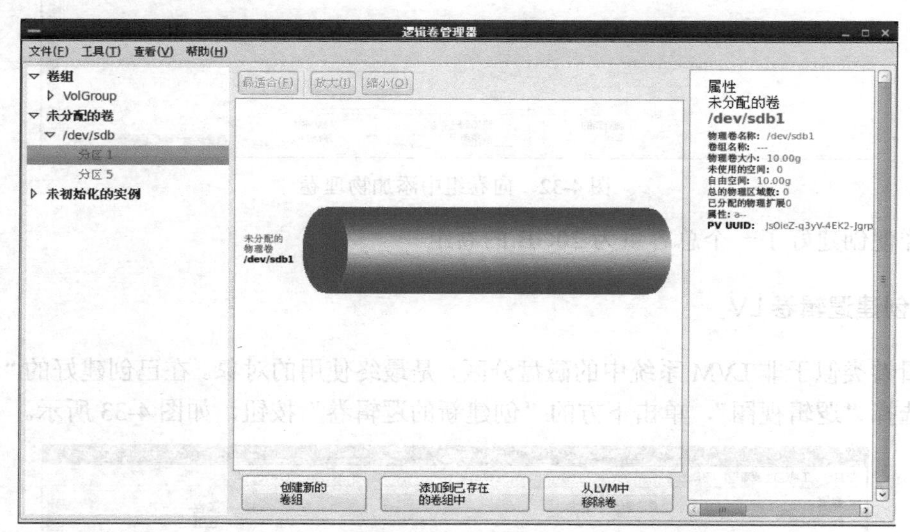

图 4-30　创建卷组

然后在图 4-31 所示的界面中输入卷组的相关参数。

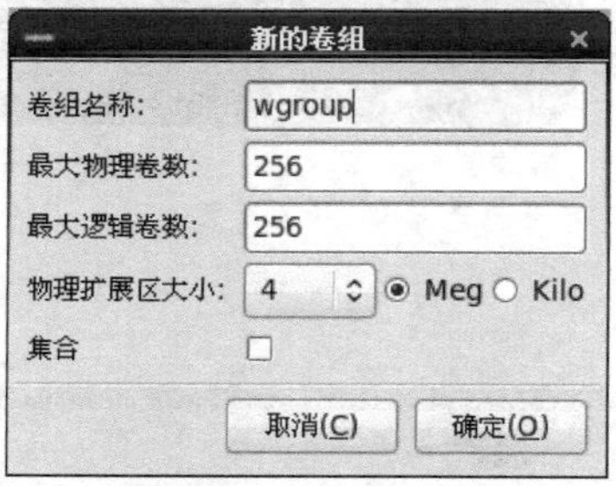

新的卷组

卷组名称:	wgroup
最大物理卷数:	256
最大逻辑卷数:	256
物理扩展区大小:	4 ◉ Meg ○ Kilo
集合	☐

取消(C)　确定(O)

图 4-31　设置卷组参数

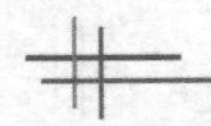

卷组参数说明：

- “卷组名称”，可根据情况自由设定，这里设置为“wgroup”。
- “最大物理卷数”，指卷组中最多可以包含的物理卷的数目，默认值为 256。
- “最大逻辑卷数”，指卷组中最多可以创建的逻辑卷的数目，默认值为 256。
- “物理扩展区”，即物理块 PE，是 LVM 中的基本存储单元，大小默认为 4MB。

卷组创建完成后，在“未分配的卷”中选中“/dev/sdb5”，单击下方的“添加到已存在的卷组中”按钮，将该物理卷也添加到“wgroup”卷组中，如图 4-32 所示。

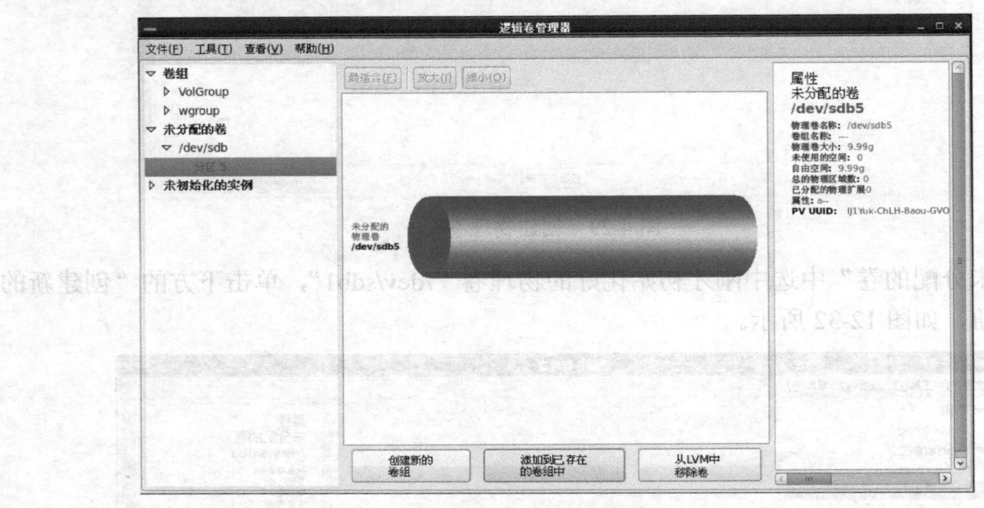

图 4-32　向卷组中添加物理卷

这样便创建好了一个总容量为 20GB 的卷组。

6. 创建逻辑卷 LV

逻辑卷类似于非 LVM 系统中的磁盘分区，是最终使用的对象。在已创建好的“wgroup”卷组中选择“逻辑视图”，单击下方的“创建新的逻辑卷”按钮，如图 4-33 所示。

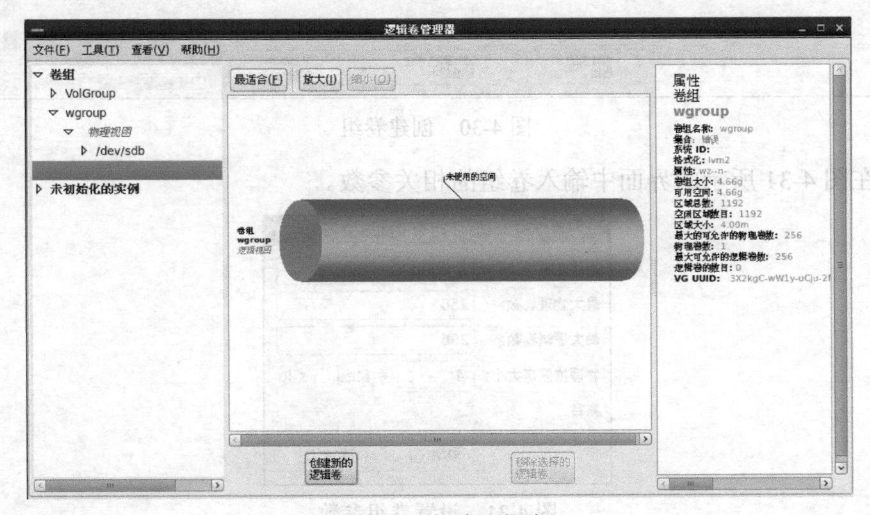

图 4-33　创建逻辑卷

在图 4-34 所示的界面中输入逻辑卷的相关参数。

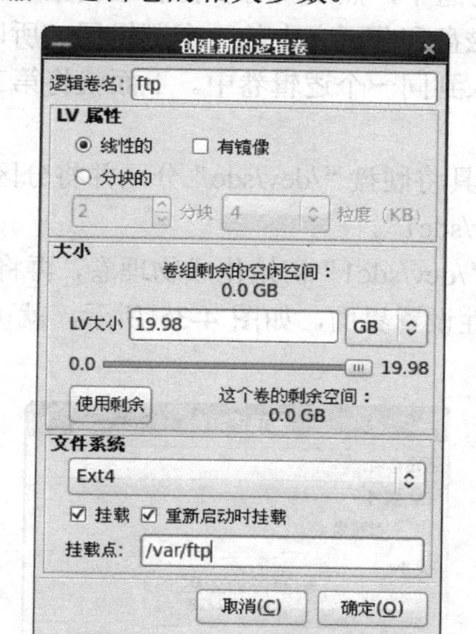

图 4-34　设置逻辑卷参数

逻辑卷参数说明：

- “逻辑卷名”，可根据情况自由设定，这里设置为“ftp”。
- “LV 属性”，用于设置数据在逻辑卷中的写入方式。假如逻辑卷中包括了两个物理卷：“/dev/sdb1”和“/dev/sdb5”，“线性的”写入方式就是当“/dev/sdb1”中的空间被用完之后才会使用“/dev/sdb5”，数据是被顺序存储的；“分块的”就是将要写入的数据分作两部分，同时写入到“/dev/sdb1”和“/dev/sdb5”中。“分块的”写入方式类似于 RAID 0，理论上效率更高，但是安全性较差，任何一个磁盘分区出现问题都会导致数据丢失。由于在系统中实施 LVM 的主要目的是为了更加灵活地调整分区容量，所以这里推荐采用“线性的”写入方式，这也是系统的默认设置。
- “大小”，用于设置 LV 的容量，这里将整个卷组的空间全部划给逻辑卷。
- “文件系统”，LV 也需要经过格式化创建文件系统之后才能使用，这里只能格式化成 Linux 标准的 ext 类文件系统。
- “挂载”，勾选该项可以将 LV 自动挂载到指定位置，这里设置将其挂载到“/var/ftp”目录，作为 FTP 服务器的主目录。
- “重新启动时挂载”，勾选该项可以自动修改“/etc/fstab”配置文件，实现系统开机或重启时自动挂载 LV。

单击“确定（O）”按钮之后就创建好了设备名为“/dev/wgroup/ftp”的逻辑卷，并自动挂载到了指定的挂载点。

这样，我们就可以像使用正常的磁盘分区一样地使用逻辑卷了。

7. 调整卷组和逻辑卷的大小

当逻辑卷的空间全部用尽时，只要按照上面的步骤，先创建出一个磁盘分区，将其初始化成物理卷之后，再加入到卷组中，然后就可以任意地调整逻辑卷的容量了。

由于逻辑卷是位于物理磁盘和分区之上的一个逻辑层，所以逻辑卷可以跨越物理磁盘，将任何一个磁盘上的分区加入到同一个逻辑卷中。下面就将第三块磁盘“/dev/sdc”加入到逻辑卷中。

首先也是需要用 fdisk 工具将硬盘“/dev/sdc”分区并将分区标记修改为 8e，这里将整个硬盘只划分了一个分区“/dev/sdc1”。

然后按照上面的操作将“/dev/sdc1”初始化成物理卷，再将其添加到“wgroup”卷组中，最后打开逻辑卷“ftp”的属性设置界面，如图 4-35 所示，就可以对逻辑卷的大小进行任意调整。

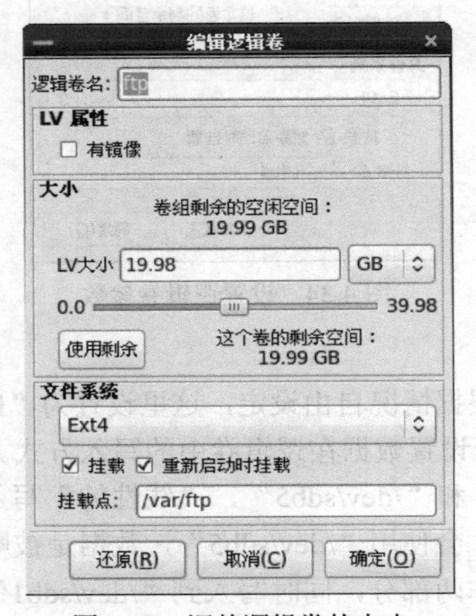

图 4-35　调整逻辑卷的大小

4.5.3　利用字符命令实现 LVM

图形工具只是为了便于理解，在生产环境中管理 LVM 主要还是通过命令。LVM 的管理命令比较多，如图 4-36 所示，下面用这些管理命令将上面的操作再实现一遍。

LVM的管理命令

功能	物理卷管理	卷组管理	逻辑卷管理
Scan　扫描	pvscan	vgscan	lvscan
Create　建立	pvcreate	vgcreate	lvcreate
Display　显示	pvdisplay	vgdisplay	lvdisplay
Remove　删除	pvremove	vgremove	lvremove
Reduce　缩减		vgreduce	lvreduce
Extend　扩展		vgextend	lvextend

图 4-36　LVM 主要管理命令

在这之前还需要将虚拟机准备一下，利用前面创建的快照将虚拟机还原到初始状态。

1. 创建磁盘分区

首先第一步还是创建物理分区“/dev/sdb1”和“/dev/sdb5”，并修改分区标记为 8e。

2. 创建物理卷 PV

然后创建物理卷 PV，用到的命令是 pvcreate。
例：将分区/dev/sdb1 和/dev/sdb5 转化为物理卷。

```
[root@localhost ~]# pvcreate /dev/sdb1 /dev/sdb5
  Writing physical volume data to disk "/dev/sdb1"
  Physical volume "/dev/sdb1" successfully created
  Writing physical volume data to disk "/dev/sdb5"
  Physical volume "/dev/sdb5" successfully created
```

3. 创建卷组 VG

接下来创建卷组 VG，用到的命令是 vgcreate。
例：使用物理卷/dev/sdb1 和/dev/sdb5 创建名为 wgroup 的卷组。

```
[root@localhost ~]# vgcreate wgroup /dev/sdb1 /dev/sdb5
  Volume group "wgroup" successfully created
```

用 vgdisplay 命令可以查看卷组的信息，如图 4-37 所示。

```
[root@localhost ~]# vgdisplay wgroup
  --- Volume group ---
  VG Name               wgroup
  System ID
  Format                lvm2
  Metadata Areas        2
  Metadata Sequence No  1
  VG Access             read/write
  VG Status             resizable
  MAX LV                0
  Cur LV                0
  Open LV               0
  Max PV                0
  Cur PV                2
  Act PV                2
  VG Size               19.99 GiB
  PE Size               4.00 MiB
  Total PE              5117
  Alloc PE / Size       0 / 0
  Free  PE / Size       5117 / 19.99 GiB
  VG UUID               Q6mAW4-71xy-mVLY-hTjR-W6Kh-noxh-XqbVA0
```

图 4-37　查看卷组信息

4. 创建逻辑卷 LV

从卷组中创建逻辑卷，用到的命令是 lvcreate。
命令基本格式：

```
lvcreate –L 容量大小 –n 逻辑卷名 卷组名
```

例：从 wgroup 卷组中创建名为 ftp 的容量为 19GB 的逻辑卷。

```
[root@localhost ~]# lvcreate -L 19G -n ftp wgroup
  Logical volume "ftp" created
```

用 lvdisplay 命令可以查看逻辑卷的详细信息，如图 4-38 所示。

```
[root@localhost ~]# lvdisplay /dev/wgroup/ftp
  --- Logical volume ---
  LV Path                /dev/wgroup/ftp
  LV Name                ftp
  VG Name                wgroup
  LV UUID                eFqL1P-PYQp-x97g-L8qS-WucJ-QUQB-OWvP4Q
  LV Write Access        read/write
  LV Creation host, time localhost.localdomain, 2013-01-25 07:20:51 +0800
  LV Status              available
  # open                 0
  LV Size                19.00 GiB
  Current LE             4864
  Segments               2
  Allocation             inherit
  Read ahead sectors     auto
  - currently set to     256
  Block device           253:2
```

图 4-38　查看卷组信息

5．创建并挂载文件系统

逻辑卷相当于一个磁盘分区，要使用它首先要将其格式化：

```
[root@localhost ~]# mkfs -t ext4 /dev/wgroup/ftp
```

然后创建挂载点目录，将逻辑卷挂载：

```
[root@localhost ~]# mkdir /var/ftp
[root@localhost ~]# mount /dev/wgroup/ftp /var/ftp
```

修改/etc/fstab 文件，实现永久挂载：

```
[root@localhost ~]# vim /etc/fstab
/dev/wgroup/ftp          /var/ftp          ext4     defaults          0     0
```

查看已挂载的分区信息，如图 4-39 所示。

```
[root@localhost ~]# df -hT
文件系统      类型     容量  已用  可用 已用%% 挂载点
/dev/mapper/VolGroup-lv_root
              ext4      18G  2.9G   14G  18% /
tmpfs        tmpfs     495M  100K  495M   1% /dev/shm
/dev/sda1     ext4     485M   33M  427M   8% /boot
/dev/sr0   iso9660     3.5G  3.5G     0 100% /media/RHEL_6.3 x86_64 Disc 1
/dev/mapper/wgroup-ftp
              ext4      19G  172M   18G   1% /var/ftp
```

图 4-39　查看已挂载的分区信息

6．扩展逻辑卷空间

最后，仍是将第三块硬盘/dev/sdc 加入到逻辑卷中。

先将硬盘分成一个分区/dev/sdc1，并将分区标记修改为 8e。

然后将分区转换成物理卷：

```
[root@localhost ~]# pvcreate /dev/sdc1
  Writing physical volume data to disk "/dev/sdc1"
  Physical volume "/dev/sdc1" successfully created
```

将物理卷/dev/sdc1 添加到卷组 wgroup 中：

```
[root@localhost ~]# vgextend wgroup /dev/sdc1
  Volume group "wgroup" successfully extended
```

扩展逻辑卷的空间：

```
[root@localhost ~]# lvextend -L +10G /dev/wgroup/ftp
  Extending logical volume ftp to 29.00 GiB
  Logical volume ftp successfully resized
```

执行 resize2fs 命令重设文件系统的大小：

```
[root@localhost ~]# resize2fs /dev/wgroup/ftp
resize2fs 1.41.12 (17-May-2010)
Filesystem at /dev/wgroup/ftp is mounted on /var/ftp; on-line resizing required
old desc_blocks = 2, new_desc_blocks = 2
Performing an on-line resize of /dev/wgroup/ftp to 7602176 (4k) blocks.
The filesystem on /dev/wgroup/ftp is now 7602176 blocks long.
```

再次查看文件系统/var/ftp 的空间大小，可以看到已经变成了 29GB，如图 4-40 所示。

```
[root@localhost ~]# df -hT
文件系统    类型      容量  已用  可用 已用%% 挂载点
/dev/mapper/VolGroup-lv_root
            ext4       18G  2.9G   14G  18% /
tmpfs      tmpfs     495M  100K  495M   1% /dev/shm
/dev/sda1   ext4     485M   33M  427M   8% /boot
/dev/sr0  iso9660    3.5G  3.5G     0 100% /media/RHEL_6.3 x86_64 Disc 1
/dev/mapper/wgroup-ftp
            ext4       29G  172M   27G   1% /var/ftp
```

图 4-40　查看挂载的分区信息

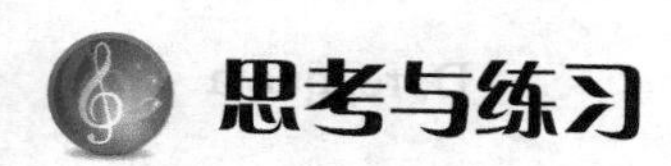

思考与练习

选择题

1．如果先用 mount 命令加载光驱设备到/mnt/cdrom 下，接着执行 cd 命令进入该目录，当用 ls 列出光盘内容后，需要换一张 CD，这时需要先执行（　　）操作。

A. 使用 umount 卸载该设备　　B. 直接按光驱的退盘键

C. 退出/mnt/cdrom 目录　　D. 重新加载设备 mount –a

2．使用 LVM 磁盘管理机制时，在（　　）中可以创建动态可扩展的文件系统。

A. 物理卷　　B. 卷组　　C. 逻辑卷　　D. 基本单元

3．在 Linux 操作系统中把外部设备当作文件统一管理，外部设备文件通常放在（　　）目录中。

A. /mnt　　B. /dev　　C. /proc　　D. /swap

4．在 Linux 系统中，第二个 SATA 设备应该表示为（　　）。

A. hd2　　B. hdb　　C. sd2　　D. sdb

5．在 Linux 系统中，第一块 SATA 硬盘中的第 2 个逻辑分区应该表示为（　　）。

A. sda2　　B. sda3　　C. sda5　　D. sda6

6．在 RHEL 6 系统中，执行带（　　）选项的 fdisk 命令可以查看当前主机中磁盘的分区表信息。

A. -l　　B. -n　　C. -p　　D. -w

7．建立 LVM 物理卷（PV）的命令是（　　）。

A. pvcreate　　B. pvnew　　C. pvinit　　D. pvstart

8．以下（　　）不能格式化并用作文件系统。

A. 主分区　　B. 扩展分区　　C. 逻辑分区　　D. 以上都是

9．要创建 LVM，硬盘分区为（　　）类型。

A. 0x8e　　B. 0x82　　C. Linux 0x83　　D. Linux 0x87

10．执行以下（　　）命令可以将“/dev/sdb7”分区格式化成 EXT4 文件系统。

A. fdisk -t ext4 /dev/sdb7　　B. mkfs -t ext4 /dev/sdb7

C. ext4make /dev/sdb7　　D. mkfs. ext4 /dev/sdb7

11．管理员现要查看 RHEL 服务器的磁盘使用情况的命令是（　　）。

A. df -h　　B. du -h　　C. fdisk -l　　D. ls -l

12．在“/etc/fstab”文件中设置自动挂载参数时，（　　）用于提供用户配额支持。

A. usrquota　　B. userquota　　C. grpquota　　D. groupquota

13．现有一台已经安装好的 RHEL 服务器，需要重新创建一个分区，要求是在不重启机器的情况下，系统能够识别这个分区，要运行（　　）命令。

A. fdisk -l　　B. partprobe　　C. du -sh　　D. mount -a

14．为 Linux 分区设置磁盘配额的过程中，以下（　　）命令可以用来查看用户的配额使用情况。

A. quota　　B. quotacheck　　C. edquota　　D. repquota

操作题

新克隆一台虚拟机，并为虚拟机添加一块容量为 20GB 的硬盘。

1．创建一个名为 accp 的用户组，再创建一个名为 jerry 的用户，将 accp 设为 jerry 的基本组，并为 jerry 设置密码

2．将光盘挂载到/mnt/cdrom 目录中。

3．将系统中的第二块硬盘分成 3 个分区：1 个主分区和 2 个逻辑分区。主分区的大小为 10GB，第 1 个逻辑分区的大小为 2GB，第 2 个逻辑分区的大小为 8GB。

4．将第 1 个逻辑分区设置为交换分区，启用该交换分区，并实现自动挂载。

5．将主分区和第 2 个逻辑分区转换为物理卷，并用以创建名为 MediaVG 的卷组，在该卷组中创建一个 8GB 大小的逻辑卷 Mp3LV。

6．将逻辑卷 Mp3LV 格式化为 ext4 文件系统，挂载到“/vodstore”目录下，并设置在系

统开机后能够自动挂载。

7．对挂载到“/vodstore”目录的 Mp3LV 逻辑卷设置磁盘配额，限制用户 jerry 最多只能使用 200MB 的磁盘空间，当超过该限额的 90％时给出警告。限制 accp 组的用户合计最多只能使用 4GB 空间。

8．将“/vodstore”目录的权限设置为所有用户都具有读 / 写执行权限。

9．利用 dd 命令在/tmp 目录中生成一个大小为 100MB 的名为 test 的文件。

10．切换到 jerry 用户身份，将文件“/tmp/test”复制到“/vodstore”目录下。

11．切换回 root 用户，查看 jerry 用户和 accp 组的磁盘空间使用情况。

第 5 章

Linux 系统软件包管理

软件资源丰富及安装便捷是 Windows 系统的优势，在 Linux 系统中安装软件相对比较复杂。Linux 系统中的软件安装方式主要分为 3 种：yum 安装、rpm 软件包安装和源代码安装，其中目前比较常用并且操作简便的安装方式是 yum 安装。

本项目将介绍 Linux 系统中的这 3 种软件安装方式，尤其要重点介绍 yum 安装。

5.1 文件打包与压缩

任务描述

在 Linux 系统中，大部分程序都以压缩文件的形式发布，扩展名通常为“.tar. gz”、“.tgz”、“.gz”或“.bz2”。从网络上获得这些文件后，都需要首先解压缩后才能够安装使用。

常用的压缩和解压缩命令是 tar，另外通过 du 命令可以查看目录或文件所占用的磁盘空间大小，以对压缩前后的文件大小进行对比。

本任务将介绍 tar 命令和 du 命令的使用。

任务分析及实施

5.1.1 du 命令——查看目录或文件占用空间的大小

du 命令用于统计指定目录或文件所占磁盘空间的大小。

常用选项：

- -h，以 K、M、G 为单位显示统计结果（默认单位为字节）。
- -s，查看目录本身的大小（不加该选项，则会显示指定目录下所有子目录的大小）。

例：查看/root/install.log 文件的大小。

```
[root@localhost ~]# du -h /root/install.log
52K        /root/install.log
```

例：查看/dev 目录所占磁盘空间的大小。

```
[root@localhost ~]# du -hs /dev
456K       /dev
```

du 命令支持通配符，如要查看根目录下每个目录的大小。

```
[root@localhost ~]# cd /
[root@localhost /]# du -sh *
7.7M       bin
23M        boot
```

由于 Linux 系统在磁盘中存储数据时是以 block 块为单位的，一块的大小大概为 4KB。所以当执行 ls 命令时查看的文件大小是文件的实际大小，而执行 du 命令时查看的文件大小是文件实际所占用的磁盘空间大小。

例：新建一个文件 test，并向其中存放一个字符“a”，执行 ls 命令查看到的大小为 2B，执行 du 命令查看到的大小则为 4KB。

```
[root@localhost ~]# echo 'a' > test
[root@localhost ~]# ll -h test
-rw-r--r--. 1 root root 2 11 月   8 12:32 test
[root@localhost ~]# du -h test
4.0K       test
```

5.1.2 tar 命令——文件打包与压缩

文件打包就是将许多个文件和目录合并保存为一个整体的包文件，以方便传递或携带。而压缩操作可以进一步降低打包好的归档文件所占用的磁盘空间。

Linux 中最常用的打包命令为 tar。最常用的压缩命令有两个：gzip 和 bzip2，用 gzip 制作的压缩文件通常使用扩展名“.gz”，用 bzip2 制作的压缩文件通常使用扩展名“.bz2”。

bzip2 的压缩效率比 gzip 更高，但是它们都只能针对单个文件进行压缩与解压，所以通常都是先通过 tar 命令将多个文件或目录打包成一个包文件，然后再通过 gzip 或 bzip2 进行压缩，如*.tar.gz 和*.tar.bz2 就属于这种先打包再压缩的文件。

实际使用中，一般都是通过 tar 命令来调用 gzip 或 bzip2 进行压缩或解压，而很少去单独使用 gzip 或 bzip2 命令。

1．打包压缩

tar 命令本身只能对目录和文件进行打包，而并不进行压缩。

用 tar 命令进行打包或压缩时的格式为：

```
tar [选项] 打包或压缩文件名 需要打包的源文件或目录
```

例：将整个/home 目录下的所有文件打包成 home.tar。

```
[root@localhost ~]# tar -cvf home.tar /home
```

命令中用到的选项的含义：

- -c，创建.tar 格式的包文件，该选项不会对包文件进行压缩，所以得到的打包文件与原文件的大小相同。
- -v，显示命令的执行过程。
- -f，使用打包文件。

查看所生成的包文件的大小：

```
[root@localhost ~]# du -h home.tar
1012K     home.tar
```

例：调用 gzip 命令将/home 目录下的所有文件打包并压缩成 home.tar.gz。

```
[root@localhost ~]# tar -zcvf home.tar.gz /home
```

“-z”选项表示调用 gzip 来压缩包文件。

查看所生成的压缩文件的大小，可以发现体积大幅缩小：

```
[root@localhost ~]# du -h home.tar.gz
104K      home.tar.gz
```

例：调用 bzip2 命令将/home 目录下的所有文件打包并压缩成 home.tar.gz。

```
[root@localhost ~]# tar -jcvf home.tar.bz2 /home
```

“-j”选项表示调用 bzip2 来压缩包文件。

查看所生成的压缩文件的大小，可以发现体积进一步缩小，证明 bzip2 的压缩效率比 gzip 要高。

```
[root@localhost ~]# du -h home.tar.bz2
```

```
92K     home.tar.bz2
```

2．解包解压缩

用 tar 命令进行解包或解压缩时的格式为：

```
tar [选项] 打包或压缩文件名 [-C 目标目录]
```

例：将 home.tar.gz 解压到当前目录下（执行命令后会在当前目录下创建一个名为 home 的目录，其中存放解压后的文件）。

```
[root@localhost ~]# tar -zxvf home.tar.gz
```

“-x”选项表示解开.tar 格式的包文件。

例如，将 home.tar.bz2 解压到/root/home2 目录中。

```
[root@localhost ~]# mkdir home2
[root@localhost ~]# tar -jxvf home.tar.bz2 -C home2
```

“-C”选项表示指定解压后文件存放的目的位置（注意，C 是大写）。

3．查看打包或压缩文件内的内容

如果希望在不解压的情况下查看压缩文件内都包括哪些内容，可以执行命令：

```
[root@localhost ~]# tar -ztvf home.tar.gz | more
```

“-t”选项表示显示打包文件中的内容。另外，由于是用 gzip 压缩的文件，所以用“-z”选项调用 gzip 程序来解压。

如果要查看压缩文件 home.tar.bz2 文件中的内容，可以执行命令：

```
[root@localhost ~]# tar jtvf home.tar.bz2 | more
```

这里同样用“-j”选项调用 bzip2 来解压。

5.2 利用 yum 进行软件管理

任务描述

本任务将介绍源代码安装、rpm 包安装、yum 安装这 3 种软件安装方法的特点，其中重点掌握 yum 安装方法，主要包括：如何配置 yum 源，以及如何通过 yum 命令对软件进行管理。

任务分析及实施

5.2.1　Linux 系统中的软件安装方法

在 Linux 系统中，安装软件有 3 种方法：源代码安装、rpm 包安装和 yum 安装。

1．源码安装

在Linux的3种软件安装方法中最古老的是源码安装，这种方法虽然古老并且复杂，但仍然有很多人在使用。这是由于在Linux系统中使用的绝大多数软件都是开源软件，软件作者在发布软件时直接提供的就是软件的源代码。用户在取得应用软件的源码文件后，可以根据自身需求对软件进行修改或定制，然后在自己的系统上重新编译，即可生成能在该系统上执行的程序文件。

通过源码安装，用户可以获得最新的应用程序，可以定制更灵活、丰富的功能，而且使软件可以跨越计算机平台，在所有版本的Linux系统中都能使用。

2．rpm包安装

虽然源码安装有诸多优点，但是这种安装方式过于复杂，耗时又长，对用户的软件开发能力要求也比较高。为此Red Hat特别设计了一种名为rpm（Red Hat Packet Manager）的软件包管理系统，rpm是一种已经编译并封装好的软件包，用户可以直接安装使用。rpm软件包是RHEL系统中软件的基本组成单位，每个软件都是由一个或多个rpm软件包组成的。通过rpm，用户可以更加轻松方便地管理系统中的所有软件。

rpm软件包只能在使用RPM机制的Linux操作系统中使用，如RHEL、Fdeora、Suse等。Linux世界中，还有另外一种名为DEB的软件包管理机制，可以在Debian、Ubuntu等系统中使用。相比较而言，rpm安装包应用更为广泛，基本已成为Linux系统中软件安装包事实上的标准。

但是RPM也有一个很大的缺点，即rpm软件包之间存在复杂的依赖关系。在多数情况下，一个软件都是由多个相互依赖的rpm软件包组成的，也就是说安装一个软件需要使用到许多软件包，而大部分的rpm包又有相互之间的依赖关系。例如，安装A软件包需要B软件包的支持，而安装B软件包又需要C软件包的支持，那么在安装A软件包之前，必须先安装C软件包，再安装B软件包，最后才能安装A。如此复杂的依赖关系，常把刚开始学习RHEL系统的用户弄得无所适从，所以后来又出现了一种更加简单、更加人性化的软件安装方法，这就是yum安装。

3．yum安装

yum（yellow dog updater，Modified）是一个基于rpm却胜于rpm的软件管理工具，它的最大优点是可以自动解决rpm软件包间的依赖性问题，从而可以更轻松地管理Linux系统中的软件。从RHEL 5开始，Red Hat就推荐用yum作为软件安装的首选方式，这也是本书主要采用的软件安装方式。

5.2.2　配置yum源

要使用yum安装方式，首先必须配置好yum源（也称为“yum仓库”），即指定所有rpm软件包的存放位置。

如果是合法的 RHEL 用户，并且已经成功地在红帽官方的 Red Hat Network（RHN）上注册，那么 RHEL 系统会自动使用 RHN 作为默认 yum 源，也就是说安装的所有软件都可以直接来自红帽官网。但这要缴纳一定的费用，所以更多的情况下需要自己来配置 yum 源。

由于在 RHEL 6 的系统光盘中已经集成了绝大多数应用软件的 rpm 包，因此一般可以指定系统光盘作为 yum 源，或者是指定网络中的某台 FTP 或 Web 服务器作为 yum 源。

设置 yum 源需要配置定义文件，定义文件必须存放在指定的“/etc/yum.repos.d/”目录中，而且必须以“.repo”作为扩展名。

下面配置一个名为“dvd.repo”、以系统光盘作为 yum 源的定义文件。

首先挂载光盘：

```
[root@localhost ~]# mount /dev/cdrom /mnt/cdrom
```

然后生成并配置 yum 源定义文件：

```
[root@localhost ~]# vim /etc/yum.repos.d/dvd.repo
[dvd]
name = rhel6 dvd
baseurl = file:///mnt/cdrom/
enabled = 1
gpgcheck = 0
```

文件中各行的含义：

（1）[dvd]：yum 源的识别名称

由于系统中可以同时配置多个 yum 源，因而这个名称在整个系统中必须是唯一的。名称的具体内容可自由定义。

（2）name：对 yum 源的描述

这部分内容可由用户自由定义。

（3）baseurl：指定 yum 源的 URL 地址

这是整个定义文件中最重要的一行，URL 地址可以有 3 种不同的表示方法：

- 指向网络中的 Web 服务器：baserul=http://……
- 指向网络中的 FTP 服务器：baserul=ftp://……
- 指向本机中的某个目录：baserul= file://……

所以“baseurl=file:///mnt/cdrom/”就表示 URL 指向的是本地的“/mnt/cdrom”目录。

（4）enabled：是否启用当前 yum 源

“1”表示启用，“0”表示禁用。如果文件中没有这一行，则系统默认为 1。

（5）gpgcheck：是否检查 rpm 包的来源

所使用的软件包主要是由 Red Hat 公司提供的官方 rpm 包，另外某些组织或个人也可以制作发布第三方的 rpm 包，但是在生产环境下为保证系统的可靠性，建议尽量不要使用第三方的 rpm 包。

为辨别软件包的来源及防止软件包被篡改，Red Hat 在发布的官方软件包中用私钥进行了数字签名，并将公钥自动放置在已经安装好的 RHEL 系统中，这样在安装 rpm 包时就可以先检查数字签名，然后只允许检查通过的 rpm 包继续安装。

gpgcheck 项设为“1”表示检查，设为“0”表示不检查。

如果将 gpgcheck 设为 1，那么在 yum 源定义文件中还必须再添加一个“gpgkey”行，以指定公钥的存放位置，公钥默认以文件的形式存放在“/etc/pki/rpm-gpg/”目录中，文件名为“RPM-GPG-KEY-redhat-release”，因而需要添加下列行：

“gpgkey= file:///etc/pki/rpm-gpg/RPM-GPG-KEY-redhat-release”

如果将 gpgcheck 项设为 0，就无需检查数字签名，“gpgkey”行也就不必设置。

在学习或实验环境中可以将 gpgcheck 设为“0”，以简化操作。在生产环境中，为了保证安全性，建议将该项设置为“1”。

5.2.3 常用的 yum 命令

1．yum list——列出软件清单

yum 源设置好之后，可以执行“yum list”命令进行检测，该命令可以列出系统中已经安装的及 yum 源中所有的软件包。

yum list 命令也可用于查询 yum 源中是否存在指定的软件包及软件包版本。

例：查询 yum 源中是否存在名为 system-config-lvm 的软件包。

```
[root@localhost ~]# yum list system-config-lvm
Loaded plugins: product-id, refresh-packagekit, security, subscription-manager
Updating certificate-based repositories.
Unable to read consumer identity
Installed Packages
system-config-lvm.noarch                    1.1.12-12.el6                    @dvd
```

2．yum info——查看软件包的信息

执行 yum info 命令可以查看指定软件包的详细信息。

例：查看 system-config-lvm 软件包的信息。

```
[root@localhost ~]# yum info system-config-lvm
Available Packages
Name          : system-config-lvm
Arch          : noarch
Version       : 1.1.12
Release       : 12.el6
Size          : 464 k
Repo          : dvd
```

```
Summary       : A utility for graphically configuring Logical Volumes
License       : GPLv2
```

从中可以查看到软件包的版本、适用平台、软件描述等信息。尤其对一些不熟悉的软件可以通过该命令了解其基本功能。

3. yum install——安装软件

安装软件使用“yum install”命令，下面使用 yum 来安装一款名叫 telent-server 的软件。

使用 yum 方式安装软件时，无论当前处在哪个工作目录，都会自动从 yum 源里查找所要安装的软件包。

```
[root@localhost ~]# yum install telnet-server
```

yum 会自动检查软件包之间的依赖关系，可以发现要安装 telnet-server，还必须要安装一个依赖包 xinetd。系统询问是否确认安装这两款软件，输入“y”，按下回车键，就可以开始安装了，如图 5-1 所示。

```
Dependencies Resolved

================================================================================
 Package            Arch          Version                Repository      Size
================================================================================
Installing:
 telnet-server      x86_64        1:0.17-47.el6          dvd             37 k
Installing for dependencies:
 xinetd             x86_64        2:2.3.14-34.el6        dvd            121 k

Transaction Summary
Install       2 Package(s)
Total download size: 157 k
Installed size: 312 k
Is this ok [y/N]:
```

图 5-1　安装 telnet-server 及依赖包

软件如果正确安装，在最后将出现“Complete!”的提示，如图 5-2 所示。

```
Total                                                   1.1 MB/s | 157 kB     00:00
Running rpm_check_debug
Running Transaction Test
Transaction Test Succeeded
Running Transaction
  Installing : 2:xinetd-2.3.14-34.el6.x86_64                                     1/2
  Installing : 1:telnet-server-0.17-47.el6.x86_64                                2/2
dvd/productid                                           | 1.7 kB     00:00 ...
Installed products updated.
  Verifying  : 1:telnet-server-0.17-47.el6.x86_64                                1/2
  Verifying  : 2:xinetd-2.3.14-34.el6.x86_64                                     2/2

Installed:
  telnet-server.x86_64 1:0.17-47.el6

Dependency Installed:
  xinetd.x86_64 2:2.3.14-34.el6

Complete!
```

图 5-2　软件安装成功

yum 命令支持通配符，如在安装 lvm 管理工具时忘记了软件包的名称 system-config-lvm，则可以执行“yum install system-*”命令，该命令会将 yum 源中所有以“system-”开头的软件包全部列出，用户再根据需要从中选择即可。

4．yum remove——卸载软件

卸载软件可以使用“yum remove”命令，如将刚才安装的 telnet-server 软件卸载：

```
[root@localhost ~]# yum remove telnet-server
```

系统同样会出现提示，并要求用户确认。按“y”确认之后，就可以将软件卸载掉了，如图 5-3 所示。

```
Setting up Remove Process
Resolving Dependencies
--> Running transaction check
---> Package telnet-server.x86_64 1:0.17-47.el6 will be erased
--> Finished Dependency Resolution

Dependencies Resolved

================================================================================
 Package            Arch          Version             Repository      Size
================================================================================
Removing:
 telnet-server      x86_64        1:0.17-47.el6       @dvd            53 k

Transaction Summary
================================================================================
Remove       1 Package(s)

Installed size: 53 k
Is this ok [y/N]: █
```

图 5-3　卸载软件

这里先不要将 telnet-server 卸载，再尝试卸载刚才一同安装的依赖包 xinetd：

```
[root@localhost ~]# yum remove xinetd
```

这时发现系统会将 telnet-server 软件包一同卸载掉，这是由于 telnet-server 依赖于 xinetd，因而在卸载一个软件包的同时会将所有依赖于该软件的其他软件包也一起卸载，如图 5-4 所示。

```
Dependencies Resolved

================================================================================
 Package            Arch          Version             Repository      Size
================================================================================
Removing:
 xinetd             x86_64        2:2.3.14-34.el6     @dvd            259 k
Removing for dependencies:
 telnet-server      x86_64        1:0.17-47.el6       @dvd            53 k

Transaction Summary
================================================================================
Remove       2 Package(s)

Installed size: 312 k
Is this ok [y/N]: █
```

图 5-4　卸载软件及依赖包

因而在使用 yum remove 命令卸载软件时一定需要注意，该命令虽然使用起来非常方便，但它是一柄双刃剑，在提供方便的同时也是很危险的。由于“yum remove”命令在卸载指定软件的同时，会将依赖于该软件的其他软件包一同卸载，而这些被一同卸载的软件可能是其他软件或是系统本身运行所需要的，因而这就容易造成问题甚至系统崩溃。在生产环境中，建议一定要慎重使用“yum remove”命令。

5．yum clean all——清除 yum 缓存

在 yum 系统中会建立一个名为“yum”缓存的空间，用来存储一些 yum 的数据，以提

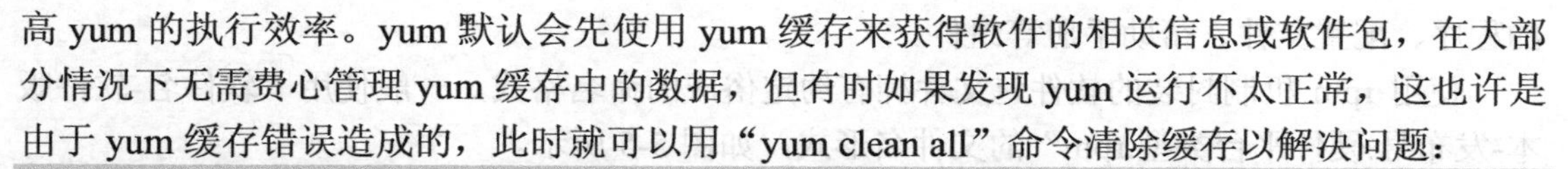
高 yum 的执行效率。yum 默认会先使用 yum 缓存来获得软件的相关信息或软件包，在大部分情况下无需费心管理 yum 缓存中的数据，但有时如果发现 yum 运行不太正常，这也许是由于 yum 缓存错误造成的，此时就可以用“yum clean all”命令清除缓存以解决问题：

```
[root@localhost ~]# yum clean all
Loaded plugins: product-id, refresh-packagekit, security, subscription-manager
Updating certificate-based repositories.
Unable to read consumer identity
Cleaning repos: dvd
Cleaning up Everything
```

5.2.4　yum 故障排错

yum 方式虽然简单易用，但不少初学者在使用的过程中仍是会出现一些问题，下面列举 yum 故障排错的思路和步骤：

① 确认光盘是否已经挂载。

② 检查 yum 源定义文件是否存在错误。

yum 源文件对格式要求非常严格，其中任何一个单词或字母出现错误，都会导致出现问题。

③ 检查是否还有别的 yum 源定义文件。

Linux 允许在同一个系统中同时配置并启用多个 yum 源，但是必须要保证这些 yum 源都是正确的，如果其中有任何一个 yum 源出现错误，都会导致无法正常安装软件。

另外，在系统中还可能会存在一些默认设置的 yum 源，最好将这些 yum 源设为禁用，或者将其定义文件删除。

④ 用“yum clean all”命令清除缓存。

⑤ 执行“yum list”命令检测能否正确列出 yum 源中的软件包。

5.3　利用 rpm 进行软件包管理

任务描述

rpm 目前在 Linux 系统中主要用作查询，如查询系统中是否已经安装了某个软件等。本任务将介绍 rpm 的一些常用用法。

任务分析及实施

5.3.1　了解 rpm 软件包

rpm 软件包是将程序源代码经过编译和封装以后形成的包文件，在软件包里会封装软件的程序、配置文件、帮助手册等组件。

使用 rpm 机制封装的软件包文件拥有约定俗成的命名格式，一般使用“软件名-软件版本-发布号.硬件平台类型.rpm”的文件名形式，如图 5-5 所示。

RPM软件包一般命名格式：

发布号　硬件平台

vsftpd-2.2.2-11.el6.x86_64.rpm

软件名称　版本号　扩展名

图 5-5　rpm 软件包的命名格式

图 5-5 中的“vsftpd-2.2.2-11.el6.x86_64.rpm”软件包，其名称中包含以下几个部分：

- 软件名，vsftpd。
- 版本号，2.2.2。
- 发布号，11.el6。rpm 软件包的封装者每次推出新版本的 rpm 软件包时，便会增加这个数值。一般更新发布号主要是对软件存在的 bug 或漏洞进行修补，在软件功能上则并没有增强。el6 是指针对 RHEL 6 系统发布的软件包。
- 硬件平台，x86_64，指软件包所适用的硬件平台。“x86_64”指 64 位的 PC 架构，另外还有“i386”或“i686”等都是指 32 位的 PC 架构，“noarch”是指不区分硬件架构。按照向下兼容的原则，一般 32 位的软件包也适用于 64 位平台，反之则不可。

RHEL 6 系统中所有的内置软件都是以 rpm 软件包的形式存储在系统光盘中的。将 RHEL 6 的系统光盘挂载到/mnt/cdrom，进入挂载目录，在 Packages 子目录中存放了所有的 rpm 软件包。

可以通过执行下面的命令统计光盘中软件包的数目：

```
[root@localhost ~]# ll /mnt/cdrom/Packages/ | wc -l
```

5.3.2　安装\卸载软件包

利用 rpm 命令安装软件首先必须进入存放 rpm 软件包的目录。

安装软件包所使用的命令是“rpm –ivh”，选项的含义：

- -i，安装软件包。
- -v，显示安装过程。
- -h，显示安装进度，rpm 每执行了 2%就会显示一个#号。

例如，利用 rpm 安装 vsftpd 程序（在输入软件包名字时可以用 Tab 键补全）。

```
[root@localhost ~]# cd /mnt/cdrom/Packages/
[root@localhost Packages]# rpm -ivh vsftpd-2.2.2-11.el6.x86_64.rpm
warning: vsftpd-2.2.2-11.el6.x86_64.rpm: Header V3 RSA/SHA256 Signature, key ID fd431d51: NOKEY
Preparing...                ################################################# [100%]
   1:vsftpd                 ################################################# [100%]
```

使用“rpm -e”命令可以删除一个已经安装过的软件，如将刚才安装的 vsftpd 删除：

```
[root@localhost ~]# rpm -e vsftpd
[root@localhost ~]# rpm -e vsftpd
error: package vsftpd is not installed
```

当删除成功时，没有任何提示；当再次删除时，会提示软件包没有安装。

5.3.3　查询软件包

rpm 命令主要用来进行软件查询，用到的相关选项是“-q”（query，查询）。

1．rpm -q——查询是否安装了某个软件

例：查询系统中是否已经安装了 httpd 和 vsftpd 软件。

```
[root@localhost ~]# rpm -q httpd
httpd-2. 2. 15-15. el6_2. 1. x86_64                    #表明已经安装
[root@localhost ~]# rpm -q vsftpd
package vsftpd is not installed                        #表明尚未安装
```

在用“rpm -q”命令查询时必须指定软件的完整名字，否则将无法查询出正确结果。

如查询系统中是否安装了逻辑卷 lvm 的图形化管理工具，输入软件的完整名字“system-config-lvm”可以正确查询，只输入“lvm”则无法查询到结果。

```
[root@localhost ~]# rpm -q system-config-lvm
system-config-lvm-1.1.12-12.el6.noarch
[root@localhost ~]# rpm -q lvm
package lvm is not installed
```

2．rpm -qa——查询系统中已经安装的所有 rpm 软件包

如果不确定欲查找的软件的准确名称，或者想知道系统中都安装了哪些软件包，可以使用“rpm –qa”命令查询所有已安装的软件包数据。

例：统计系统中已经安装的 rpm 软件包的个数。

```
[root@localhost ~]# rpm -qa | wc -l
1147
```

以下是使用 rpm -qa 查询出所有安装过的软件包，然后通过管道操作符，由 grep 搜索出带有 lvm 的 rpm 软件包的示范。

例：查找系统中已经安装的、所有跟“lvm”有关的软件包。

```
root@localhost ~]# rpm -qa | grep lvm
lvm2-libs-2.02.95-10.el6.x86_64
lvm2-2.02.95-10.el6.x86_64
system-config-lvm-1.1.12-12.el6.noarch
```

3．rpm -ql——查看软件安装位置

“rpm -ql”命令可以查看某个软件包将会安装哪些程序文件，并把文件安装到系统的哪

个位置。

采用rpm机制安装软件不可以由用户指定软件安装目录，由于Linux默认的目录结构是固定的，每个默认目录都有专门的分工，所以安装软件时会自动分门别类地向相应的目录中复制对应的程序文件，并进行相关设置。

一个典型的Linux应用程序通常由以下几部分组成：

- 普通的可执行程序文件，一般保存在“/usr/bin”目录中，普通用户即可执行。
- 服务器程序、管理程序文件，一般保存在“/usr/sbin”目录中，需要管理员权限才能执行。
- 配置文件，一般保存在“/etc”目录中，配置文件较多时会建立相应的子目录。
- 日志文件，一般保存在“/var/log”目录中。
- 关于应用程序的参考文档等数据，一般保存在“/usr/share/doc”目录中。
- 执行文件及配置文件的man手册，一般保存在“/usr/share/man”目录中。

例：查询httpd软件在系统的什么位置安装了文件。

```
[root@localhost ~]# rpm -ql httpd | more
```

5.4 利用源码编译安装软件

任务描述

利用源码编译的方式安装软件包虽然操作复杂、耗时较长，但是采用这种软件安装方式，用户具有更大的自主性，可以自由定义要安装的软件组件，可以指定软件的安装位置，软件卸载时也极为方便和简单。更重要的是，采用源码方式安装的软件版本是最新的，性能也是最优异的。因而，源码安装在实际的生成环境中得到了广泛应用。

本任务将介绍利用源码编译方式来安装软件包的一般步骤。

任务分析及实施

5.4.1 源码编译概述

虽然通过rpm软件包大大简化了在RHEL系统中安装软件的难度，但在有些情况下，仍然需要使用源代码编译的方式为系统安装新的应用程序，如以下几种情况：

- 安装较新版本的应用程序时。Linux系统中的软件大都是开源软件，这些软件总是以源码的形式最先发布，之后才会逐渐出现rpm、deb等封装包。下载应用程序的最新源码并编译安装，可以在程序功能、安全补丁等方面得到及时更新。
- 当前安装的程序无法满足应用需求时。对于rpm格式封装的应用程序，一般只包含了该软件所能实现的一小部分功能，通过对程序源代码进行重新配置并编译安装后，可以定制更灵活、更丰富的功能。

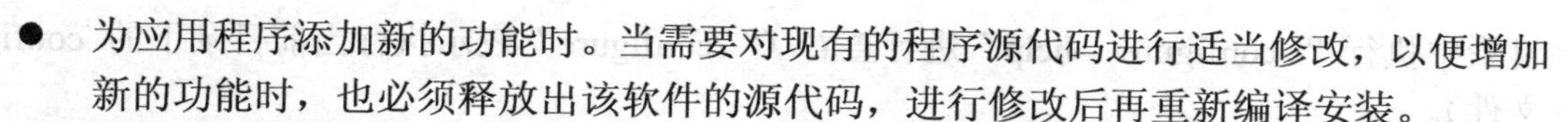

- 为应用程序添加新的功能时。当需要对现有的程序源代码进行适当修改，以便增加新的功能时，也必须释放出该软件的源代码，进行修改后再重新编译安装。

编译源代码需要相应的开发环境，在 RHEL 系统中广泛使用的是一个名为 gcc 的 C/C++ 语言编译器。可以使用“rpm -qa”命令检查系统中是否已经安装了 gcc 编译器，如果没有，则可以使用“yum install”命令安装：

```
[root@localhost ~]# rpm -qa | grep gcc
gcc-4.4.6-4.el6.x86_64
gcc-gfortran-4.4.6-4.el6.x86_64
libgcc-4.4.6-4.el6.x86_64
gcc-c++-4.4.6-4.el6.x86_64
```

除了 gcc 之外，某些软件在编译期间或执行期间可能需要依赖其他的软件或链接库，大部分软件的作者都会在软件源码提供的 README 或 INSTALL 文件中告知需要准备哪些软件。

5.4.2 源码编译安装的基本流程

源代码编译安装的基本流程包括解包、配置、编译、安装这四个通用步骤，如图 5-6 所示。

源码编译安装的基本过程

- ❖ 解包 —— tar
  - ■ 解包、释放出源代码文件
- ❖ 配置 —— ./configure
  - ■ 针对当前系统、软件环境，配置好安装参数
- ❖ 编译 —— make
  - ■ 将源代码文件变为二进制的可执行程序
- ❖ 安装 —— make install
  - ■ 将编译好的程序文件复制到系统中

图 5-6 源码编译安装过程

下面以安装 ntfs-3g 软件为例介绍源码编译安装的过程，这个软件的作用是可以在 Linux 系统中支持 ntfs 格式的分区。

1. 解包

大部分的软件源码都是压缩文件，必须解压后才能继续后续的工作。虽然可以在任何地方解开软件的源码，但是一般建议将各种软件的源码文件统一保存到“/usr/src/”、“/sur/local/src/”或“/tmp/”目录中，以便于集中管理。

例：将 ntfs-3g 解压到“/usr/src”目录，并进入到解压后产生的目录中。

```
[root@localhost ~]# tar zxvf ntfs-3g-2009.4.4.tgz -C /usr/src
[root@localhost ~]# cd /usr/src/ntfs-3g-2009.4.4/
```

2. 配置

软件编译前，必须设置好编译的参数，以便配置软件编译的环境、要启用哪些功能等。配置工作通常由源代码目录中的“configure”脚本文件来完成，具体配置参数可以在源代码

目录中执行“./configure --help”进行查看（“./configure”表示执行当前目录下的 configure 文件）。

不同的应用程序其配置参数会存在区别，但是有一个“--prefix”参数却是大多数开源软件所通用的，该配置参数用于指定软件包安装的目标目录。源码编译安装会将软件中所有的文件都安装到指定的目录中，而不是像 rpm 安装包那样将文件分散安装到各个目录中，这样将来在卸载软件时只需将安装目录删除即可，而无需担心会误删除其他软件。

例：对 ntfs-3g 源码包进行配置，指定安装目录为“/usr/local/ntfs”。

```
[root@localhost ntfs-3g-2009.4.4]# ./configure --prefix=/usr/local/ntfs
```

配置过程一般需要一定的时间，期间会在屏幕上显示大量的输出信息。配置结果将保存到源码目录中的 makefile 文件里。

如果在配置过程中出现错误，通常是缺少相关的依赖软件包所致，一般只需根据提示安装对应的软件即可。

3．编译

编译的过程主要是根据 makefile 文件中的配置信息，将源代码编译、链接成可执行程序。执行“make”命令可以完成编译工作，一般需要比配置步骤更长的时间，期间同样会显示大量的编译过程信息。

例：对 ntfs-3g 源码包进行编译。

```
[root@localhost ntfs-3g-2009.4.4]# make
```

4．安装与部署

编译完成以后，就可以执行“make install”命令将软件的执行程序、配置文件等相关文件复制到 Linux 系统中了，即应用程序的最后“安装”过程。安装的步骤一般不需要太长的时间。

例：安装已经编译好的 ntfs-3g 软件。

```
[root@localhost ntfs-3g-2009.4.4]# make install
```

安装完成后，可以找到安装路径中的 bin 或 sbin 目录，执行相应的程序，就可以使用安装好的软件了。

例：进入 ntfs-3g 安装目录下的 bin 目录，执行其中的 ntfs-3g.probe 命令，就可以使用编译安装好的 ntfs-3g 软件来挂载使用 ntfs 文件系统的磁盘分区了。

```
[root@localhost ntfs-3g-2009.4.4]# cd /usr/local/ntfs/bin
[root@localhost bin]# ./ntfs-3g.probe
ERROR: ntfs-3g.probe: Device is missing
ntfs-3g.probe 2009.4.4 - Probe NTFS volume mountability
Copyright (C) 2007 Szabolcs Szakacsits
Usage:     ntfs-3g.probe <--readonly|--readwrite> <device|image_file>
Example:   ntfs-3g.probe --readwrite /dev/sda1
Ntfs-3g news, support and information:   http://ntfs-3g.org
```

思考与练习

选择题

1．在 RHEL 6 系统中，使用带（　　）选项的 tar 命令，可用于解压释放“.tar.bz2”格式的归档压缩包文件。

A. zcf　　B. zxf　　C. jcf　　D. jxf

2．（　　）命令给出一个你已经安装或者可以安装的、名字中包含 http 的软件列表。

A．yum list “*http*”　　B. rpm -qa | grep http

C. rpm -search http　　D. yum install http

3．（　）设置 yum 源不使用校验。

A. enabled=1　　B. enabled=0

C. gpgcheck=0　　D. gpgcheck=1

4．tar 命令的（　　）可以创建打包文件。

A. -f　　B. -x　　C. -z　　D. -c

操作题

1．打包压缩练习

（1）在 root 家目录下创建一个名为 test 的目录。

（2）用 gzip 方式将/var 目录中的所有内容打包并压缩成文件 var.tar.gz，保存在/root/test 目录下。

（3）查看文件 var.tar.gz 的大小。

（4）用 bzip2 方式将/var 目录中的所有内容打包并压缩成文件 var.tar.bz2，保存在/root/test 目录下。

（5）查看文件 var.tar.bz2 的大小。

（6）在/root/test 目录中创建一个名为 var1 的目录。

（7）将文件 var.tar.gz 解压到/root/test/var1 目录中。

（8）在/root/test 目录中创建一个名为 var2 的目录。

（9）将文件 var.tar.bz2 解压到/root/test/var2 目录中。

2．yum 安装系统光盘中的小游戏

将光盘设置为 yum 源，利用 yum 命令安装名为 kdegames 的软件包。

安装完成后，在图形界面下的“应用程序”菜单中会多出一个“游戏”项，其中包括了多个 Linux 下的小游戏。

第6章

Linux系统进程和服务管理

进程是系统中正在运行的程序，服务则是系统启动后自动在后台运行的程序。合理地分配和调度系统的进程，优化系统所开启的服务，是保证系统稳定高效运行的关键。

管理员可以通过查看服务器目前开启的进程和服务，根据当前服务器角色，决定停止运行一些无关的进程和服务，同时开启当前服务器角色所必须的相关进程和服务。

本项目将介绍如何管理Linux系统中的进程和服务，以及如何设置计划任务。

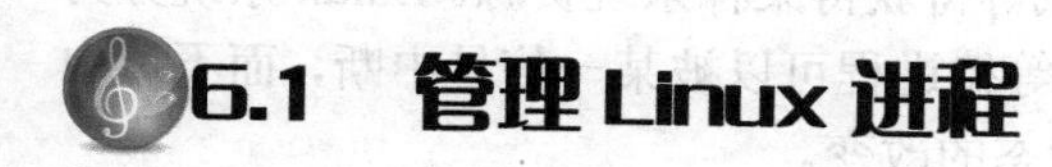

6.1 管理 Linux 进程

任务描述

管理服务器很大程度上是对系统中运行的程序的管理，即对系统进程的管理，管理进程的前提是了解其运行状态。

本任务将介绍 Linux 系统进程所具有的状态及 CPU 和内存的运行情况，并且掌握如何查看和调度进程，记录系统进程情况。

任务分析及实施

6.1.1 了解进程的概念

进程是系统中正在运行的程序，它是操作系统资源分配和调度的基本单位。在 Linux 系统中，并非每个程序只能对应一个进程，有的程序启动后可以创建一个或多个进程。例如，提供 Web 服务的 httpd 程序，当有大量用户同时访问 Web 页面时，httpd 程序可能会创建多个进程来提供服务。

在进程的运行过程中，通常会在 3 种基本状态之间转换：运行态、就绪态和等待态（阻塞态），如图 6-1 所示。

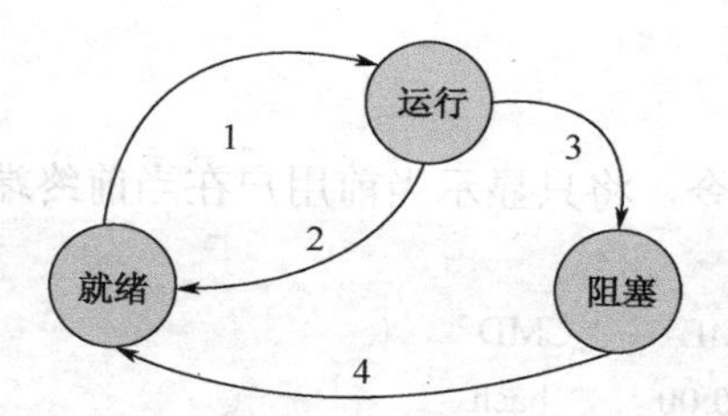

图 6-1 进程的运行状态

- 运行态是指当前进程已分配到 CPU，它的程序正在处理器上执行时的状态。处于运行态的进程的个数不能大于 CPU 的数目，在一般单 CPU 机制中，任何时刻处于运行态的进程最多有一个。
- 就绪态是指进程已具备运行条件，但因为其他进程正占用 CPU，所以暂时不能运行而等待分配 CPU 的状态。一旦把 CPU 分给它，立即就可以运行。在操作系统中，处于就绪态的进程数目可以是多个。
- 等待态（阻塞态）是指进程因等待某种事件发生（如等待某一输入、输出操作完成，等待其他进程发来的信号等）而暂时不能运行的状态。此时即使 CPU 空闲，等待态的进程也不能运行。系统中处于这种状态的进程也可以是多个。

在 Linux 系统中，进程的主要状态如下：

① 运行态：此时进程正在运行或准备运行（即就绪态）。

② 等待态：此时进程在等待一个事件的发生或等待获得某种系统资源。Linux 系统分为两种等待进程：可中断的和不可中断的。可中断的等待进程可以被某一信号中断，而不可中断的等待进程不受信号的干扰，将一直等待硬件状态的改变。

③ 停止态：进程被停止，正在被调试的进程可能处于停止状态。

④ 僵死态：由于某种原因进程被终止，但是该进程的控制结构仍然保留着。

在系统中输入需要运行的程序名，执行一个程序，其实也就是启动了一个进程。与使用数字标记用户账号和组账号类似，Linux 系统中的进程也使用数字进行标记，每个进程的标记号称为 PID。每个进程的 PID 都是唯一的，但并不固定，当进程启动时，系统为其自动分配一个 PID，进程结束时，系统就将这个 PID 收回。

6.1.2 查看进程状态

了解系统中进程的状态是对进程进行管理的前提，使用不同的命令工具可以从不同的角度查看进程状态。

1. ps 命令——查看静态的进程统计信息

ps 是 Linux 系统中标准的进程查看命令，它显示的是静态的进程统计信息，也就是在执行 ps 命令那一刻的进程情况。使用该命令可以了解进程是否正在运行及运行的状态，进程是否结束，进程有没有僵死，哪些进程占用了过多的资源等。总之大部分有关进程的信息都可以通过执行该命令得到。

（1）查看当前进程

不使用任何选项的 ps 命令，将只显示当前用户在当前终端启动的进程。

```
[root@localhost ~]# ps
  PID   TTY      TIME      CMD
 5290   pts/3   00:00:00    bash
 5309   pts/3   00:00:00    ps
```

可以看到，当前用户共启动了 2 个进程，分别是“bash”和“ps”。这里显示的信息比较简略，只显示了进程的 PID、TTY（用户所在的终端）、TIME（进程所占用的 CPU 时间）。

（2）查看当前进程的详细信息

ps 命令使用“-l”选项可以显示当前进程的详细信息。

例：以长格式显示进程的详细信息。

```
[root@localhost ~]# ps -l
F S   UID   PID  PPID  C  PRI  NI  ADDR  SZ     WCHAN   TTY      TIME      CMD
4 S    0   5290  5286  0  80   0    -   27115   wait    pts/3   00:00:00   bash
4 R    0   5317  5290  5  80   0    -   27031    -      pts/3   00:00:00    ps
```

其中各项含义如下：

- “S”，表示进程的状态。进程的状态类型主要有：R 运行状态或就绪状态；S 休眠

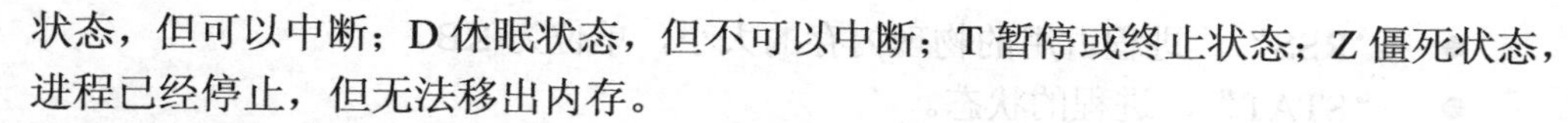

状态，但可以中断；D 休眠状态，但不可以中断；T 暂停或终止状态；Z 僵死状态，进程已经停止，但无法移出内存。

- “UID”，进程启动者的用户 ID，0 表示是由 root 用户启动的进程。
- “PID”，进程的 ID，PID 是唯一的，但并不固定。
- “PPID”，当前进程的父进程的 ID，如第一行的 bash 进程就是第二行 ps 进程的父进程。父进程和子进程之间的关系是管理和被管理的关系，当父进程终止时，子进程也随之而终止，但子进程终止时，父进程并不一定终止。
- “C”，进程最近使用 CPU 的估算。
- “PRI/NI”，进程的优先级，数字越小优先级越高。
- “SZ”，进程占用内存空间的大小，以 KB 为单位。
- “WCHAN”，表示进程是否正在运行，“-”表示正在运行中。
- “TTY”，进程所在终端的终端号，其中桌面环境的模拟终端表示为 pts/*n*（*n* 表示打开的是第 *n* 个终端窗口），字符界面的虚拟终端号为 tty1-tty6，“?”表示未知或不占用终端。
- “TIME”，进程从启动以来占用 CPU 的总时间，尽管有的命令已经运转了很长时间，但是它们真正使用 CPU 的时间往往很短，所以该字段的值通常是 00:00:00。
- “CMD”，启动该进程的命令名称。

（3）查看所有进程的详细信息

ps 命令使用“aux”选项可以显示系统中所有进程的详细信息。

选项的含义：

- “a”选项，显示当前终端上所有的进程，包括其他用户的进程信息。
- “u”选项，显示面向用户的格式（包括用户名、CPU 及内存使用情况等信息）。
- “x”选项，显示后台进程的信息。

由于“ps aux”命令显示的内容过多，所以一般都是跟“more”或“grep”命令结合起来使用。

例：分屏查看当前系统中所有进程的详细信息。

```
[root@localhost ~]# ps aux | more
USER  PID  %CPU  %MEM  VSZ    RSS   TTY  STAT  START  TIME  COMMAND
root  1    0.0   0.1   19356  1564  ?    Ss    Nov06  0:01  /sbin/init
root  2    0.0   0.0   0      0     ?    S     Nov06  0:00  [kthreadd]
root  3    0.0   0.0   0      0     ?    S     Nov06  0:00  [migration/0]
root  4    0.0   0.0   0      0     ?    S     Nov06  0:00  [ksoftirqd/0]
root  5    0.0   0.0   0      0     ?    S     Nov06  0:00  [migration/0]
```

主要输出项说明：

- “USER”，用户名。
- “%CPU”，进程占用 CPU 的时间与总时间的百分比。
- “%MEM”，进程占用内存与系统内存总量的百分比。
- “VSZ”，进程占用的虚拟内存（swap 空间）的大小，单位为 KB。

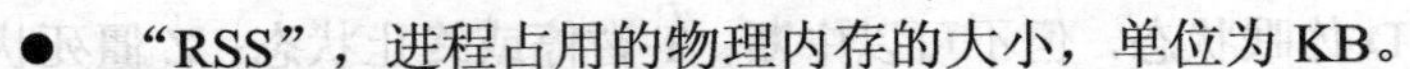

- “RSS”，进程占用的物理内存的大小，单位为 KB。
- “STAT”，进程的状态。
- “START”，进程的开始时间。

再如显示系统中所有进程的详细信息并保存到指定的文件中。

```
[root@localhost ~]# ps aux > ps001.txt
```

例：查看所有进程的信息，过滤出包含“bash”的进程信息。

```
[root@localhost ~]# ps aux | grep bash
```

2. top 命令——查看进程动态信息

使用 ps 命令查看到的是静态的进程信息，并不能连续地反馈出当前进程的运行状态。若希望以动态刷新的方式显示各进程的状态信息，可以使用 top 命令。

top 命令将会在当前终端以全屏交互式的界面显示进程排名，及时跟踪包括 CPU、内存等系统资源占用情况，默认情况下每 10s 刷新一次，其作用类似于 Windows 系统中的“任务管理器”。

top 命令执行结果如图 6-2 所示。

```
[root@localhost ~]# top

top - 16:42:13 up 11:08,  3 users,  load average: 0.00, 0.00, 0.00
Tasks: 158 total,   1 running, 157 sleeping,   0 stopped,   0 zombie
Cpu(s):  6.3%us,  1.0%sy,  0.0%ni, 92.7%id,  0.0%wa,  0.0%hi,  0.0%si,  0.0%
Mem:   1012704k total,   668736k used,   343968k free,    42412k buffers
Swap:  9349176k total,        0k used,  9349176k free,   234228k cached

  PID USER      PR  NI  VIRT  RES  SHR S %CPU %MEM    TIME+  COMMAND
 1891 root      20   0  167m  33m 8824 S  7.0  3.3   0:37.23 Xorg
 6393 root      20   0  334m  15m  10m S  2.3  1.6   0:03.08 gnome-terminal
 6805 root      20   0 15028 1260  940 R  0.7  0.1   0:00.24 top
   16 root      20   0     0    0    0 S  0.3  0.0   0:00.94 kblockd/0
 2203 root      20   0  541m  22m  14m S  0.3  2.3   0:52.85 nautilus
    1 root      20   0 19348 1564 1252 S  0.0  0.2   0:02.17 init
    2 root      20   0     0    0    0 S  0.0  0.0   0:00.01 kthreadd
    3 root      RT   0     0    0    0 S  0.0  0.0   0:00.00 migration/0
    4 root      20   0     0    0    0 S  0.0  0.0   0:00.14 ksoftirqd/0
    5 root      RT   0     0    0    0 S  0.0  0.0   0:00.00 migration/0
```

图 6-2　top 命令执行结果

在 top 命令的执行状态下，可以通过快捷键按照不同的方式对显示结果进行排序。例如，按 P 键以 CPU 使用时间进行排序，按 M 键以内存使用率排序，按 N 键以进程启动时间排序，按 A 键以 PID 排序，按 Q 键退出。

6.1.3　控制进程

1. 启动进程

在 Linux 系统中启动进程有两个主要途径：手工启动和调度启动。调度启动是事先设置好在某个时间运行的程序，当到了预设的时间，由系统自动启动。调度启动将在后面予以介绍，这里先介绍手工启动。

之前所做的操作，即在 Shell 命令行下输入并执行某个命令，这都会启动一个相应的进

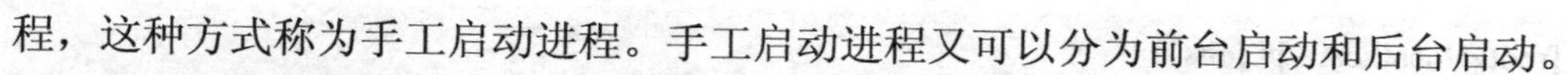

程，这种方式称为手工启动进程。手工启动进程又可以分为前台启动和后台启动。

前台启动是默认的进程启动方式，如用户输入“ls -l”命令就会启动一个前台进程。当计算机在处理此命令的时候，用户不能再进行其他的操作。

如果在要执行的命令后面加上一个“&”符号，此时程序将转到后台运行，其执行结果不在屏幕上显示，但在此命令的执行过程中，用户仍可以继续执行其他的操作。

例：在后台执行 ls 命令。

```
[root@localhost ~]# ls -al > a.txt &
```

后台启动适合于那些运行期间不需要用户的干预或是执行时间较长的程序。

2. 改变进程的运行方式

当 Linux 系统中的命令正在前台执行时（运行尚未结束），按 Ctrl+Z 组合键可以将当前进程挂起（调入后台并停止执行），这种操作在需要暂停当前进程并进行其他操作时特别有用。

例：使用 cp 命令从光盘中制作镜像文件时，由于需要复制的数据较多，耗时较长，因此可以按 Ctrl+Z 组合键将该进程调入后台并暂停执行。

```
[root@localhost ~]# cp /dev/cdrom mycd.iso
^Z
[1]+    Stopped                     cp -i /dev/cdrom mycd.iso
```

需要查看当前终端中在后台运行的进程任务时，可以使用 jobs 命令，结合“-l”选项可以同时显示出该进程对应的 PID 号。

```
[root@localhost ~]# jobs -l
[1]+    5543 停止                   cp -i /dev/cdrom mycd.iso
```

在 jobs 命令的输出结果中，每一行记录对应一个后台进程的状态信息，行首的数字表示该进程在后台的任务编号。若当前终端没有后台进程，将不会显示任何信息。

恢复进程执行时，有两种选择：用 fg 命令将挂起的进程放回到前台执行，用 bg 命令将挂起的进程放回到后台执行。

例：使用 fg 命令将后台的进程任务重新调入终端的前台执行，指定后台进程对应的任务编号。

```
[root@localhost ~]# fg 1
cp -i /dev/cdrom mycd.iso
```

再次按 Ctrl+Z 组合键将该进程暂停，然后用 bg 命令将进程放回后台执行：

```
[root@localhost ~]# bg 1
[1]+ cp -i /dev/cdrom mycd.iso &
```

3. 终止进程执行

通常终止一个前台进程可以使用 Ctrl+C 组合键，对于在其他终端上或是在后台运行的进程，就需要用 kill 命令来终止。

使用 kill 命令终止进程时，需要使用进程的 PID 号作为参数，如使用“jobs -l”命令查出后台运行的进程的 PID 号，然后用 kill 命令终止：

```
[root@localhost ~]# jobs -l
[1]+   5671 Running                      cp -i mycd.iso /tmp &
[root@localhost ~]# kill 5671
[1]+   已终止                             cp -i mycd.iso /tmp
```

kill 命令通过向进程发出终止信号使其正常退出运行，若进程已经无法响应终止信号，则可以结合“-9”选项强行杀死进程。强制终止进程时可能会导致程序运行的部分数据丢失，因此不到不得已时不要轻易使用“-9”选项。

例：开启一个 vim 进程并将其挂起至后台，再使用 kill 命令强制终止 vim 进程的运行。

```
[root@localhost ~]# vim testfile.txt       #打开 vim 后按 Ctrl+Z 组合键挂起进程
[1]+   Stopped                             vi testfile.txt
[root@localhost ~]# jobs –l                #查看后台进程
[1]+   5679  停止                          vi testfile.txt
[root@localhost ~]# kill 5679
[root@localhost ~]# jobs –l                #正常使用 kill 命令并未能杀死 vim 进程
[1]+   5679  停止                          vi testfile.txt
[root@localhost ~]# kill -9 5679           #使用“-9”选项强制终止 vim 进程。
 [1]+   已杀死                             vi testfile.txt
```

6.2 监视系统信息

任务描述

作为一名系统管理员，要时常了解并掌握 Linux 服务器的状态和性能等详细信息，在本任务中将介绍一些常用的监视系统信息的方法。

任务分析及实施

6.2.1 监视用户信息

Linux 是一个多用户的操作系统，在同一时间内可能会有多个用户在同时登录使用系统，可以通过“users”或者“who”或者“w”命令查看当前有哪些用户正在登录系统。

1．users 命令——查看当前登录的用户名

users 命令的功能比较简单，它只能列出当前登录的用户名。

```
[root@localhost ~]# users
root root root root
```

结果显示当前共有 4 个用户在以 root 用户的身份在不同的终端上登录。

2．who 命令——查看当前登录用户的详细信息

who 命令显示的信息就要详细一些，可以列出用户名、终端、登录时间、来源地点等

信息。

```
[root@localhost ~]# who
root     tty1          2011-11-04 16:27 (:0)
root     pts/0         2011-11-04 16:28 (:0.0)
root     pts/1         2012-11-04 21:58 (192.168.232.1)
root     pts/2         2012-11-04 23:02 (192.168.232.1)
```

3. w 命令——显示当前登录用户的详细信息

w 命令显示的信息最详细，可以列出用户名、终端、来源地点、登录时间、执行的命令等参数。

```
[root@localhost ~]# w
 00:03:34 up  7:37,  4 users,  load average: 0.00, 0.00, 0.00
USER   TTY    FROM              LOGIN@    IDLE     JCPU    PCPU   WHAT
root   tty1   :0                04Nov11   366days  10.91s  10.91s /usr/bin/Xorg :
root   pts/0  :0.0              04Nov11   3:00m    0.12s   0.12s  /bin/bash
root   pts/1  192.168.232.1     21:58     1:54m    0.19s   0.19s  -bash
root   pts/2  192.168.232.1     23:02     0.00s    0.46s   0.02s  w
```

4. 踢出系统中的可疑用户

下面以用户“jerry”为例演示如何将可疑用户踢出系统。

首先以普通用户“jerry”的身份在 PuTTY 上远程登录 Linux 系统。

然后在虚拟机中执行 who 或 w 命令找到登录到系统中的可疑用户（jerry），并记录下其登录终端的编号（pts/0）：

```
[root@localhost ~]# who
root     tty1          2013-11-08 10:07 (:0)
root     pts/2         2013-11-08 15:07 (192.168.80.1)
jerry    pts/0         2013-11-08 15:16 (192.168.80.1)
```

查找可疑用户登录终端所对应的 PID（10763）：

```
[root@localhost ~]# ps aux | grep pts/0
jerry   10762  0.0  0.1   97808  1780 ?      S    15:16  0:00 sshd: jerry@pts/0
jerry   10763  0.0  0.1  108328  1768 pts/0  Ss+  15:16  0:00 -bash
root    10806  0.0  0.0  103244   864 pts/2  S+   15:18  0:00 grep pts/0
```

强制结束该进程，踢出用户：

```
[root@localhost ~]# kill -9 10763
[root@localhost ~]# who
root     tty1          2013-11-08 10:07 (:0)
root     pts/2         2013-11-08 15:07 (192.168.80.1)
```

6.2.2 监视资源占用信息

通过监视系统资源占用信息，以便于管理员随时了解系统的资源消耗情况。

1．查看内存使用情况

free 命令可以显示内存、缓存和交换分区的使用情况。

常用选项：

- -m，以 MB 为单位显示信息，默认以 KB 为单位。
- -s，指定动态显示时的刷新频率。

例：查看内存等使用情况，以 MB 为单位显示信息，每 10s 刷新一次。

```
[root@localhost ~]# free -m -s 10
             total       used       free     shared    buffers     cached
Mem:           988        650        338          0         71        239
-/+ buffers/cache:        339        649
Swap:         1983          0       1983
```

显示的信息中，Mem 表示内存，Swap 表示交换分区，total 表示总量，used 表示已使用的数量，free 表示空闲数量。

需要注意的是，Linux 系统采用的是尽可能使用内存的原则，内核会把剩余的内存申请为 cache，而 cache 不属于 free 范畴。当系统运行时间较久，会发现 cached 很大，对于有频繁文件读 / 写操作的系统，这种现象会更加明显。直观地看，此时 free 的内存比较小，但并不代表可用的内存小，当一个程序需要申请较大的内存时，如果 free 的内存不够，内核会把部分 cache 的内存回收，回收的内存再分配给应用程序。所以对于 Linux 系统，可用于分配的内存不只是 free 的内存，还包括 cache 的内存。

所以对于 Linux 系统，“-/+ buffers/cache”行所显示的才是真正的已使用的和可用的内存。在本例中，used 内存的容量为 339MB，free 内存的容量为 649MB。

2．查看硬盘使用情况

利用之前介绍过的“df -hT”命令可以显示硬盘中文件系统的使用情况。

```
[root@localhost ~]# df -hT
文件系统      类型      容量    已用    可用    已用%%  挂载点
/dev/mapper/VolGroup-lv_root
              ext4      37G     5.1G    31G     15%     /
tmpfs         tmpfs     495M    100K    495M    1%      /dev/shm
/dev/sda1     ext4      485M    33M     427M    8%      /boot
/dev/sdb1     ext4      9.9G    151M    9.2G    2%      /data
```

尤其是对于根分区，要经常关注其可用空间还有多少。

利用“du -hs”命令可以查看某个指定目录的大小，以便及时了解系统中哪个目录所占用的空间最大。

例：查看根目录下的每个子目录所占用空间的大小。

```
[root@localhost ~]# du -hs /*
635M    /root
```

6.3 管理 Linux 服务

任务描述

服务是在系统后台运行、并等待用户或其他软件调用的一类特殊程序（服务名的最后一般都带有字母 d，如 httpd、sshd 等）。由于 Linux 主要用来搭建各种服务器，而绝大多数的服务器程序都是以服务的状态在系统中运行的，因而熟练掌握服务管理，是配置各种 Linux 服务器的基础。

在本任务中，要求了解系统运行级别的概念，掌握如何在单用户模式下破解 root 用户密码，以及如何启动、停止服务并且设置服务的启动状态。

任务分析及实施

6.3.1 init 进程与运行级别

1. 了解 init 进程与运行级别

init 是 Linux 系统启动时第一个被执行的程序，它主要负责建立系统使用环境，并确保系统正常运行。由于 init 是由系统自动在后台运行的，是一种典型的服务，因而一般称为 init 服务，它运行之后所产生的进程称为 init 进程。

init 进程的进程号（PID）永远为 1，init 进程运行以后将陆续执行系统中的其他程序，不断生成新的进程，这些进程称为 init 进程的子进程，反过来说 init 进程是这些进程的父进程。这些子进程也可以进一步生成各自的子进程，依此不断繁衍下去，最终构成一棵枝繁叶茂的进程树，共同为用户提供服务。所以，init 进程是维持整个 Linux 系统运行的所有进程的始祖，init 进程是不允许被轻易终止的。

init 的配置文件是/etc/inittab，init 进程运行后将按照该文件中的配置内容设置系统的运行级别。/etc/inittab 文件内容如下：

```
[root@localhost ~]# cat /etc/inittab
# Default runlevel. The runlevels used by RHS are:
#    0 - halt (Do NOT set initdefault to this)
#    1 - Single user mode
#    2 - Multiuser, without NFS (The same as 3, if you do not have networking)
#    3 - Full multiuser mode
#    4 - unused
#    5 - X11
#    6 - reboot (Do NOT set initdefault to this)
id:5:initdefault:
```

在 Linux 系统中，将各种服务程序相互组合构成不同的搭配关系，分别满足不同的系统需求，在系统运行时，采用的每一种服务搭配称为“运行级别”（类似于 Windows 系统中的正常启动、安全模式、不带网络的安全模式等概念）。默认的系统运行级别包括 7 种，其功能和服务各不相同。

- 运行级别 0：关机。不要把系统的默认运行级别设置为 0，否则系统不能正常启动。
- 运行级别 1：单用户模式。在该模式下用户不需密码验证即可登录系统，多用于系统维护。
- 运行级别 2：字符界面的多用户模式（不支持网络）。
- 运行级别 3：字符界面的完全多用户模式。大多数服务器主机都运行在此级别。
- 运行级别 4：未分配使用。
- 运行级别 5：图形界面的多用户模式，提供了图形桌面操作环境。
- 运行级别 6：重新启动。不要把系统的默认运行级别设置为 6，否则系统不能正常启动。

如果系统中安装了图形桌面环境，默认启动是运行级别 5。

2．查看并切换系统的运行级别

不同的运行级别代表了系统不同的运行状态所能运行的服务或程序会有所区别，明确当前所处的运行级别将有助于管理员对一些应用故障的排除。若未能确知当前所处的运行级别，可以使用 runlevel 命令进行查询，输出结果中分别包含切换前的级别和目前的级别。

例：查看系统的运行级别（5），若之前未切换过运行级别，第一列将显示“N”。

```
[root@localhost ~]# runlevel
N 5
```

当用户需要将系统转换为其他的运行级别时，可以使用 init 命令，只要使用与运行级别相对应的数字（0～6）作为命令参数即可。

例：为节省服务器资源，将运行级别由图形模式（5）切换为字符模式（3），并确认状态。

```
[root@localhost ~]# init 3
[root@localhost ~]# runlevel
5 3
```

例：关闭系统。

```
[root@localhost ~]# init 0
```

例：重启系统。

```
[root@localhost ~]# init 6
```

init 命令只能临时切换运行级别，要实现永久切换必须修改配置文件/etc/inittab。

例：将系统默认的运行级别修改为 3。

```
[root@localhost ~]# vim /etc/inittab
# Default runlevel. The runlevels used by RHS are:
#    0 - halt (Do NOT set initdefault to this)
#    1 - Single user mode
#    2 - Multiuser, without NFS (The same as 3, if you do not have networking)
#    3 - Full multiuser mode
#    4 - unused
#    5 - X11
```

```
#     6 - reboot (Do NOT set initdefault to this)
id:3:initdefault:
```

系统默认的运行级别一般建议设置为 5 或 3，千万不要设置为 0 或 6，否则将导致系统无法启动。

由于 Linux 主要作为服务器操作系统，平时使用时一般都是将 Linux 服务器放置在数据中心机房中，管理员通过远程管理工具对其进行远程管理。对 Linux 系统的管理操作一般都是在字符界面下通过命令完成的，很少用到图形界面，而且图形界面也要消耗更多的系统资源，同时也会导致系统不稳定，所以大多数情况下系统的运行级别都是被设置为 3 的。

3．在单用户模式下修改 root 用户密码

在运行级别 1 所代表的单用户模式下，系统处于最原始的状态，所有网络服务都未启动，所有人都可以直接以 root 用户身份并且无须输入密码即可登录系统，所以单用户模式常被用于修复各种系统故障。下面以破解 root 用户密码为例来介绍下单用户模式的使用。

① 首先将系统重启，在系统启动到倒数计时按回车键，如图 6-3 所示，出现 GRUB 引导菜单。

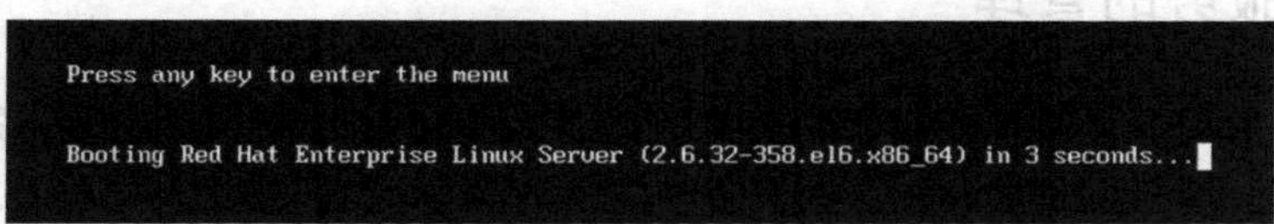

图 6-3　此时按回车键

② 在 GRUB 引导菜单中按下“a”键，向系统内核 kernel 追加启动参数，如图 6-4 所示。

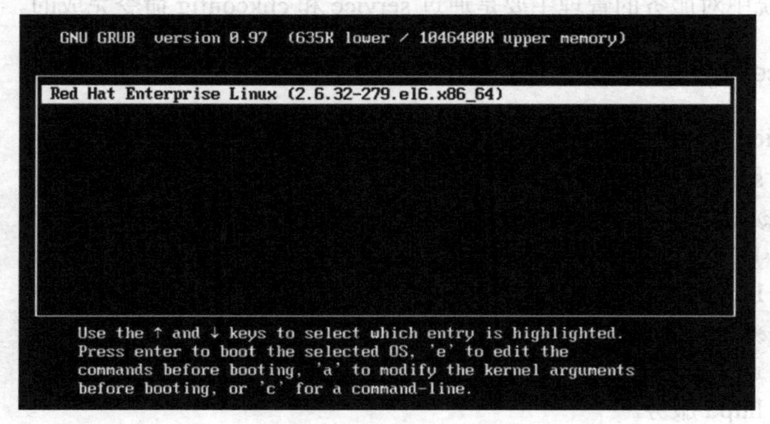

图 6-4　此时按“a”键

③ 向 kernel 追加启动参数 1，如图 6-5 所示，按下回车键，系统便会启动进入运行级别 1 即单用户模式。

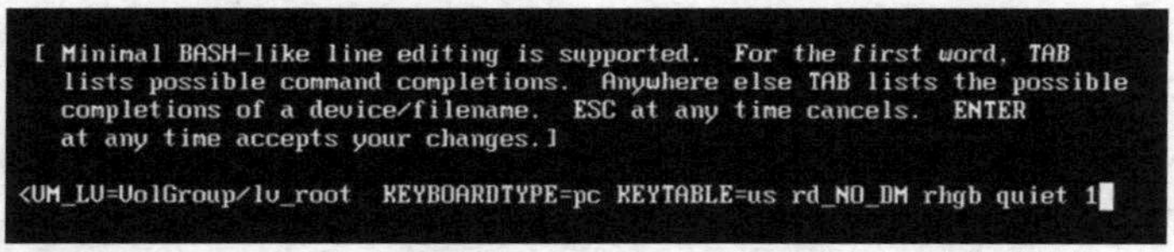

```
[ Minimal BASH-like line editing is supported.  For the first word, TAB
  lists possible command completions.  Anywhere else TAB lists the possible
  completions of a device/filename.  ESC at any time cancels.  ENTER
  at any time accepts your changes.]

<VM_LV=VolGroup/lv_root  KEYBOARDTYPE=pc KEYTABLE=us rd_NO_DM rhgb quiet 1
```

图 6-5　追加启动参数 1

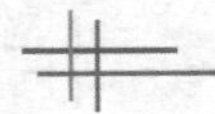

④ 无须进行身份验证，自动以 root 用户身份进入单用户模式。但如果系统中开启了SELinux 安全设置，此时不能直接修改 root 用户密码，需要使用“setenforce 0”关闭 SELinux，使之成为“Permissive”许可模式，然后才可以使用 passwd 命令修改 root 用户密码，如图 6-6所示。

```
Telling INIT to go to single user mode.
init: rc main process (1242) killed by TERM signal
[root@localhost /]# setenforce 0
[root@localhost /]# getenforce
Permissive
[root@localhost /]# passwd
Changing password for user root.
New password:
BAD PASSWORD: it is WAY too short
BAD PASSWORD: is too simple
Retype new password:
passwd: all authentication tokens updated successfully.
[root@localhost /]# _
```

图 6-6 关闭 SELinux 后重设 root 密码

6.3.2 服务的管理

Linux 系统中提供了很多服务，这些服务依照其功能可以区分为系统服务与网络服务。

某些服务的服务对象是 Linux 系统本身，或者是 Linux 系统中的用户，这类服务称为系统服务；Linux 系统中更多的服务是用来提供给网络中的其他客户端调用的，这类服务统称为网络服务。例如，提供远程登录的 sshd 服务，提供网站浏览功能的 httpd 服务等。

Linux 系统中对服务的管理主要是通过 service 和 chkconfig 命令完成的。

1．service 命令——启动、停止或重启服务

通过 service 命令可以启动、停止或者重启服务，使用起来非常灵活。

例：查看 sshd 服务的状态。

```
[root@localhost ~]# service sshd status
openssh-daemon (pid  1638) 正在运行...
```

例：查看 httpd 服务的状态。

```
[root@localhost ~]# service httpd status
httpd 已停
```

例：启动 httpd 服务。

```
[root@localhost ~]# service httpd start
正在启动 httpd：httpd: Could not reliably determine the server's fully qualified domain name, using
localhost.localdomain for ServerName
                                                                                    [确定]
```

例：重启 httpd 服务。

```
[root@localhost ~]# service httpd restart
停止 httpd：                                                                        [确定]
正在启动 httpd：httpd: Could not reliably determine the server's fully qualified domain name, using
```

```
localhost.localdomain for ServerName
                                                              [确定]
```

例：停止 httpd 服务。

```
[root@localhost ~]# service httpd stop
停止 httpd:                                                  [确定]
```

2．chkconfig 命令——设置服务的启动状态

当 Linux 系统关机时会停止所有的服务，然后才关闭电源，重新启动系统之后，还必须用 service 命令再次启动这些服务。如果需要将服务永久关闭或启动，就必须借助 chkconfig 命令。

chkconfig 命令是与系统的运行级别相结合起来的，通过该命令可以设置系统在进入相应的运行级别时自动启用或停用某项服务。

例：查看 sshd 服务在各运行级别中的启动状态。

```
[root@localhost ~]# chkconfig --list sshd
sshd            0:关闭   1:关闭   2:启用   3:启用   4:启用   5:启用   6:关闭
```

可以看到，sshd 服务在运行级别 2、3、4、5 中是开启的，而在运行级别 0、1、6 中是关闭的。

将 chkconfig 命令与“--level”选项配合使用，可以设置指定服务在指定运行级别中的启动状态。

例：将 sshd 服务在运行级别 2、4 中的启动状态设置为 off（关闭）。

```
[root@localhost ~]# chkconfig --level 24 sshd off
[root@localhost ~]# chkconfig --list sshd
sshd            0:关闭   1:关闭   2:关闭   3:启用   4:关闭   5:启用   6:关闭
```

例：将 httpd 服务在运行级别 3、5 中的启动状态设置为 on（开启）。

```
[root@localhost ~]# chkconfig --level 35 httpd on
[root@localhost ~]# chkconfig --list httpd
httpd           0:关闭   1:关闭   2:关闭   3:启用   4:关闭   5:启用   6:关闭
```

如果不加“--level”选项，chkconfig 命令默认将在运行级别 2、3、4、5 中启动或停止指定的服务。

例：将 httpd 服务设置为随系统自动启动。

```
[root@localhost ~]# chkconfig httpd on
[root@localhost ~]# chkconfig --list httpd
httpd           0:关闭   1:关闭   2: 启用   3:启用   4: 启用   5:启用   6:关闭
```

3．vsftpd 服务管理示例

当要使用 Linux 系统搭建一台服务器时，一般要进行以下的操作流程：

① 安装相应的服务程序。

② 用 service 命令启动服务。

③ 用 chkconfig 命令将服务设为自动启动。

④ 对服务进行配置和测试。

服务的配置和测试将在后续课程中介绍，下面以安装管理 vsftpd 服务为例演示前 3 步操作。

① 安装服务，首先查询系统中是否已经安装了 vsftpd 程序。

```
[root@localhost ~]# rpm –qa | grep vsftpd
```

确认程序没有安装后，用 yum 安装程序。

```
[root@localhost ~]# yum install vsftpd
```

② 启动服务，用 service 命令启动服务。

```
[root@localhost ~]# service vsftpd start
为 vsftpd 启动 vsftpd:                                    [确定]
```

③ 将服务设为开机自动运行，用 chkconfig 命令将服务设为自启动，并查看启动状态。

```
[root@localhost ~]# chkconfig vsftpd on
[root@localhost ~]# chkconfig --list vsftpd
vsftpd          0:关闭   1:关闭   2:启用   3:启用   4:启用   5:启用   6:关闭
```

6.4 管理计划任务

任务描述

通过设置计划任务可以让系统在指定的时间自动执行预先计划好的管理任务。本任务将主要介绍如何通过 crontab 命令来配置管理计划任务。

任务分析及实施

6.4.1 了解计划任务

在对 Linux 系统进行维护和管理的过程中，有时需要进行一些比较费时而且占用资源较多的操作，为不影响正常的服务，通常将其安排在深夜由系统自动运行，此时就可以采用调度启动要运行的程序，并事先设置好任务运行的时间，到时系统就会自动完成指定的操作。

Linux 下的调度启动分为两种：at 调度和 cron 调度。通过 at 调度设置的计划任务是一次性的，而通过 cron 调度设置的计划任务是周期性的，因为在生产环境中用到的绝大多数计划任务都是周期性的，因而这里主要介绍 cron 调度。

cron 是一个系统服务，其对应的进程称为 crond 进程，crond 进程在系统启动时自动启动，并一直运行于后台。在配置计划任务时，首先需要确认 crond 进程已经启动。

```
[root@localhost ~]# service crond status
crond (pid  1772) 正在运行...
```

6.4.2　配置计划任务

1．计划任务列表的编制说明

设置用户的周期性计划任务主要通过 crontab 命令进行，执行该命令会生成一个以用户名命名的配置文件，并自动保存在/var/spool/cron 目录中。crontab 命令的常用选项是“-e”，作用是编辑计划任务列表。执行“crontab –e”命令之后，将打开计划任务编辑界面（与 vim 中的操作相同），通过该界面用户可以自行添加具体的任务配置，配置文件中的每行代表一条记录，每条记录包括 6 个字段，其格式如图 6-7 所示。

字段	说明
分钟	取值为从0到59之间的任意整数
小时	取值为从0到23之间的任意整数
日期	取值为从1到31之间的任意整数
月份	取值为从1到12之间的任意整数
星期	取值为从0到7之间的任意整数，0或7代表星期日
命令	要执行的命令或程序脚本

图 6-7　计划任务说明

记录中的前面 5 个字段用于指定任务重复执行的时间规律，第 6 个字段用于指定具体的任务内容。crontab 任务配置记录中，所设置的命令在“分钟+小时+日期+月份+星期”都满足的条件下才会运行。

计划任务列表中时间数值的表示方法如图 6-8 所示。

❖ **时间数值的特殊表示方法**

- ***　表示该范围内的任意时间**
- **,　表示间隔的多个不连续时间点**
- **-　表示一个连续的时间范围**
- **/　指定间隔的时间频率**

❖ **应用示例**

- **0 17 * * 1-5　　周一到周五每天17:00**
- **30 8 * * 1,3,5　　每周一、三、五的8点30分**
- **0 8-18/2 * * *　　8点到18点之间每隔2小时**
- **0 * */3 * *　　每隔3天**

图 6-8　时间数值的表示方法

2．设置计划任务

下面通过几个具体的案例来说明如何设置计划任务。

例：以 root 用户的身份设置计划任务，要求在每周一的 8:00 查看/etc/passwd 文件。

```
[root@localhost ~]# crontab -e
0 8 * * 1 /bin/ls /etc/passwd
```

在计划任务配置记录中的命令建议使用绝对路径，以避免因缺少执行路径而无法执行命令的情况。关于命令的绝对路径，可以使用 which 命令查找确认。

例：以 root 用户的身份设置一份计划任务列表，完成如下任务。

- 每天 7:50 自动开启 sshd 服务，22:50 关闭 sshd 服务。
- 每隔 5 天清空一次 FTP 服务器公共目录“/var/ftp/pub”中的数据。
- 每周六的 7:30 重新启动系统中的 httpd 服务。
- 每周一、周三、周五的下午 17:30，使用 tar 命令自动备份“/etc/httpd”目录。

```
[root@localhost ~]# crontab -e
50 7 * * * /sbin/service sshd start
50 22 * * * /sbin/service sshd stop
0 * */5 * * /bin/rm -rf /var/ftp/pub/*
30 7 * * 6 /sbin/service httpd restart
30 17 * * 1,3,5 /bin/tar zcvf httpd.tar.gz /etc/httpd
```

注意，在设置非每分钟都执行的任务时，“分钟”字段也应该填写一个具体的时间数值，而不要保留为默认的“*”，否则将会在每分钟执行一次计划任务。

使用“-u”选项可以为指定的用户设置计划任务。

例：为 jerry 用户设置计划任务，在每周日晚上的 23:55 将“/etc/passwd”文件的内容复制到主目录中，保存为“pwd.txt”文件。

```
[root@localhost ~]# crontab -e -u jerry
55 23 * * 7 /bin/cp /etc/passwd /home/jerry/pwd.txt
```

3．维护计划任务列表

crontab 命令使用“-l”选项可以查看当前用户的计划任务列表。

例：查看 root 用户的计划任务列表。

```
[root@localhost ~]# crontab -l
50 7 * * * /sbin/service sshd start
50 22 * * * /sbin/service sshd stop
0 * */5 * * /bin/rm -rf /var/ftp/pub/*
30 7 * * 6 /sbin/service httpd restart
30 17 * * 1,3,5 /bin/tar zcvf httpd.tar.gz /etc/httpd
```

如果要查看指定用户的计划任务列表，可以再加上“-u”选项。

例：查看用户 jerry 的计划任务列表。

```
[root@localhost ~]# crontab -l -u jerry
55 23 * * 7 /bin/cp /etc/passwd /home/jerry/pwd.txt
```

使用“-r”选项可以删除指定用户的计划任务列表。

例：删除 jerry 用户的计划任务列表。

```
[root@localhost ~]# crontab -r -u jerry
```

```
[root@localhost ~]# crontab -l -u jerry
no crontab for jerry
```

思考与练习

选择题

1．在 RHEL 6 系统中配置一个计划任务，要求每个星期一的下午 13:00 运行此任务，下面的选项（　　）是正确的。

A. 00 13 * * 1　　B. 00 25 * * 3

C. 00 1 * * 1　　D. 1 * * 13 0

2．管理员要把 vsftpd 服务设置为开机自动启动的命令是（　　）。

A. chkconfig vsftpd off　　B. chkconfig vsftpd on

C. chkconfig vsftpd restart　　D. chkconfig vsftpd start

3．计划任务“*/2 15 * * 1,3,5 /usr/bin/free”的含义是（　　）。

A．每周 1、3、5 的下午三点钟，每 2min 统计一下内存的使用情况

B．每月 1、3、5 的下午三点钟，每 2min 统计一下内存的使用情况

C．每周 1、3、5 的下午三点钟，每 2min 统计一下内存的使用情况

D．以上全错

4．如何永久停用 NetworkManager 服务（　　）。

A．service NetworkManager stop

B．chkconfig NetworkManager off ; service NetworkManager stop

C．service NetworkManager stop ; chkconfig NetworkManager off

D．chkconfig NetworkManager off

5．在 RHEL 6 系统中，使用 crontab 命令设置用户的计划任务列表时，配置记录行中的第 2 个时间字段表示（　　）。

A. 星期　　B. 月份　　C.　小时　　D. 分钟

6．以下是在 Linux 操作系统中输入 ps 命令后得到的进程状态信息，其中处于“僵死”状态进程的 PID 为（　　），若要终止处于“运行”状态的进程的父进程，可以输入命令（　　）。

```
root@localhost#ps –l|more
F S UID PID    PPID C PRI NI ADDR SZ   WCHAN TTY    TIME     CMD
4 W 0   9822   9521 0  81 0  -    1220 wait4 pts/2  00:00:00 su
4 S 0   9970   9822 0  75 0  -    1294 wait4 pts/2  00:00:00 hash
1 R 0   15354  9970 0  80 0  -    788  -     pts/2  00:00:00 ps
5 Z 0   17658  9976 0  86 0  -    670  -     pts/2  00:00:03 aiq/0
```

A．9822　　B．9970　　C．15354　　D．17658

A．kill 9822　　B．kill 9970　　C．python 9521　　D．python 9976

操作题

1．设置 Linux 系统每次开机后自动进入字符模式界面。

2．对比图形界面与字符界面对内存的占用情况。

3．查看静态的所有进程统计信息，过滤出包含 bash 的进程信息。

4．查看进程的动态信息，了解前 3 个命令的进程号、CPU 及内存等系统资源占用情况。

第7章

Linux 系统引导过程与故障排除

稳定可靠是 Linux 系统有别于其他操作系统的主要特征，但是在使用 Linux 系统的过程中，仍是不可避免地会遇到各种各样的问题。

本项目将对系统的引导过程、GRUB 引导菜单及救援模式进行介绍，通过对这些内容的了解，将有助于系统管理员解决系统启动过程中发生的错误，并对常见的故障进行排除。

7.1 了解系统引导流程

任务描述

系统引导是操作系统运行的开始，在用户能够正常登录到系统之前，Linux 的引导过程完成了一系列的初始化任务，并加载必要的程序和命令终端，为用户登录做好准备。

本任务将对 Linux 系统的引导流程做一个较全面的介绍，充分熟悉引导过程有利于管理员分析和排除系统故障，灵活控制系统服务的运行状态。

任务分析及实施

7.1.1 系统引导流程总览

Linux 操作系统的引导流程如图 7-1 所示，一般包括：开机 BIOS 自检、MBR 引导、GRUB 引导菜单、加载内核 Kernel、启动 init 进程进行初始化、进入系统登陆界面。其中初始化过程涉及的操作最多，也直接关系着系统启动后的运行状态。

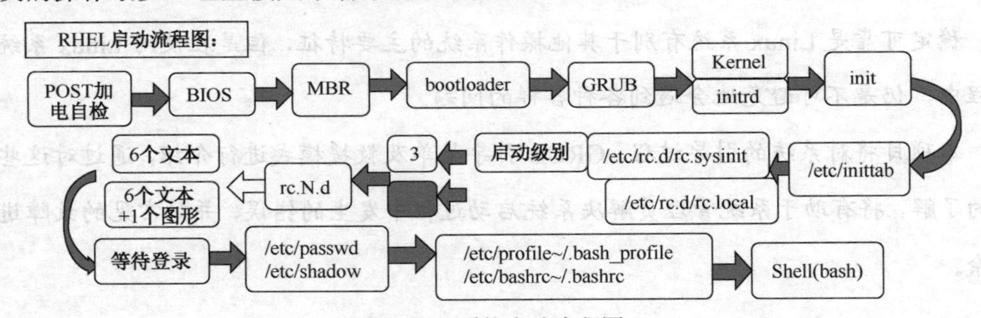

图 7-1　系统启动流程图

下面将依次介绍系统引导过程中的各个阶段。

1．开机自检

计算机在接通电源之后，首先由 BIOS 进行 POST 自检，对 CPU、内存、显卡、键盘等设备进行初步检测。

检测成功后根据 BIOS 内设置的引导顺序从硬盘、光盘或 U 盘中读入引导程序，大多数时候都是从本机硬盘进行引导的。

2．MBR 引导

当从本机硬盘中启动系统时，首先根据主引导记录（MBR）中的设置，将系统控制权传递给包含操作系统引导文件的分区，或者直接根据 MBR 记录中的引导信息调用启动菜单 GRUB。

3. GRUB 菜单

引导程序用于引导操作系统启动。Linux 系统支持两种常用的引导程序：LILO 和 GRUB。在 RHEL 6 中，默认的引导程序是 GRUB。

系统控制权传递给 GRUB 以后，将会显示启动菜单提供给用户选择，并根据所选项（或采用默认值）加载 Linux 内核文件，然后将系统控制权转交给内核。

4. 加载内核 Kernel

Linux 内核是一个预先编译好的特殊二进制文件，介于各种硬件资源与系统程序之间，负责资源分配与调度。

内核接过系统控制权以后，将完全掌控整个 Linux 操作系统的运行过程。在 RHEL 6 系统中，默认的内核文件位于“/boot/vmlinuz-2.6.32-279.el6.x86_64”。

5. init 进程初始化

为了完成进一步的系统引导过程，Linux 内核首先将系统中的“/sbin/init”程序加载到内存中运行。init 进程是系统所有进程的起点，它的 PID 永远是 1。

init 进程负责完成一系列的系统初始化过程。首先会读取配置文件“/etc/inittab”，根据文件中的设置来启动相应的运行级别。然后会依次运行以下 3 个脚本文件：“/etc/rc.d/rc.sysinit”、“/etc/rd.d/rc”、“/etc/rc.d/rc.local”，对系统环境进行初始化。最后运行终端程序“/sbin/mingetty”，等待用户进行登录（登录过程由“/bin/login”程序负责验证）。

其中“/etc/inittab”配置文件之前已经介绍过，下面将对 3 个脚本文件依次予以介绍。

7.1.2 系统初始化脚本文件

负责系统环境初始化的 3 个脚本文件都是以 rc 开头的，所以习惯上称这些脚本为“RC Script”。每个 RC Script 负责的工作都不一样，下面详细介绍每一个初始化脚本文件的作用。

1. /etc/rc.d/rc.sysinit

/etc/rc.d/rc.sysinit 的主要功能是设置系统的基本环境。当 init 进程执行 rc.sysinit 时，会完成下面几项工作。

- 启动 udev 与 SELinux 子系统

udev 负责管理/dev/中的所有设备文件，而 SELinux 则可以增强 RHEL 6 系统的安全性。当 rc.sysinit 执行时，必须先启动这两个子系统，这样才能进行其他的初始化系统环境的工作。

- 设置内核参数

rc.sysinit 会执行 sysctl -p 命令，以便从/etc/sysctl.conf 设置 RHEL 的内核参数。

- 设置系统时间

rc.sysinit 会将硬件时间设置成 RHEL 的系统时间。

- 加载键盘对应表

为了可以使用各式各样的键盘，rc.sysinit 也会加载键盘对应表，以便可以正确地输入文字和符号。

- 启用交换内存空间

rc.sysinit 会执行 swapon -a 命令，以便根据/etc/fstab 的设置启用所有的交换内存空间。

- 设置主机名

rc.sysinit 会根据/etc/sysconfig/network 的 HOSTNAME 参数设置 RHEL 的主机名。

- 检查并挂载所有文件系统

rc.sysinit 会检查所有需要挂载的文件系统，以确保这些文件系统的完整性。

- 初始化硬件设备

RHEL 除了在启动内核时以静态驱动程序驱动部分的硬件外，在执行 rc.sysinit 时，也会试着驱动剩余的硬件设备。

- 启用软磁盘阵列与 LVM

rc.sysinit 也会启用所有的软件磁盘阵列，以及 LVM 的磁盘设备。

2. /etc/rc.d/rc

init 进程执行完/etc/rc.d/rc.sysinit 后，紧接着就会执行/etc/rc.d/rc，这个脚本主要用来建立运行级别（Runlevel）环境。RHEL 中定义了许多的运行级别，用来建立不同的使用环境，不同的运行级别会提供不同的服务，系统就借助/etc/rc.d/rc 脚本来启动或停止不同运行级别中的服务。

在/etc/rc.d/目录中有 7 个名为"/etc/rc.d/rc0.d"～"/etc/rc.d/rc6.d"的目录，每个目录分别对应了一种运行级别。这些目录中存放了一些特殊的符号链接文件，对应到了在该级别下所要运行或终止的服务文件，/etc/rc.d/rc 脚本就根据这些链接文件来启动或终止相关服务程序。

例如，当系统指定的运行级别为“3”时，/etc/rc.d/rc 将会执行“/etc/rc.d/rc3.d”目录下的链接文件，用于启动或终止一些系统服务，切换到字符界面的多用户模式。

“/etc/rc.d/rcX.d”目录中的链接文件具有共同的规律：文件名以 K 或 S 开头，中间是数字符号，最后是系统中的服务脚本名，所链接的原始服务脚本文件都位于“/etc/rc.d/init.d”目录中。其中以 S 开头的文件表示启动对应的服务，以 K 开头的文件表示终止对应的服务，中间的数字表示在启动或终止服务时的执行顺序。

例：查看“/etc/rc.d/rc3.d”目录中包含“network”的链接文件，并确认“/etc/rc.d/init.d”目录中与之相对应的系统服务脚本。

```
[root@localhost ~]# ls -l /etc/rc.d/rc3.d/ | grep network
lrwxrwxrwx. 1 root root 17 10 月  30 19:30 S10network -> ../init.d/network
[root@localhost ~]# ls -l /etc/init.d/network
-rwxr-xr-x. 1 root root 6334 4 月    27 2012 /etc/init.d/network
```

位于“/etc/rc.d/init.d”目录中的各种系统服务脚本，基本上都可以直接执行脚本文件或者通过 service 命令来进行管理，如通过 start、stop、restart 等参数完成对应服务的启动、终止、重启等操作。

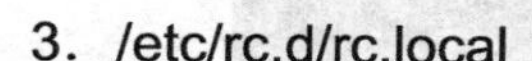

3. /etc/rc.d/rc.local

如果希望 RHEL 系统在启动的过程中自动完成某些工作，可以将相关命令添加到/etc/rc.d/rc.local 文件中。该文件也是系统启动过程中，唯一一个可以修改的 RC Script。

例：在/etc/rc.d/rc.local 脚本中添加一条命令，以便在系统每次启动后根据 BIOS 中的时钟自动校对系统时间。

```
[root@localhost ~]# vim /etc/rc.d/rc.local                #在文件末尾添加以下内容
/sbin/hwclock --hctosys
```

7.2 配置 GRUB 引导菜单

任务描述

之前曾介绍过，在系统启动时可以通过设置 GRUB 进入单用户模式对系统进行修复，如破解 root 用户密码等。但这样任何人都可以修改 root 用户密码，会降低系统安全性，所以可以为 GRUB 设置引导菜单密码，这样只有输入正确密码后才能设置进入单用户模式。

任务分析及实施

7.2.1 关于 GRUB 的简介

GRUB 是 GNU 计划的一项产品，其设计目标是作为 GNU 操作系统的启动加载器。GRUB 除了可以用来启动 GNU 操作系统外，还可以启动其他各种操作系统，当然也包括 RHEL 系统。

早期的 RHEL 系统除了 GRUB 之外，还提供了一个名为 LILO 的启动加载器。LILO 是一个针对 Linux 量身设计的启动加载器，但由于 LILO 自身的一些问题，在 RHEL 6 中仅提供了 GRUB，而不再提供 LILO。

GRUB 具备下列几项特性：

- 修改过配置文件后无须重新安装

GRUB 程序在执行时，会去读取配置文件的数据，所以如果修改过 GRUB 的配置文件，在下次执行 GRUB 时就会生效。

- 可存储 MD5 加密过的密码

LILO 与 GRUB 都支持设置密码，当启动操作系统或修改操作系统启动参数时，LILO 和 GRUB 会要求用户输入密码。不过，LILO 只能使用明文类型的密码，而 GRUB 则支持明文或经由 MD5 加密后的密码。

7.2.2 使用 GRUB

当使用 GRUB 作为系统的启动加载器启动 RHEL 时，将看到如图 7-2 所示的画面。

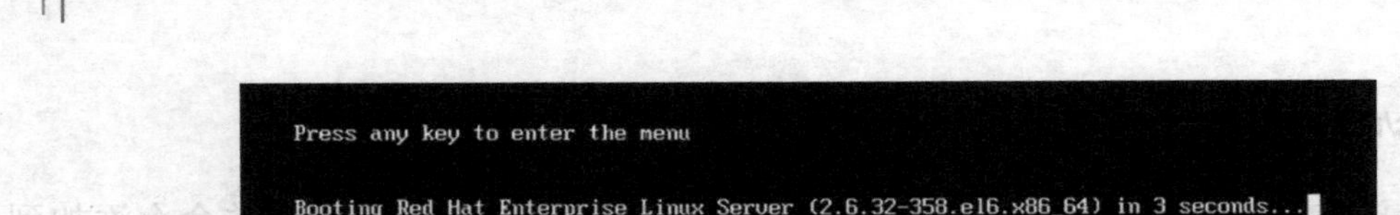

图 7-2　GRUB 引导界面

GRUB 默认倒数 5s 后，自动启动默认的操作系统。如果要启动非默认的操作系统，一定要在这个画面中按下任意键，这样才能中止 GRUB 的倒数计时。

中止了 GRUB 启动默认操作系统后，GRUB 会在屏幕上显示如图 7-3 所示的菜单，让用户选择要启动哪个操作系统。可以使用方向键移动菜单中的光标到要启动的操作系统上，然后按下回车键，GRUB 就会启动所选择的操作系统。

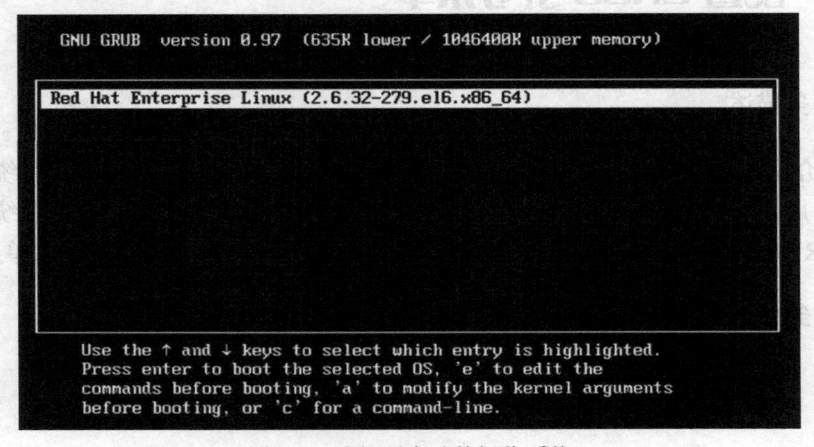

图 7-3　选择要启动的操作系统

注意，当中止 GRUB 启动默认的操作系统后，GRUB 会静静等待用户选择，直到用户按下回车键为止。

在 GRUB 的引导菜单画面中，可以使用以下的按键修改 GRUB 的操作系统启动参数。

- e：e 按键可以编辑相关的设置，默认可以修改操作系统的所有启动参数。
- a：a 按键可以向操作系统内核 kernel 追加启动参数。
- c：直接开启一个命令行界面来编辑该操作系统的设置。

在之前破解 root 用户密码的章节中，已经演示了如何按下“a”键进入单用户模式，这里介绍“e”键的使用。如图 7-4 所示是在 GRUB 的主菜单中，按下“e”键编辑的设置画面。

在图 7-4 所示的画面下方，提醒用户可以使用以下按键修改设置信息。

- b：启动系统；
- e：编辑光标所在设置；
- c：直接开启一个命令行来编辑设置；
- o：新增一行设置；
- d：删除选择设置；
- Esc：返回上级菜单。

图 7-5 所示的画面就是当 GRUB 操作系统启动参数菜单中选择“kernel……”这一行，然后按下 e 键时 GRUB 出现的画面。在这里同样可以向 kernel 追加启动参数，如传递 1 参

数给操作系统，可以使系统在这次启动时进入单用户模式。

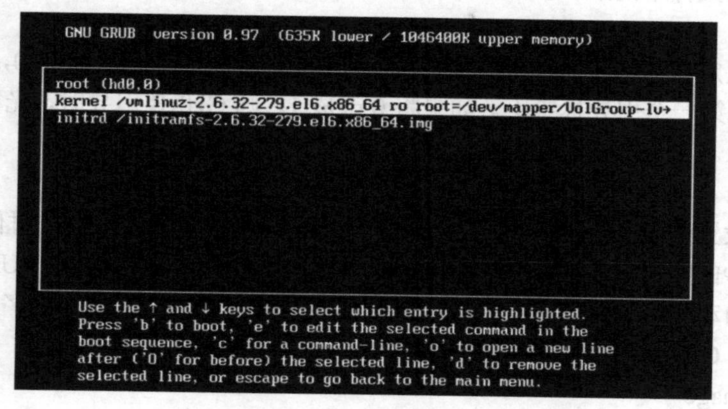

图 7-4 GRUB 修改

```
[ Minimal BASH-like line editing is supported.  For the first word, TAB
  lists possible command completions.  Anywhere else TAB lists the possible
  completions of a device/filename.  ESC at any time cancels.  ENTER
  at any time accepts your changes.]

<DTYPE=pc KEYTABLE=us rd_NO_DM rhgb quiet 1
```

图 7-5 追加启动参数

在修改操作系统启动参数后，按下回车键，就可回到上一级菜单。之后，就可以继续其他的工作，如启动这个操作系统（按 b 键），或是退回到更上一级的画面（按 ESC 键）。

7.2.3 配置 GRUB

与大部分的配置文件不一样，GRUB 的配置文件位于/boot/grub/grub.conf 中，/etc/grub.conf 文件是这个文件的一个软链接。

因为 GRUB 是在启动时才读取配置文件的，因此如果不小心删除了/boot/grub/grub.conf，会导致 GRUB 启动时找不到配置文件，而造成 RHEL 启动失败，所以应尽可能备份好 GRUB 配置文件。

图 7-6 所示是/boot/grub/grub.conf 文件的内容。

```
[root@localhost ~]# cat /boot/grub/grub.conf
# grub.conf generated by anaconda
#
# Note that you do not have to rerun grub after making changes to this file
# NOTICE:  You have a /boot partition.  This means that
#          all kernel and initrd paths are relative to /boot/, eg.
#          root (hd0,0)
#          kernel /vmlinuz-version ro root=/dev/mapper/VolGroup-lv_root
#          initrd /initrd-[generic-]version.img
#boot=/dev/sda
default=0
timeout=5
splashimage=(hd0,0)/grub/splash.xpm.gz
hiddenmenu
title Red Hat Enterprise Linux (2.6.32-279.el6.x86_64)
        root (hd0,0)
        kernel /vmlinuz-2.6.32-279.el6.x86_64 ro root=/dev/mapper/VolGroup-lv_root rd_NO_LUKS
rd_NO_MD rd_LVM_LV=VolGroup/lv_swap crashkernel=auto LANG=zh_CN.UTF-8 rd_LVM_LV=VolGroup/lv_ro
ot  KEYBOARDTYPE=pc KEYTABLE=us rd_NO_DM rhgb quiet
        initrd /initramfs-2.6.32-279.el6.x86_64.img
```

图 7-6 GRUB 配置文件

GRUB 配置文件中的默认参数如下：

- default

这个参数决定了 GRUB 引导时光标默认停留的引导标签，如 default=0，则 GRUB 引导时，光标停留在第一个引导标签上。如果将 0 改成 1，则 GURB 引导时，光标默认停留在第二个引导标签上。

- timeout

这个参数设置的是 GRUB 的等待时间。当计算机启动至引导页面的时候，GRUB 会有一段默认是 5 秒的等待时间，如果在默认时间内用户不做任何选择，则 GRUB 将根据 default 参数的设置，自动引导系统。而如果将 timeout 参数删除或将等号后的数字改为负数，将会使此参数失效，GRUB 将一直停留在引导页面等待用户选择。

- slashimage

用于设置 GRUB 引导界面的背景图片。

- title

用于设置 GRUB 引导界面的标签。

grub.conf 文件中的这些默认参数一般都很少改动，在生产环境中经常需要配置的是另外一个 password 参数，通过该参数可以为 GRUB 设置密码，通过 GRUB 密码可以阻止非授权用户进入单用户模式，从而增强系统安全性。

另外，如果直接对 GRUB 进行明文加密也是非常不安全的，所以就要使用 MD5 算法对其进行加密，相关命令是 grub-md5-crypt。

例：利用 grub-md5-crypt 命令生成经 MD5 加密后的密码，如图 7-7 所示。

```
[root@localhost ~]# grub-md5-crypt
Password:
Retype password:
$1$kjVBU1$7Dd4cT8HjIyq0j/Y0o/mN0
```

```
# grub.conf generated by anaconda
#
# Note that you do not have to rerun grub after making changes to this file
# NOTICE:  You have a /boot partition.  This means that
#          all kernel and initrd paths are relative to /boot/, eg.
#          root (hd0,0)
#          kernel /vmlinuz-version ro root=/dev/mapper/VolGroup-lv_root
#          initrd /initrd-[generic-]version.img
#boot=/dev/sda
default=0
timeout=5
splashimage=(hd0,0)/grub/splash.xpm.gz
hiddenmenu
password --md5 $1$kjVBU1$7Dd4cT8HjIyq0j/Y0o/mN0
title Red Hat Enterprise Linux (2.6.32-279.el6.x86_64)
        root (hd0,0)
        kernel /vmlinuz-2.6.32-279.el6.x86_64 ro root=/dev/mapper/VolGroup-lv_ro
ot rd_NO_LUKS rd_NO_MD rd_LVM_LV=VolGroup/lv_swap crashkernel=auto LANG=zh_CN.UT
F-8 rd_LVM_LV=VolGroup/lv_root  KEYBOARDTYPE=pc KEYTABLE=us rd_NO_DM rhgb quiet
        initrd /initramfs-2.6.32-279.el6.x86_64.img
```

图 7-7　为 GRUB 设置引导菜单密码

然后需要将生成的 MD5 密文复制下来，再按照“password -md5 MD5 密文”这个格式在 grub.conf 文件中设置密码。密码可以放在 grub.conf 文件中的任意位置，但放在不同的位置就会在不同的时刻生效，如将密码放在 default 参数所在行的上方，就会在 BIOS 自检之后、

GRUB 引导之前要求输入密码，也就是每次系统启动或重启时都会要求输入密码。在生产环境中一般都是将密码放置在 title 参数所在行的上方，这样只有当用户要进入 GRUB 引导菜单时才会要求输入密码。

例：为 GRUB 设置引导菜单密码。

修改完 grub.conf 文件之后，将系统重启，再次进入 GRUB 引导菜单时会出现图 7-8 所示的提示，要求用户按“p”键输入密码。

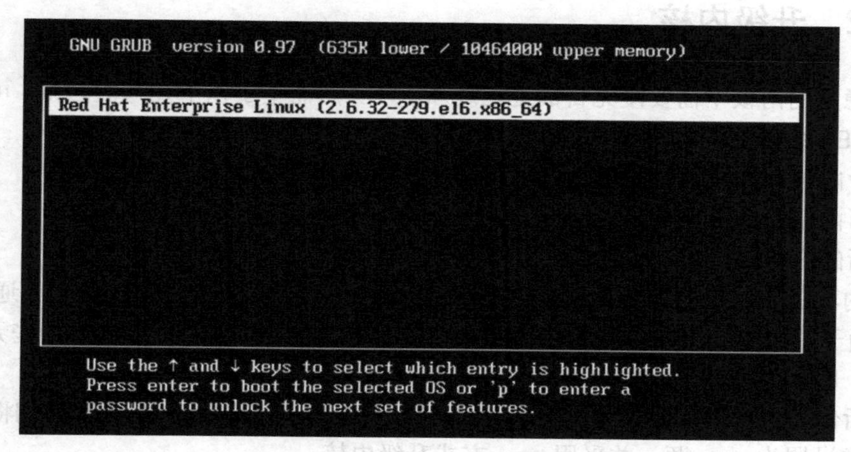

图 7-8　系统提示按“p”键输入密码

输入正确密码之后，就可以进入 GRUB 引导菜单了。

7.3　Linux 内核管理

任务描述

内核 Kernel 是操作系统最重要的组件，用来管理计算机中所有的软硬件资源，以及提供操作系统的基本能力。RHEL 的很多功能，如 LVM、磁盘配额等，都是由内核提供的。如果把一个操作系统比喻成一部汽车，那么内核就像汽车的引擎，操作系统不能没有内核，就像一部汽车少不了引擎一样。

本任务将介绍如何查看系统内核的版本，以及如何对内核进行升级。

任务分析及实施

7.3.1　查看系统及内核版本

RHEL 系统使用的内核就是 Linus Trovalds 开发的版本，截至目前，Linux 内核的最新版本是 3.11.6。RHEL 4 以后的系统都是使用 2.6 版的 Linux 内核，搭配其他的软件包，创建出一个完整的操作系统。

通过执行“cat /etc/redhat-release”命令，可以查看系统版本：

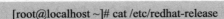

```
[root@localhost ~]# cat /etc/redhat-release
Red Hat Enterprise Linux Server release 6.3 (Santiago)
```

通过执行“uname –r”命令，可以查看内核版本：

```
[root@localhost ~]# uname -r
2.6.32-279.el6.x86_64
```

7.3.2 升级内核

正常稳定的内核不需要漫无目的地追逐新版本，然而基于以下几方面因素，可能还是需要升级 RHEL 系统的内核。

- 新内核修补了安全漏洞。
- 新内核修复了严重 bug。
- 新的内核提供更多的功能。

升级内核的方法主要有 3 种：从内核源码升级、手动安装 Kernel RPM 包、通过 yum 升级内核。由于从网上获得的内核源码可能会与 RHEL 系统不匹配，从而造成一些无法预期的问题发生，因而强烈建议不要使用源码方式升级内核。

本书所使用的系统版本为 RHEL 6.3，目前 RHEL 的最新版本为 6.4，这里我们将 RHEL 6.4 的光盘镜像设置为 yum 源，并采用 yum 方式升级内核。

首先执行“yum list kernel”命令，查看已经安装的及可用的内核版本信息（已经安装的内核版本为 2.6.32-279.el6，yum 源中可用的内核版本为 2.6.32-358.el6）。

```
[root@localhost ~]# yum list kernel
Loaded plugins: product-id, refresh-packagekit, security, subscription-manager
Updating certificate-based repositories.
Unable to read consumer identity
Installed Packages
kernel.x86_64     2.6.32-279.el6    @anaconda-Red HatEnterpriseLinux-201206132210.x86_64/6.3
Available Packages
kernel.x86_64              2.6.32-358.el6              dvd
```

然后执行“yum update kernel”命令升级内核。

```
[root@localhost ~]# yum update kernel
================================================================================
 Package            Arch          Version            Repository          Size
================================================================================
Installing:
 kernel             x86_64        2.6.32-358.el6     dvd                 26 M
Updating:
 bfa-firmware       noarch        3.0.3.1-1.el6      dvd                 723 k
Updating for dependencies:
 kernel-firmware    noarch        2.6.32-358.el6     dvd                 11 M
Transaction Summary
================================================================================
```

```
Install        1 Package(s)
Upgrade        2 Package(s)
Total download size: 38 M
Is this ok [y/N]:
```

升级完成后需要将系统重启，在 GRUB 引导菜单中可以看到有新老两个内核可以选择启动，默认是启动到新内核，如图 7-9 所示。如果想默认启动到旧内核，则在/etc/grub.conf 文件中修改即可。

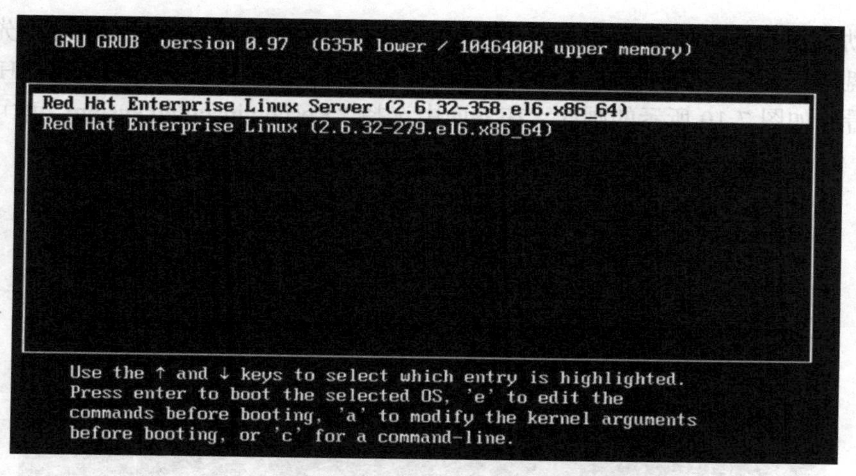

图 7-9　GRUB 引导菜单中默认启动到新内核

7.4　救援模式的使用

任务描述

在 Windows 环境下当系统出现问题时，可以通过 WinPE 对系统进行修复。在 RHEL 系统中也提供了一个类似于 WinPE 的系统维护环境，这就是救援模式。通过救援模式可以不依赖硬盘而用别的介质启动系统，从而对系统进行修复，可以通过系统安装光盘或者是网络来进入救援模式。

任务分析及实施

7.4.1　了解救援模式

救援模式是 RHEL 的安装程序 Anaconda 提供的一项功能，它利用安装介质上的启动加载器进行开机，并执行安装介质上的 Linux 内核来启动计算机，取代硬盘中错误或故障的启动加载器或 Linux 内核，避开 init 服务执行前所有发生的错误。如此一来，通过救援模式可解决 init 服务前所有的错误。总之，救援模式的作用类似于 Windows 系统中的 WinPE。

不过，要顺利进入救援模式，RHEL 必须符合下列条件。

- 准备好安装介质。安装介质可以使用系统安装光盘，也可以使用网络 PXE 环境。
- 根文件系统必须正确。RHEL 的根文件系统必须能正常地使用，如果根文件系统无法使用，就无法使用救援模式。

7.4.2 启动救援模式

要启动救援模式，应准备好安装介质，并使用安装介质启动计算机。这里先将 RHEL 的安装光盘放入虚拟机，然后在 BIOS 中设置优先从光盘启动，此时，跟安装 RHEL 系统时一样，会看到如图 7-10 所示的画面。在界面中选择“Rescue installed system”就可以进入救援模式了。

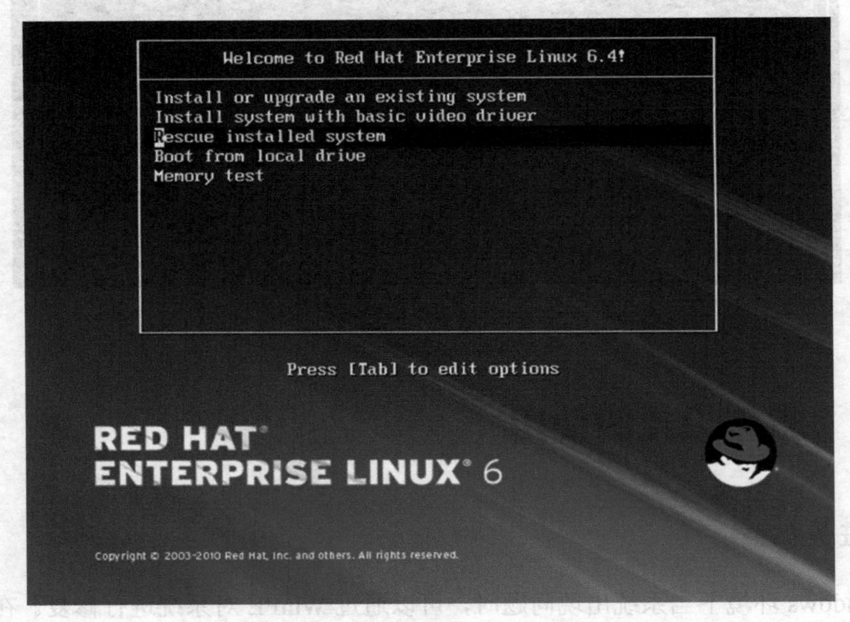

图 7-10　系统光盘引导界面

对于 RHEL 6 之前的系统，在安装介质启动界面中没有提供“Rescue installed system”项，此时可以在启动界面下方的文本行中输入“Linux rescue”，回车之后同样可以进入救援模式。如图 7-11 所示就是利用 RHEL 5.5 系统的安装介质进入救援模式。

在进入救援模式后，接下来会进行类似安装系统的程序，如选择语系、选择键盘种类，以及选择安装介质的位置。如果是光盘引导，选择“Local CD/DVD”；如果是网络 PXE 引导，选择“URL”地址，指向网络上的安装文件路径即可，如图 7-12 所示。

与安装系统过程不一样的是，在救援模式下，Anaconda 顺利进入第二阶段后，会试着去寻找硬盘中的根目录，也就是硬盘中的 RHEL 环境。但 Anaconda 不知道是否需要它进行寻找的动作，或该怎么处理寻找到硬盘 RHEL。因此，Anaconda 会出现如图 7-13 所示的画面。

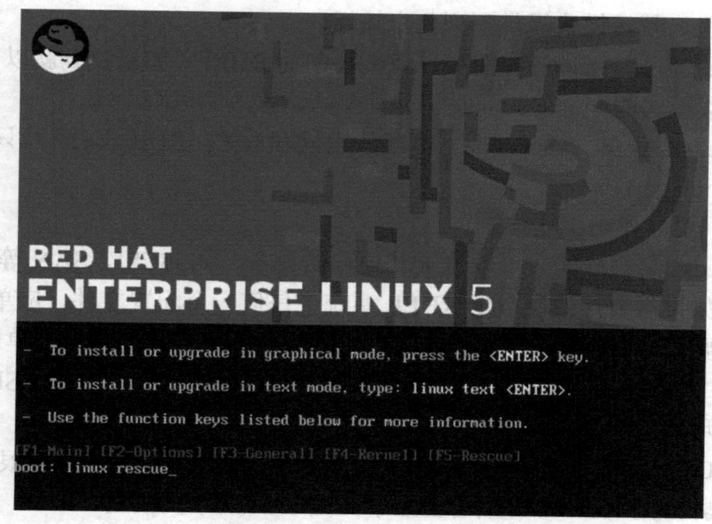

图 7-11　利用 RHEL5.5 安装光盘进入救援模式

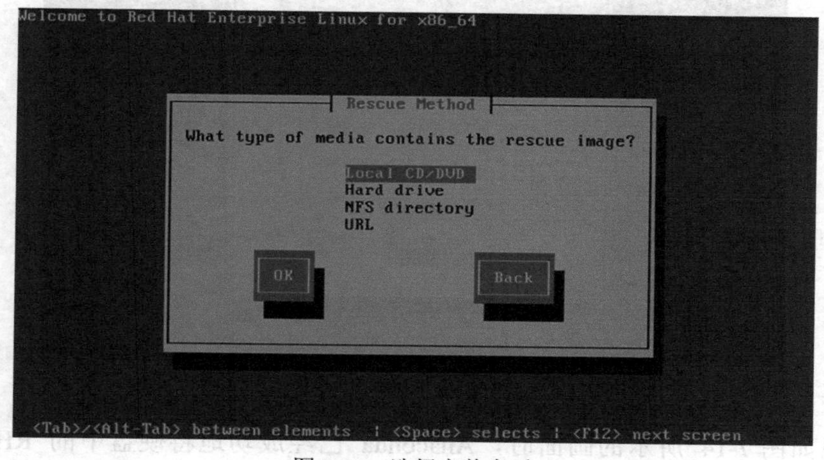

图 7-12　选择安装介质

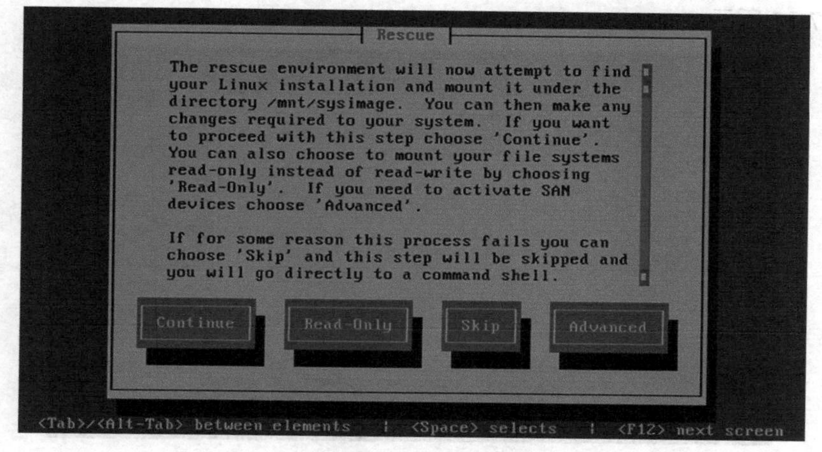

图 7-13　设置如何对硬盘中的系统进行操作

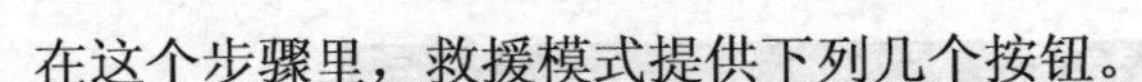

在这个步骤里，救援模式提供下列几个按钮。

- Continue：告知 Anaconda 需要寻找硬盘中的 RHEL，如果找到就以可读可写方式挂载到救援模式的/mnt/sysimage 目录。
- Read-Only：告知 Anaconda 需要寻找硬盘中的 RHEL，但以只读方式挂载到/mnt/sysimage 目录。
- Skip：不要寻找，手动挂载。
- Advanced：高级模式，可以设置其他存储设备，如 iSCSI、SAN 等。

一般来说，如果需要修改硬盘的 RHEL 系统中任何一个配置文件，应单击“Continue”按钮；如果不需要修改任何配置文件，但需读取硬盘的 RHEL 环境，应单击“Read-only”按钮；如果硬盘中的 RHEL 已经损坏，或者打算手动挂载，则只能单击“Skip”按钮，跳过寻找并挂载硬盘环境的步骤。

这里选择“Continue”按钮，救援模式会依照指定的方式处理硬盘的根目录环境，如果成功完成这个步骤，则 Anaconda 接着会显示如图 7-14 所示的画面。

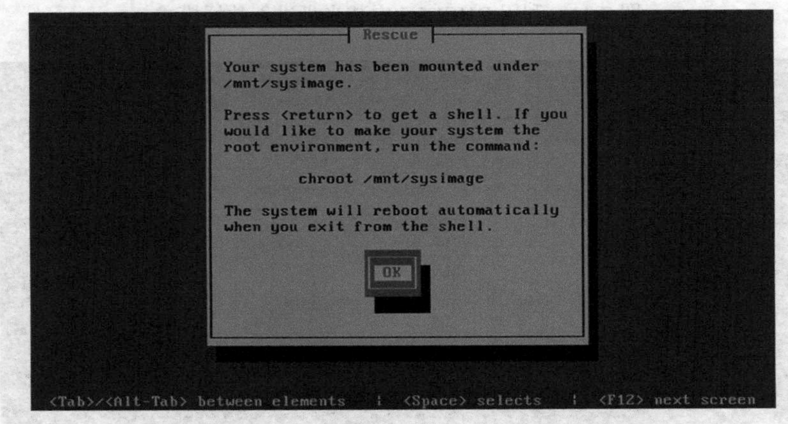

图 7-14　成功挂载了硬盘中的 RHEL 系统

当出现如图 7-14 所示的画面时，Anaconda 已经成功地将硬盘中的 RHEL 挂载到/mnt/sysimage 目录中了，在按下回车键结束这个画面后，Anaconda 会提供一个 Shell 供用户使用，如图 7-15 所示。

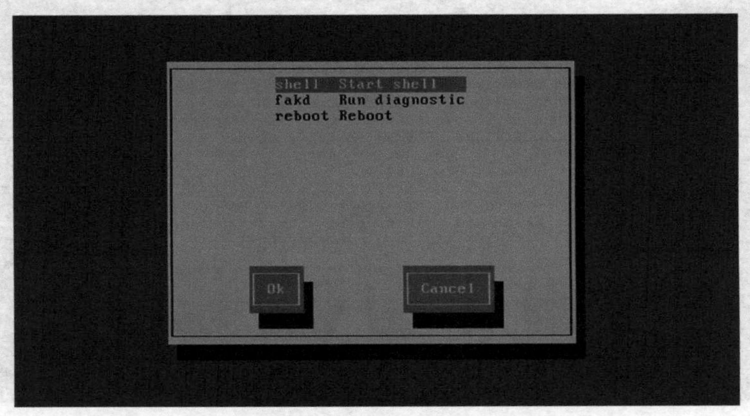

图 7-15　救援模式所提供的 Shell

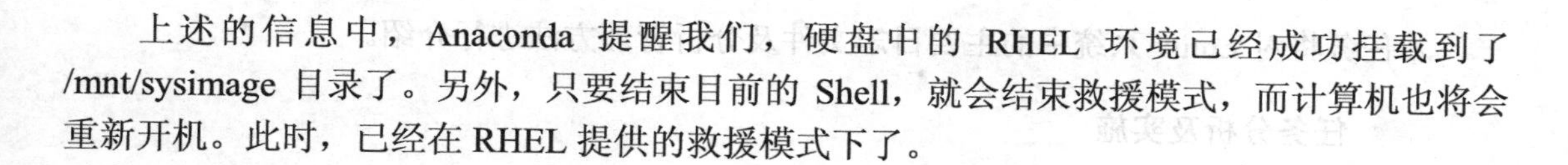

上述的信息中，Anaconda 提醒我们，硬盘中的 RHEL 环境已经成功挂载到了 /mnt/sysimage 目录了。另外，只要结束目前的 Shell，就会结束救援模式，而计算机也将会重新开机。此时，已经在 RHEL 提供的救援模式下了。

7.4.3 切换硬盘环境

在救援模式下，Anaconda 会将硬盘中的所有分区挂载到救援模式的虚拟目录中，如图 7-16 所示。其中根分区被挂载到了/mnt/sysimage 目录中，因此可以在该目录中读取硬盘的 Linux 环境。

```
bash-4.1# df -hT
Filesystem     Type      Size  Used Avail Use% Mounted on
/dev           tmpfs     495M  192K  495M   1% /dev
none           tmpfs     250M  132M  119M  53% /tmp
/dev/loop0
               squashfs  129M  129M     0 100% /mnt/runtime
/dev/mapper/VolGroup-lv_root
               ext4       37G  4.8G   31G  14% /mnt/sysimage
/dev/sda1      ext4      485M   55M  405M  12% /mnt/sysimage/boot
/dev           tmpfs     495M  192K  495M   1% /mnt/sysimage/dev
/dev/tmpfs     tmpfs     495M     0  495M   0% /mnt/sysimage/dev/shm
/dev/sdb1      ext4       20G  172M   19G   1% /mnt/sysimage/mail
```

图 7-16 救援模式中的硬盘环境

某些管理工具可能只能在硬盘的环境中执行，此时如果要顺利执行这些管理工具，需要先切换到硬盘的 Linux 环境中。要切换到硬盘的环境，需要利用 chroot 命令修改救援环境的根目录，切换之后，所有的硬盘分区便会挂载到正常的目录中，如图 7-17 所示。

```
bash-4.1# chroot /mnt/sysimage/
sh-4.1# df -hT
Filesystem     Type   Size  Used Avail Use% Mounted on
/dev/mapper/VolGroup-lv_root
               ext4    37G  4.8G   31G  14% /
/dev/sda1      ext4   485M   55M  405M  12% /boot
tmpfs          tmpfs  495M     0  495M   0% /dev/shm
/dev/sdb1      ext4    20G  172M   19G   1% /mail
```

图 7-17 切换硬盘环境

之后，便可以在救援模式下执行各种修复操作了。

7.5 日志管理

任务描述

日志文件是用于记录 Linux 系统中各种运行消息的文件，相当于 Linux 主机的“日记”。不同的日志文件记载了不同类型的信息，如 Linux 内核消息、用户登录记录、程序错误等。

日志文件对于诊断和解决系统中的问题很有帮助，因为在 Linux 系统中运行的程序通常会把系统消息和错误消息写入相应的日志文件，这样系统一旦出现问题就会有据可查。此外，当主机遭受攻击时，日志文件还可以帮助寻找攻击者留下的痕迹。

本任务将对Linux系统中的主要日志文件及分析管理方法进行介绍。

任务分析及实施

7.5.1 主要日志文件

在Linux系统中，日志数据主要包括以下3种类型。

- 内核及系统日志：这种日志数据由系统服务 syslog 统一管理，根据其主配置文件“/etc/syslog.conf”中的设置决定将内核消息及各种系统程序消息记录到什么位置。系统中有相当一部分程序会把自己的日志文件交由syslog管理，因而这些程序使用的日志记录也具有相似的格式。
- 用户日志：这种日志数据用于记录Linux系统用户登录及退出系统的相关信息，包括用户名、登录的终端、登录时间、来源主机、正在使用的进程操作等。
- 程序日志：有些应用程序会选择由自己来独立管理一份日志文件，而不是交给syslog服务管理，用于记录本程序运行过程中的各种事件信息。由于这些程序只负责管理自己的日志文件，因而不同程序所使用的日志记录格式可能会存在较大差异。

Linux系统本身和大部分服务器程序的日志文件默认情况下都放置在目录“/var/log”中。一部分程序共用一个日志文件，一部分程序使用单个日志文件，而有些大型服务器程序由于日志文件不止一个，所以会在“/var/log”目录中建立相应的子目录来存放日志文件，这样既保证了日志文件目录的结构清晰，又可以快速地定位日志文件。有相当一部分日志文件只有root用户才有权限读取，这保证了相关日志信息的安全性。

例：查看“/var/log”目录中的各种日志文件及子目录。

```
[root@ localhost ~]# ls /var/log
anaconda.ifcfg.log          dracut.log              secure-20131201
anaconda.log                gdm                     secure-20131218
anaconda.program.log        httpd                   spice-vdagentd
anaconda.storage.log        lastlog                 spooler
anaconda.syslog             maillog                 spooler-20131201
anaconda.xlog               maillog-20131201        spooler-20131218
anaconda.yum.log            maillog-20131218        sssd
```

对于Linux系统中的一些常见日志文件，有必要熟悉其相应的用途，这样才能在需要的时候更快地找到问题所在，及时解决各种故障。下面介绍一些常见的日志文件。

- /var/log/messages：记录Linux内核消息及各种应用程序的公共日志信息，包括启动、IO错误、网络错误、程序故障等。对于未使用独立日志文件的应用程序或服务，一般都可以从该日志文件中获得相关的事件记录信息。
- /var/log/cron：记录crond计划任务产生的事件信息。
- /var/log/dmesg：记录Linux系统在引导过程中的各种事件信息。
- /var/log/maillog：记录进入或发出系统的电子邮件活动。
- /var/log/lastlog：最近几次成功登录事件和最后一次不成功登录事件。
- /var/log/rpmpkgs：记录系统中安装的各rpm包列表信息。

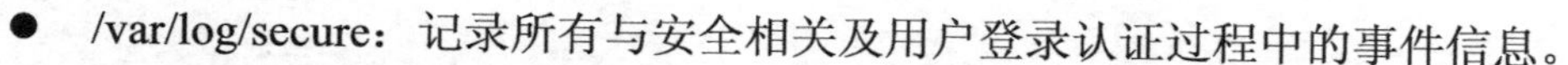

- /var/log/secure：记录所有与安全相关及用户登录认证过程中的事件信息。
- /var/log/wtmp：记录每个用户登录、注销及系统启动和停机事件。
- /var/run/utmp：记录当前登录的每个用户的详细信息。

7.5.2 内核及系统日志文件分析

熟悉了系统中的主要日志文件以后，下面将介绍针对日志文件的分析方法。分析日志文件的目的在于通过浏览日志查找关键信息，对系统服务进行调试，判断发生故障的原因等。接下来将主要介绍三类日志文件的基本格式和分析方法。

对于大多数文本格式的日志文件（如内核及系统日志、大多数的程序日志），只要使用 tail、more、less、cat 等文本处理工具就可以查看日志内容。而对于一些二进制格式的日志文件（如用户日志），则需要使用相应的查询命令。

通常情况下，内核及大多数系统消息都被记录到公共日志文件“/var/log/messages”中，而其他一些程序消息被记录到不同的文件中。日志消息还能够记录到特定的存储设备中，或者直接向用户发送。

内核及系统日志功能主要由 rsyslogd 服务提供，该服务的配置文件为“/etc/rsyslog.conf”。

在 Linux 内核中，根据日志消息的重要程序不同，将其分为不同的优先级别（数字等级越小，优先级越高，消息越重要）。

- 0 EMERG（紧急）：会导致主机系统不可用的情况。
- 1 ALERT（警告）：必须马上采取措施解决的问题。
- 2 CRIT（严重）：比较严重的情况。
- 3 ERR（错误）：运行出现错误。
- 4 WARNING（提醒）：可能影响系统功能，需要提醒用户的重要事件。
- 5 NOTICE（注意）：不会影响正常功能，但是需要注意的事件。
- 6 INFO（信息）：一般信息。
- 7 DEBUG（调试）：程序或系统调试信息等。

对于 rsyslogd 服务统一管理的大部分日志文件，使用的日志记录格式基本上都是相同的。下面以公共日志文件“/var/log/messages”为例来说明内核及系统日志记录的基本格式。

例：查看公共日志文件“/var/log/messages”的最后两行记录。

```
[root@ localhost ~]# tail -2 /var/log/messages
Dec 18 18:35:08 localhost dhclient[1449]: send_packet: Network is unreachable
Dec 18 18:35:08 localhost dhclient[1449]: send_packet: please consult README file regarding
broadcast address.
```

日志文件中的每一行表示一条消息，每个消息均由 4 个字段的固定格式组成。

- 时间标签：消息发出的日期和时间。
- 主机名：生成消息的计算机的名称。
- 子系统名称：发出消息的应用程序的名称。
- 消息：消息的具体内容。

7.5.3 集中日志管理

鉴于日志数据资料的重要性，对于系统运行过程中产生的各种日志文件，必须采取有针对性的管理策略，以确保日志数据的准确性、安全性和真实性。一般来说，可以从以下几个方面进行考虑。

- 日志备份和归档：日志文件也是重要的数据资料，同样需要进行备份和归档。
- 延长日志保存期限：在存储空间富裕的情况下，日志数据保留的时间应尽可能长。
- 控制日志访问权限：日志数据中可能会包含各类敏感信息，如账户、口令等，所以需要严格控制其访问权限。
- 集中日志管理：使用集中的日志服务器管理各服务器发送的日志记录，其好处在于方便对日志的收集、整理和分析，杜绝意外的丢失、恶意篡改或删除等。

下面将通过一个小例子，简单介绍如何建立集中管理的日志服务器，案例的环境及需求描述如下。

➢ 服务器 A（IP 地址：192.168.80.10/24），用于集中保存日志记录。

➢ 客户端 B（IP 地址：192.168.80.20/24），将日志统一保存到服务器 A 中。

1. 设置服务器 A

首先在服务器 A 上进行设置，使其可以接收客户端的日志记录。

编辑配置文件“/etc/rsyslog.conf”，将其中“$ModLoad imudp”行和“$UDPServerRun 514”行前的“#”号注释去掉，使其可以接收 UDP 类型的日志（大多数日志都是以 UDP 协议发送的）。

```
[root@ localhost ~]# vim /etc/rsyslog.conf
# Provides UDP syslog reception
$ModLoad imudp
$UDPServerRun 514
```

将 rsyslog 服务重启，使设置生效。

```
[root@ localhost ~]# service rsyslog restart
```

2. 设置客户端 B

在客户端 B 上修改配置文件“/etc/rsyslog.conf”，指定需要在日志服务器上保存的日志类型，以及日志服务器的 IP 地址。

```
[root@ localhost ~]# vim /etc/rsyslog.conf
*.info;mail.none                                          @192.168.80.10
“*.info;mail.none”表示将除 mail 类型以外的所有 info 以上级别的消息都保存到日志服务器上，
日志服务器的 IP 地址需要加上@前缀。
```

修改完成后，同样需要重启 rsyslog 服务生效。

3．测试

在客户端 B 上执行 logger 命令产生日志。

```
[root@localhost ~]# logger "Remote messages from 192.168.80.20"
```

同时在服务器 A 上执行“tail -f”命令监测日志记录，成功接收到客户端发来的日志。

```
[root@rhel6 ~]# tail -f /var/log/messages
Jan   3 00:12:34 localhost root: Remote messages from 192.168.80.20
```

思考与练习

选择题

1．在系统启动过程中的 BIOS 自检阶段，会发生（　　）事件。（多选）

A．决定从哪个设备启动系统　　B．加载和运行内核

C．检测和初始化硬件　　D．加载初始 RAM 文件系统

2．GRUB 的配置文件在（　　）目录下。

A．/bot/grub/grub.conf　　B．/boot/grub/grub.conf

C．/etc/grub/grub.conf　　D．/var/grub/grub.conf

操作题

1．如果不慎将 root 用户密码及 GRUB 引导菜单密码全部遗忘，无法进行单用户模式进行修复，请问该如何解决？

2．如何通过 yum 方式升级内核？

第8章

Linux 基本网络配置

从本章开始，我们着手在Linux系统中搭建各种服务器。确保网络配置的正确性及网络连接的畅通是Linux系统作为服务器应用的基础，本项目将介绍Linux操作系统中的基本网络配置方法，包括通过命令或配置文件修改网络配置，以及查看及测试网络配置等内容。

8.1　通过命令设置网络参数

任务描述

在 Linux 系统中该如何查看并配置 IP 地址、子网掩码、默认网关、DNS 服务器等配置信息？如何修改计算机名？

通过执行 ifconfig 和 route 等命令可以方便快捷地完成上述要求，但是通过命令设置的网络参数都是临时性的，当系统重启时，这些信息也都将随之失效。

本任务将介绍 Linux 中的一些常用的网络参数设置命令。

任务分析及实施

8.1.1　配置网络接口命令 ifconfig

ifconfig 是 Linux 系统中最常用的网络配置命令之一，它通常用来设置 IP 地址和子网掩码，以及查看网卡相关配置。

1．查看网卡配置信息

当 ifconfig 命令不带任何选项和参数时，将显示在当前 Linux 系统中有效（活动）的网卡配置信息，如 IP 地址、MAC 地址、收发数据包情况等，如图 8-1 所示。

```
[root@localhost ~]# ifconfig
eth1      Link encap:Ethernet  HWaddr 00:0C:29:98:9B:27
          inet addr:192.168.137.10  Bcast:192.168.137.255  Mask:255.255.255.0
          inet6 addr: fe80::20c:29ff:fe98:9b27/64 Scope:Link
          UP BROADCAST RUNNING MULTICAST  MTU:1500  Metric:1
          RX packets:12870 errors:0 dropped:0 overruns:0 frame:0
          TX packets:7845 errors:0 dropped:0 overruns:0 carrier:0
          collisions:0 txqueuelen:1000
          RX bytes:1220715 (1.1 MiB)  TX bytes:1533301 (1.4 MiB)

lo        Link encap:Local Loopback
          inet addr:127.0.0.1  Mask:255.0.0.0
          inet6 addr: ::1/128 Scope:Host
          UP LOOPBACK RUNNING  MTU:16436  Metric:1
          RX packets:20 errors:0 dropped:0 overruns:0 frame:0
          TX packets:20 errors:0 dropped:0 overruns:0 carrier:0
          collisions:0 txqueuelen:0
          RX bytes:1488 (1.4 KiB)  TX bytes:1488 (1.4 KiB)
```

图 8-1　执行 ifconfig 命令所显示的网卡信息

在典型的 Linux 系统网络设置中，通常有以下两个活动的网络接口。

- eth0：第 1 块以太网卡的名称。“eth0”中的“eth”是“ethnet”的缩写，表示网卡类型为以太网卡，数字“0”表示第几块网卡。由于大多数主机中只有一块物理网卡，因此“eth0”代表系统中唯一的网络接口。如果有多个物理网卡，则第 2 块网卡表示为“eth1”，第 3 块网卡表示为“eth2”，以此类推。

- lo：回环网络接口，“lo”是 loopback 的缩写，它并不代表真正的网络接口，而是一个虚拟的网络接口，其 IP 地址默认是 127.0.0.1。回环地址通常用于对本机的网络测试，这样即使在主机没有可用的物理网络接口时，仍然可以完成一部分网络相关的操作。

注意，图 8-1 中所显示的网卡名为 eth1，这是由于 VMWare 虚拟机所导致的。由于实验所用的虚拟机是通过母盘克隆而来的，所以才会出现这种情况，这个问题在后面将介绍解决的方法。

2．配置 IP 地址

ifconfig 命令最主要的用途就是设置 IP 地址，命令格式：

```
ifconfig 网卡名 IP 地址 netmask 子网掩码
```

例：将网卡 eth0 的 IP 地址设置为 192.168.80.10。

```
[root@localhost ~]# ifconfig eth0 192.168.80.10 netmask 255.255.255.0
```

子网掩码也可以用简化的形式表示。

```
[root@localhost ~]# ifconfig eth0 192.168.80.10/24
```

3．禁用或启用网卡

使用 ifconfig 命令还可以禁用或重新激活网卡，命令格式：

```
ifconfig 网卡名称   down                    #禁用网卡
ifconfig   网卡名称   up                    #启用网卡
```

4．配置虚拟网络接口

实际工作中，有时可能需要为一块网卡配置多个 IP 地址，这可以通过配置虚拟网络接口来实现，命令格式：

```
ifconfig 网卡名:虚拟网络接口 id IP 地址 netmask 子网掩码
```

例：为网卡 eth0 设置一个虚拟网络接口 eth0:1，IP 地址为 192.168.80.20。

```
[root@localhost ~]# ifconfig eth0:1 192.168.80.20 netmask 255.255.255.0
```

根据需要还可以添加更多的虚拟接口，如 eth0:2、eth0:3、……

同样可以执行“ifconfig eth0:1 down”命令将虚拟网络接口停用。

5．修改 MAC 地址

集成在网卡中的 MAC 地址无法修改，但是可以使用带“hw ether”选项的 ifconfig 命令为网卡设置一个伪装的 MAC 地址，各种网络应用程序将使用这个新的 MAC 地址，命令格式：

```
ifconfig 网卡名   hw   ether   MAC 地址
```

注意，在修改 MAC 地址之前需要先将网卡禁用。例如，修改 eth0 网卡的 MAC 地址：

```
[root@localhost ~]# ifconfig eth0 | grep Hwaddr              #查看原有 MAC 地址
eth0        Link encap:Ethernet   HWaddr 00:0C:29:27:27:26
[root@localhost ~]# ifconfig eth0 down                       #将网卡禁用
```

```
[root@localhost ~]# ifconfig eth0 hw ether 00:0C:29:28:28:28  #修改 MAC 地址
[root@localhost ~]# ifconfig eth0 | grep Hwaddr               #查看修改后的 MAC 地址
eth1        Link encap:Ethernet   HWaddr 00:0C:29:28:28:28
[root@localhost ~]# ifconfig eth0 up                          #将网卡启用
```

8.1.2　设置路由命令 route

route 命令可以说是 ifconfig 命令的黄金搭档，也像 ifconfig 命令一样几乎所有的 Linux 发行版都可以使用该命令。route 命令的本意是用来查看设置路由表，但一般主要是用它来设置默认网关。

1．查看/设置路由表

先使用 route 命令来查看主机的路由表：

```
[root@localhost ~]# route
Kernel IP routing table
Destination     Gateway         Genmask         Flags Metric Ref    Use   Iface
192.168.80.0 *                  255.255.255.0   U     0      0      0     eth0
```

上面所输出的路由表中，各项信息的含义如下。

- Destination：目的网络 IP 地址，可以是一个网络地址也可以是一个主机地址。
- Gateway：网关地址，即该路由条目中下一跳的路由器 IP 地址。该项如果为“*”，则表示路由条目没有使用网关。
- Genmask：路由项的子网掩码，与 Destination 信息进行“与”运算得出目标地址。
- Flags：路由标志。其中 U 表示路由项是活动的，H 表示目标是单个主机，G 表示使用网关，R 表示对动态路由进行复位，D 表示路由项是动态安装的，M 表示动态修改路由，!表示拒绝路由。
- Metric：路由开销值，用以衡量路径的代价。
- Ref：依赖于本路由的其他路由条目。
- Use：该路由项被使用的次数。
- Iface：该路由项发送数据包使用的网络接口。

使用带“-n”选项的 route 命令，可以将路由记录中的地址显示为数字形式，减少解析主机名的过程，加快命令的执行速度。

```
[root@localhost ~]#route -n
Kernel IP routing table
Destination     Gateway         Genmask         Flags Metric Ref    Use Iface
192.168.80.0 0.0.0.0            255.255.255.0   U     1      0      0 eth0
```

也可以手工向路由表中添加记录，如添加一条指向 192.168.3.0/24 网络的路由记录：

```
[root@localhost ~]#route add -net 192.168.3.0/24 gw 192.168.80.254
[root@localhost ~]# route
Kernel IP routing table
Destination     Gateway         Genmask   Flags MetricRef   Use Iface
```

```
192.168.3.0     192.168.80.254   255.255.255.0   UG    0    0    0 eth0
192.168.80.0    *                255.255.255.0   U     0    0    0 eth0
```

例：删除到 192.168.3.0/24 网络的路由记录。

```
[root@localhost ~]# route del -net 192.168.3.0/24
```

2．设置默认网关

对于如何增删路由记录，只需了解即可，对于 route 命令，关键是要掌握如何设置默认网关。

命令格式：

```
route   add   default   gw   IP 地址                    #添加默认网关
route   del   default   gw   IP 地址                    #删除默认网关
```

例：将 Linux 主机的默认网关设置为 192.168.80.2。在路由表中，目标地址为“default”的行表示当前主机的默认网关记录。

```
[root@localhost ~]# route add default gw 192.168.80.2
[root@localhost ~]# route
Kernel IP routing table
Destination     Gateway         Genmask         Flags MetricRef    UseIface
192.168.80.0    *               255.255.255.0   U     0     0      0 eth0
default         192.168.80.2    0.0.0.0         UG    0     0      0 eth0
```

使用 route –n 命令，默认网关记录中对应的目标地址将显示为 0.0.0.0，而不是 default：

```
[root@localhost ~]# route -n
Kernel IP routing table
Destination     Gateway         Genmask         Flags Metric   Ref    Use Iface
192.168.80.0    0.0.0.0         255.255.255.0   U     1        0      0 eth0
0.0.0.0         192.168.80.2    0.0.0.0         UG    0        0      0 eth0
```

8.1.3 设置主机名称命令 hostname

许多网络应用程序都是通过主机名的方式与其他主机之间进行连接和通信的，因而最好要确保主机名在网络中是唯一的，否则通信可能将受到影响。建议在设置主机名时要有规则地进行设置，如按照主机功能进行划分等。

使用 hostname 命令可以查看或修改计算机的主机名，大多数 Linux 主机的默认主机名称为“localhost.localdomain”。

例：查看当前计算机的主机名。

```
[root@localhost ~]# hostname
localhost.localdomain
```

例：将主机名设置为 rhel6。

```
[root@localhost ~]# hostname rhel6
[root@localhost ~]# hostname
rhel6
```

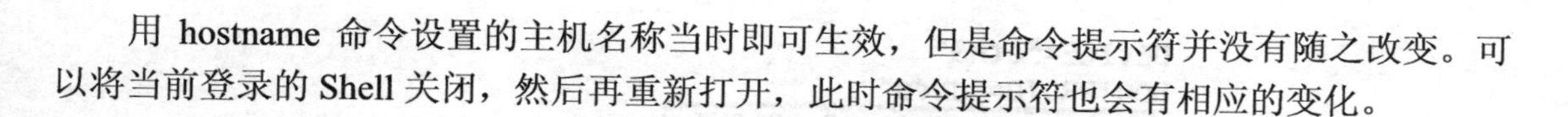

用 hostname 命令设置的主机名称当时即可生效，但是命令提示符并没有随之改变。可以将当前登录的 Shell 关闭，然后再重新打开，此时命令提示符也会有相应的变化。

8.2 修改配置文件设置网络参数

任务描述

之前通过命令所做的网络配置都是临时性的，只要系统重启就会失效。要想使网络配置永久有效，就必须得修改相关的配置文件，对于 Linux 服务器，一般都是通过修改配置文件进行网络配置的。

本任务将介绍常见的几个网络配置文件。

任务分析及实施

8.2.1 网卡配置文件

Linux 系统中网卡的配置文件位于“/etc/sysconfig/network-scripts/”目录下，文件名格式为“ifcfg-×××”。其中“×××”是网卡的名称。如网卡 eth0 的配置文件是“ifcfg-eth0”。

1．解决网卡名称变为 eth1 的问题

由于实验环境中所使用的虚拟机是通过 VMWare 克隆出来的，VMWare 将克隆虚拟机的网卡名称自动改为了 eth1，而在“/etc/sysconfig/network-scripts/”目录中却只有 ifcfg-eth0 的配置文件，这就导致即使修改了 ifcfg-eth0 配置文件，对 eth1 网卡也不起作用。所以我们必须先通过下面的操作解决这个问题。

首先执行 ifconfig 命令获得 eth1 网卡的 MAC 地址，如图 8-2 所示。

```
[root@localhost ~]# ifconfig
eth1      Link encap:Ethernet  HWaddr 00:0C:29:98:9B:27
          inet addr:192.168.137.10  Bcast:192.168.137.255  Mask:255.255.255.0
          inet6 addr: fe80::20c:29ff:fe98:9b27/64 Scope:Link
          UP BROADCAST RUNNING MULTICAST  MTU:1500  Metric:1
          RX packets:13133 errors:0 dropped:0 overruns:0 frame:0
          TX packets:7921 errors:0 dropped:0 overruns:0 carrier:0
          collisions:0 txqueuelen:1000
          RX bytes:1248647 (1.1 MiB)  TX bytes:1544622 (1.4 MiB)
```

图 8-2 获取网卡的 MAC 地址

然后将 ifcfg-eth0 配置文件中的网卡 MAC 地址修改为 ifconfig 命令中所显示的地址。

```
[root@localhost ~]# vim /etc/sysconfig/network-scripts/ifcfg-eth0
```

保存退出后，再将/etc/udev/rules.d/70-persistent-net.rules 文件删除。

```
[root@localhost ~]# rm -f /etc/udev/rules.d/70-persistent-net.rules
```

```
DEVICE="eth0"
BOOTPROTO="dhcp"
HWADDR="00:0C:29:98:9B:27"
NM_CONTROLLED="yes"
ONBOOT="no"
TYPE="Ethernet"
UUID="702dd141-ef02-47b2-9791-e400cb6bf19a"
```

图 8-3　修改配置文件中的网卡 MAC 地址

最后重启系统。

```
[root@localhost ~]# reboot
```

这样再执行 ifconfig 命令时所显示的网卡名称就是 eth0 了。

```
[root@localhost 桌面]# ifconfig
eth0      Link encap:Ethernet  HWaddr 00:0C:29:98:9B:27
          inet6 addr: fe80::20c:29ff:fe98:9b27/64 Scope:Link
          UP BROADCAST RUNNING MULTICAST  MTU:1500  Metric:1
          RX packets:30 errors:0 dropped:0 overruns:0 frame:0
          TX packets:6 errors:0 dropped:0 overruns:0 carrier:0
          collisions:0 txqueuelen:1000
          RX bytes:2760 (2.6 KiB)  TX bytes:468 (468.0 b)
```

图 8-4　网卡名称已修改为 eth0

2．编辑网卡配置文件

在 Linux 中修改配置文件之前，建议最好先将该文件进行备份，然后再进行修改。

```
[root@localhost network-scripts]# cpifcfg-eth0 ifcfg-eth0.bak
```

“ifcfg-eth0”配置文件的主要内容如下：

```
[root@localhost ~]# vim /etc/sysconfig/network-scripts/ifcfg-eth0
DEVICE="eth0"
BOOTPROTO="static"
HWADDR=" 00:0C:29:98:9B:27"
NM_CONTROLLED="no"
ONBOOT="yes"
TYPE="Ethernet"
IPADDR=192.168.80.10
NETMASK=255.255.255.0
GATEWAY=192.168.80.254
DNS1=202.102.134.68
DNS2=212.56.57.58
```

每个网卡配置文件都存储了网卡的状态，每一行代表一个参数值，常见的参数解释如下。

- DEVICE：设备名称。
- BOOTPROTO：获取 IP 地址的方式，“static”表示使用静态 IP，“dhcp”表示使用动态 IP。默认值是 dhcp，对于服务器一般都要把这里改为 static，使用静态 IP。
- HWADDR：指定网卡的 MAC 地址。
- NM_CONTROLLED：是否启用 NetworkManager 图形界面配置工具，该项建议设为

"no"。

- ONBOOT：指定在启动 network 服务时，是否启用该网卡。
- IPADDR：指定静态 IP 地址。
- NETMASK：指定子网掩码。
- GATEWAY：指定默认网关。
- DNS1：指定首选 DNS 服务器。
- DNS2：指定辅助 DNS 服务器。

修改完网卡配置文件后，需要执行"service network restart"命令重启网络服务，使新的配置生效。

可以发现，通过这一个配置文件就可以完成大多数的网络配置工作，因而这也是在所有的网络配置文件中最重要的一个。

如果希望配置一个永久生效的虚拟网络接口，可以将该文件复制一份并命名为"ifcfg-eth0:1"，然后将配置文件中的 DEVICE 项也设置为 ifcfg-eth0:1，其他的项目根据需要设置即可。

8.2.2　主机名称配置文件

Linux 系统的主机名由配置文件"/etc/sysconfig/network"中的"HOSTNAME"字段进行设置，默认的主机名为 localhost.localdomain，如这里将它改为 rhel6：

```
[root@localhost ~]#vim /etc/sysconfig/network
NETWORKING=yes
HOSTNAME=rhel6
```

在 network 文件中还有一个"NETWORKING=yes"项，如果将该项的值设为 no，那么会将整个主机的网络关闭。

在 network 文件中也可以设置默认网关，如"GATEWAY=192.168.80.254"。在这里设置的默认网关是全局配置，对整个计算机生效；在网卡配置文件里设置的默认网关则只对该网卡生效，属于局部配置。

network 文件中的设置改动之后，需要重启计算机生效。

8.2.3　DNS 配置文件

在"/etc/resolv.conf"文件中记录了当前主机使用的默认 DNS 服务器地址。在网卡配置文件 ifcfg-eth0 中设置的 DNS，只对 eth0 网卡有效，属于局部配置；在 resolv.conf 文件中设置的 DNS 则对整个主机有效，属于全局配置，建议尽量在 resolv.conf 文件中设置 DNS。

```
[root@localhost ~]#vim /etc/resolv.conf
# Generated by NetworkManager
domain localdomain
search localdomain
nameserver 202.102.134.68
```

其中的 nameserver 项用于设置 DNS 服务器的 IP 地址，最多可以设置 3 个。当主机需要进行域名解析时，首先查询第一个 DNS 服务器。

“domain localdomain”项用于设置 DNS 后缀，在使用主机名时，会自动加上 DNS 后缀，如“ping rhel6”相当于“ping rhel6.localdomain”。

设置或修改完 DNS 之后，可以立即生效，不需要重启网络服务或计算机。

Linux 系统中也可以使用 nslookup 命令对 DNS 服务器进行测试。查看当前所设置的 DNS 服务器可以使用“cat /etc/resolv.conf”命令。

8.2.4 setup 命令

RHEL 6 系统还支持以文本窗口的方式对网络进行配置，在命令行模式下输入 setup 命令就可以进入文本窗口，如图 8-5 所示。

图 8-5 setup 设置工具

用“Tab”键在各个元素间切换，选择“网络配置”选项，按回车键确认进入配置界面。界面简单明了，不再详述。

setup 命令的效果等同于修改配置文件，可以永久生效。

8.2.5 关闭 NetworkManager 服务

除了上述方法之外，在 RHEL 6 系统中还提供了一个图形化的网络配置工具“Network Manager”。由于这个工具经常出错，因而强烈建议不要使用这个工具来配置网络。NetworkManager 工具同时也是一个系统服务，这里建议将之关闭。

例：停止 NetworkManager 服务，并将之永久关闭。

```
[root@localhost ~]# service NetworkManager stop
停止 NetworkManager 守护进程:                                    [确定]
[root@localhost ~]# chkconfig NetworkManager off
```

8.3 测试网络环境

任务描述

在 Windows 系统中，经常利用 ping、netstat、arp 等命令来对网络环境进行测试。这些命令同样也适用于 Linux 系统。

本任务将介绍 ping、netstat、arp 命令在 Linux 中的使用方法。

任务分析及实施

8.3.1 ping 命令

ping 命令用于测试网络是否连通，可以说是最常用的网络测试命令。

1. ping 命令的基本原理

ping 命令利用 ICMP 协议进行工作，ICMP 是 Internet 控制消息协议，用于在主机和路由器之间传递控制消息。ping 命令利用了 ICMP 两种类型的控制消息："echo request（回显请求）"和"echo reply（回显应答）"，如在主机 A 上执行 ping 命令，目标主机是 B。在 A 主机上就会发送"echo request"（回显请求）控制消息，主机 B 正确接收后即发回"echo reply"（回显应答）控制消息，从而判断出双方能否正常通信，其工作原理如图 8-6 所示。

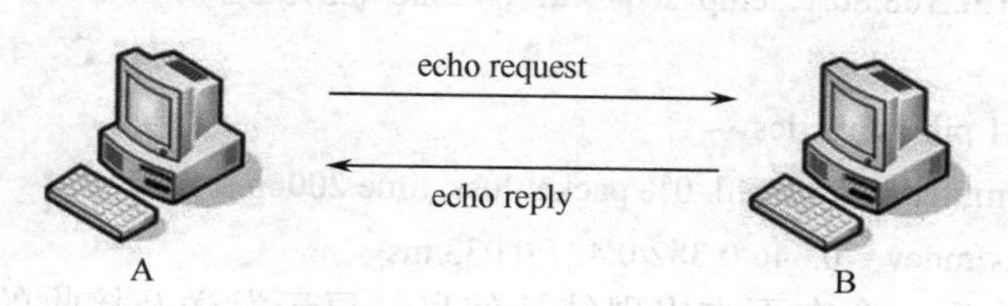

图 8-6 ping 命令工作原理

如果在 A 主机上能够 ping 通 B 主机，那么主机 A 上显示的信息就是从主机 B 上返回来的"回显应答"。如果不能 ping 通，主机 A 上显示的信息则是由系统自身所产生的错误提示。

在 Windows 系统中执行 ping 命令，默认会发送 4 个 32 字节的 ICMP 回显请求数据包，而在 Linux 系统中 ping 命令发送的数据包大小默认为 64 字节，而且会不间断发送，除非使用 Ctrl+C 组合键强制终止。

执行 ping 命令后，如果能够 ping 通对方主机，那么所显示的信息如下：

```
[root@localhost ~]# ping 192.168.80.1
PING 192.168.80.1 (192.168.80.1) 56(84) bytes of data.
64 bytes from 192.168.80.1: icmp_seq=1 ttl=64 time=1.35 ms
64 bytes from 192.168.80.1: icmp_seq=2 ttl=64 time=0.397 ms
64 bytes from 192.168.80.1: icmp_seq=3 ttl=64 time=0.390 ms
```

在这些“回显应答”中包含了丰富的信息：

- 通过回显应答中的“time”时间，可以大致推断出网速情况，数据传递经过的时间越长，网速越慢。
- 回显应答中的“TTL”，即数据包的生存周期。每个系统对其所发送的数据包都要赋一个 TTL 的初始值，默认情况下，Windows XP 系统为 128，Windows 7 系统为 64，Linux 系统为 64 或 255（当然，系统的 TTL 值都是可以修改的）。数据包每经过一次路由，TTL 值就要减 1，所以通过 TTL 值，既可以大概地推算出对方主机所用的操作系统，又可以推断出数据包在传送过程中经过了多少次路由。例如，在执行“ping www.baidu.com”命令时，回显应答中显示的 TTL 值为 52，则首先可以大概推断出百度使用的是 Linux 系统，其次可以得知数据在传送过程中经过了 12 次路由。

2. ping 命令常用选项

ping 命令的选项比较多，常用的主要有以下几个。

（1）-c，指定 ping 的次数

自由指定所发送的 ICMP 数据包的个数，并且个数没有限制。

```
[root@localhost ~]# ping -c 3 192.168.80.1
PING 192.168.80.1 (192.168.80.1) 56(84) bytes of data.
64 bytes from 192.168.80.1: icmp_seq=1 ttl=64 time=0.346 ms
64 bytes from 192.168.80.1: icmp_seq=2 ttl=64 time=0.427 ms
64 bytes from 192.168.80.1: icmp_seq=3 ttl=64 time=0.373 ms

--- 192.168.80.1 ping statistics ---
3 packets transmitted, 3 received, 0% packet loss, time 2006ms
rtt min/avg/max/mdev = 0.346/0.382/0.427/0.033 ms
```

在 ping 命令终止后，会在下方出现统计信息，显示发送及接收的数据包、丢包率及响应时间。其中丢包率越低，说明网络状况越良好、越稳定。

（2）-s，指定 ICMP 数据包的大小

自由指定所发送的 ICMP 数据包的大小，上限为 65500B。

例：向目标主机发送 2 个大小为 100B 的数据包。

```
[root@localhost ~]# ping -c 2 -s 100 192.168.80.1
PING 192.168.80.1 (192.168.80.1) 100(128) bytes of data.
108 bytes from 192.168.80.1: icmp_seq=1 ttl=64 time=0.355 ms
108 bytes from 192.168.80.1: icmp_seq=2 ttl=64 time=0.363 ms

--- 192.168.80.1 ping statistics ---
2 packets transmitted, 2 received, 0% packet loss, time 1002ms
rtt min/avg/max/mdev = 0.355/0.359/0.363/0.004 ms
```

3. 用 ping 命令排查网络故障

当网络出现故障时，如计算机无法接入 Internet，可以利用 ping 命令按照如下思路来排查故障。

① 首先 ping 网关，如果能够 ping 通，则证明内部网络没有问题，问题应该出在外部网络。

② 如果网关能够 ping 通，接下来再 ping 某个网址，如“ping www.baidu.com”，测试能否将网址解析为 IP，以确认是否 DNS 服务器设置错误。

③ 如果在步骤①中 ping 网关不通，则证明问题出在内部网络。此时可以测试能否 ping 通内网中的其他计算机，如果不能 ping 通，则证明是自己的计算机或是网线出了问题；如果能 ping 通，问题则与计算机或网线无关，而多半是内部网络的某处出现了故障。

8.3.2 netstat 命令

netstat 命令的功能比较多，其中最常用的是用于查看系统开放的端口及连接的建立状态。在介绍 netstat 命令之前，首先有必要介绍一下端口与连接的概念。

1. 了解端口的概念

可能经常听到 80 端口、21 端口等，这些端口到底指的是什么呢？要注意，它们可不是像路由器或交换机上的那些物理接口，而是一些纯粹的逻辑接口，也就是说，它们都是操作系统里面的概念。

端口其实就是应用层的程序与传输层的 TCP 或 UDP 协议之间联系的通道。

根据 TCP/IP 模型，所有的应用层程序所产生的数据，都要向下交给传输层去继续处理。传输层的协议只有两个：可靠的 TCP 和不可靠的 UDP。而应用层的协议可是多种多样的，如负责网页浏览的 HTTP、负责文件传输的 FTP、负责邮件发送和接收的 SMTP、POP3 等。

操作系统又允许同时运行多个程序，这就产生了一个问题：传输层的协议如何区分它所接收到的数据到底是由应用层的哪个协议产生的呢？所以就必须提供一种机制以使传输层协议能够区分开不同的应用层程序，这个机制就是端口。

每个端口都对应着一个应用层的程序，当一个应用程序要与远程主机上的应用程序通信时，传输层协议就为该应用程序分配一个端口，不同的应用程序有着不同的端口，以使来往的数据互不干扰。

每个端口都有一个唯一的编号，TCP/IP 协议中是用一个 16 位的二进制数来为端口编号的，所以端口号的取值范围为 0～65535。其中 0 端口未用，为了合理地分配使用端口，对它们进行了以下分类：

- 1～1023 之间的端口固定地分配给一些常用的应用程序，称为固定端口，如 HTTP 采用 80 端口，FTP 采用 21 端口，Telnet 采用 23 端口等。
- 1024～65535 之间的端口随机地分配给那些发出网络连接请求的应用程序，称为动态端口，如 1024 端口就是分配给第一个向系统发出申请访问网络的程序，程序关闭之后就会释放所占用的端口，然后可以再分配给其他程序使用。

另外根据所使用的传输层协议不同，端口又可以分为TCP端口和UDP端口两种类型。所以，对端口的准确描述应该是：传输层协议+端口号。如HTTP默认使用TCP的80端口，FTP默认使用TCP的21端口，SMTP默认使用TCP的25端口，POP3默认使用TCP的110端口，HTTPS默认使用TCP的443端口，DNS使用UDP的53端口等，如图8-7所示，对于这些常见的固定端口应该熟记。

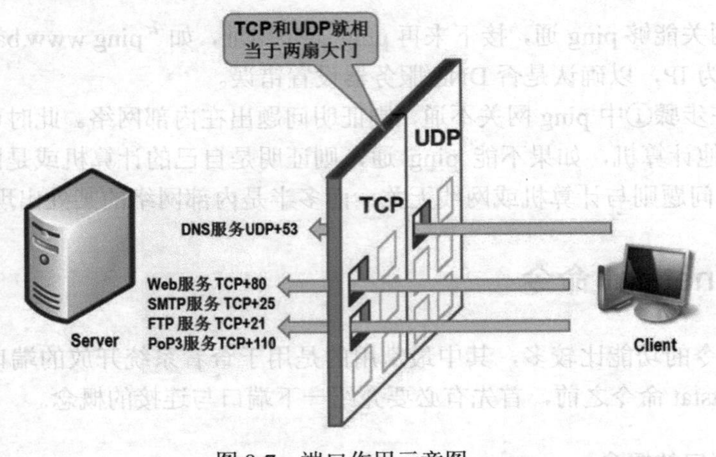

图 8-7　端口作用示意图

2. 了解连接的概念

当用户在计算机上打开浏览器访问一个网站（比如百度）时，就要用到HTTP协议，刚才提到HTTP使用的是TCP的80端口，那么是否就要在计算机（客户端）和百度服务器（服务器端）都开放TCP80端口，然后通过它来传送数据呢？

其实不然，所谓的固定端口，主要是在服务器端使用，即百度服务器使用的是TCP80端口，而我们客户端使用的则是随机端口。原因很简单，我们打开浏览器后，很可能要访问很多个不同的网站，如果客户端只使用一个TCP80端口，那么如何来区分这些不同的网站呢？

所以实际情况是：所有的网站服务器端都开放TCP80端口，而客户端每访问一个网站，就会开放一个随机端口去与它们的TCP80端口进行连接，这样在客户端就通过不同的端口号将这些网站区分开了。

客户端和服务器端之间的通信，数据必须要通过各自的端口发送和接收。因此就可以把它们之间的通信看作在两个端口之间建立起来的逻辑通道上进行数据交换，这个逻辑通道就称作“连接”。

如图8-8中的ClientA就通过TCP1234端口与Server的TCP80端口之间建立了一个连接；ClientB通过TCP1234端口与Server的TCP21端口之间建立了一个连接。

对于服务器来说，只要是发往自己TCP80端口的数据，就交给Web服务去处理；只要是发往自己TCP21端口的数据，就交给FTP服务去处理。

连接的建立有两种模式：主动连接和被动连接。主动连接是指当端口开启之后，进程通过该端口主动发出连接请求，进而建立的连接；被动连接则是当端口开启之后，进程在该端口等待别的计算机发来的连接请求，最终所建立的连接。在客户机/服务器模式的网络架构下，连接的建立一般都是由客户端申请一个动态端口发起主动连接的，而服务器端则要一直开放相应的固定端口，然后等待与客户端建立被动连接。

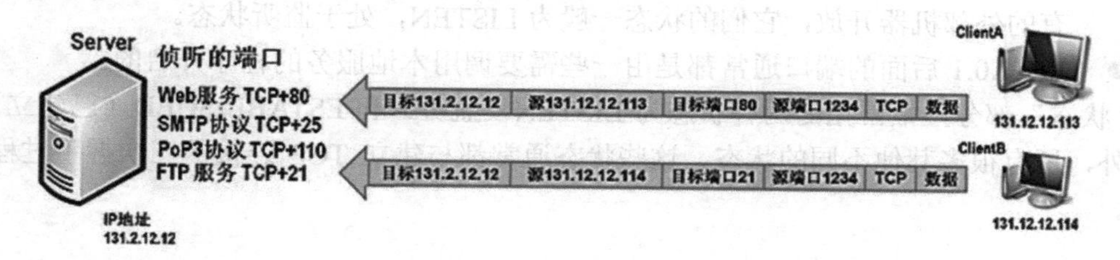

图 8-8 建立连接

3. 查看端口与连接

如何查看计算机中开放的端口或已经建立好的连接呢？最简单易行的方法是利用系统中自带的 netstat 命令。netstat 命令的用法比较多，这里主要用到两个选项：-a 和-n，而且这两个选项通常都是结合在一起使用的：netstat -an。

- “-a”选项的作用是显示所有连接和侦听端口；
- “-n”选项的作用是以数字形式显示地址（也就是显示 IP 地址，否则是显示计算机的名字）和端口号。

例如，我们先在浏览器中打开百度的网页，然后执行“ping www.baidu.com”命令解析出百度的 IP 地址 61.135.169.105，接下来执行 netstat -an 命令，从中找到我们与百度之间所建立的连接。

由于在 Linux 系统中执行 netstat 命令显示的信息非常多，所以该命令通常都是结合 grep 命令一起使用的。

例：找出与对方服务器 TCP80 端口之间建立的连接。

```
[root@localhost ~]# netstat -an | grep :80
tcp        0      0 192.168.80.10:54509        61.135.169.105:80        ESTABLISHED
```

在所显示的信息中，192.168.80.10 是本机的 IP 地址，它后面的端口号 54509 就是这台计算机开放的随机端口；61.135.169.105:80 代表百度服务器及它的 TCP80 端口；最后面的 ESTABLISHED 表示这是一个已经建立好的连接。

通过 netstat -an 命令不仅可以查看连接，而且还可以查看本机开放了哪些端口。

例：查看本机中是否运行了 FTP 服务。

```
[root@localhost ~]#netstat -an | grep :21
tcp        0      0 0.0.0.0:21              0.0.0.0:*               LISTEN
```

上面显示的信息表示 TCP 21 端口已经开放，而且正处于 LISTEN 侦听状态，这也就意味着系统运行了 FTP 服务。这些状态为 LISTEN 的端口随时在等待别的计算机与它建立连接，也就是说它们在随时等待为其他计算机提供服务。

在 netstat -an 命令的执行结果中，“本地地址”部分可能会有 3 种不同的表现形式：本机 IP、0.0.0.0 和 127.0.0.1。

- 本机 IP 后面的端口一般都是由用户所运行的应用程序打开的，如打开了浏览器，

就会打开了一个1024之后的随机端口。

- 0.0.0.0表示的是本机默认所开放的端口，这些端口一般都是由一些系统服务默认开启的。这些默认开放的端口所对应的外部地址一般也都是0.0.0.0，即表示它们对所有的外部机器开放，它们的状态一般为LISTEN，处于监听状态。
- 127.0.0.1后面的端口通常都是由一些需要调用本地服务的程序开启的。

“状态”部分，最常见的两种状态为LISTEN（监听）和ESTABLISHED（已建立）。除此之外，还有很多其他不同的状态，这些状态通常都与建立TCP连接的三次握手过程密切相关。

4．查看开启端口的程序

有时用户希望知道某个端口是由哪个程序或服务开启的，这时可以执行netstat –anp命令，“-p”选项的作用是显示端口所对应的进程名。

例：查看21端口是由哪个程序开启的。

```
[root@localhost ~]#netstat -anp | grep :21
tcp        0      0 0.0.0.0:21        0.0.0.0:*        LISTEN     824/vsftpd
```

这条命令在排查服务器故障时经常用到，如某台Web服务器中的网站无法启动，提示“端口被占用”，这时就可以执行“netstat –anp | grep :80”命令，查看是哪个程序占用了80端口，然后将它结束掉就可以了。

另外，使用“netstat –nr”命令可以查看路由表信息，与执行“route –n”命令的结果相同。

8.3.3 arp命令

1．ARP协议工作原理

ARP（Address Resolution Protocol，地址解析协议），是网络层的重要辅助协议，用于在以太网中获取某一IP地址对应的节点MAC地址。

根据OSI七层模型的定义，数据在每一层都要经过处理或封装，其中封装的操作主要发生在三个层：传输层、网络层和数据链路层。

- 传输层，在数据头部加上源端口号和目的端口号，封装成数据段，然后送给下一层网络层。
- 网络层，在数据段的头部加上源IP地址和目的IP地址，封装成数据包，再送给下一层数据链路层。
- 数据链路层，在数据包的头部加上源MAC地址和目的MAC地址，封装成数据帧，最后送给物理层进行编码传输。

在网络中通信时，首先必须要知道对方的IP地址及端口号，但对方的MAC地址却很少去关心。根据OSI七层模型理论，如果不知道目的MAC地址就无法封装数据帧，数据也就发送不出去。我们之所以没有关注到目的MAC地址，这是因为目的MAC地址是由系统自动获取的，而系统获取目的MAC地址的方法正是依赖于ARP协议。

ARP 地址解析，就是主机在发送数据帧前通过目的 IP 地址解析出相应目的 MAC 地址的过程。

ARP 协议以广播的方式工作，因为广播信号不能通过路由器，所以 ARP 协议的解析范围只能限于本地网络，即一台主机只能知道与它处在同一网络中的其他主机的 MAC 地址。

在每台安装有 TCP/IP 协议的主机里都有一个 ARP 缓存表，用来记录与该主机处在同一网络中的其他主机的 IP 地址与 MAC 地址之间的对应关系，ARP 表中的记录并不固定，它们都是动态建立和维护的。

下面介绍一下 ARP 地址解析的过程，网络拓扑如图 8-9 所示。

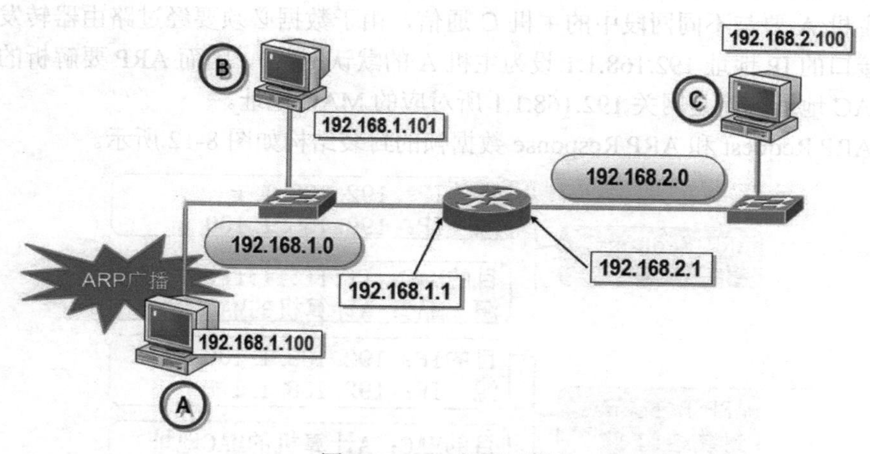

图 8-9　ARP 解析过程

假设主机 A 要与同一网络中的主机 B 进行通信，一般要经过如下几个步骤：

① 主机 A 检查自己的 ARP 缓存表中是否有与主机 B 的 IP 地址相对应的 MAC 地址。

② 如果有，就用 B 的 MAC 地址封装数据帧，然后发送出去。

③ 如果没有，主机 A 就以广播的形式向网络中发送一个 ARP Request（ARP 请求）数据帧，查询主机 B 的 MAC 地址。

ARP Request 数据帧的封装结构如图 8-10 所示。

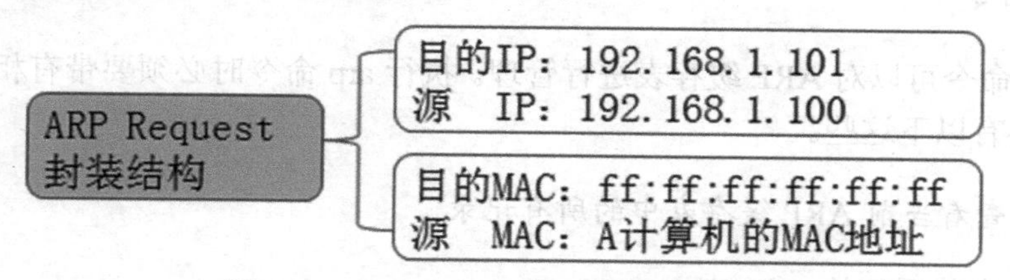

图 8-10　ARP Request 数据帧的封装结构

④ 在图 8-9 所示的网络拓扑中，路由器将整个网络分隔成 2 个网段，每个网段都是一个广播域。主机 A 所在广播域中的所有主机和网络设备都能接收到这个 ARP 请求数据帧，它们会查看帧中请求的目的 IP 地址与自己是否一致，如果不一致则忽略。当主机 B 收到此广播帧后，发现目的 IP 地址与自己一致，然后就以单播形式将自己的 MAC 地址利用 ARP Response（ARP 响应）数据帧传给主机 A，同时将主机 A 的 IP 地址与 MAC 地址的对应关

系写入自己的 ARP 缓存表中。

ARP Response 数据帧的封装结构如图 8-11 所示。

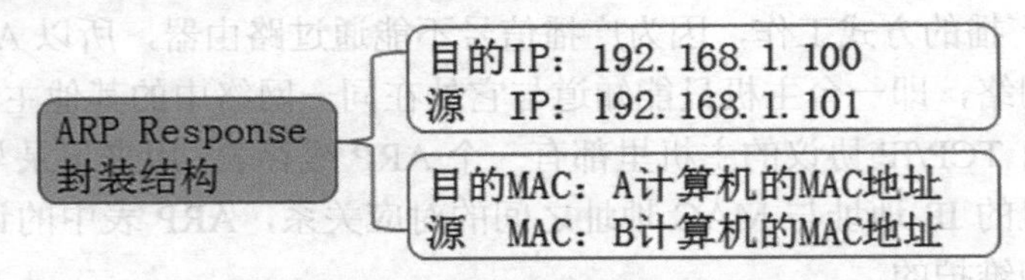

图 8-11　ARP Response 数据帧的封装结构

⑤ 主机 A 收到主机 B 的 ARP 响应数据帧后，将据此更新自己的 ARP 缓存表，然后按正确的 MAC 地址向主机 B 发送信息。

如果主机 A 要与不同网段中的主机 C 通信，由于数据必须要经过路由器转发（应将路由器左侧接口的 IP 地址 192.168.1.1 设为主机 A 的默认网关），因而 ARP 要解析的并非是主机 C 的 MAC 地址，而是网关 192.168.1.1 所对应的 MAC 地址。

此时 ARP Request 和 ARP Response 数据帧的封装结构如图 8-12 所示。

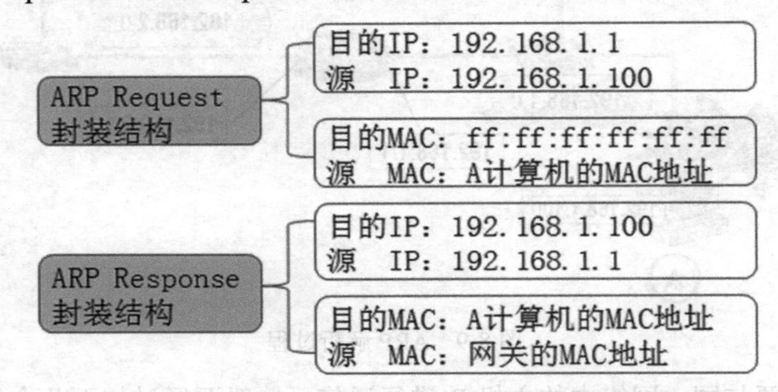

图 8-12　ARP Request 和 ARP Response 数据帧的封装结构

同样，如果主机 C 要回复主机 A，那么它要解析的也是它的默认网关 192.168.2.1 所对应的 MAC 地址。因而，一台主机如果要与不同网段中的计算机进行通信，那么它必须要通过 ARP 解析出默认网关的 MAC 地址。

2．arp 命令

通过 arp 命令可以对 ARP 缓存表进行管理。执行 arp 命令时必须要带有相关选项，它的常用选项主要有以下这些。

（1）-n，查看当前 ARP 缓存表中的所有记录

例：查看当前系统的 ARP 表。

```
[root@localhost ~]# arp -n
Address          HWtype  HWaddress            Flags Mask    Iface
192.168.80.1     ether 00:50:56:c0:00:01     C              eth0
```

ARP 表中的内容比较简单，主要记录的是 IP 地址与 MAC 地址之间的对应关系，其中每条记录的“类型”有“动态”和“静态”之分。

默认情况下 ARP 协议所产生的记录都是“动态”记录，即这些记录都是动态更新的。只要计算机收到 ARP 响应数据帧，就会更新自己的 ARP 缓存表。如果缓存表中之前没有这条记录，那么新增上去；如果缓存表中已经存在相应的记录，则会覆盖更新。同时所有“动态”记录都被设置了 2min 的自动老化时间，如果超过老化时间而该记录还没有被再次更新，则会自动将其删除。这样设置的目的是为了减少 ARP 缓存表的长度，以加快查询速度。“Flags Mask”项中显示为“C”的记录就是动态记录。

“静态”记录不受自动更新和老化时间的影响，而是会一直保存下去，直到系统重启。“Flags Mask”项中显示为“CM”的记录就是静态记录。

（2）-d，删除记录

删除 ARP 表中指定 IP 地址所对应的记录。

```
[root@localhost ~]# arp -d 192.168.80.2
```

（3）-s，添加静态记录

用法：arp -s IP MAC，将 IP 地址和 MAC 地址实现静态绑定。

手动在 ARP 表中添加静态记录，静态记录不会自动老化，但系统重启时也会消失。

例：将网关的 IP 地址与 MAC 地址绑定。

```
[root@localhost ~]# arp -s 192.168.80.254 00:50:56:C0:00:01
[root@localhost ~]# arp -n
Address            HWtype  HWaddress           Flags Mask    Iface
192.168.80.254     ether   00:50:56:c0:00:01   CM            eth0
```

ARP 攻击是一种比较有效的攻击手段，直到目前也仍然在局域网中出现，通过 arp 命令实现 IP 地址与 MAC 地址绑定，是一种比较有效的防御方法。

思考与练习

选择题

1．在 Linux 中系统的配置文件存放在（　　）目录下。
A．/bin　B．/etc　C．/dev　D．/root

2．若要暂时禁用 eth0 网卡，下列命令中能够实现的是（　　）。
A．ifconfig eth0 up　B．ifconfig eth0 down
C．ipconfig eth0　D．ipconfig eth0 down

3．在 Linux 系统中，用于设置 DNS 服务器地址的配置文件是（　　）。
A．/etc/dns.conf　B．/etc/host
C．/etc/resolv.conf　D．/etc/net.conf

4．在 Linux 系统中，主机名保存在（　　）配置文件中。
A．/etc/ network　B．/etc/host

C．/etc/sysconfig/network　　　　D．/etc/hostname.conf

5．查看计算机中开放的端口或已经建立好的连接，以下命令中，可以实现的是（　）。

A．ifconfig　　B．network　　C．netstat　　D．iptables

操作题

1．利用 ifconfig 工具，完成禁用或重启网络接口的设置。

2．配置本机 DNS 服务器的地址。

第9章

构建 Linux 文件服务器

文件共享是局域网中常用的功能，局域网中的文件共享功能主要是借助文件服务器来实现的。文件服务器既可以对网络中的共享资源进行统一集中管理，又可以通过设置权限来控制用户的访问，因而可算是企业办公网络中应用最为广泛的一类服务器，本项目将介绍如何搭建 Linux 平台下的文件服务器。

Linux 系统中，既可以搭建用于 Linux/UNIX 系统之间互访的 NFS 服务器，也可以搭建用于 Linux/Windows 系统之间互访的 Samba 服务器。其中 Samba 服务器的应用更为广泛。

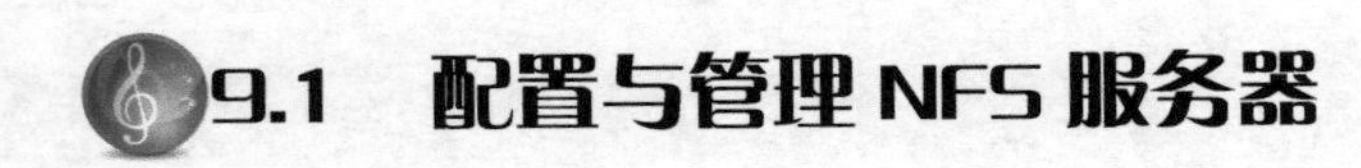

9.1 配置与管理 NFS 服务器

任务描述

NFS（Network File System，网络文件系统）是由 Sun 公司于 1984 年开发出来，主要用于 UNIX/Linux 系统之间的文件共享。它采用客户端/服务器工作模式，在 NFS 服务器上将某个目录设置为共享目录，然后在客户端可以将这个目录挂载到本地使用。

本任务将介绍如何配置和使用 NFS 服务。

任务分析及实施

9.1.1 启动 NFS 服务

之前已经介绍过，在 Linux 系统中配置每种服务之前，通常要进行一系列统一的操作，包括安装服务、启动服务和设置服务开机自动运行，下面就按照这套流程来安装并启动 NFS 服务。

1. 安装服务

首先要确认服务是否已经安装，可以利用 rpm 命令进行查询。

例：查找系统中是否已经安装了 nfs 软件包。

```
[root@server ~]# rpm -qa | grep nfs
nfs-utils-1.2.3-26.el6.x86_64
nfs-utils-lib-1.1.5-4.el6.x86_64
nfs4-acl-tools-0.3.3-6.el6.x86_64
```

可以发现，系统默认已经安装好了 NFS 服务，如果没装则可以先配置好 yum 源，再执行“yum install nfs-utils”命令就可以安装 NFS 服务。

2. 启动服务

虽然系统默认已经安装了 NFS 服务，那么它是否已经运行了呢？可以通过执行 service 命令来查看服务的状态及启动服务。

例：查看 NFS 服务的状态。

```
[root@server ~]# service nfs status
rpc.svcgssd 已停
rpc.mountd 已停
nfsd 已停
rpc.rquotad 已停
```

可以发现服务并没有运行，下面把服务启动。

例：启动 NFS 服务。

```
[root@server ~]# service nfs start
启动 NFS 服务：                                    [确定]
关掉 NFS 配额：                                    [确定]
启动 NFS mountd：                                  [确定]
正在启动 RPC idmapd：                              [确定]
正在启动 RPC idmapd：                              [确定]
启动 NFS 守护进程：                                [确定]
```

（3）开机自动运行服务

最后还需要将服务设置为开机自动运行，只需保证服务在 2、3、4、5 四种运行级别中为“启动”状态即可。

例：将 NFS 服务设为开机自动运行。

```
[root@server ~]# chkconfig nfs on
```

9.1.2 配置 NFS 服务

下面通过配置 NFS 服务将/common 目录设置为共享目录。

首先建立目录/common，并在其中创建一个测试文件 hello.txt。

```
[root@server ~]# mkdir /common
[root@server ~]# echo 'hello,world!' > /common/test.txt
```

1. 配置/etc/exports 文件

在 Linux 系统中配置各种服务都是通过修改相应的配置文件实现的，NFS 服务的主配置文件是/etc/exports。在 exports 文件中可以设置 NFS 的共享目录、访问权限和允许访问的主机等参数。在默认情况下，这个文件是个空文件，没有配置任何共享目录，这是基于安全性的考虑，即使系统启动 NFS 服务也不会共享任何资源。

在/etc/exports 文件中，每一行定义一个共享目录，其格式如下：

```
<输出目录>    客户端 1(选项) [客户端 2(选项)]
```

其中输出目录与客户端之间要用空格或制表符隔开，不同客户端之间也要用空格或制表符隔开，同时指定客户端对输出目录的访问权限，客户端与选项之间不能用空格隔开。

例如，通过 NFS 服务将/common 目录设为共享，并只允许 192.168.80.0/24 网段内的客户端访问。

利用 vi 编辑器修改配置文件/etc/exports，在其中增加下面的一行：

```
[root@server ~]# vim /etc/exports
/common 192.168.80.0/24(ro,sync)
```

对配置项的说明：

- /common，输出目录，即要共享的目录。目录必须用从根目录开始的绝对路径表示。
- 192.168.80.0/24，允许访问 NFS 共享的客户端。客户端的指定非常灵活，可以是一个具体的 IP 地址，也可以是一个网络地址，如 192.168.80.61、192.168.80.0/24、

192.168.80.0/255.255.255.0 都可以接受。如果允许所有客户端访问，可以用通配符“*”。

- (ro,sync)，选项用于设置客户端访问共享目录时的权限规则。常见的选项主要有以下几种：
  - ✧ ro：read-only，只读权限。
  - ✧ rw：read-write，可读/写的权限。
  - ✧ sync：数据同步写入到内存与硬盘当中，这样不会轻易丢失数据，建议所有的NFS 共享目录都使用该选项。

/etc/exports 文件中每一行提供了一个共享目录的设置，如果有多个目录需要共享，只要在文件中再添加相应的行，并进行相关设置即可。

修改完配置文件后，需要重启服务生效。

```
[root@server ~]# service nfs restart
```

2. 服务器端测试

下面先在NFS 服务器端验证NFS 共享是否设置成功，这里要用到查看共享的showmount 命令。

使用 showmount 命令可以查看指定服务器的 NFS 共享信息，该命令的常用选项：

- -e：显示指定的 NFS 服务器上所有输出的共享目录。

例：在 NFS 服务器上查看 NFS 共享。

```
[root@server ~]# showmount -e 192.168.80.10
Export list for 192.168.80.10:
/common 192.168.80.0/255.255.255.0
```

可以看到已经设置好的共享，测试成功。

9.1.3 使用 NFS 服务

下面在客户端上进行访问测试。

1. 查看 NFS 共享

首先在客户端尝试能否查看到服务器上的 NFS 共享信息。

```
[root@client ~]# showmount -e 192.168.80.10
clnt_create: RPC: Port mapper failure - Unable to receive: errno 113 (No route to host)
```

但此时没能成功，这是由于 NFS 服务器端的防火墙而导致的，Linux 中的防火墙配置起来比较复杂，这里及之后的服务器配置过程中都暂时将防火墙关闭，如图 9-1 所示。

关闭防火墙可以使用 setup 命令。

将防火墙关闭之后，在客户端就可以查看到 NFS 共享目录了。

```
[root@client ~]# showmount -e 192.168.80.10
Export list for 192.168.80.10:
/common 192.168.80.0/255.255.255.0
```

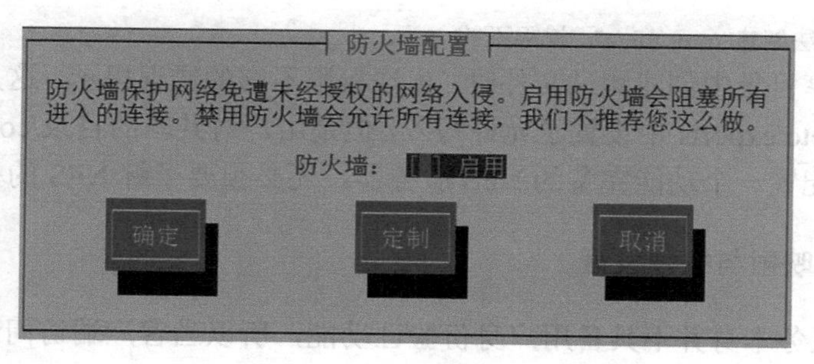

图 9-1　关闭 Linux 防火墙

2. 挂载共享目录

在客户端用 showmount 命令只能查看到 NFS 共享，要想使用它还必须要将它挂载到本地。

挂载 NFS 服务器上的输出目录的命令格式为：

```
mount    服务器名或 IP 地址:输出目录    本地挂载目录
```

例：在客户端将 NFS 共享目录挂载到本地的/mnt/nfs 目录中。

```
[root@client ~]#mkdir /mnt/nfs
[root@client ~]# mount 192.168.80.10:common /mnt/nfs
[root@client ~]#ls /mnt/nfs
test.txt
```

如果想实现每次开机时自动挂载 NFS 共享目录，那么可以修改/etc/fstab 文件，在其中添加如下一行。

```
[root@client ~]#vim /etc/fstab
192.168.80.10:/common /mnt/nfs nfs defaults 0 0
```

如果要卸载 NFS 共享目录，可以使用 umount 命令。

```
[root@client ~]#umount /mnt/nfs
```

9.1.4　NFS 权限设置

之前设置的 NFS 共享只允许 192.168.80.0/24 网段的客户端访问，并且只具有读取权限。下面我们设置一个允许所有客户端访问并且具有读 / 写权限的 NFS 共享。

1. 修改配置文件，允许写入

首先需要在 NFS 服务器上修改配置文件/etc/exports，允许所有客户端写入。

```
[root@server ~]# vim /etc/exports
/common *(rw,sync)
```

重启 NFS 服务生效。

```
[root@server common]# service nfs restart
```

然后在客户端测试能否写入。

```
[root@client ~]# touch /mnt/nfs/a
```

```
touch: 无法创建"/mnt/nfs/a": 权限不够
```

客户端在共享目录中创建测试文件时，出现权限不够的错误提示。这是由于虽然在服务器端的配置文件/etc/exports中设置了允许写入，但是用户对共享的目录/common却不具备写入权限，因而要配置一个功能完备的NFS服务器，还必须要了解NFS的权限设置规则。

2. 用户身份映射与权限设置

由于 NFS 服务本身并不具备用户身份验证功能，所以当客户端访问时，服务器会根据情况将客户端用户的身份映射成NFS匿名用户 nfsnobody。

具体又分为以下几种情况：

- root 账户。如果客户端以 root 账户去访问 NFS 服务器，基于安全方面的考虑，服务器会主动将客户端映射成 nfsnobody。
- NFS 服务器上有客户端账号。如果客户端以普通用户的身份访问 NFS 服务器，而且服务器上恰好有对应的同名用户账号，就会以相应用户的权限去访问共享。
- NFS 服务器上没有客户端账号。此时，服务器会将客户端映射成 nfsnobody。

通常大多数情况下，NFS 服务器都会将客户端映射成匿名用户 nfsnobody，为方便客户端访问，可以将共享目录的所有者和所属组修改为 nfsnobody。

```
[root@server ~]# chown nfsnobody:nfsnobody /common
[root@server ~]#ll -d /common
drwxr-xr-x. 2 nfsnobody nfsnobody 4096 11 月   7 00:26 /common
```

此时，在客户端再次进行测试就可以成功写入了。

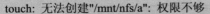

9.2 配置与管理 Samba 服务器

任务描述

NFS 服务只能在 Linux 系统之间实现文件共享，但是企业网络中的绝大多数客户端都是使用 Windows 系统的，能否在一台 Linux 服务器上设置文件共享，然后作为文件服务器提供给网络中的 Windows 客户端访问呢？这就要用到 Samba 服务。

本任务将介绍如何利用 Samba 服务器配置匿名共享，以及带用户身份验证的文件共享。

任务分析及实施

Samba 服务的主要功能是实现 Linux 系统和 Windows 系统之间的互访，既可以在Windows 客户端上访问 Linux 服务器上的文件共享，也可以在 Linux 客户端上访问 Windows服务器上的文件共享，因而相比 NFS 服务更具有实践意义。

9.2.1 安装运行 Samba 服务

Samba 服务基于 SMB 服务消息块协议和 CIFS 通用互联网文件系统协议，Samba 服务运

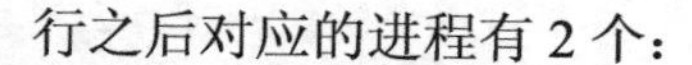

行之后对应的进程有 2 个：

- smbd：提供对服务器文件、打印资源的共享访问。
- nmbd：提供基于 NetBIOS 主机名称的解析。

文件共享功能主要是由 smbd 进程提供的，smbd 进程主要提供主机名称解析功能，也就是令客户端可以通过计算机名的方式去访问服务端。我们主要考虑的是 smbd 进程，它对应的进程服务名为 smb。

Samba 服务所需要的软件包主要有 3 个：

- samba-3.5.10-125.el6.x86_64.rpm：该软件包为 Samba 服务的主程序包，服务器必须安装该软件包，后面的数字为版本号。
- samba-client-3.5.10-125.el6.x86_64.rpm：该软件包为 Samba 的客户端工具，用于连接服务器或网上邻居。
- samba-common-3.5.10-125.el6.x86_64.rpm：该软件包存放的是通用的工具和库文件，无论是服务器还是客户端都需要安装该软件包。

Samba 服务默认并没有安装，所以要先执行“yum install samba”命令安装服务。

安装完成后，启动服务，并设为永久启动。

```
[root@server ~]# service smb start
启动 SMB 服务：                                          [确定]
[root@server ~]#chkconfig smb on
```

9.2.2 Samba 配置文件

1．配置文件概览

Samba 服务的配置文件为“/etc/samba/smb.conf”，该文件中包含了很多注释和配置样例，其中注释行以“#”开头，配置样例行以“;”开头。样例行是对配置内容的举例，用户可以参考样例行进行配置。无论是注释行还是样例行，Samba 服务器都将予以忽略。

使用 vim 编辑器打开该文件，可以发现其中主要包括 3 部分内容。

- 【global】全局设置：这部分配置项的内容对整个 Samba 服务器有效。
- 【homes】用户目录共享设置：当用户访问 Samba 服务器时，默认会看到自己的家目录，即 Samba 默认会将用户的家目录设为共享。如果希望用户只能访问公共目录，可以将这一部分前面加“#”注释掉。
- 【printers】打印机共享设置：如果需要共享打印机，则在这部分配置。如果服务器中并没有安装打印机，建议也将这部分注释掉。

2．全局配置

下面列出 smb.conf 文件中【global】部分常见的一些全局配置项及其含义，如图 9-2 所示。

◆ **常见全局配置项的含义**
- **workgroup：所在工作组名称**
- **server string：服务器描述信息**
- **security：安全级别，可用值如下：**
  share（可匿名访问）
  user（需由本服务器验证用户名及密码）
  server（由另一台服务器验证用户名及密码）
  domain（由Windows域控制器验证用户名及密码）
- **log file：日志文件位置，"%m"变量表示客户机地址**
- **max log size：日志文件的最大容量，单位为KB**

图 9-2　常用的全局配置项

在这些配置项中最重要的是“security”安全级别设置，该项用于设置用户在访问共享时是否需要进行身份验证。如果设为“share”，则用户无须进行身份验证，可直接匿名访问共享；如果设为“user”、“server”或是“domain”，则用户都需要先通过身份验证之后才能访问共享。

“user”、“server”、“domain”的区别是用户身份验证的方式不同，其中最常用的是“user”，即由 Samba 服务器自己来验证用户的身份。

“security”项的默认值为“user”。

3．共享目录配置

在/etc/samba/smb.conf 文件的最末尾有一段配置样例，如图 9-3 所示，如果要设置新的共享目录，那么只需要参照这段样例，在文件末尾增加新的设置项即可。

```
;       [public]
;       comment = Public Stuff
;       path = /home/samba
;       public = yes
;       writable = yes
;       printable = no
;       write list = +staff
```

图 9-3　samba 共享设置样例

其中常用的共享目录配置项的含义如下。

- [public]：共享名。共享资源发布后，必须为每个共享目录设置不同的共享名，以便网络用户访问时使用。共享名可自由定义，并且共享名可以与原目录名不同。
- commnet：对共享目录的注释、说明信息，以方便网络用户访问时知道共享资源的内容是什么。
- path：共享目录在服务器中对应的实际路径，要求必须使用绝对路径。
- public：是否允许所有 Samba 用户访问该共享目录。
- writeable：共享目录是否允许用户写入。

9.2.3　基本 Samba 共享设置

1. 设置匿名共享

下面配置一个共享名为 share 的共享目录，路径为“/home/share/”，允许匿名访问，并且用户只具有读取权限。

（1）创建共享目录

首先创建共享目录，并在其中放一个测试文件。

```
[root@localhost ~]# mkdir /home/share
[root@localhost ~]# echo 'hello,world!' > /home/share/hello.txt
```

（2）修改配置文件

```
[root@localhost ~]# vim /etc/samba/smb.conf
```

首先在“global”全局配置中设置“security = share”，允许匿名访问。
然后在文件末尾增加如图 9-4 所示的设置项。

```
[share]
  comment = Linux share
  path = /home/share
  public = yes
```

图 9-4　在文件末尾添加的设置项

注意，这里没有添加“writeable”项，此时系统会自动将共享目录设置为不允许写入。
保存退出后，重启 SMB 服务生效。

```
[root@localhost ~]# service smb restart
关闭 SMB 服务：                                    [确定]
启动 SMB 服务：                                    [确定]
```

（3）访问测试

下面在另一台 Windows 客户端上访问测试，发现虽然可以匿名看到 share 共享目录，但却无法打开查看其中的内容，这是由于 Samba 服务器上的 SeLinux 导致的，需要将 SeLinux 改为许可模式。

```
[root@localhost ~]# setenforce 0
[root@localhost ~]# getenforce
Permissive
```

然后在客户端就可以正常访问了。

2. 设置带身份验证的文件共享

大多数情况下，我们都希望能够对访问共享文件的用户进行身份验证，下面就将共享目

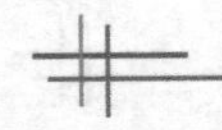

录 share 设置为必须要通过身份验证之后才能访问。

（1）创建 Samba 用户

Samba 服务有自己专门的 Samba 用户，Samba 用户只能用于访问共享，不能用来登录系统。而对于系统中已经存在的系统用户，也不能用来访问共享。

需要注意的是，Samba 用户依赖于系统用户。也就是说，要创建一个 Samba 用户，首先必须保证要有相应的系统用户存在，但是 Samba 用户的密码可以与系统用户的密码不相同。

使用 smbpasswd 命令可以对 Samba 用户进行管理，smbpasswd 命令的主要选项有以下这些。

- -h：显示 smbpasswd 命令的帮助信息。
- -a：添加指定的 Samba 用户账号。
- -d：禁用指定的用户账号。
- -e：启用指定的用户账号。
- -x：删除指定的用户账号。

不使用任何命令选项时可以用于修改 Samba 用户的密码。

其中最常用的是"-a"选项，用于添加 Samba 用户，命令格式：

```
smbpasswd  –a  用户名
```

例：创建一个名为 smbuser 的 Samba 用户。

```
[root@localhost ~]# useradd smbuser              #创建系统用户
[root@localhost ~]# smbpasswd -a smbuser         #创建 Samba 用户
New SMB password:                                #为 Samba 用户设置密码
Retype new SMB password:
```

（2）修改配置文件

接下来再去修改配置文件 smb.conf，这里只需将"global"中的"security = share"改为"security = user"，即启用用户身份验证。

修改完配置文件之后，应重启 SMB 服务。

```
[root@localhost ~]# service smb restart
```

（3）访问测试

下面继续在 Windows 客户端访问 Samba 共享，此时就必须要输入 smbuser 用户名和密码，通过身份验证之后才能访问。

9.2.4 设置 Samba 共享权限

无论在 Windows 系统还是在 Linux 系统中，设置文件共享时最复杂的操作就是关于用户权限的设置。下面将分几种不同的情形分别来说明如何在 Samba 服务器中设置用户权限。

1. 所有用户都可以写入

如果希望所有用户都对 Samba 共享具有写入权限，那么首先需要在配置文件中将“writable”项设为“yes”，如图 9-5 所示。

```
[share]
  comment = Linux share
  path = /home/share
  public = yes
  writable = yes
```

图 9-5 设置所有用户都可以写入

同时还要确保与该Samba用户同名的系统用户对共享目录/home/share/要具有写入权限。由于在 Samba 的配置文件中可以对用户的权限进行控制，因而这里可以直接将共享目录的权限设为最大值 777，如此就只需修改配置文件，而不必考虑目录本身权限了。

```
[root@localhost ~]#chmod 777 /home/share
[root@localhost ~]#ll -d /home/share
drwxrwxrwx. 2 root root 4096 1 月  12 08:45 /home/share
```

这样，在客户端以 smbuser 的身份访问共享时，便具有写入权限了。

如果将“security”项设为“share”，则匿名用户具有写入权限。

如果将“security”项设为“user”，则所有 Samba 用户具有写入权限。

2. 只有指定用户可以写入

有时可能希望对用户的权限进行区别设置，如 smbuser 用户只有读取权限，而 smbadmin 用户具有写入权限，这就需要对配置文件中的[share]部分做进一步的修改，如图 9-6 所示。

```
[share]
  comment = Linux share
  path = /home/share
  public = yes
  write list = smbadmin
```

图 9-6 设置只有指定用户可以写入

“writable = yes”表示所有用户都有写入权限，“write list”则指定了一个具有写入权限的用户列表，如果需要设置多个用户具有写入权限，则用户之间用逗号间隔。

3. 只有指定用户可以访问共享

下面再添加一个名为 smbtemp 的 Samba 用户，如果希望对于 share 共享文件夹，只有 smbuser 和 smbadmin 能够访问，而拒绝包括 smbtemp 在内的其他所有 Samba 用户访问。那么需要将配置文件中“public = yes”这一项删掉，然后添加“valid users”项，指定具有访问权限的用户，如图 9-7 所示。

```
[share]
  comment = Linux share
  path = /home/share
  valid users = smbuser,smbadmin
  write list = smbadmin
```

图 9-7　设置只有指定用户可以访问

4．综合案例

之前所做的所有操作都是针对单个用户的，如果需要指定某个用户组而非单个用户，则在用户组的前面需要加“@”，即类似“@tech”的形式。

下面做一个综合案例。

（1）案例要求

在系统中设置 3 个共享文件夹：

- share，路径“/home/share/”，所有的 Samba 用户都可以访问，只读权限。
- fina，路径“/home/finance”，只有 fina 组的成员（zhangsan、lisi）可以访问，并且只有 zhangsan 具有写入权限。
- tech，路径“/home/technet”，只有 tech 组的成员（wangwu、maliu）可以访问，tech 组的所有成员都具有写入权限。

（2）操作过程

① 首先创建用户和用户组。

```
[root@localhost ~]# groupadd fina
[root@localhost ~]# groupadd tech
[root@localhost ~]# useradd zhangsan -g fina
[root@localhost ~]# useradd lisi -g fina
[root@localhost ~]# useradd wangwu -g tech
[root@localhost ~]# useradd maliu -g tech
```

② 然后将这些用户都设置为 Samba 用户。

```
[root@localhost ~]# smbpasswd -a zhangsan
[root@localhost ~]# smbpasswd -a lisi
[root@localhost ~]# smbpasswd -a wangwu
[root@localhost ~]# smbpasswd -a maliu
```

③ 创建共享目录并设置权限。

```
[root@localhost ~]# mkdir /home/finance
[root@localhost ~]# mkdir /home/technet
[root@localhost ~]# chmod 777 /home/finance
[root@localhost ~]# chmod 777 /home/technet
```

④ 修改配置文件。

```
[root@localhost ~]# vim /etc/samba/smb.conf
```

在配置文件中添加如图 9-8 所示的内容。

```
[share]
        path = /home/share
        comment = share
        public = yes
[fina]
        comment = finance
        path = /home/finace
        valid users = @fina
        write list = zhangsan
[tech]
        comment = technet
        path = /home/technet
        valid users = @tech
        write list = @tech
```

图 9-8 综合案例配置

9.2.5 Samba 共享的其他设置

1. 允许/拒绝指定的客户端访问

在 smb.conf 配置文件中还可以通过"hosts allow"或"hosts deny"项设置允许或拒绝某些 IP 访问共享文件。如果将这两项设置放在[global]全局设置中，那么对所有共享目录都有效；如果只是放在某个共享目录中，则只对该目录生效。

例：只允许在 IP 地址为 192.168.232.5 的客户端上访问 tech 共享目录，如图 9-9 所示。

```
[tech]
 comment = technet
 path = /home/technet
 valid users = @tech
 writable = yes
 hosts allow = 193.168.232.5
```

图 9-9 只允许指定的客户端访问

如果要指定一个 IP 段，则需使用类似"192.168.232."或"172.16."的形式；如果要同时指定多个 IP，它们之间以空格或逗号间隔；利用 EXCEPT 字句还可以将某个 IP 地址段中指定的 IP 排除。

例：允许 IP 地址段 192.168.175.0/24 内的客户端访问 tech 共享目录，IP 地址为 192.168.175.1 的计算机除外，如图 9-10 所示。

```
[tech]
        comment = technet
        path = /home/technet
        valid users = @tech
        writeable = yes
        hosts allow = 192.168.175. EXCEPT 192.168.175.1
```

图 9-10 指定 IP 地址段并排除个别 IP

2. 在Linux系统中访问Samba共享

在访问Samba共享时，客户端既可以是Windows系统也可以是Linux系统，如果是在Linux系统中访问Samba共享，则需要使用smbclient命令，该命令的常用选项有：

- -L，显示服务器端的所有共享资源；
- -U，指定Samba用户名称。

smbclient命令格式：

```
smbclient  -L  目标IP地址或主机名  -U  登录用户名
```

例：查看Samba服务器192.168.232.143中的共享资源列表，如图9-11所示，在要求输入用户密码时可以直接回车以匿名方式登录。

```
[root@localhost 桌面]# smbclient -L 192.168.232.143
Enter root's password:
Anonymous login successful
Domain=[WORKGROUP] OS=[Unix] Server=[Samba 3.5.10-125.el6]

        Sharename       Type      Comment
        ---------       ----      -------
        share           Disk      Linux share
        fina            Disk      finance
        tech            Disk      technet
        IPC$            IPC       IPC Service (Samba Server Version 3.5.10-125.el6)
Anonymous login successful
```

图9-11 查看Samba服务器中的共享列表

例：以特定用户身份访问Samba共享，需要用“-U”选项指定用户名。

成功登录Samba服务器后，会出现“smb:\>”的命令提示符，如图9-12所示此时就进入了一个类似于ftp的命令交互环境中，可以使用ls命令显示目录列表、get下载文件、put上传文件等。

```
[root@localhost 桌面]# smbclient -U zhangsan //192.168.232.143/fina
Enter zhangsan's password:
Domain=[WORKGROUP] OS=[Unix] Server=[Samba 3.5.10-125.el6]
smb: \> ls
  .                                   D        0  Sat Jan 12 10:00:30 2013
  ..                                  D        0  Sat Jan 12 09:55:28 2013
  Serv-U.lnk                          A      748  Tue Apr 30 19:43:23 2013

                35418 blocks of size 524288. 26078 blocks available
smb: \> 
```

图9-12 以特定用户身份访问共享

为了简化访问，可以用mount命令将Samba共享目录挂载到本地，需要使用“-o username=”选项指定使用的Samba用户账号。

例：以用户zhangsan的身份将IP地址为192.168.232.143的服务器上的名为fina的共享目录挂载到本地/mnt/smb目录中。

在Linux客户端上挂载Windows服务器上的共享文件夹也是采用类似的方法，如图9-13所示。

```
[root@localhost 桌面]# mkdir /mnt/smb
[root@localhost 桌面]# mount -o username=zhangsan //192.168.232.143/fina /mnt/smb
Password:
[root@localhost 桌面]# df -hT
文件系统       类型      容量  已用  可用 已用%% 挂载点
/dev/mapper/VolGroup-lv_root
               ext4      18G  2.9G   14G  18% /
tmpfs         tmpfs     495M  260K  495M   1% /dev/shm
/dev/sda1      ext4     485M   33M  427M   8% /boot
/dev/sr0    iso9660     3.5G  3.5G     0 100% /media/RHEL_6.3 x86_64 Disc 1
//192.168.232.143/fina
               cifs      18G  3.7G   13G  23% /mnt/smb
```

图 9-13 挂载 Samba 共享到本地

9.3 配置自动挂载（autofs）服务

任务描述

如果要在 Linux 客户端上访问 NFS 或 Samba 共享，都是推荐将服务器端的共享目录挂载到本地使用，但挂载的操作相对较为烦琐。利用本任务中将要介绍的 autofs 服务可以实现自动挂载，从而简化用户操作。

任务分析及实施

9.3.1 了解 autofs 服务

在 Linux 系统中要使用任何文件系统，都必须先将其挂载到目录树的某个目录下，当该文件系统不再使用时，还需要将其卸载。挂载和卸载的操作一般都是使用 mount 和 umount 命令来完成的，但是 mount/umount 命令只能手工挂载，那么有没有一种方法可以实现文件系统的自动挂载？当需要访问这个目录时，就可以直接访问，当不需要时，就自动卸载目录。在 Linux 系统中提供了这样一个服务，那就是 autofs 服务。

autofs 与 mount/umount 的不同之处在于，它是一种服务程序。如果它检测到用户正试图访问一个尚未挂载的文件系统，它就会自动检测该文件系统，如果存在，那么 autofs 会自动将其挂载。另一方面，如果它检测到某个已挂载的文件系统在一段时间内没有被使用，那么 autofs 会自动将其卸载。因此，一旦运行了 autofs 后，用户就不再需要手动完成文件系统的挂载和卸载了。

那么用户在何种情况下应采用 mount 方式来挂载，在何种情况下又该采用 autofs 方式来挂载呢？

由于 mount 是用来挂载文件系统的，可以在系统启动的时候挂载也可以在系统启动后挂载。因而对于本地固定设备，如硬盘等，建议使用 mount 方式挂载。

autofs 方式则主要用来挂载一些临时性的动态设备，如光盘、U 盘、NFS 共享、Samab 共享等，这些设备都是在用户需要的时候才有必要挂载，因而利用 autofs 服务可以免去用户手动挂载的麻烦。

9.3.2　配置 autofs 服务

下面另开一台 Linux 虚拟机 Linux2(假设之前已经配置好 NFS 服务的虚拟机为 Linux1)，在 Linux2 上配置实现 autofs 服务。

1．/etc/auto.master 配置文件

在 RHEL 6 系统中 autofs 服务默认已经安装，如果没有安装，则可以执行“yum install autofs”命令进行安装。

autofs 服务的主配置文件是“/etc/auto.master”，该文件中的默认设置如图 9-14 所示。

```
#
# Sample auto.master file
# This is an automounter map and it has the following format
# key [ -mount-options-separated-by-comma ] location
# For details of the format look at autofs(5).
#
/misc   /etc/auto.misc
#
# NOTE: mounts done from a hosts map will be mounted with the
#       "nosuid" and "nodev" options unless the "suid" and "dev"
#       options are explicitly given.
#
/net    -hosts
#
# Include central master map if it can be found using
# nsswitch sources.
#
# Note that if there are entries for /net or /misc (as
# above) in the included master map any keys that are the
# same will not be seen as the first read key seen takes
# precedence.
#
+auto.master
"/etc/auto.master" 23L, 658C                          1,1          全部
```

图 9-14　auto.master 文件的默认设置

文件中的每一行对应一个挂载点，其中默认已经存在两个挂载点：“/misc”和“/net”。“/net”是一个特殊挂载点，稍后再介绍，这里先介绍“/misc”挂载点。

2．自动挂载点/misc

autofs 服务的每个挂载点都要有一个相应的配置文件，配置文件“/etc/auto.master”中的设置项“/misc　/etc/auto.misc”就表示“/misc”挂载点的配置文件是“/etc/auto.misc”。

如果要自己创建一个挂载点，那么也应遵循这样的格式，如在配置文件“/etc/auto.master”中添加设置项“/server　/etc/auto.server”，就表示新创建名为“/server”的自动挂载点，其配置文件是“/etc/auto.server”。一般情况下，自动挂载点配置文件的名称都统一为“auto”，文件名中的后缀则应与挂载点名称相同。

下面来分析一下自动挂载点“/misc”。

“/etc/auto.misc”配置文件定义了在“/misc”目录下要挂载的设备及具体的挂载点目录，文件中的默认设置如图 9-15 所示。

```
#
# This is an automounter map and it has the following format
# key [ -mount-options-separated-by-comma ] location
# Details may be found in the autofs(5) manpage

cd              -fstype=iso9660,ro,nosuid,nodev :/dev/cdrom

# the following entries are samples to pique your imagination
#linux          -ro,soft,intr           ftp.example.org:/pub/linux
#boot           -fstype=ext2            :/dev/hda1
#floppy         -fstype=auto            :/dev/fd0
#floppy         -fstype=ext2            :/dev/fd0
#e2floppy       -fstype=ext2            :/dev/fd0
#jaz            -fstype=ext2            :/dev/sdc1
#removable      -fstype=ext2            :/dev/hdd
```

图 9-15 auto.misc 文件的默认设置

“cd -fstype=iso9660,ro,nosuid,nodev :/dev/cdrom”表示将本地的光盘自动挂载到“/misc/cd”目录。

下面进行一下验证。

首先进入“/misc”目录，并查看目录中的内容。

```
[root@localhost ~]# cd /misc
[root@localhost misc]# ls
```

可以看到“/misc”是个空目录，执行“df -hT”命令，发现在“/misc”目录中也没有挂载任何设备，如图 9-16 所示。

```
[root@localhost 桌面]# df -hT
文件系统       类型      容量  已用  可用 已用%% 挂载点
/dev/mapper/VolGroup-lv_root
              ext4       18G  2.9G   14G  18% /
tmpfs        tmpfs      495M  264K  495M   1% /dev/shm
/dev/sda1     ext4      485M   33M  427M   8% /boot
/dev/sr0   iso9660      3.5G  3.5G     0 100% /media/RHEL_6.3 x86_64 Disc 1
```

图 9-16 /misc 目录没有挂载任何设备

此时在“/misc”目录中继续执行“cd cd”命令，竟然可以进入到“/misc/cd”目录中，这就是由 autofs 服务自动将光盘挂载到了该目录中，执行 ls 命令可以查看到光盘中的内容。再次执行“df -hT”命令，可以看到光盘已经自动挂载到了“/misc/cd”目录，如图 9-17 所示。

```
[root@localhost misc]# df -hT
文件系统       类型      容量  已用  可用 已用%% 挂载点
/dev/mapper/VolGroup-lv_root
              ext4       18G  2.9G   14G  18% /
tmpfs        tmpfs      495M  264K  495M   1% /dev/shm
/dev/sda1     ext4      485M   33M  427M   8% /boot
/dev/sr0   iso9660      3.5G  3.5G     0 100% /media/RHEL_6.3 x86_64 Disc 1
/dev/sr0   iso9660      3.5G  3.5G     0 100% /misc/cd
```

图 9-17 光盘被自动挂载到了/misc/cd 目录

3. 自动挂载共享目录

autofs 服务最主要的用途就是可以自动挂载 NFS 服务器或 Samba 服务器上的共享目录。

下面将 NFS 服务器（IP 地址 192.168.80.10）上名为 common 的共享目录自动挂载到本地的/misc/nfs 目录中。

修改配置文件 auto.misc，增加以下一行：

```
nfs                    -ro 192.168.80.10:/common
```

然后访问/misc/nfs 目录，实现自动挂载。

```
[root@localhost ~]# cd /misc
[root@localhost misc]# ls
[root@localhost misc]# cd nfs
[root@localhost nfs]# ls
hello.txt
```

4．特殊映射/net

在 autofs 服务的主配置文件“/etc/auto.master”中还有一个名为“/net”的特殊目录，在该目录中只要使用 cd 命令指定 NFS 服务器的 IP 地址，就可以直接挂载使用远程主机上的 NFS 共享。

例：通过特殊映射/net 实现自动挂载 NFS 共享。

```
[root@localhost misc]# cd /net
[root@localhost net]# ls
[root@localhost net]# cd 192.168.80.10
[root@localhost 192.168.80.10]# ls
common
```

这也是生产环境中在客户端使用 NFS 共享的最常用的一种方式。

思考与练习

选择题

1．NFS 服务的主配置文件是（　　）。

A．/etc/inetd.conf　　B．/etc/services

C．/etc/exports　　D．/etc/nfs.conf

2．Linux 系统中，（　　）服务的作用与 Windows 的共享文件服务作用相似，可以提供 Windows 和 Linux 互访的共享文件/打印服务。

A．Samba　　B．FTP　　C．SMTP　　D．Telnet

3．（　　）命令可以允许 192.168.0.0/24 访问 Samba 服务器。

A．hosts enable = 192.168.0.　　B．hosts allow = 192.168.0.

C．hosts accept = 192.168.0.　　D．hosts accept = 192.168.0.0/24

操作题

1．搭建 NFS 服务器，并完成下列任务。

（1）在服务器端共享/share1 目录，允许所有的客户端访问该目录，但只具有读取权限。

（2）在服务器端共享/share2 目录，允许 192.168.80.0/24 网段的客户端访问，并具有读 / 写权限。

（3）在客户端查看 NFS 服务器发布的共享目录。

（4）在客户端挂载 NFS 服务器上的/share1 目录到本地的/mnt/share1 目录下。

（5）在客户端自动挂载 NFS 服务器上的/share2 目录到本地/mnt/share2 目录下。

2．搭建 Samba 服务器，并完成下列任务。

（1）将目录/share 设为共享，共享名为 public，只允许 192.168.0.0/24 网段内的客户端访问。

（2）将目录/data/tech 设为共享，该目录只允许技术部员工访问，并且只允许名为 boss 的用户可以写入。

3. 在一台 Linux 客户端上通过配置 autofs 服务，实现自动挂载 NFS 和 Samba 共享目录。

第 10 章

构建 vsftpd 服务器

FTP（文件传输协议）是互联网中一项古老的服务，FTP 服务器的功能与文件服务器的功能类似，都可以允许客户端用户从服务器中下载或上传文件。那么它们之间的区别在哪里，何时应使用文件服务器，何时又该使用 FTP 服务器呢？

- 文件服务器只能在局域网内部使用，来自互联网上的用户无法访问文件服务器。
- 用户在访问 FTP 服务器时，无法直接修改服务器上的文件数据，也就是说当要修改某个文件时，必须要先将该文件下载到客户端才能修改，因此该文件在客户端和服务器端都会存在。而文件服务器则支持在线直接修改。
- FTP 服务器支持断点续传，更适合大容量文件的传输。

经过综合比较，如果只需要在局域网内部实现文件下载和上传功能，那么使用文件服务器将更加方便；如果需要在互联网中提供文件下载和上传功能，那么就得使用 FTP 服务器了。

本项目将介绍 FTP 协议的基本特性，以及如何利用 vsftpd 来搭建 FTP 服务器。

10.1 FTP 服务简介

任务描述

本任务将对 FTP 服务的基本特性进行介绍，这是在配置和管理 FTP 服务器之前所必须了解的基本知识。

任务分析及实施

10.1.1 FTP 服务基本原理

FTP 服务采用客户端/服务器工作模式，客户端与服务器之间使用 TCP 协议进行连接。与其他大多数服务不同的是，FTP 服务需要在客户端与服务器之间建立两条连接：一条是控制连接，专门用于传送控制信息，如查看文件列表、删除文件等，控制连接在整个会话期间一直打开；另一条是数据连接，专门用于用户上传或下载文件时的数据发送，文件发送结束后，数据连接将自动关闭，如图 10-1 所示。

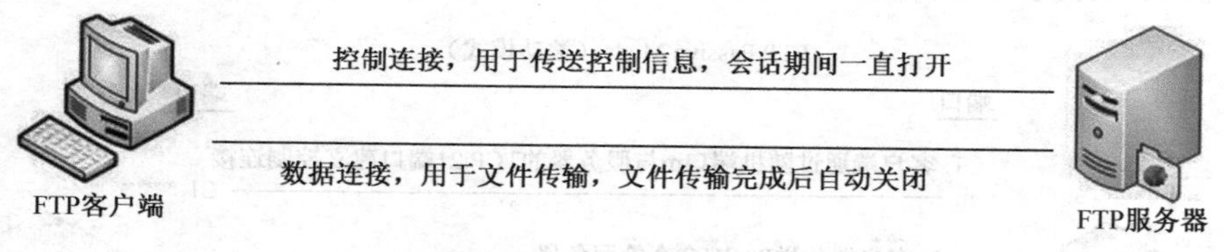

图 10-1 FTP 控制连接与数据连接

这两条连接的建立顺序是：先建立控制连接，然后再建立数据连接。控制连接都是由客户端主动发起与服务器进行连接的；而数据连接则有可能是由服务器主动发起与客户端进行连接，也有可能是由客户端主动发起与服务器进行连接的，这就涉及 FTP 服务的两种不同工作模式：主动模式和被动模式。

10.1.2 FTP 工作模式

1. FTP 主动模式

FTP 主动模式又称为标准模式或 PORT 模式，此时 FTP 客户端与服务器之间的通信过程如图 10-2 所示。

主动模式下连接的建立过程：

① 服务器固定开放 TCP 21 端口，客户端利用随机端口 m 与之建立控制连接。

② 当客户端需要下载或上传文件时，客户端发送 PORT 命令给服务器，此命令包含客户端的 IP 地址与另外一个随机端口号 n。客户端利用 PORT 命令通知服务器通过此 IP 地址

与端口号来发送文件给客户端。

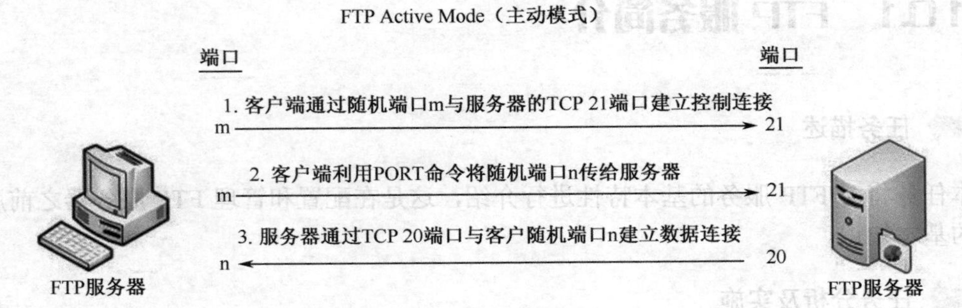

图 10-2　FTP 主动模式

③ 服务器通过 TCP 20 端口主动与客户端的随机端口 n 建立数据连接。

FTP 控制连接都是由客户端主动发起建立的，FTP 主动模式和被动模式的差别主要体现在数据连接上。在图 10-2 所示的连接建立过程中，数据连接是由服务器主动发起与客户端之间建立的，对于服务器属于主动连接，因而称之为主动模式。

2. FTP 被动模式

被动模式又称为 PASV 模式，此时 FTP 客户端与服务器之间的通信过程如图 10-3 所示。

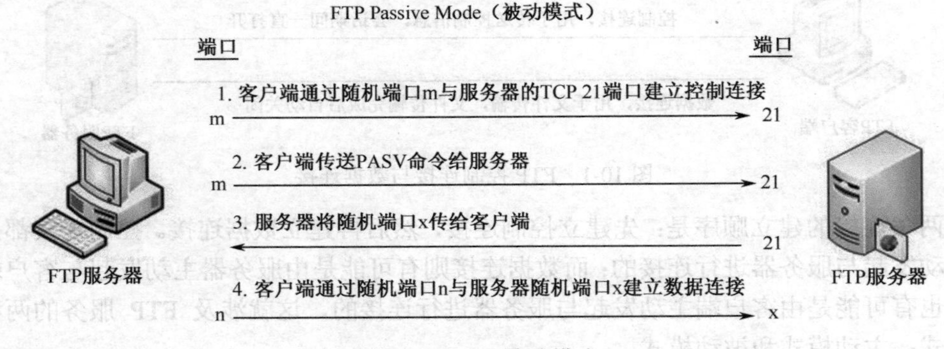

图 10-3　FTP 被动模式

被动模式下连接的建立过程：

① 服务器固定开放 TCP 21 端口，客户端利用随机端口 m 与之建立控制连接。

② 客户端通过控制连接发送 PASV 命令给服务器，表示要利用被动模式来与服务器通信。

③ 服务器通过控制连接将用来接听客户端请求的随机端口号 x 发给客户端。

④ 客户端通过随机端口 n 与服务器随机端口 x 建立数据连接。

在图 10-3 所示的连接建立过程中，数据连接是由客户端主动发起与服务器之间建立的，对于服务器属于被动连接，因而称之为被动模式。

3．明确 FTP 工作模式的意义

由于在 FTP 服务器端或客户端都可能部署有防火墙，防火墙的主要作用就是对连接进行控制，对于入站连接一般要进行严格审核，对于出站连接则大都是予以放行的。因而明确了 FTP 两种工作模式的含义，将有助于我们对防火墙进行合理配置。

如在 FTP 主动模式下，对于服务器端入站连接只有一个，即第①步中由客户端发起的向 TCP 21 端口的控制连接，因此对于服务器端的防火墙，需要开放 TCP 21 端口，允许放行发往该端口的数据。对于客户端，在 FTP 主动模式下入站连接也只有一个，即第③步中由服务器发起的向随机端口 n 的数据连接。因此对于客户端的防火墙，需要开放端口 n。

在被动模式下，所有的入站连接都发生在服务器端，因而客户端的防火墙可以不予配置。对于服务器端的防火墙，则既要开放 TCP 21 端口，又要开放随机端口 x。

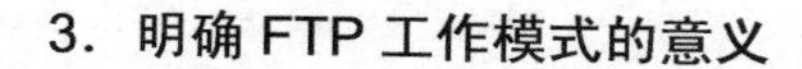

10.2　配置 vsftp 服务器

任务描述

本任务将介绍如何安装配置 vsftpd 服务器，其中重点是如何对用户和权限进行管理。

任务设计及准备

在 VMWare 中启动一台 Linux 虚拟机作为 FTP 服务器，主机名为 FTP，IP 地址为 192.168.10.12。虚拟机网络设为“仅主机”模式，以安装有 Windows 系统的物理主机作为客户端，IP 地址为 192.168.10.1。

任务分析及实施

10.2.1　安装并运行 vsftpd

能够实现 FTP 服务的软件有很多，如 Windows Server 中的 IIS，以及被广泛应用的第三方软件 Serv-U 等。RHEL 6 中的 FTP 功能是由一款名叫 vsftpd 的软件提供的，软件名字中的“vs”是“very secure”的缩写，所以 vsftpd 的特点是其安全性和稳定性比较突出，其官方站点为：http://vsftpd.beasts.org/。

vsftpd 默认并没有安装，所以要先执行“yum install vsftpd”命令安装该软件。

vsftpd 的服务进程名也是 vsftpd，软件安装完成后，运行服务，并设为永久启动。

```
[root@server ~]# servicevsftpd start
为 vsftpd 启动 vsftpd:                                    [确定]
[root@server ~]#chkconfigvsftpd on
```

对 FTP 服务器的配置工作主要集中在如何对用户和权限进行管理，在 vsfptd 中有 3 类用户：匿名用户、系统用户和虚拟用户，下面将分别予以介绍。

10.2.2 设置匿名访问 FTP

vsftpd 的默认主目录是/var/ftp/，其中已有一个默认的子目录 pub，可以把要共享的文件放在/var/ftp/pub/目录中。

1. 设置匿名用户下载

首先设置允许匿名用户访问 FTP 并进行下载。

vsftpd 的主配置文件是/etc/vsftpd/vsftpd.conf。配置文件一共有一百多行，配置并不算复杂。该文件中默认有如图 10-4 所示的几项设置。

```
11 # Allow anonymous FTP? (Beware - allowed by default if you comment this out).
12 anonymous_enable=YES
13 #
14 # Uncomment this to allow local users to log in.
15 local_enable=YES
16 #
17 # Uncomment this to enable any form of FTP write command.
18 write_enable=YES
```

图 10-4 关于匿名用户的默认设置

对图 10-4 所示中 3 项设置的解释如下：

- "anonymous_enable=YES"表示允许匿名用户访问。vsftpd 中的匿名用户有两个：anonymous 和 ftp，在客户端可以用这两个匿名用户中的任意一个访问服务器。
- "local_enable=YES"表示允许使用系统用户访问，但是系统用户在访问时默认只能访问自己的家目录，而不是 vsftpd 的主目录/var/ftp/。
- "write enable=YES"表示允许写入。这项设置只是一个开关，要使匿名用户或系统用户具有写入权限，还得进行其他的设置。

这里保留默认设置，不对配置文件做改动。

下面在/var/ftp/pub/目录下创建一个测试文件：

```
[root@server ~]# touch /var/ftp/pub/test.txt
```

然后在一台 Windows 客户端上用匿名用户访问测试，可以发现匿名用户能够成功访问，并可以下载文件。当然前提是要把 FTP 服务器端的防火墙关闭。

2. 设置匿名用户上传

vsftpd 服务器默认允许匿名用户访问并提供下载功能，但从安全性的角度考虑，匿名用户默认无法上传。要赋予匿名用户上传权限，需要从以下 3 个方面着手进行设置。

（1）在配置文件中允许匿名用户上传

在配置文件/etc/vsftpd/vsftpd.conf 中增加以下几行（或是将相应行之前的"#"去掉也可）：

```
[root@server ~]# vim /etc/vsftpd/vsftpd.conf
anon_upload_enable=YES
anon_mkdir_write_enable=YES
```

```
anon_other_write_enable=YES
anon_umask=022
anon_max_rate=500000
```

对设置项的说明：

- “anon_upload_enable=YES”，表示允许匿名用户上传文件。
- “anon_mkdir_write_enable=YES”，表示允许匿名用户创建目录。
- “anon_other_write_enable=YES”，表示允许匿名用户删除文件。
- “anon_umask=022”，表示设置匿名用户的 umask 值。
- “anon_max_rate=500000”，表示对匿名用户的传输速率进行限制，单位为字节。

需要注意的是，在 vsftpd 中将匿名用户的写入权限细分为“上传文件、创建目录、删除文件”3 种类型，用户可以根据需求选择添加相应的设置项。

修改完成后，重启服务。

```
[root@server ~]# service vsftpd restart
```

（2）设置 FTP 目录的权限

除了在配置文件中进行设置之外，还得保证用户对 FTP 主目录具有写入权限。/var/ftp/目录默认只有 root 用户具有写入权限，为了保证安全性，建议不要直接修改这个目录的权限。如果希望 ftp 客户端能够上传文件，可以在/var/ftp/目录中再创建子目录，然后设置 ftp 用户对子目录具有写入权限即可。

这里设置匿名用户对/var/ftp/pub 目录具有写入权限。

有 3 种方法可以修改目录权限：

第 1 种方法，使所有用户都对目录具有 rwx 权限，此种方法安全性较低，不建议采用。

```
[root@server ~]# chmod 777/var/ftp/pub
```

第 2 种方法，将匿名用户 ftp 设置为目录的所有者。

```
[root@server ~]# chown ftp /var/ftp/pub
```

第 3 种方法，通过设置访问控制列表 ACL，赋予匿名用户 rwx 权限。推荐采用此种方法。

```
[root@server ~]# setfacl -m u:ftp:rwx /var/ftp/pub
```

（3）关闭 SELINUX

完成前面两步设置之后，同时还要确保系统的 SELINUX 安全机制也已经被关闭。

```
[root@server ~]# setenforce 0
[root@server ~]#getenforce
Permissive
```

这样，在客户端再次测试，匿名用户就可以上传了。

10.2.3 设置系统用户访问 FTP

1. 系统用户的默认设置

vsftpd 默认允许所有的系统用户都可以访问 FTP，并且要进行身份验证。但是用系统用户身份登录 FTP 服务器后，默认将位于用户自己的家目录中，而不是 FTP 的主目录。

配置文件中关于系统用户的默认设置如图 10-5 所示。

```
11 # Allow anonymous FTP? (Beware - allowed by default if you comment this out).
12 anonymous_enable=YES
13 #
14 # Uncomment this to allow local users to log in.
15 local_enable=YES
16 #
17 # Uncomment this to enable any form of FTP write command.
18 write_enable=YES
```

图 10-5　关于系统用户的默认设置

系统默认已经允许系统用户访问，由于系统用户默认只能访问自己的家目录，所以自然就具备了写入的权限，写入时的 umask 值也是 022。

下面创建一个系统用户 ftpuser，为其设置密码，并在它的家目录中放置一个测试文件：

```
[root@server ~]# useradd ftpuser
[root@server ~]#passwd ftpuser
[root@server ~]#echo 'ftp test' > /home/ftpuser/ftptest.txt
Permissive
```

然后在 Windows 客户端利用资源管理器测试访问，在空白界面单击鼠标右键之后选择"登录"，输入用户名 ftpuser 及密码就可以进入到用户的家目录中了，并且具有写入权限。

2．禁锢系统用户于指定目录中

Windows 客户端也可以通过 ftp 命令行访问服务器，由于在命令行模式下默认采用 FTP 主动模式，因而此时需要将客户端的防火墙关闭才可以成功访问，如图 10-6 所示。

```
C:\Users\Administrator>ftp 192.168.10.12
连接到 192.168.10.12。
220 (vsFTPd 2.2.2)
用户(192.168.10.12:(none)): ftpuser
331 Please specify the password.
密码:
230 Login successful.
ftp> ls
200 PORT command successful. Consider using PASV.
150 Here comes the directory listing.
ftptest.txt
226 Directory send OK.
ftp: 收到 13 字节，用时 0.00秒 13.00千字节/秒。
ftp>
```

图 10-6　在 Windows 通过命令行访问 FTP 服务器

注意，系统用户虽然默认访问的是自己的家目录，但是却可以用 cd 命令切换到服务器端任何具备访问权限的目录，如切换到/etc/目录，如图 10-7 所示。

而这会带来很大的安全风险，所以一般都需要将系统用户禁锢于其家目录中，禁止随意切换。在 vsftpd.conf 文件中增加一行"chroot_local_user=YES"。

"chroot_local_user=YES"的作用就是将用户禁锢在自己的家目录中。vsftpd.conf 文件对设置项目的位置没有要求，这项设置可以放在文件中的任意位置。

```
ftp> cd /etc
250 Directory successfully changed.
ftp> ls
200 PORT command successful. Consider using PASV.
150 Here comes the directory listing.
ConsoleKit
DIR_COLORS
DIR_COLORS.256color
DIR_COLORS.lightbgcolor
NetworkManager
PackageKit
Trolltech.conf
```

图 10-7 客户端可以任意切换目录

设置完成后，保存退出，重启服务。

在客户端利用命令行重新登录，此时再切换到其他目录时便会被拒绝。

3. 允许系统用户访问指定目录

如果希望系统用户在登录 FTP 时也是访问 FTP 的主目录/var/ftp，而不是自己的家目录，那么可以在配置文件中再增加一行“local_root=/var/ftp”。

保存退出后，重启 vsftpd 服务。

然后在客户端再次用 ftpuser 的身份访问 FTP 服务器，此时就是进入到了 FTP 的主目录中。

如果需要系统用户具有写入权限，也只需按照之前的方法设置访问控制列表即可。由于系统用户是可信用户，因而写入权限没有像匿名用户那样进行细分。

4. 设置用户列表

默认设置下，FTP 服务器中的所有系统用户都可以访问 FTP，如何来限定只有指定的用户可以访问呢？

vsftpd 中提供了两个与系统用户相关的配置文件：/etc/vsftpd/ftpusers 和/etc/vsftpd/user_list，这两个文件中均包含一份 FTP 用户名的列表，但是它们的作用截然不同。

- /etc/vsftpd/ftpusers，这个文件中包含的用户账号将被禁止登录 vsftpd 服务器，不管该用户是否在/etc/vsftpd/user_list 文件中出现。通常将 root、bin、daemon 等特殊用户列在该文件中，禁止用于登录 FTP 服务。
- /etc/vsftpd/user_list，该文件中包含的用户账户可能被禁止登录，也可能被允许登录，具体在主配置文件 vsftpd.conf 中决定。当存在“userlist_enable=YES”的配置项时，/etc/vsftpd/user_list 文件生效，如果配置“userlist_deny=YES”，则仅禁止列表中的用户账户登录；如果配置“userlist_deny=NO”，则仅允许列表中的用户账户登录。

由于 FTP 服务在进行用户身份验证时，默认都是采用明文传输用户身份信息，因而为了保证安全性，root 用户严禁被用于在客户端访问 FTP 服务。在 ftpusers 文件的禁用用户列表中，root 被排在首位。综合来看，/etc/vsftpd/ftpusers 文件为 vsftpd 服务提供了一份用于禁止登录的 FTP 用户列表，而/etc/vsftpd/user_list 文件提供了一份可灵活控制的 FTP 用户列表。而且 ftpusers 文件的优先级要高于 user_list，即一个用户如果同时出现在这两个文件中，那么该用户将被拒绝访问 FTP。

假如我们希望 ftpuser 用户可以访问 FTP，那么可以进行如下设置。

首先修改配置文件 vsftpd.conf，确保其中有如下两行设置：

```
[root@server ~]# vim /etc/vsftpd/vsftpd.con
userlist_enable=YES
userlist_deny=NO
```

- “userlist_enable=YES”是系统的默认设置，表示启用 userlist 用户列表。
- “userlist_deny=NO”是后来添加的，表示只允许列表中的用户登录。

user_list 列表中默认存在的用户与 ftpusers 中是一样的，这些用户都禁止登录。在其中添加允许登录的用户账号 ftpuser，如图 10-8 所示。

```
# vsftpd userlist
# If userlist_deny=NO, only allow users in this file
# If userlist_deny=YES (default), never allow users in this file, and
# do not even prompt for a password.
# Note that the default vsftpd pam config also checks /etc/vsftpd/ftpusers
# for users that are denied.
root
bin
daemon
adm
lp
sync
shutdown
halt
mail
news
uucp
operator
games
nobody
ftpuser
```

图 10-8　在 user_list 中添加 ftpuser 用户

将服务器重启之后，在客户端进行测试，此时只有 ftpuser 用户可以访问 FTP。

10.2.4　设置虚拟用户访问 FTP

除了匿名用户和系统用户之外，还可以设置虚拟用户来访问 FTP。所谓虚拟用户，是指存放于独立数据库文件中的 FTP 用户账号，可以将它们映射到某个不能登录的系统用户账号上，以进一步增强 FTP 服务器的安全性。

虚拟用户的配置较为复杂，需要经过以下过程。

1. 创建虚拟用户数据库文件

vsftpd 服务的虚拟用户数据库默认使用 Berkeley DB 格式的数据库文件，建立数据库文件需要用到 db_load 命令工具，db_load 工具是由 db4-utils 软件包提供的，所以首先需要确认系统中已经安装好了 db4-utils 组件。

```
[root@server ~]#   rpm -qa | grep db4-utils
db4-utils-4.7.25-17.el6.x86_64
```

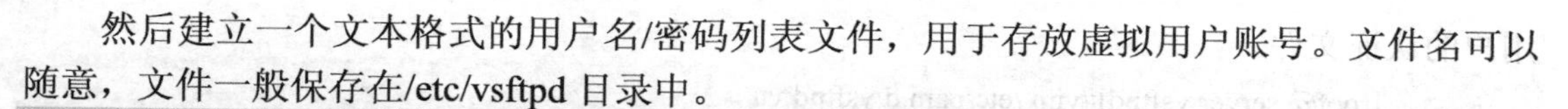

然后建立一个文本格式的用户名/密码列表文件，用于存放虚拟用户账号。文件名可以随意，文件一般保存在/etc/vsftpd 目录中。

```
[root@server ~]#   vim /etc/vsftpd/logins.txt
harry
123
natasha
123
```

文件中的奇数行表示用户名，偶数行为上一行用户所对应的密码。上面的例子中就表示创建了两个虚拟用户：harry 和 natasha，密码都是 123。

有了文本格式的用户名/密码列表文件以后，还要以此文件为数据源通过 db_load 工具创建出 Berkeley DB 格式的数据库文件。

```
[root@server ~]#   cd /etc/vsftpd
[root@ server vsftpd]# db_load -T -t hash -f logins.txt logins.db
```

这里所执行的 db_load 命令是一种固定用法，其中的“-T”选项表示允许非 Berkeley DB 的应用程序使用从文本格式转换的 DB 数据库文件，“-t hash”选项指定读取数据文件的基本方法，“-f”选项用于指定数据的源文件。

最后，为了提高虚拟用户账号的安全性，最好将这两个存放虚拟用户账号的文件的权限都设为 600，即只有 root 用户具有读取和写入权限。

```
[root@ server vsftpd]# chmod 600 logins.*
[root@ server vsftpd]# ll logins.*
-rw-------. 1 root root 12288 5 月   21 17:51 logins.db
-rw-------. 1 root root      22 5 月   21 17:48 logins.txt
```

2．创建虚拟用户的映射账号

vsftpd 服务对虚拟用户其实采用了映射的控制方式，把所有的虚拟用户账号都对应到了同一个系统用户账号上，并将这个系统用户的家目录作为所有虚拟用户登录后共用的 FTP 主目录。所以还必须再创建一个系统用户账号，当然这个用户无须设置密码并且不允许用来登录系统。

例：创建用户 virtual，指定家目录为/var/ftp/virtual，不允许用户登录系统。

```
[root@ server vsftpd]#useradd -d /var/ftp/virtual -s /sbin/nologin virtual
[root@ server vsftpd]#ll -d /var/ftp/virtual
drwx------. 4 virtual virtual 4096 5 月   21 17:58 /var/ftp/virtual
```

3．创建 PAM 认证文件

对虚拟用户的身份认证是通过 PAM 机制来实现的，PAM 是 Linux 系统中的一个独立 API（应用程序接口），它提供了各种验证模块以供其他程序调用。当这些程序需要进行用户身份验证的操作时，就可以直接调用 PAM 的相应模块，而无须由自己来提供验证功能。所以 PAM 在 Linux 系统中提供了统一的身份验证机制。

PAM 的认证文件都统一存放在/etc/pam.d/目录中，下面在这个目录中创建一个 FTP 虚拟用户的认证文件。

```
[root@ server vsftpd]#vim /etc/pam.d/vsftpd.vu
authrequired            pam_userdb.so     db=/etc/vsftpd/logins
accountrequired            pam_userdb.so     db=/etc/vsftpd/logins
```

在文件中，通过“db=/etc/vaftpd/logins”参数指定了要使用的虚拟用户数据库文件的位置。注意，这里不需要加“.db”的后缀。

4. 修改 vsftpd 配置，添加虚拟用户支持

最后，需要在 vsftpd.conf 配置文件中添加相应配置项，以支持虚拟用户。

```
[root@ server vsftpd]#vimvsftpd.conf
guest_enable=YES
guest_username=virtual
pam_service_name=vsftpd.vu
user_config_dir=/etc/vsftpd/vuser
```

对配置项的说明：

- guest_enable=YES，表示启用虚拟用户映射功能；
- guest_username=virtual，表示指定所映射的系统用户名称；
- pam_service_name=vsftpd.vu，表示指定 PAM 认证文件；
- user_config_dir=/etc/vsftpd/vuser，表示虚拟用户配置文件的存放目录，关于虚拟用户配置文件将在下面介绍。

另外，其他原有的一些设置项目也必须要正确设置：

- local_enable=YES，由于需要映射系统用户，所以此项必须启用；
- anon_umask=022，在 vsftpd 服务中，虚拟用户被默认作为匿名用户进行处理以降低权限，因此对应的配置项通常以 anon_开头。
- write_enable=YES，表示允许写入。

5. 创建虚拟用户配置文件

经过前面的设置之后，将 vsftpd 服务重启，便可以使用虚拟用户访问 FTP 了，但此时所有的虚拟用户都只具有下载的权限而无法上传。当然，如果在 vsftpd.conf 配置文件中添加配置项“aono_upload_enable=YES”、“anon_mkdir_write_enable=YES”、“anon_other_write_enable=YES”，便可以使虚拟用户具备上传权限，但这样一来，所有的虚拟用户又都可以上传了。所以，为了对虚拟用户进行精确控制，实现不同用户拥有不同的权限，我们还需要为每个虚拟用户建立独立的配置文件。

之前在 vsftpd.conf 配置文件中已经指定了虚拟用户配置文件的存放位置/etc/vsftpd/vuser，下面首先创建该目录，然后为 harry 用户创建配置文件，文件名即是用户名。

```
[root@ server vsftpd]#mkdir /etc/vsftpd/vuser
[root@ server vsftpd]#cd /etc/vsftpd/vuser
[root@ server vuser]#vim harry
anno_upload_enable=YES
```

```
anon_mkdir_write_enable=YES
anon_other_write_enable=YES
```

这里允许 harry 用户上传，设置方法同匿名用户。

然后再为 natasha 也创建一个配置文件，如果 natasha 只允许下载，那么只需要有一个配置文件即可，文件内容保持空白。

```
[root@ server vsftpd]#mkdir /etc/vsftpd/vuser
[root@ server vsftpd]#cd /etc/vsftpd/vuser
[root@ server vuser]#touch natasha
anno_upload_enable=YES
anon_mkdir_write_enable=YES
anon_other_write_enable=YES
```

至此，虚拟用户便全部设置好了。harry 用户具有下载和上传的权限，而 natasha 只能下载不能上传。

最后，将服务重启，设置生效。

10.2.5 vsftpd 的其他常用设置

除了上述对用户进行配置管理的内容之外，在主配置文件/etc/vsftpd/vsftpd.conf 中还包括其他一些常用的设置项，这些设置项相对较为简单，读者可自行练习，这里就不一一举例说明了。

- listen_port=2121，将 FTP 服务的端口号改为 2121（可以改为任意一个随机端口号）；
- max_clients=100，将最大连接数设为 100，可以根据服务器配置进行设置，0 表示不限制；
- max_per_ip=5，设置每个 IP 的最大链接数，0 表示不限制；
- anon_max_rate=500000，限制匿名用户的下载速度（单位字节）；
- local_max_rate=1000000，限制系统用户的下载速度；
- listen_address=IP，设置服务器的 IP 地址；
- download_enable＝YES，是否允许下载文件。

思考与练习

选择题

1．在 vsftpd 的配置文件中，用于设置不允许匿名用户登录的配置选项是（　　）。

A．no_anonymous_login=YES　　B．anonymous_enable=NO

C．local_enable=NO　　D．no_anonymous_enable=YES

2．在 vsftpd 的配置文件中，用于设置系统用户登录后，其 FTP 主目录的配置选项是（　　）。

A．local_root　B．local_ftproot　　C．anon_root　　D．anon_ftproot

3．下列文件中不属于 vsftpd 配置文件的是（　　）。

A．/etc/vsftpd.ftpusers　　B．/etc/vsftpd/vsftp.conf

C．/etc/vsftpd.user_list　　D．/etc/vsftpd/vdftpd.conf

4．如果使用 vsftpd 的默认配置，当使用匿名账户登录 FTP 服务器，那么所处的目录是（　　）。

A．/home　　B．/var/ftp　　C．/home/ftp　　D．/home/vsftpd

5．当 vsftpd ftp 服务器安装后，若要启动该服务，则正确的命令是（　　）。

A．service vsftpd restart　　B．server vsftpd start

C．service vsftpd start　　D．/etc/rc.d/init.d/vsftpd restart

操作题

在 RHEL6 操作系统中构建 vsftpd 服务器。要求采用 FTP 虚拟用户方式，添加 2 个用户，分别是 user1 和 user2。按要求完成如下操作：

（1）允许匿名访问，任何用户均可下载服务器/var/ftp/soft 目录中的资料。

（2）用户 user1 能够对服务器/var/ftp/soft 目录中的资料进行管理（上传文件、创建目录及删除文件等）

（3）用户 user2 能够下载服务器/var/ftp/soft 目录中的资料。

第11章

构建BIND域名服务器

DNS（Domain Name System）域名系统，是一种采用客户端/服务器机制，负责实现计算机名称与IP地址转换的系统。DNS作为一种重要的网络服务，既是国际互联网工作的基础，同时在企业内部网络中也得到了广泛地应用。

本项目将介绍如何利用BIND软件在Linux系统中构建DNS服务器。

11.1 了解 DNS 体系结构

任务描述

DNS 作为 Internet 的基础，如何实现全球范围内的域名解析？在介绍如何配置和管理 DNS 服务器之前，有必要介绍一下 DNS 的工作原理及 DNS 体系结构。

本任务将介绍在互联网早期所采用的 hosts 文件，以及目前所使用的 DNS 域名层次结构和域名空间，还有 DNS 域名解析的方式。

任务分析及实施

11.1.1 hosts 文件

互联网早期并没有 DNS 域名系统，当时采用 hosts 文件进行域名解析。hosts 文件里存放了网络中所有主机的 IP 地址和所对应的计算机名称，由专人定期更新维护并提供下载。在所有接入互联网的主机中都存有一份相同的 hosts 文件，每台主机利用这一个 hosts 文件就可以把互联网上所有的主机名解析出来。

虽然早已不再使用 hosts 文件进行域名解析，但它现在仍然可以发挥作用。在所有已经安装好的 Linux 系统中都已经默认自带了 hosts 文件，它的位置在“/etc/hosts”。可以按照下面的格式在 hosts 文件中添加一条记录，这样就把“www.baidu.com”这个名字对应到了“202.108.22.5”这个 IP 上。

```
[root@localhost ~]#vim /etc/hosts
202.108.22.5 www.baidu.com
```

由于 hosts 文件的优先级高于在“/etc/resolv.conf”文件中所设置的 DNS 服务器，所以此时访问百度就会使用“202.108.22.5”这个 IP。试想一下，如果将“www.baidu.com”对应到一个错误的 IP 上会怎样呢？把 hosts 文件中刚才添加的这条记录改为“1.1.1.1 www.baidu.com”，这时就会发现无法访问百度了。

所以，hosts 文件的功能还是很强大的，在某些 DNS 服务器无法发挥作用的场合，可以用它来临时代替 DNS 服务器使用。我们还可以用它来屏蔽恶意网站，将恶意网站的网址都对应到一些错误的或不存在的 IP 上，那这些网站就无法访问了。

hosts 文件同样也可以被一些恶意软件利用，将一些正常网站的网址对应到一些不法网站的 IP 地址上。所以在日常维护工作中，要注意对 hosts 文件的检查。

在生产环境中，如果修改了主机名，那么建议在 hosts 文件中添加一条记录，将主机名对应到本机的 IP。

例：在 hosts 文件中添加本地主机的解析记录。

```
[root@localhost ~]#vim /etc/hosts
192.168.80.10rhel6
```

11.1.2　DNS 域名层次结构

如果网络规模较小，那么使用 hosts 文件是一个非常简单的解决方案，但对于目前已经包括有几十亿台主机的 Internet，hosts 文件很明显无法满足要求。所以在 Internet 中引入了 DNS 系统，它的工作机制相比 hosts 要复杂、高效得多。

1. DNS 域名空间与委派机制

DNS 系统采用的是分布式的解析方案，整个 DNS 架构是一种层次树状结构，这个树状结构称为 DNS 域名空间，如图 11-1 所示。

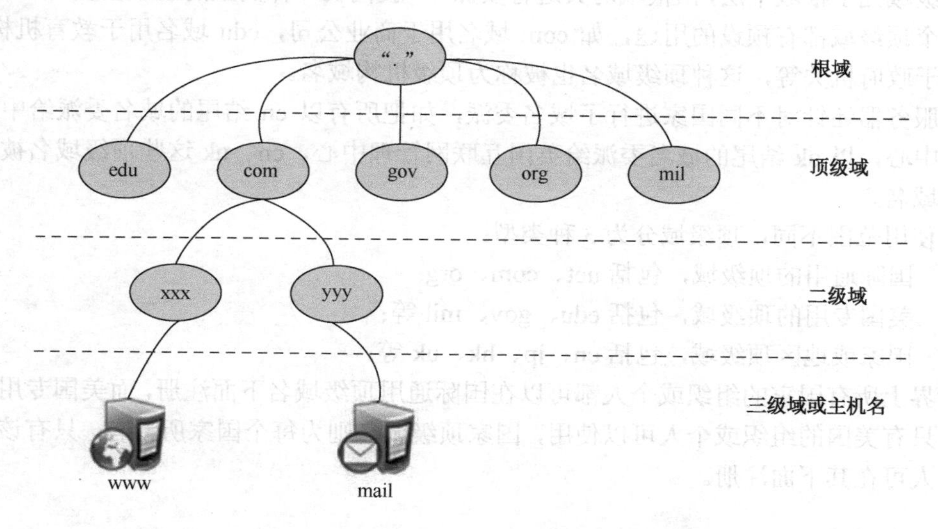

图 11-1　DNS 域名空间

图 11-1 树状结构的最顶层称为根域，用“.”表示，相应的服务器称为根服务器，互联网管理委员会规定，整个域名空间的解析权都归根服务器所有，也就是说根服务器对互联网上所有的域名都享有完全的解析权。

但试想一下，如果互联网中所有的域名都由根服务器解析，那么即使性能再强大的服务器也必然无法承担如此庞大的负载。所以为了减轻根服务器的压力，这里采用了一种“委派”机制，也就是在根域之下又设置了一些顶级域，然后由根服务器将不同顶级域的解析权分别委派给相应的顶级域服务器，如根服务器把 com 域的域名解析权委派给 com 域服务器，以后根服务器凡是接收到以 com 结尾的域名解析请求，都会转发给 com 域服务器，由它对域名进行解析。

同样的道理，为了减轻顶级域名服务器的压力，在每个顶级域之下又设置了若干二级域，并由顶级域服务器负责将二级域的解析权委派给相应的二级域名服务器。在二级域之下又可以再设置三级域……，每个被委派的域名服务器都可以使用委派的方式向下发展。

总之，正是通过这种层层委派的机制，才最终形成了现有的这种分布式的域名空间架构。

2. DNS 域名结构

在 DNS 这种层次树状域名空间中，每一层都有不同的含义和相应的表示方法，每一层的域名之间用点号“.”分开。

（1）根域

根域（root）位于域名空间的最顶层，一般用一个“.”表示。

（2）顶级域

顶级域处于根域下层，由根域对其进行委派，一般代表一种类型的组织机构或国家地区。每个顶级域都有预设的用途，如 com 域名用于商业公司，edu 域名用于教育机构，gov 域名用于政府机关等，这种顶级域名也被称为顶级机构域名。

根服务器还针对不同国家进行了域名委派，如把所有以 cn 结尾的域名委派给中国互联网管理中心，以 uk 结尾的域名委派给英国互联网管理中心，cn、uk 这些顶级域名被称为顶级地理域名。

按使用范围不同，顶级域分为 3 种类型：

- 国际通用的顶级域，包括 net、com、org；
- 美国专用的顶级域，包括 edu、gov、mil 等；
- 国家或地区顶级域，包括 cn、jp、hk、uk 等。

世界上所有国家的组织或个人都可以在国际通用顶级域名下面注册，而美国专用的顶级域名则只有美国的组织或个人可以使用，国家顶级域名则为每个国家所专有，只有该国的组织或个人可在其下面注册。

（3）二级域

二级域在顶级域之下，由顶级域对其进行委派，用来标明顶级域内的一个特定的组织。在 Internet 中，顶级域和二级域都由 ICANN（互联网名称与数字地址分配机构）负责管理和维护，以保证它们的唯一性。

国家顶级域下面的二级域名则由所在国家的网络部门统一管理，如中国互联网管理中心在.cn 顶级域名下面又设置了一些二级域名：.com.cn、.net.cn、.edu.cn……

（4）子域

在二级域之下所创建的各级域统称为子域，各个组织或用户都可以在子域中自由申请注册自己的域名。

（5）主机

主机处于域名空间的最下面一层，也就是一台具体的计算机，如图 11-1 中的 www、mail 都是具体的计算机的名字，可以用 www.sina.com.cn.、mail.sina.com.cn.来表示它们，这种表示方式称为 FQDN 名（完全合格域名），也就是这台主机在域中的全名。

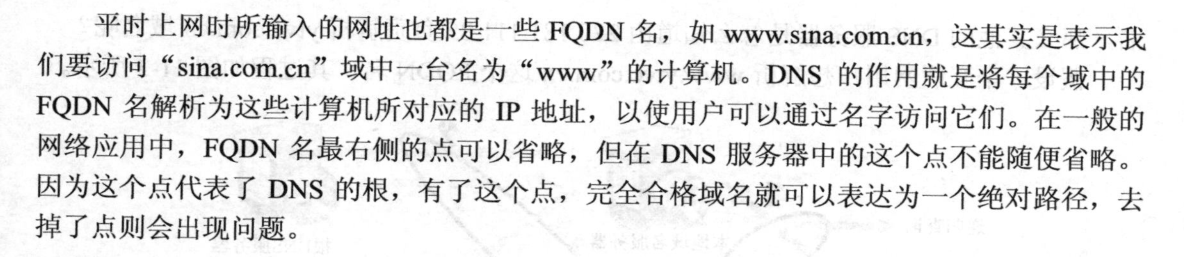

平时上网时所输入的网址也都是一些 FQDN 名，如 www.sina.com.cn，这其实是表示我们要访问“sina.com.cn”域中一台名为“www”的计算机。DNS 的作用就是将每个域中的 FQDN 名解析为这些计算机所对应的 IP 地址，以使用户可以通过名字访问它们。在一般的网络应用中，FQDN 名最右侧的点可以省略，但在 DNS 服务器中的这个点不能随便省略。因为这个点代表了 DNS 的根，有了这个点，完全合格域名就可以表达为一个绝对路径，去掉了点则会出现问题。

3. 域名的注册

当一个公司或个人要申请域名时，就得去相应的域名服务器那里进行注册，一般来讲，层次越高的域名，收费也就越高。

目前有很多提供域名服务的网站，如万网就是一家国内著名的域名服务提供商。在这类网站上可以输入欲注册的域名进行查询，然后根据需要进行选择，如图 11-2 所示。

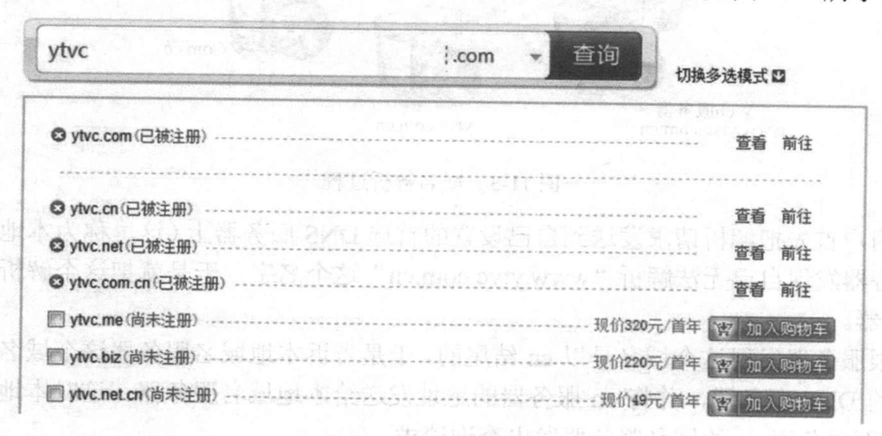

图 11-2 注册域名

当用户成功注册了一个域名之后，就必须得架设一台 DNS 服务器来负责解析这个域名。例如，一所学校注册了 ytvc.com.cn 域名，就需要在校园网络中搭建一台 DNS 服务器，然后由负责.com.cn 域名的服务器将 ytvc.com.cn 这个域名的解析权委派到我们自己的 DNS 服务器上。

对于有些公司虽然注册了域名，但是并不希望花费财力来架设 DNS 服务器进行域名解析，这时也可以将域名解析权委托给域名服务商，由其代为解析，而且这种方式在安全性方面更为可靠。

11.1.3 DNS 域名解析的方式

1. 域名解析的过程

在这种分布式的 DNS 体系结构中，DNS 服务器是如何进行域名解析的？如我们刚注册了一个域名 ytvc.com.cn，并指定由 IP 地址为 220.181.111.85 的 DNS 服务器负责解析这个域名，那么其他的 DNS 服务器是怎么知道由 220.181.111.85 负责解析 ytvc.com.cn 域名呢？

假设一个互联网用户想解析 www.ytvc.com.cn 这个 FQDN 名，其过程如图 11-3 所示。

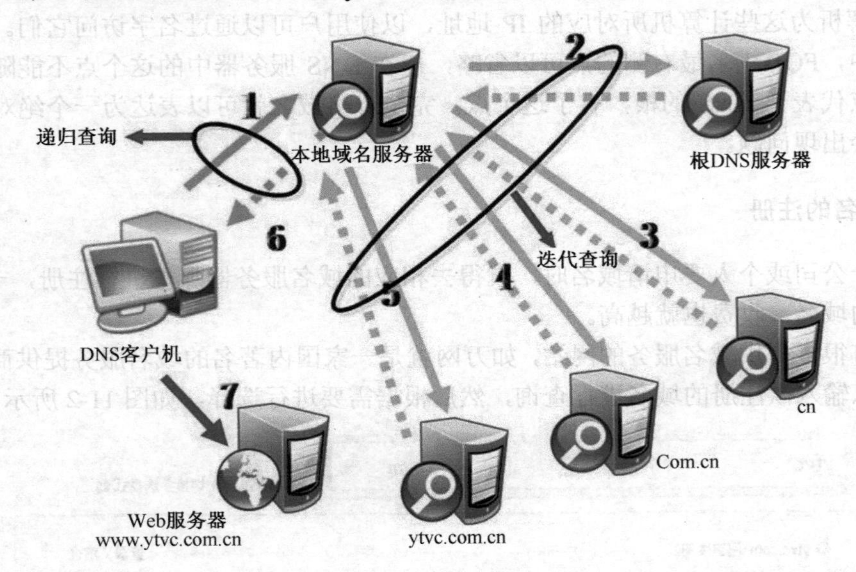

图 11-3　域名解析过程

① 用户首先把解析请求发送到自己设置的首选 DNS 服务器上（这里称为本地域名服务器），服务器发现自己无法解析“www.ytvc.com.cn”这个名字，于是就把这个解析请求发送到根服务器。

② 根服务器发现这个域名是以 cn 结尾的，于是告诉本地域名服务器这个域名应该询问负责 cn 的 DNS 服务器，并将 cn 服务器的地址发送给本地域名服务器。这时本地域名服务器就会转而向负责 cn 的域名服务器发出查询请求。

③ 负责 cn 域名的 DNS 服务器同样会将 com.cn 域名服务器的地址发送给本地域名服务器，本地域名服务器又去向 com.cn 服务器发出查询请求。

④ com.cn 服务器会回答说 ytvc.com.cn 这个域名已经被委派到 DNS 服务器 220.181.111.85 了，因此这个域名的解析应该询问 220.181.111.85。

⑤ 于是本地域名服务器最后向 220.181.111.85 发出查询请求，这次终于可以如愿以偿，220.181.111.85 会告诉查询者所需要的答案。本地域名服务器拿到这个答案后，在将结果发送给客户端的同时，会把查询结果同时放入到自己的缓存中。如果在缓存的有效期内有其他 DNS 客户再次请求这个域名，DNS 服务器就会利用自己缓存中的结果响应用户，而不用再去根服务器那里跑一趟了。

2. 递归查询与迭代查询

在域名解析的过程中，分别用到了两种不同类型的查询，分别是用户和自己所设置使用的本地域名服务器之间的递归查询，以及本地域名服务器与其他 DNS 服务器之间的迭代查询。

- 递归查询：DNS 客户端发出查询请求后，如果本地域名服务器内没有所需的数据，则服务器会代替客户端向其他的 DNS 服务器进行查询。在这种方式中，客户端只需发出一次查询请求，而域名服务器必须要给客户端做出回答。普通上网用计算机和所设置的 DNS 服务器之间都是采用递归查询。

- 迭代查询：DNS 服务器与服务器之间进行的查询，需要多次反复发出查询请求。也就是在上面的例子中，用户所使用的本地域名服务器从根服务器开始逐级往下查询，直到最终找到负责解析 ytvc.com.cn 域名的 DNS 服务器为止的过程。

3. 根域名服务器

在迭代查询的过程中，根服务器非常重要，从理论上来讲，如果根服务器全部崩溃，那么整个互联网也将瘫痪。

互联网中的根服务器一共有 13 台，这 13 台根服务器对于 Internet 至关重要，所以为了提高安全性，这些根服务器分别部署在不同的国家，其中 10 台设置在美国，另外分别各有一台设置于英国、瑞典和日本。由于大部分根域名服务器都设在美国，因而美国实际上牢牢掌控着 Internet 的霸权。美国曾在战争的特殊时期清除过伊拉克、利比亚的国家顶级域名，使得这两个国家的全部网站从国际互联网上消失。因此从理论上说，美国也可以随时从国际互联网中清除.cn 顶级域名，中国在此方面的安全性还有待于加强。

11.2 配置 DNS 服务

任务描述

本任务将介绍如何在内网中架设一台 DNS 服务器，以及如何在客户端进行测试。

任务设计及准备

在 VMWare 中启动一台 Linux 虚拟机作为 DNS 服务器，主机名为 BIND，IP 地址为 192.168.80.10。虚拟机网络设为“NAT”模式，能够接入 Internet。

任务分析及实施

11.2.1 前提准备

1. 在内网搭建 DNS 服务器的意义

既然公网上已经有那么多的 DNS 服务器了，那为什么我们还需要在内网中搭建 DNS 服务器呢？在内网中架设 DNS 服务器的意义主要体现在以下几个方面。

一是可以节省内网域名解析所占用的上网流量。由于 DNS 服务器具有缓存的功能，缓存的时间默认为 1 天。

二是可以解析内网服务器的 IP 地址。如果有些服务器只供内网用户访问，而并没有在互联网上注册域名。

2．DNS 查找区域与 DNS 服务器类型

配置 DNS 服务，首先要创建 DNS 查找区域。

所谓查找区域，是指 DNS 服务器所要负责解析的域名空间，如百度注册了 baidu.com 的域名，在百度的 DNS 服务器上就要创建名为“baidu.com”的查找区域。查找区域有正向和反向之分，正向查找区域负责把域名解析为 IP，而反向查找区域负责把 IP 解析为域名。通常使用的是正向查找区域。

但并非所有的 DNS 服务器中都要创建查找区域，按照对查找区域的维护方式不同，DNS 服务器可分为 3 种类型：

- 缓存域名服务器，也称为高速缓存服务器，这种服务器里没有要负责解析的区域，只是将域名查询结果缓存到本地，以提高客户端重复查询时的速度。
- 主域名服务器，就是我们最常使用的 DNS 服务器，要负责解析一个或几个区域，而且也可以起到缓存域名服务器的作用。
- 从域名服务器，也称为辅助域名服务器，主要作为主域名服务器的备份，所有数据都来源于主域名服务器。

3．BIND 域名服务基础

RHEL 系统中由一款名为 BIND（伯克利 Internet 域名服务）的软件来提供 DNS 功能，BIND 是一个被广泛使用的 DNS 服务器软件，它提供了强大及稳定的域名解析服务。据统计，Internet 上有近九成的 DNS 服务器都使用 BIND。BIND 是一款开源软件，目前由 Internet 软件联合会 ISC 这个非盈利机构负责开发和维护，其官方站点为：https://www.isc.org/。

BIND 的软件名为 bind，对应的服务进程名为 named。

下面仍是通过常规步骤来安装并运行服务：

```
[root@BIND ~]# yum install bind                #安装 bind 软件
[root@BIND ~]# service named start             #启动 named 服务
[root@BIND ~]# chkconfig named on              #将 named 服务设为开机自动运行
```

BIND 服务的配置文件主要有两种类型：主配置文件和区域配置文件。

- 主配置文件是/etc/named.conf，主要用于配置全局选项及创建查找区域。如我们要在服务器中创建一个名为“example.com”的查找区域，此项操作就应该在主配置文件中完成。
- 区域配置文件用来存放 DNS 服务所要负责解析的区域的相关数据，其中主要是各种 DNS 记录。服务器中所创建的每个查找区域都要有一个相对应的区域配置文件，区域配置文件都默认保存在 /var/named/ 目录中。

11.2.2　配置缓存域名服务器

下面先来配置一台最简单的缓存域名服务器，即不在服务器里创建查找区域。因而这里只需要修改主配置文件，而不涉及区域配置文件。

1. /etc/named.conf 配置文件

利用 vi 编辑器打开主配置文件“/etc/named.conf”，可以看到文件主要分为 options 全局配置和 zone 区域配置两部分，文件的格式如下：

```
options {
        配置子句;
        配置子句;
};

zone“zone-name” IN {
        type  子句;
        file  子句;
};
```

需要注意的是，BIND 的配置文件对格式要求极为严格，如在这个 named.conf 文件中，绝大多数行后面都要有“;”，另外在“{”与数据之间要有空格。如果格式书写不正确，那么在修改完文件后，将造成 named 服务无法成功重新启动。

2. options 全局配置

配置缓存域名服务器无须进行 zone 区域配置，而只需改动全局配置部分。

全局配置的设置项都包含在“options{};”的大括号中，如图 11-4 所示。这部分设置项将对所有的查找区域生效，因而称为全局配置。

```
options {
        listen-on port 53 { 127.0.0.1; };
        listen-on-v6 port 53 { ::1; };
        directory       "/var/named";
        dump-file       "/var/named/data/cache_dump.db";
        statistics-file "/var/named/data/named_stats.txt";
        memstatistics-file "/var/named/data/named_mem_stats.txt";
        allow-query     { localhost; };
        recursion yes;

        dnssec-enable yes;
        dnssec-validation yes;
        dnssec-lookaside auto;

        /* Path to ISC DLV key */
        bindkeys-file "/etc/named.iscdlv.key";

        managed-keys-directory "/var/named/dynamic";
};
```

图 11-4　options 全局配置

下面是全局配置中比较重要的几个设置项。

- “listen-on port 53 { 127.0.0.1; }; ”，设置 named 服务监听的端口号及 IP 地址。对于端口号不建议修改，但是 IP 地址默认是 127.0.0.1，从这个回环地址上是监听不到任何客户端请求的，因而这里需要改成 DNS 服务器的静态 IP，如“listen-on port

53 {192.168.80.10; }；”，或者是改成“any”，如“listen-on port 53 {any; }；”，表示可以从该服务器的任何一个 IP 地址上进行监听。

- “allow-query { localhost; }；”，设置允许进行 DNS 查询的客户端地址。默认值 localhost 表示只接受本地查询，这很明显不符合要求，需要将之修改成指定的 IP 网段，如“allow-query { 192.168.80.0/24; }；”，或是改成“any”，如“allow-query { any; }；”，表示可以接受所有主机的 DNS 查询请求。
- “recursion yes;”，设置是否允许进行递归查询，这一项一般不用修改。
- “dnssec-enable yes;”、“dnssec-validation yes;”，设置在 DNS 查询的过程中是否进行加密。为了提高效率，这两项一般都要改为 no。

3. 修改全局配置

只需将全局配置部分进行简单的修改，即可实现缓存域名服务器的功能。需要修改的地方：

- 将“listen-on port 53 { 127.0.0.1; };”改为服务器的 IP 或是 any，如“listen-on port 53 { 192.168.11.61; };”。
- 将“allow-query { localhost; };”改为允许进行 DNS 查询的客户端范围，如“allow-query { any; };”。
- 将“dnssec-enable yes;”改为“dnssec-enable no;”。
- 将“dnssec-validation yes;”改为“dnssec-validation no;”。

修改后的结果如图 11-5 所示。

```
options {
        listen-on port 53 { 192.168.80.10; };
        listen-on-v6 port 53 { ::1; };
        directory       "/var/named";
        dump-file       "/var/named/data/cache_dump.db";
        statistics-file "/var/named/data/named_stats.txt";
        memstatistics-file "/var/named/data/named_mem_stats.txt";
        allow-query     { any; };
        recursion yes;

        dnssec-enable no;
        dnssec-validation no;
        dnssec-lookaside auto;

        /* Path to ISC DLV key */
        bindkeys-file "/etc/named.iscdlv.key";

        managed-keys-directory "/var/named/dynamic";
};
```

图 11-5 修改后的全局配置

最后将 named 服务重启，使配置生效。

```
[root@BIND ~]# service named restart
```

4. 测试验证

下面分别在服务器本地和客户端计算机上验证 DNS 服务是否生效。

首先在 DNS 服务器本地进行验证。修改配置文件/etc/resolv.conf，将 DNS 服务器指向自己的 IP。

```
[root@BIND ~]# vim /etc/resolv.conf
nameserver 192.168.80.10
```

然后通过执行“ping www.baidu.com”命令进行测试，此时服务器能够正确地将地址解析出来，解析的方法是展开了迭代查询。仔细观察可以看到在显示第一个应答数据包之前会稍有停顿，这就是在进行迭代查询。

然后另开一台 Windows 虚拟机进行测试，将虚拟网络也设为 NAT 模式，IP 地址设为与服务器在同一网段，将首选 DNS 服务器设置为所配置的 BIND 服务器的地址 192.168.80.10。同样执行“ping www.baidu.com”命令进行测试，Windows 虚拟机也可以测试通过。

5. 配置转发器

DNS 服务器如果将所有接收到的解析请求都要展开迭代查询，这势必会影响解析效率，所以对于在内部网络中架设的 DNS 服务器，一般都要配置转发器，将无法解析出来的域名请求转发给公网上的 DNS 服务器，由其代为完成，而自己只负责自己所在区域的查询任务。这些转发到的目的 DNS 服务器一般都是公网上由 ISP 提供的 DNS 服务器。

配置转发器只需在全局配置 options 中添加一行，指向要转发到的 DNS 服务器的 IP 地址，如图 11-6 所示。

```
forwarders { 202.102.134.68; };
```

图 11-6　配置转发器

保存退出后，重启服务生效。

转发器的优先级要高于迭代查询，只要在配置文件中增加了 forwarders 项，服务器就不会再去找根服务器进行迭代查询了。

11.2.3　配置主域名服务器

主域名服务器要负责解析某一个查找区域，这里我们以创建一个名为“example.com”的正向查找区域为例，来说明配置过程。

完成该项要求，需要分别进行两步操作：

第一步，在主配置文件/etc/named.conf 中创建查找区域。

第二步，在/var/named 目录中生成区域配置文件。

1. 创建查找区域

之前已经介绍过，在主配置文件/etc/named.conf 中包括 options 全局配置和 zone 区域配置两部分，zone 区域配置定义了 DNS 服务器所要负责解析的查找区域。在一台 DNS 服务器中可以添加多个查找区域，同时为多个域名提供解析服务，区域配置采用“zone……{};”的统一格式，在主配置文件/etc/named.conf 中默认已经包括了一个查找区域，如图 11-7 所示。

```
zone "." IN {
        type hint;
        file "named.ca";
};
```

图 11-7　默认的根域

对区域配置中设置项的说明：

- “zone “.””，表示区域名称。“.”就是根域，也就是整个域名系统的最高级。
- “type hint;”，表示区域类型。hint 表示根域，master 表示主域，slave 表示从域。对于主域名服务器，此项应设为 master；对于从域名服务器，则应设为 slave。对于我们自己所创建的区域，类型一般都是 master。
- “file “named.ca”;”，指定区域配置文件。区域配置文件默认保存在/var/named/ 目录中，所以这里的配置文件就是/var/named/named.ca。

对于任何一台 DNS 服务器，都必须要知道根域服务器的地址，因而根域及根域配置文件就成为了 BIND 服务的默认设置。查看根域配置文件/var/named/named.ca，就可以找到所有 13 台根域服务器的 IP 地址。

下面我们仿照根域的格式来创建“example.com”区域，在配置文件/etc/named.conf 中添加区域信息，如图 11-8 所示。

```
zone "example.com" IN {
        type master;
        file "example.com.zone";
};
```

图 11-8　创建查找区域

其中的“file “example.com.zone”;”设置项指定了“example.com”区域的配置文件。区域配置文件的文件名可以自由设置，只要实际的文件名能与其对应一致即可。

2. 生成区域配置文件

接下来要生成区域配置文件，区域配置文件默认都要存放在/var/named 目录中。在主配置文件/etc/named.conf 的 options 全局配置中，有一个“directory “/var/named”;”设置项，其就是用来定义区域配置文件的存放目录的，这里也可以根据需要设置成其他目录。

区域配置文件的名字必须要与主配置文件中所定义的区域名称相一致，区域配置文件中的设置项对格式要求也极为严格，因而建议以系统中默认存在的/var/named/named.localhost 文件作为模板，将它直接复制过来修改使用。

例：复制/var/named/named.localhost 文件作为“example.com”区域的配置文件。

```
[root@BIND ~]# cp /var/named/named.localhost /var/named/example.com.zone
```

由于区域配置文件要被 named 服务调用，所以必须要保证 named 服务对配置文件具有读取权限，但默认情况下 named 服务对这个由我们复制出来的配置文件是没有读取权限的，因而在编辑配置文件之前还应为其分配正确的权限。这里建议将配置文件的所属组改为 named。

```
[root@BIND ~]# chown :named /var/named/example.com.zone
```

```
[root@BIND ~]#ll /var/named/example.com.zone
-rw-r-----. 1 root named 152 5 月    9 06:14 /var/named/example.com.zone
```

3．DNS 记录类型

区域配置文件中存放的主要是各种 DNS 记录，DNS 记录有多种类型，其中常用的有以下几种：

- 主机记录（A 记录），使用最广泛的 DNS 记录类型，用来将主机名映射成 IP 地址。
- 别名记录（CNAME 记录），用来为现有的 A 记录定义别名。通过别名记录可以为一台服务器定义多个域名，大致相当于给一个人起个外号。
- 邮件交换器记录（MX 记录），用于说明哪台服务器是当前区域的邮件服务器。如在 example.com 区域中，mail.example.com 是邮件服务器，那么所有发往后缀是 @example.com 的邮件都由该服务器负责接收。在一个区域中可能会有多台邮件服务器，因而 MX 记录必须要指明优先级，优先级用 0～99 之间的数字表示，数字越小，优先级越高。
- 名称服务器记录（NS 记录），用于说明当前区域由哪些域名服务器负责解析。NS 记录是任何一个 DNS 区域都必须要有的记录。
- 起始授权记录（SOA 记录），用于说明哪台服务器是当前区域的主域名服务器，如果区域中只有一台 DNS 服务器，那么 SOA 也就是当前服务器。同 NS 记录一样，SOA 也是任何一个 DNS 区域不可缺少的记录。

4．编辑区域配置文件

区域配置文件其实就是 DNS 区域的数据库，主要用来设置各种 DNS 记录。下面就来编辑 example.com 区域的配置文件/var/named/example.com.zone，该文件中的默认设置如图 11-9 所示，其中第一行的“$TTL 1D”表示 DNS 记录在客户端的默认缓存时间，1D 表示 1 天。也就是说，当客户端从该服务器获得解析结果之后，一天之内再次解析该名称时，将会从本地的缓存中查找，而无须再向 DNS 服务器发出查询请求。

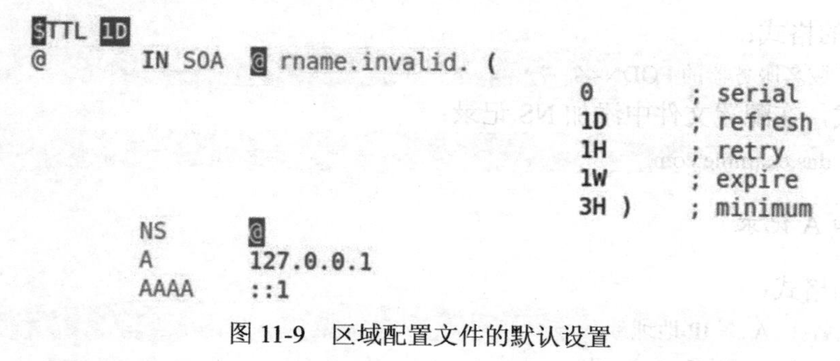

```
$TTL 1D
@       IN SOA  @ rname.invalid. (
                                        0       ; serial
                                        1D      ; refresh
                                        1H      ; retry
                                        1W      ; expire
                                        3H )    ; minimum
        NS      @
        A       127.0.0.1
        AAAA    ::1
```

图 11-9　区域配置文件的默认设置

下面分别向配置文件中添加各种类型的 DNS 记录。

（1）添加 SOA 记录

区域配置文件中的第一条记录必须是 SOA 记录，该记录既指明了当前区域的主域名服务器，同时还包含了与从域名服务器之间进行数据同步的一些参数。

SOA 记录的格式如下：

```
@    IN    SOA        主域名服务器的 FQDN 名        管理员邮箱地址(
序列号    刷新间隔  重试间隔  过期间隔  TTL 值)
```

- @：表示当前区域，即区域配置文件是为哪个区域创建的，这里即是 example.com。
- IN SOA：表示记录类型为 SOA 记录。
- 主域名服务器的 FQDN 名：这里必须采用 FQDN 名的形式表示主域名服务器，而且 FQDN 名中最右侧表示根域的“.”不能省略。服务器的 FQDN 名可以通过在下面创建 A 记录来获得。
- 管理员邮箱地址：负责维护 DNS 服务器的管理员邮箱地址。注意在书写时要用符号“.”代替符号“@”，因为符号“@”在本文件中特指当前区域，如“root@example.com.”要写成“root.example.com.”（注意，最右侧的根域符号“.”也不能省略）。

其他与从域名服务器之间进行数据同步的参数这里就不一一介绍了，需要注意的是，无论网络中是否存在从域名服务器，这些默认的同步参数都必须保留下来。

按照 SOA 记录的格式，我们可以在文件中现有设置项的基础之上进行编辑：

```
@    IN    SOA        dns.example.com.        root.example.com.(
                                              0       ; serial
                                              1D      ; refresh
                                              1H      ; retry
                                              1W      ; expire
3H )      ; minimum
```

其中的 FQDN 名“dns.example.com.”，将在下面通过主机记录创建。

（2）添加 NS 记录

区域配置文件中的第二条记录就应该是 NS 记录了，该记录用于指明当前区域中的所有域名服务器。

NS 记录的格式：

```
NS   域名服务器的 FQDN 名
```

按照格式，在配置文件中添加 NS 记录：

```
NS   dns.example.com.
```

（3）添加 A 记录

A 记录的格式：

```
主机名    A    IP 地址
```

按照格式，添加两条 A 记录：

```
dns        A    192.168.80.10
wwwA    192.168.80.10
mail       A    192.168.80.3
```

注意，主机名不要写“www.example.com”之类的全名，只需写“www”或“mail”，

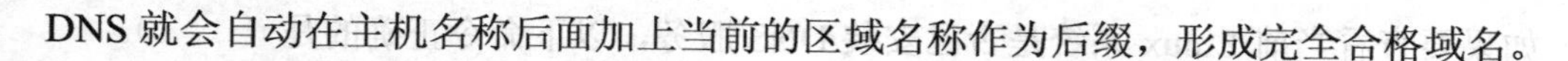

DNS 就会自动在主机名称后面加上当前的区域名称作为后缀，形成完全合格域名。

（4）添加 CNAME 记录

CNAME 记录必须要以 A 记录为基础，即必须要先有了 A 记录之后，才能再创建 CNAME 记录。

CNAME 记录的格式：

```
别名 CNAME        FQDN 名
```

例：为“www.example.com”再创建一个别名“ftp.example.com”。

```
ftp    CNAME        www.example.com.
```

（5）添加 MX 记录

MX 记录也必须要以 A 记录为基础，同时必须要在 MX 记录中指明邮件服务器的优先级。

MX 记录的格式：

```
MX        优先级        邮件服务器的 FQDN 名
```

之前已经创建了名为“mail.example.com”的 A 记录，下面以它为基础来创建 MX 记录：

```
MX        10        mail.example.com.
```

编辑好的区域配置文件如图 11-10 所示，读者可以自行对照。

```
$TTL 1D
@       IN SOA  dns.example.com. root.example.com. (
                                        0       ; serial
                                        1D      ; refresh
                                        1H      ; retry
                                        1W      ; expire
                                        3H )    ; minimum
        NS      dns.example.com.
dns     A       192.168.80.10
www     A       192.168.80.10
ftp     CNAME   www.example.com.
mail    A       192.168.80.3
        MX      10      mail.example.com.
```

图 11-10　编辑好的区域配置文件

保存退出后，将 named 服务重启后生效。读者可以利用 ping 命令进行测试。

思考与练习

选择题

1．启动 DNS 服务的命令是（　　）。

A．service　named　start　　　　B．service　bind　start

C．service bind　restart　　　　D．service　named　restart

2．如果要查看当前 Linux 系统是否已安装 DNS 服务，以下命令正确的是（　　）。

A．rpm –q bind　　B．rpm –q dns

C．rpm –aux|grep bind　　D．rpm ps aux|grep dns

3．以下 MX 记录书写正确的是（　　）。

A．MX 10 mail.domain.com.　　B．MX 10.mail.domain.com

C．MX10 mail.domain.com　　D．MX mail.domain.com.

操作题

架设 DNS 服务器，创建主区域 example.com，使客户端可以解析 www.example.com 域名，地址指向本地主机的 IP。

第 12 章

构建 Apache 服务器

Web 服务器可谓目前最重要也是最常用的一种服务器，是 Internet 必不可少的组成部分。本项目将介绍如何利用 Apache 软件在 Linux 系统中搭建 Web 服务器，以及如何结合 MySQL 和 PHP 构建完整的网络服务平台。

12.1 WWW 服务与 Apache 简介

任务描述

WWW 服务是互联网中的核心应用，在介绍如何配置一台 Web 服务器之前，有必要先掌握 WWW 服务中涉及的一些基本概念。

本任务将介绍 WWW 服务的原理及动态网页、静态网页和 URL 等基本概念，并对如何安装和启动 Apache 服务做了简单介绍。

任务分析及实施

12.1.1 WWW 服务相关概念

1. WWW 服务原理

WWW 服务，又称为 Web 服务，是 Internet 上使用最为广泛的服务，它的出现是 TCP/IP 互联网发展中的一个里程碑。

WWW 服务的核心技术是超文本标记语言 HTML 和超文本传输协议 HTTP。

利用 HTML 语言编制的页面称为网页或 Web 页，网页文件本身是一种文本文件，通过在文本文件中添加标记符，可以告诉客户端的浏览器如何显示其中的内容。浏览器按顺序阅读网页文件，然后根据标记符解释和显示其标记的内容。网页文件的一大特色是通过其中的超链接，可以将放置在不同位置的网页组织在一起，使得用户可以在它们之间自由跳转。

HTTP 协议用于在 Web 服务器和客户端之间传输网页数据，早期的网页只能支持文本信息，后来自 HTTP1.0 版本之后，才可以将图片、音频、视频等信息都统一转换成文本信息进行传输，因而称为“超文本”。对于客户端的浏览器，要想显示这些音频和视频的超文本信息，必须要安装额外的程序，这些程序就称为“插件”。最典型的就是专门用于播放 Flash 的“Adobe Flash Player”插件。

总之，WWW 服务的原理就是：用户在客户端通过浏览器向 Web 服务器发出请求，Web 服务器根据客户端的请求内容将保存在服务器中的某个 HTML 网页通过 HTTP 协议发回客户端，浏览器接收到网页后对其进行解释，最终将图、文、声并茂的画面呈现给用户。

2. 静态网页与动态网页

存放在 Web 服务器中的网页分为静态网页和动态网页。

静态网页是标准的 HTML 格式文档，其中存储的内容是固定不变的，服务器只负责把已存储的文档发送客户端浏览器，在此过程中传输的页面只有通过人工编辑修改后才会发生变化。

动态网页则是一段用编程语言开发的脚本，脚本在接受客户端发来的请求参数之后，会

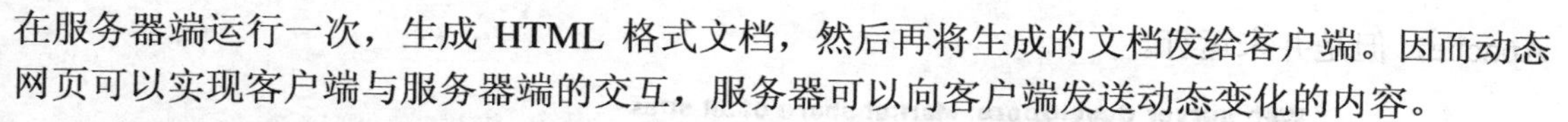

在服务器端运行一次，生成 HTML 格式文档，然后再将生成的文档发给客户端。因而动态网页可以实现客户端与服务器端的交互，服务器可以向客户端发送动态变化的内容。

需要注意的是，Web 服务器本身只能够接收客户端的请求，并将相应的 HTML 格式文档发给客户端，Web 服务器并不具备执行脚本的能力。要运行脚本，服务器必须要借助外部程序，如 ASP、PHP 或 JSP 等。因而，一个支持动态网页的 Web 服务器，还必须安装相应的脚本语言程序。

3．统一资源定位符 URL

Internet 中存在着无数的 Web 站点，在不同的 Web 站点中很可能存在大量有着相同名称的页面，系统该如何区分用户准备访问的是哪个站点中的页面呢？这就要求必须要有一种可以为 Internet 中所有的资源进行统一命名的机制，这也就是 URL。

URL（统一资源定位符，Uniform Resource Locator），是 Internet 上的标准的资源地址表示方法，其一般格式为“协议名://主机 FQDN 名（IP）:端口/路径”。

- “协议名”指明了访问网络资源所使用的协议，一般都为 HTTP 协议或 FTP 协议。
- URL 中的端口号通常都可以省略。如果使用的是 HTTP 协议，默认端口为 80；如果使用 FTP 协议，默认端口为 21。
- 在 URL 中如果指明路径，则打开一个具体的网页或某个具体的文件，如果路径省略，则打开相应网站的首页。

12.1.2 Apache 简介

1．Apache 概述

WWW 服务采用 C/S 模式，对于客户端，必须使用浏览器访问 Web 站点，目前最为常用的是 Windows 系统中自带的 IE 浏览器（Internet Explorer），另外像火 FireFox、Chrome 等浏览器使用得也比较多。

对于服务器端所使用的软件则主要是 Windows 平台上的 IIS 及主要应用在 Linux 平台上的 Apache，另外还包括近几年崛起的 nginx。

Apache 秉承了 GNU 计划开源的特点，是一款自由软件，其名字取自“a pathy server”，意思是充满补丁的服务器。因为是自由软件，所以不断有人来为它开发新的功能、新的特性、修改原来的缺陷。Apache 的特点是简单、快速、性能稳定。据统计，Apache 是世界上使用排名第一的 Web 服务器。据 www.netcraft.com 网站的统计数据分析，截至 2014 年 6 月，各种 Web 服务器软件在互联网中所占比例如图 12-1 所示。

Apache 由 Apache 软件基金会（ASF）负责管理和开发，其官网为 httpd.apache.org。

Apache 有两个版本分支：1.x 和 2.x，目前使用的都是 2.x 版本，最新版本为 2.4.4。

2．Apache 的安装与启动

Apache 的软件名和所对应的服务名都是 httpd，在 RHEL 6 系统中默认已经安装好了

Apache，但是并未运行。

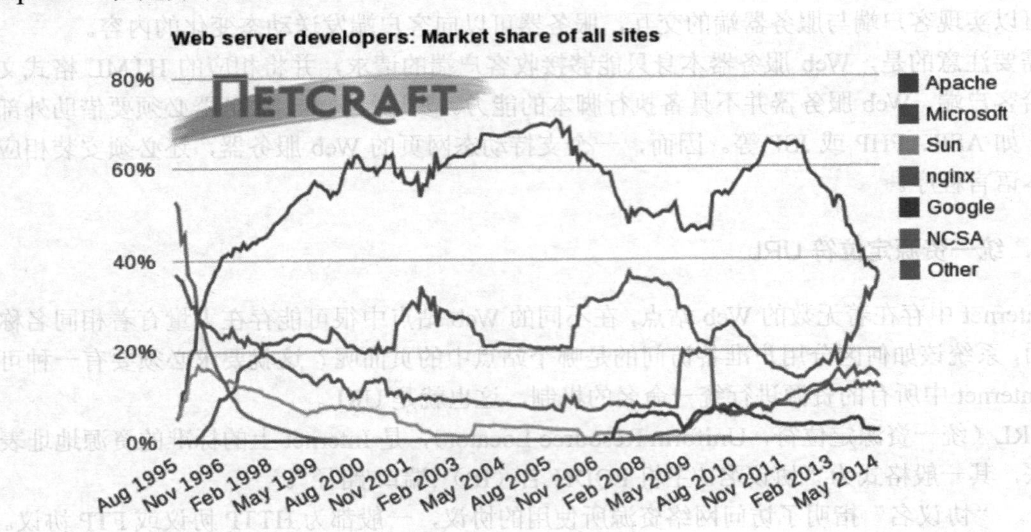

Developer	May 2014	Percent	June 2014	Percent	Change
Apache	366,262,346	37.56%	353,672,431	36.50%	-1.05
Microsoft	325,854,054	33.41%	352,208,487	36.35%	2.94
nginx	142,426,538	14.60%	133,763,494	13.81%	-0.80
Google	20,685,165	2.12%	20,192,595	2.08%	-0.04

图 12-1　Web 服务器软件所占比例

查看系统中是否已安装 Apache：

```
[root@localhost ~]# rpm -qa | grep httpd
httpd-tools-2.2.15-15.el6_2.1.x86_64
httpd-2.2.15-15.el6_2.1.x86_64
```

其中，“httpd-2.2.15-15.el6_2.1.x86_64”就是 Apache 的主程序安装包。如果没有安装，也可以执行“yum install httpd”命令安装。

在生产环境中，大都采用源码编译方式安装 Apache，源码编译安装具有以下优点：

- 具有较大的自由度，可灵活定制各种功能；
- 可以及时获取软件的最新版本，各种开源软件的源码包都是最先公开的版本，而 RPM 包通常要晚一些时候才会出现，Linux 发行版中自带的 RPM 包则可能落后更多的时间。使用新版本的软件可以及时修补一些漏洞，提高软件性能等。
- 采用源码编译安装的软件，更加便于在不同的系统之间移植。

但是考虑到源码编译安装较为复杂，要花费很长时间，所以这里还是采用系统中自带的版本。

下面来启动 Apache，并将其设为开机自动运行。

```
[root@localhost ~]# service httpd start
[root@localhost ~]# chkconfig httpd on
```

由于 Apache 中已经设置好了一个默认的 Web 站点，如图 12-2 所示。因而这时在客户端输入 Web 服务器的 IP 地址就可以访问默认网站了。

Red Hat Enterprise Linux **Test Page**

This page is used to test the proper operation of the Apache HTTP server after it has been installed. If you can read this page, it means that the Apache HTTP server installed at this site is working properly.

If you are a member of the general public:

The fact that you are seeing this page indicates that the website you just visited is either experiencing problems, or is undergoing routine maintenance.

If you would like to let the administrators of this website know that you've seen this page instead of the page you expected, you should send them e-mail. In general, mail sent to the name "webmaster" and directed to the website's domain should reach the appropriate person.

For example, if you experienced problems while visiting www.example.com, you should send e-mail to "webmaster@example.com".

For information on Red Hat Enterprise Linux, please visit the Red Hat, Inc. website. The documentation for Red Hat Enterprise Linux is available on the Red Hat, Inc. website.

If you are the website administrator:

You may now add content to the directory /var/www/html/. Note that until you do so, people visiting your website will see this page, and not your content. To prevent this page from ever being used, follow the instructions in the file /etc/httpd/conf.d/welcome.conf.

You are free to use the image below on web sites powered by the Apache HTTP Server:

图 12-2　Apache 中的默认 Web 站点

如果在客户端无法正常访问，那多半是由于防火墙的原因，需要将服务器端的防火墙关闭。

12.2　配置 Apache 服务器

任务描述

本任务将介绍 Apache 服务器中的默认站点、虚拟主机、虚拟目录及目录权限控制等常规设置。

任务分析及实施

12.2.1　Apache 基本配置

对 Apache 服务器的配置，主要通过编辑 Apache 的主配置文件/etc/httpd/conf/httpd.conf 来实现。修改完 httpd.conf 文件后，同样需要重新启动 httpd 服务，所做的修改才能生效。

1．配置文件中的常用设置项

httpd.conf 文件中的内容非常多，用 wc 命令统计共有 1009 行，其中大部分是以“#”开头的注释行。

```
[root@localhost ~]#wc -l /etc/httpd/conf/httpd.conf
1009 /etc/httpd/conf/httpd.conf
```

由于配置文件中的内容太多，所以对 httpd.conf 的配置一般采用搜索的方式对常用项目

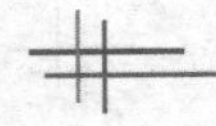

进行设置，在 vim 命令模式下输入“/”，后面跟上要搜索的内容即可。

httpd.conf 配置文件主要包括“Global Environment 全局环境配置”、“Main server configuration 主服务配置”和“Virtual Hosts 虚拟主机”三大部分，尽管配置语句可以放在文件中的任何位置，但为了使文件具有更好的可读性，最好将配置语句放在相应的部分。

下面分别介绍这三大部分中的一些常用配置项。

（1）Global Environment 全局环境配置

这部分配置项决定了 Apache 服务器的全局参数。下面是一些比较重要的全局配置项：

- ServerRoot “/etc/httpd”

用于设置 Apache 服务器的根目录，根目录是指存放配置文件和日志文件的目录，默认情况下根目录位于“/etc/httpd”。在 httpd.conf 配置文件中，如果设置的目录或文件不使用绝对路径，都认为在服务器根目录下面。

- Listen 80

用于设置 Apache 服务器监听的网络端口号，默认为 80。

（2）Main server configuration 主服务配置

这个 Main server 主服务相当于 Apache 中的默认 Web 站点，如果我们的服务器中只有一个站点，那么只需在这里配置就可以了。

比较常用的配置项目：

- ServerAdmin root@localhost

用于设置 Apache 服务器管理员的 E-mail 地址。当客户端访问服务器发生错误时，服务器通常会向客户端返回错误提示网页，为了便于排除错误，这个网页中通常包含服务器管理员的 E-mail 地址。

- ServerName www.example.com:80

用于设置 Web 站点的域名和默认端口号，如果站点没有域名，也可以填入服务器的 IP 地址。

- DocumentRoot “/var/www/html”

用于设置站点的主目录。Web 站点所有需要发布的网页都应放在主目录中。

- DirectoryIndex index.html index.html.var

用于设置站点的默认首页，即用户在访问网站时，只需输入网站的域名（默认显示的页面）。Apache 的默认首页名为 index.html，用户也可以将 DirectoryIndex 的参数值修改为其他文件。如果设置多个默认首页，Apache 会根据文件名的先后顺序在主目录中查找，如果能找到第一个文件则调用第一个文件，否则再寻找并调用第二个文件，以此类推。

（3）Virtual Hosts 虚拟主机

通过虚拟主机技术可以实现在一台 Web 服务器中同时配置多个 Web 站点，虚拟主机的配置将在之后专门讲述。

需要注意的是，虚拟主机不能与 Main Server 主服务器共存，当启用了虚拟主机之后，Main Server 就不能使用了。

2．配置默认站点

对 httpd.conf 配置文件中的“Main server configuration”部分进行一些简单设置，就可以配置出一个默认的 Web 站点了。

这里将 DocumentRoot 和 DirectoryIndex 都采用默认值。ServerName 配置项默认被注释掉了，将前面的“#”去掉，将之启用，域名就采用默认的 www.example.com。

下面在默认站点的主目录/var/www/html 中放入一个名为 index.html 的测试文件：

```
[root@localhost ~]#echo'Welcome to Yantai Vocational College'> /var/www/html/index.html
```

同时在 DNS 服务器中添加一条名为 www 的 A 记录指向 Apache 服务器，这样默认 Web 站点就搭建好了。

在客户端上访问测试，如图 12-3 所示。

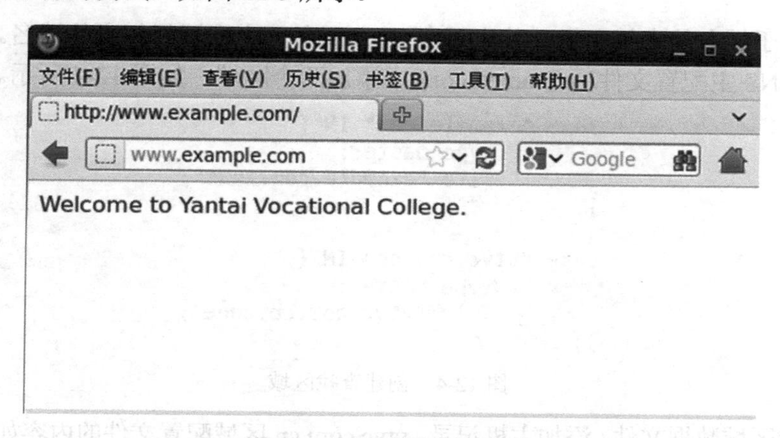

图 12-3　成功访问默认站点

12.2.2　配置虚拟主机

1．什么是虚拟主机

从理论上讲，在一台 Web 服务器中只能配置一个 Web 站点，但这可能会造成资源的浪费。例如，有的公司网站规模并不大，因而向 ISP 服务商租用 Web 服务器，而 ISP 服务商不可能为每个申请的公司都配置一台单独的服务器。

通过虚拟主机技术就可以实现在一台 Web 服务器中同时设置多个 Web 站点的功能，从而提高硬件资源的利用率，虚拟主机是目前 Internet 上建立 Web 站点最为流行、最方便、最省钱的方法。

有 3 种方法可以实现虚拟主机技术：基于域名的虚拟主机、基于 IP 地址的虚拟主机、基于端口的虚拟主机，其共同特征是要使不同的 Web 站点之间具有能够互相区分的不同属性。

对于基于 IP 地址的虚拟主机方式，如果 Web 服务器使用的是公网 IP，那么由于公网 IP 地址是非常宝贵的资源，而这种方式无疑要浪费大量的 IP 地址，因而在实践中很少采用。

对于基于端口的虚拟主机方式，客户端在访问网站时必须要在网址后面加上相应的端口号，而用户是不可能去记住每个网站的端口号的，所以这种方式在实践中也很少采用。

对于基于域名的虚拟主机方式，要求每个 Web 站点都要有不同的域名，这样客户端就可以通过输入不同的网址以访问不同的网站了，因而这是实际中经常采用也是最为推荐的一种方式。

本书中只介绍如何配置基于域名的虚拟主机。

2．配置基于域名的虚拟主机

下面就来实现两个基于域名的虚拟主机站点：www.example.com 和 www.ytvc.com.cn，使得这两个域名都对应到同一台 Web 服务器（IP 地址 192.168.80..10）。

（1）创建域名

要实现基于域名的虚拟主机，首先要在 DNS 服务器中配置好相应的域名。

首先在 DNS 主配置文件/etc/named.conf 中添加两个区域，如图 12-4 所示。

```
zone "example.com" IN {
        type master;
        file "example.com.zone";
};

zone "ytvc.com.cn" IN {
        type master;
        file "ytvc.com.cn.zone";
};
```

图 12-4　创建查找区域

然后编辑区域数据文件，添加主机记录。ytvc.com.cn 区域配置文件的内容如图 12-5 所示。

```
$TTL 1D
@       IN SOA dns.ytvc.com.cn. root.ytvc.com.cn. (
                                        0       ; serial
                                        1D      ; refresh
                                        1H      ; retry
                                        1W      ; expire
                                        3H )    ; minimum
        NS      dns.ytvc.com.cn.
www     A       192.168.80.10
dns     A       192.168.80.10
```

图 12-5　区域配置文件

如果不愿配置 DNS 服务器，也可以在客户端采用 hosts 文件进行域名解析，在/etc/hosts 文件中添加如下一行：

```
[root@localhost ~]#vim /etc/hosts
192.168.80.10 www.example.com www.ytvc.com.cn
```

（2）创建站点主目录及首页文件

域名配置好了之后，再来创建两个站点的主目录及首页文件。

```
[root@localhost ~]#mkdir /var/www/example
[root@localhost ~]#echo'example website'> /var/www/example/index.html
```

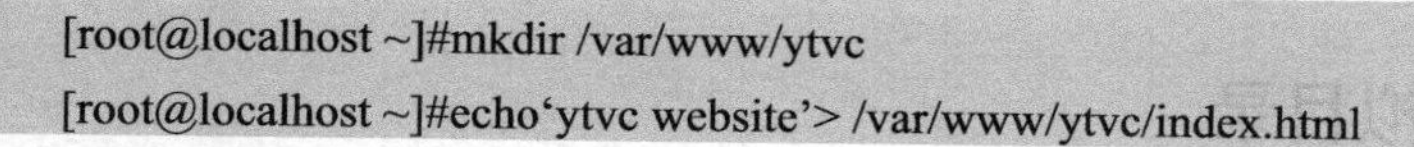

```
[root@localhost ~]#mkdir /var/www/ytvc
[root@localhost ~]#echo'ytvc website'> /var/www/ytvc/index.html
```

（3）编辑配置文件

在 Apache 配置文件 httpd.conf 的“Virtual Hosts”部分可以进行虚拟主机的配置。在配置虚拟主机时，需使用<VirtualHost>语句，该语句必须成对出现。<VirtualHost>与</VirtualHost>语句之间封装了设置虚拟主机属性的设置项，设置项与配置独立的 Web 站点基本类似。

在 httpd.conf 文件的“Virtual Hosts”部分增加如图 12-6 所示的内容。

```
NameVirtualHost 192.168.80.10

<VirtualHost 192.168.80.10>
        DocumentRoot /var/www/example
        ServerName www.example.com
</VirtualHost>

<VirtualHost 192.168.80.10>
        DocumentRoot /var/www/ytvc
        ServerName www.ytvc.com.cn
</VirtualHost>
```

图 12-6　创建虚拟主机

在创建基于域名的虚拟主机时，必须先用 NameVirtualHost 指令指定哪个 IP 负责响应对虚拟主机的请求。之后的“DocumentRoot”和“ServerName”配置项分别用于指定虚拟主机的主目录和域名。

最后，将 httpd 服务重启后生效。

（4）测试验证

打开浏览器，在地址栏中输入 http://www.example.com，就可以访问第一个虚拟主机站点，如图 12-7 所示。

图 12-7　测试虚拟主机 1

输入 http://www.ytvc.com.cn，就可以访问第二个虚拟主机站点，如图 12-8 所示。

图 12-8　测试虚拟主机 2

12.2.3 配置虚拟目录

1．什么是虚拟目录

一个网站中的所有网页和相关文件都要存放在主目录下，为了对文件进行归类整理，也可以在主目录下面建立子目录，分别存放不同内容的文件。例如，一个网站中，新闻类的网页放在主目录的 news 子目录中，技术类的网页文件放在主目录的 tech 子目录中，产品类的网页文件放在 products 子目录中等，这些直接存放在主目录下的子目录都称为物理目录。

如果物理目录的数量很多，主目录的空间可能不足，因此也可以将上述子目录存放在其他分区或者其他计算机上，而用户在访问时上述子目录在逻辑上还属于网站之下，这种在逻辑上归属于网站之下的目录就称为虚拟目录。虚拟目录是主网站的下一级子目录，并且要依附于主网站，但它的物理位置并不在主目录下。可以利用虚拟目录将一个网站的文件分散存储在同一台服务器的不同路径或其他服务器中，这些文件在逻辑上归属于主目录，成为 Web 站点的内容。

使用虚拟目录有以下优点：

- 将数据分散保存到不同的目录或计算机上，便于分别开发维护。
- 当数据移动到其他位置时，不会影响 Web 站点的逻辑结构。
- 可以针对虚拟目录设置不同的访问权限，因此非常适用于不同用户对不同目录拥有不同权限的情况。

2．配置虚拟目录

下面我们将目录/movie 设置为站点 example.com 的虚拟目录。

首先创建目录，并在其中生成首页文件：

```
[root@localhost ~]#mkdir /movie
[root@localhost ~]#echo 'virtual directory' > /movie/index.html
```

然后修改 Apache 主配置文件 httpd.conf，在虚拟主机 example.com 的小节中添加虚拟目录的设置项。

创建虚拟目录的语句为 Alias，其语法格式为：

```
Alias  虚拟目录实际路径
```

修改后的结果如图 12-9 所示。

```
<VirtualHost 192.168.80.10>
        DocumentRoot /var/www/example
        ServerName www.example.com
        Alias /movie "/movie"
</VirtualHost>
```

图 12-9　修改后的结果

保存退出后，重启 httpd 服务生效。

3．访问测试

在客户端访问的时候需要指定虚拟目录（图 12-10），如“http://www.example.com/movie”。

图 12-10　客户端访问虚拟目录

需要注意的是，如果 Apache 服务器中开启了 SELinux，那客户端在访问虚拟目录时会提示拒绝访问，在服务器端需要执行 setenforce 0 命令将 SELinux 关闭。

12.2.4　设置目录权限

Apache 中的站点默认允许所有的客户端都可以访问，如果想对可以访问 Web 站点的客户端进行控制，就需要设置目录权限。

目录权限只能针对服务器上的某个目录进行设置，在 httpd.conf 文件中使用<Directory>语句可以灵活地设置目录的权限。<Directory>是容器语句，必须成对出现。<Directory 目录路径>和</Directory>之间封装了设置目录权限的语句，这些语句仅对被设置的目录及其子目录起作用。

利用<Directory>语句，可以分别通过 IP 地址和用户身份这两种方式对客户端进行访问控制。

1．基于客户端地址的访问控制

目录的访问控制可以通过 Order、Allow、Deny 等语句来实现，Order 语句用于定义默认的访问权限，Allow 语句用于定义允许访问目录的主机列表，Deny 语句用于定义拒绝访问目录的主机列表。

Order 语句的用法主要有两种：

```
Order allow,deny          默认拒绝所有客户端访问
Order deny,allow          默认允许所有客户端访问
```

Order 语句可以定义控制顺序，如“Order allow,deny”，表示先允许后拒绝，最终生效的是 deny，也就是拒绝所有客户端访问。

Allow 和 Deny 语句的用法：

```
Allow from 192.168.80.0/24        允许 192.168.80.0 网段内的客户端访问
Deny from 192.168.80.101          拒绝 IP 为 192.168.80.101 的客户端访问
```

实际配置时，应将这三个语句综合在一起使用，如以下配置表示仅允许来自 192.168.80.0 网段内的客户端访问，但 IP 为 192.168.80.101 的客户端除外。

```
Order allow,deny
Allow from 192.168.80.0/24
Deny from 192.168.80.101
```

而以下配置则表示除 192.168.80.0 网段之外的计算机都可以访问。

```
Order deny,allow
Deny from 192.168.80.0/24
```

例如，希望设置站点 www.example.com 只允许在本机被访问。

修改配置文件 httpd.conf，在 example 虚拟主机所在的小节中增加如图 12-11 所示的设置项。

```
<VirtualHost 192.168.80.10:80>
        DocumentRoot /var/www/example
        ServerName www.example.com
        Alias /movie "/movie"
        <Directory "/var/www/example">
                Order allow,deny
                Allow from 192.168.80.10
        </Directory>
</VirtualHost>
```

图 12-11　针对主目录设置目录权限

其中的“<Directory “/var/www/example”>”语句表示对站点的主目录进行权限设置。

设置完成后，保存退出，重启 httpd 服务生效。此时就只有 IP 为 192.168.80.10 的主机（也就是本机）能访问这个网站。

目录权限也可以只针对站点下的某个虚拟目录进行设置，如要设置所有客户端都可以访问 www.example.com 站点，而虚拟目录“www.example.com/movie”则只有 IP 地址为 192.168.80.10 的主机才可以访问。

配置文件可以如图 12-12 所示进行设置。

```
<VirtualHost 192.168.80.10:80>
        DocumentRoot /var/www/example
        ServerName www.example.com
        Alias /movie "/movie"
        <Directory "/movie">
                Order allow,deny
                Allow from 192.168.80.10
        </Directory>
</VirtualHost>
```

图 12-12　针对虚拟目录设置目录权限

需要注意的是，如果 Web 服务器中没有配置虚拟主机，<Directory>语句也可以针对默认 Web 站点配置，只需将语句放置在“Main server configuration”部分即可。

2．基于用户的访问控制

基于客户端地址的访问控制，配置相对比较简单，但是不具备太大的实用价值。实际应用中大都是希望通过对用户进行身份验证从而来进行访问控制的，下面继续介绍基于用户的访问控制方法。

Apache 支持的用户身份验证方法有基本认证（Basic）和摘要认证（Digest）两种，其中应用比较多的是基本认证。

同基于客户端地址的访问控制一样，基于用户的访问控制也是只能针对服务器上的某个

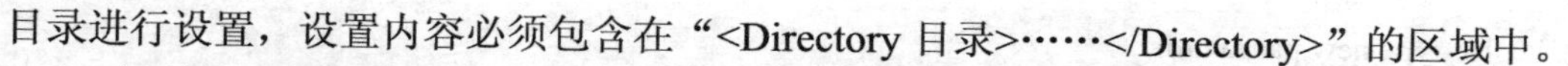

目录进行设置，设置内容必须包含在“<Directory 目录>……</Directory>”的区域中。

下面仍以 www.example.com 站点中的虚拟目录/movie 为例来进行设置，要求只有输入用户名 harry 或 natasha 及相应的密码才能访问 www.example.com/movie。

（1）修改配置文件

修改配置文件 httpd.conf，在 www.example.com 站点的虚拟主机区域设置部分中添加如图 12-13 所示的内容。

```
<VirtualHost 192.168.80.10:80>
        DocumentRoot /var/www/example
        ServerName www.example.com
        Alias /movie "/movie"
        <Directory "/movie">
                AuthName "movie"
                AuthType Basic
                AuthUserFile /etc/httpd/conf/.htpasswd
                require valid-user
        </Directory>
</VirtualHost>
```

图 12-13 设置基于用户的访问控制

同样，如果 Apache 中并没有启用虚拟主机，那么可以将<Directory>语句放置在“Main server configuration”部分。

下面对其中的设置项目进行解释：

- <Directory “/movie”>……</Directory>：表示对目录“/movie”进行访问控制设置。
- AuthName：定义受保护的领域名称，客户端访问时在弹出的认证登录对话框中将显示该名称。
- AuthType：设置认证的类型，Basic 为基本认证。
- AuthUserFile：设置用于保存用户账号、密码的认证文件路径（文件可以自由定义，但通常都是保存于/etc/httpd/conf 目录中，并采用“.htpasswd”的文件名，文件名前面加“.”表示隐藏文件）。
- require valid-user：授权给认证文件中的所有有效用户。这一项也可以写成“require user [用户名]”，指定一个具体的用户，这样无论认证文件中如何定义，也只有该用户才可以访问。

修改完配置文件后，保存退出。

（2）添加认证用户

下面再来添加认证用户，需要注意的是，这个认证用户与系统用户没有任何关系，也就是说，并不需要先创建相应的系统用户，而是可以直接添加认证用户。

对认证用户进行管理需要用到 htpasswd 命令，执行下面的命令来创建.htpasswd 文件并向其中添加 harry 用户。

```
[root@localhost ~]# htpasswd -cm /etc/httpd/conf/.htpasswd harry
New password:
```

```
Re-type new password:
Adding password for user harry
```

命令中用到的两个选项的含义：-c，创建用户认证文件；-m，MD5加密。

如果要再加入别的用户，那么就不再需要-c选项。下面继续将natasha添加为认证用户：

```
[root@localhost ~]# htpasswd -m /etc/httpd/conf/.htpasswd natasha
New password:
Re-type new password:
Adding password for user natasha
```

查看认证用户文件“.htpasswd”，可以看到其中的用户密码都经过了MD5加密：

```
[root@localhost ~]# cat /etc/httpd/conf/.htpasswd
harry:$apr1$P1mCc0lg$H6nrWHZWHt90X/gTseIiO0
natasha:$apr1$ZLSXJeCz$gdTnE1aG.Nt7KEwOgQiNs1
```

全部设置完成后，重启httpd服务使配置生效。

（3）访问测试

最后在客户端访问测试，在访问“www.example.com/movie”时提示要输入用户名和密码，如图12-14所示。成功通过验证后，可以顺利访问该页面。

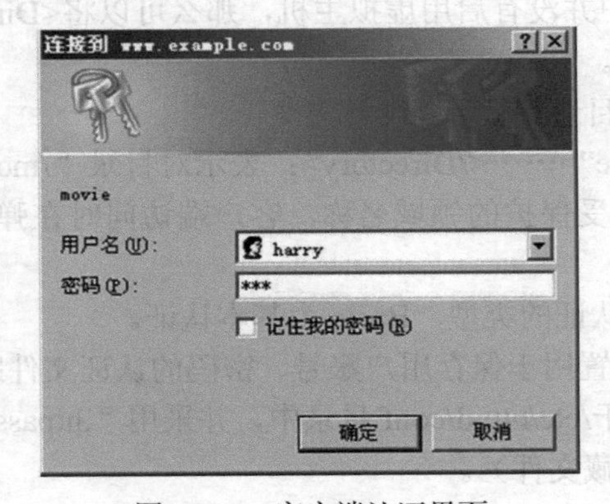

图12-14 客户端认证界面

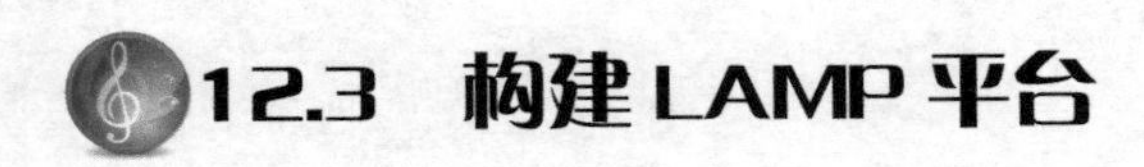

12.3 构建LAMP平台

任务描述

Apache本身只支持静态网页，但目前的绝大多数网站都是动态Web站点，所以在实际应用中，Apache还必须得跟其他一些应用软件配合使用，只有这样才能构建一个高效可用的Web平台。

本任务将介绍如何构建目前最为流行的LAMP（Linux+Apache+MySQL +PHP）Web服务平台，并利用免费的Discuz系统搭建一个论坛。

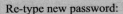

任务分析及实施

LAMP 是目前最为成熟的一种企业网站应用模式，可提供动态 Web 站点应用及开发环境。LAMP 的构成组件包括：Linux、Apache、MySQL、PHP。LAMP 具有如下优势：成本低廉；可以定制、易于开发；方便易用、安全稳定。接下来我们就来构建一个最基本的 LAMP 平台。

12.3.1　安装软件

在部署 LAMP 时，软件安装的一般顺序是 Linux→Apache→MySQL→PHP，其中 MySQL 和 PHP 在这里仍使用系统中自带的版本，在实际应用中，这些软件也大都采用源码编译的方式来安装。

首先在系统中安装 MySQL，这里需要安装“mysql”和“mysql-server”两个组件：

```
[root@localhost ~]# yum install mysql mysql-server
```

PHP 也需要安装“php”和“php-mysql”两个组件：

```
[root@localhost ~]# yum install php php-mysql
```

安装完成后，重启 httpd 服务。

下面在网站“www.example.com”的主目录“/var/www/example”中生成一个 php 的测试网页：

```
[root@localhost ~]#vim /var/www/example/test.php
<?php
phpinfo( );
?>
```

然后在浏览器中输入 www.example.com/test.php 就可以打开 PHP 的信息页面，证明 Apache 已经可以支持 PHP 动态网页，如图 12-15 所示。

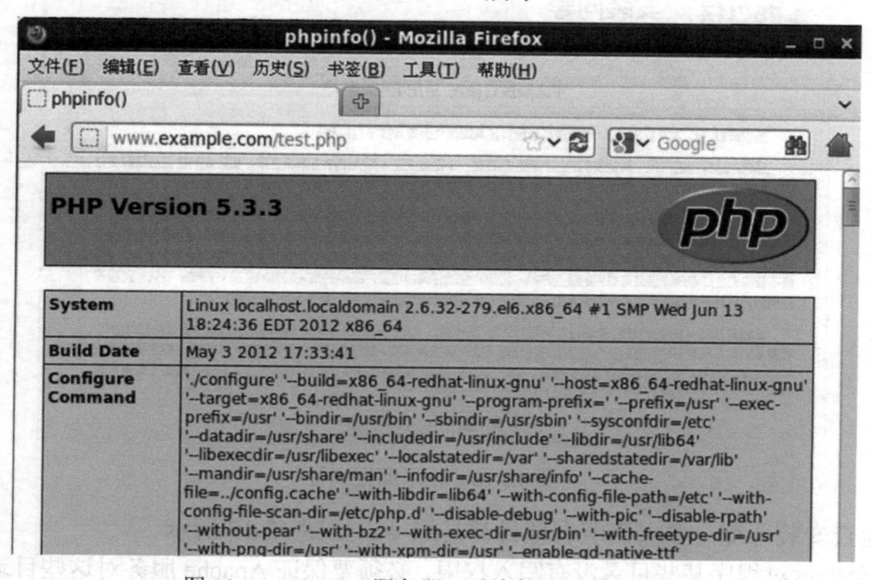

图 12-15　Apache 服务器可以支持 php 动态网页

12.3.2 搭建 LAMP 平台

Discuz!是由北京康盛公司提供的一套免费论坛系统，网上的很多论坛都是通过它搭建出来的。Discuz!有很多不同的版本，分别适用于不同的系统平台，这里采用的是专门用于 Linux 平台的 Discuz_X3.0。

下面以搭建一个 Discuz!论坛为例，说明 LAMP 的配置过程。

首先从 Discuz!的官网 http://www.discuz.net/下载 Discuz!的最新版本，并将压缩文件 Discuz_X3.0_SC_UTF8.zip 解压之后上传到 Linux 虚拟机中，这里可以使用我们之前配置好的 Samba 服务器实现 Windows 主机和 Linux 虚拟机之间的上传。

然后进入 Discuz 目录中，从该目录中将名为 upload 的目录整体复制到 www.example.com 站点的主目录/var/www/example 中，在复制的同时将目录改名为 bbs。

```
[root@Discuz_X3.0_SC_UTF8]#cp–r upload/ /var/www/example/bbs
```

启动 MySQL 数据库（MySQL 的服务进程名为 mysqld）：

```
[root@localhost ~]#service mysqld start
```

指定数据库的管理员及密码（注意，此 root 并不是 Linux 系统的根用户 root）。

```
[root@localhost ~]#mysqladmin –u root password “123”
```

最后重启 httpd 服务，这样一个基本的 LAMP 平台就搭建好了。

12.3.3 配置 Discuz!论坛

下面对 Discuz!论坛进行配置。

① 在浏览器中输入“www.example.com/bbs”，打开论坛的设置界面，如图 12-16 所示。

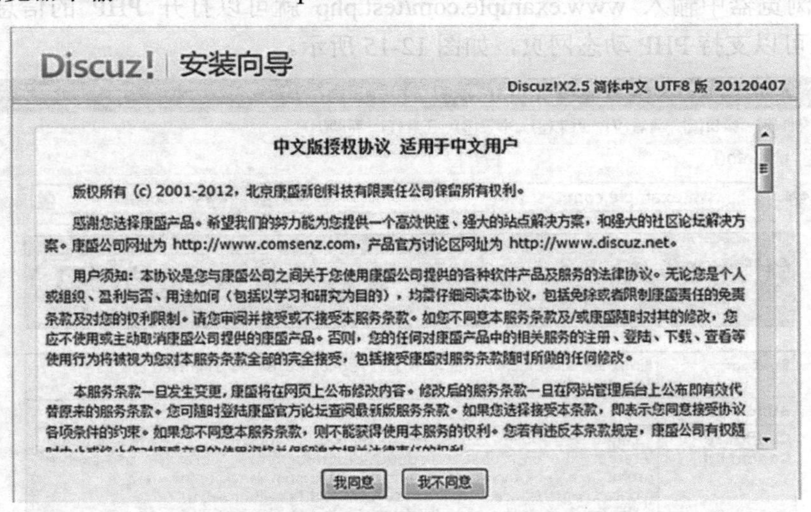

图 12-16 论坛配置向导

② 检查安装环境，要保证所有项目都是绿√，如图 12-17 所示。

这里会提示对程序某些目录没有写入权限，必须要保证 Apache 服务对这些目录具有读 /

写权限，可以将这些目录的所有者都改为 apache，“-R”选项表示递归，连带将该目录下的所有子目录也都设为相同的权限。

```
[root@localhost bbs]#chown–R apache data
[root@localhost bbs]#chown–R apache config
[root@localhost bbs]#chown–R apache uc_server/
[root@localhost bbs]#chown–R apache uc_client/
```

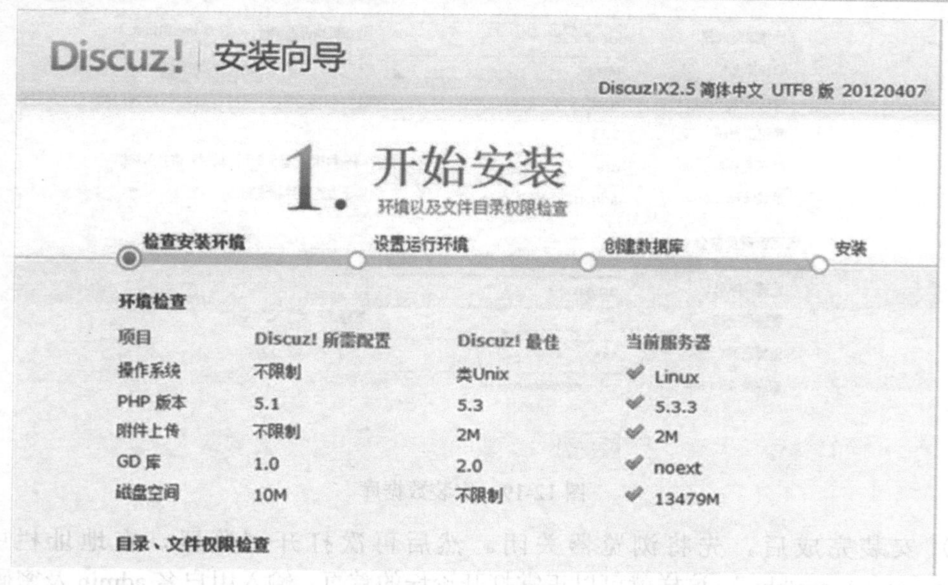

图 12-17　检查安装环境

③ 设置运行环境，选择“全新安装 Discuz！X”，如图 12-18 所示。

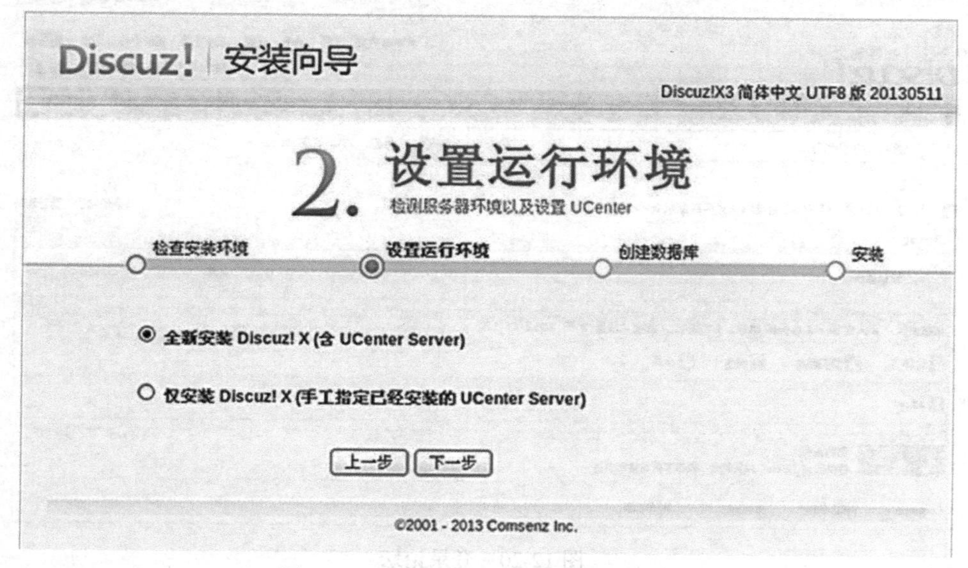

图 12-18　选择“全新安装 Disucz！X”

④ 安装数据库，需要输入之前设置的数据库管理员 root 的密码，并还要设置论坛管理

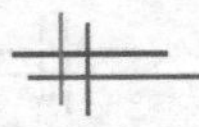

员账号 admin 及密码，如图 12-19 所示。

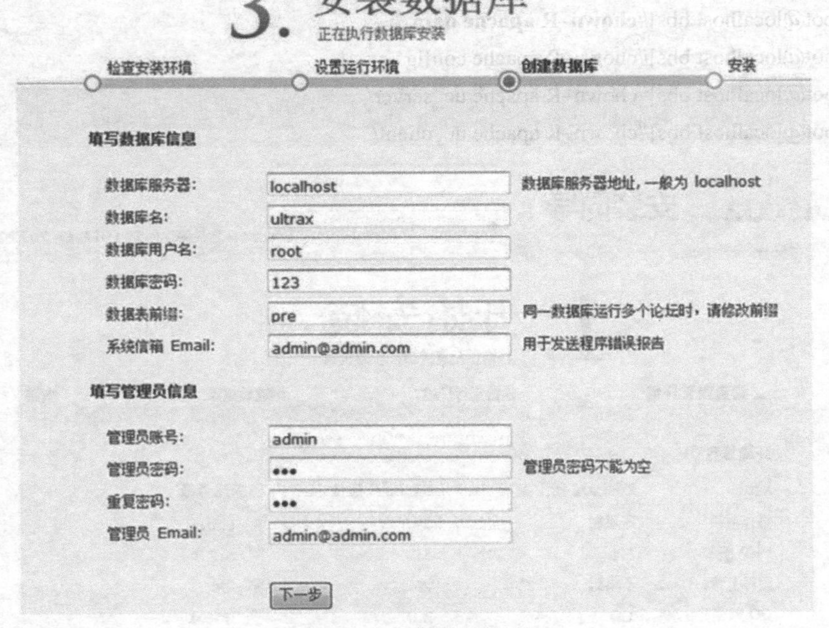

图 12-19　安装数据库

⑤ 安装完成后，先将浏览器关闭。然后再次打开浏览器，在地址栏中输入“www.example.com/bbs”，这样就可以正常打开论坛的首页，输入用户名 admin 及密码登录，如图 12-20 所示。

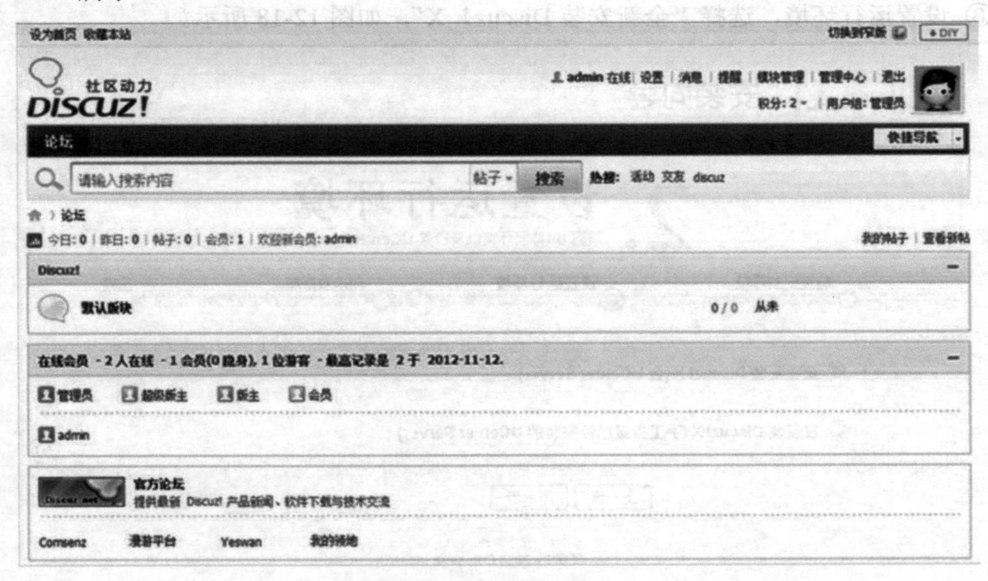

图 12-20　登录论坛

⑥ 进入“管理中心”，在“论坛”选项卡中可以对论坛中的版块进行设置，如图 12-21 所示。

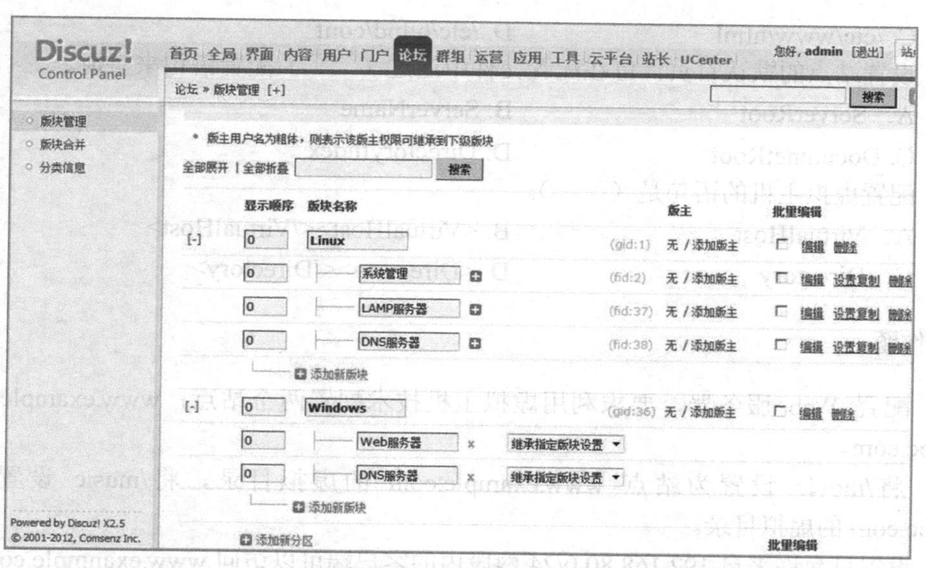

图 12-21　设置论坛板块

⑦ 返回首页，就可以看到搭建好的论坛了，如图 12-21 所示。

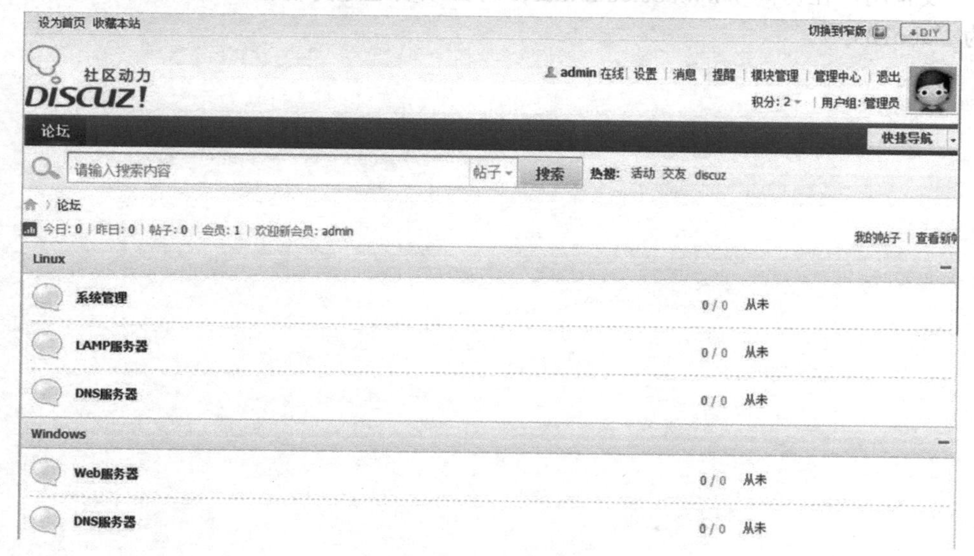

图 12-22　搭建好的论坛

思考与练习

选择题

1. 使用 Rpm 软件包安装的 Apache，其配置文件默认位于（　　）目录。
   A. /etc/httpd.conf　　　　B. /var/www/httpd.conf

C. /etc/www/html　　D. /etc/httpd/conf

2．设置站点的默认首页，可在配置文件中通过（　　）配置语句来实现。

A．ServerRoot　　B. ServerName

C. DocumnetRoot　　D. DirectoryIndex

3．配置虚拟主机的语句是（　　）。

A．VirtualHost　　B. <VirtualHost></VirtualHost>

C．Directory　　D. <Directory></Directory>

操作题

1．配置 Web 服务器，要求利用虚拟主机技术配置两个站点：www.example.com 和 www.abc.com。

2．将/movie 设置为站点 www.example.com 的虚拟目录，将/music 设置为站点 www.abc.com 的虚拟目录。

3．设置只允许来自 192.168.80.0/24 网段内的客户端可以访问 www.exanmple.com/movie 中的内容。

4．设置用户在访问 www.abc.com/music 时必须要通过身份验证，用户名为“natasha”，密码为“abc123,”。

第13章

构建 DHCP 服务器

TCP/IP 网络中的每台计算机都必须有唯一的 IP 地址，为计算机分配 IP 地址的方法有两种。第一种是静态分配 IP 地址，即网络中的每一台计算机都有一个固定的 IP 地址，对于网络管理员来讲，管理这些 IP 地址的工作是比较烦琐的，特别是当一个网络的规模非常庞大时，对于网络中的每一台计算机进行配置的工作是非常困难的；第二种是动态分配 IP 地址，由 DHCP 服务器将 IP 地址池中的 IP 地址动态分配给局域网中的客户端，从而减轻网络管理员的负担。

一般情况下，对于网络中的服务器应采用静态分配 IP 地址的方式，对于客户端计算机则可以采用 DHCP 动态分配 IP 地址。

本项目将介绍如何在 Linux 系统中配置和管理 DHCP 服务器。

13.1 了解 DHCP 协议工作原理

任务描述

在配置 DHCP 服务之前，了解 DHCP 协议的工作原理，将有助于我们更好地去配置和部署 DHCP 服务器。

本任务将介绍 DHCP 协议的工作过程。

任务分析及实施

DHCP（Dynamic Host Configuration Protocol，动态主机配置协议）提供了动态配置 IP 地址的功能。在 DHCP 网络中，客户端不再需要自行输入网络参数（包括 IP 地址、子网掩码、默认网关、DNS 服务器的地址等），而是由 DHCP 服务器向客户端自动分配。DHCP 服务大大减轻了网络管理员管理和维护网络的负担，还在一定程度上缓解了 IP 地址缺乏的问题。

DHCP 是基于 TCP/IP 协议的一种动态地址分配方案，基于客户端/服务器模型设计，DHCP 协议使用端口 UDP 67（服务器端）和 UDP 68（客户端）进行通信，并且大部分 DHCP 协议通信以广播方式进行。

13.1.1 IP 地址租用的过程

DHCP 客户端首次启动时会自动执行初始化过程，以便从 DHCP 服务器获得租约，获取租约的过程大致分为四个不同的阶段，如图 13-1 所示。

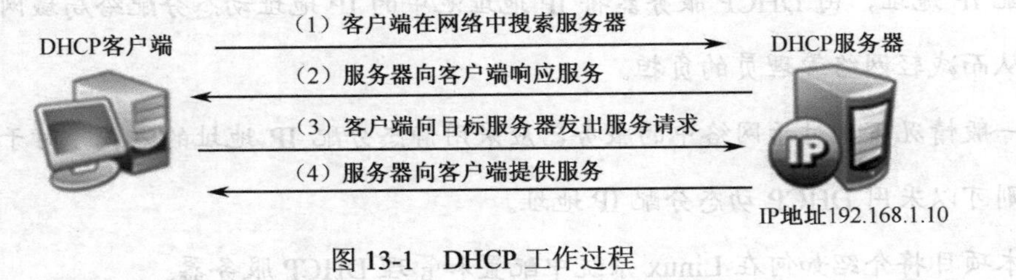

图 13-1 DHCP 工作过程

1. IP 租用请求

当 DHCP 客户端首次启动时，它会以广播方式发送 DHCP Discover 发现信息来寻找 DHCP 服务器，如图 13-2 所示。广播信息中包含 DHCP 客户端的 MAC 地址和计算机名，以便 DHCP 服务器确定是哪个客户端发送的请求。

DHCP Discover 广播包的源 IP 地址为 0.0.0.0，目标 IP 地址为 255.255.255.255。

图 13-2　DHCP 过程第一步

2．IP 租用提供

当 DHCP 服务器接收到来自客户端请求 IP 地址的信息时，它就在自己的 IP 地址池中查找是否有合法的 IP 地址提供给客户端。如果有，DHCP 服务器就将此 IP 地址做上标记，并用广播的方式发回客户端。

这个广播数据包称为 DHCP Offer 数据包，它的源 IP 地址为 DHCP 服务器的 IP 地址，目标 IP 地址为 255.255.255.255，如图 13-3 所示。

图 13-3　DHCP 过程第二步

3．IP 租用选择

如果网络中存在多台 DHCP 服务器，那客户端可能从不止一台 DHCP 服务器收到 DHCP Offer 消息。客户端只选择最先到达的 DHCP Offer，并向这台 DHCP 服务器发送 DHCP Request 消息。DHCP Request 消息中包含了 DHCP 客户端的 MAC 地址、接受的租约中的 IP 地址、提供此租约的 DHCP 服务器地址等，其他的 DHCP 服务器将收回它们为此 DHCP 客户端所保留的 IP 地址租约，以给其他 DHCP 客户端使用。

此时由于没有得到 DHCP 服务器最后确认，DHCP 客户端仍然不能使用租约中提供的 IP 地址，所以 DHCP Request 消息仍然是一个广播数据包，源 IP 地址为 0.0.0.0，目的 IP 为广播地址 255.255.255.255，如图 13-4 所示。

图 13-4　DHCP 过程第三步

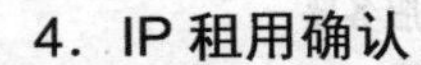

4. IP 租用确认

服务器接收到客户端发来的 DHCP Request 消息后，首先将刚才所提供的 IP 地址标记为已租用，然后向客户端发送一个确认（DHCP Ack）广播消息，该消息包含有 IP 地址的有效租约和其他可配置的信息。虽然服务器确认了客户端的租约请求，但是客户端还没有接收到服务器的 DHCP Ack 消息，因而客户端仍没有 IP 地址，所以 DHCP Ack 消息也是以广播的形式发送的。源 IP 地址为 DHCP 服务器的 IP 地址，目标 IP 地址为 255.255.255.255，如图 13-5 所示。

当客户端收到 DHCP Ack 消息时，它就配置了 IP 地址，完成 TCP/IP 的初始化。

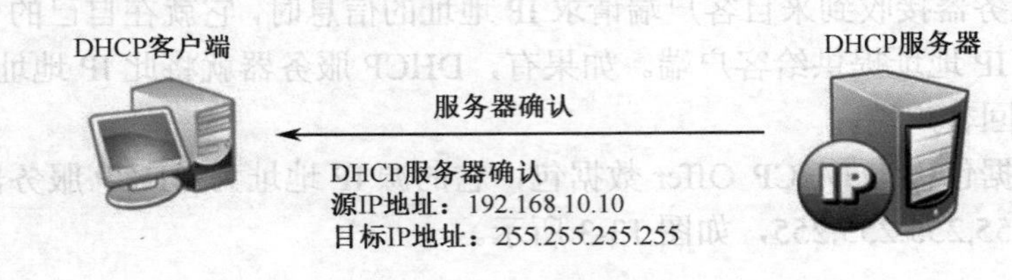

图 13-5　DHCP 过程第四步

13.1.2　获取 IP 地址后的处理过程

1. 客户端重新登录时的 IP 处理

DHCP 客户端每次重新登录网络时，不需要再发送 DHCP Discover 信息，而是直接发送包含前一次所分配的 IP 地址的 DHCP Request 请求信息。当 DHCP 服务器接收到这一信息后，它会尝试让 DHCP 客户端继续使用原来的 IP 地址，并回答一个 DHCP Ack 确认信息。如果此 IP 地址已无法再分配给原来的 DHCP 客户端使用时（比如 IP 已经分配给其他的 DHCP 客户端使用），DHCP 服务器给 DHCP 客户端回答一个 DHCP Nack 否认信息。当原来的 DHCP 客户端收到此 DHCP Nack 否认信息后，它就必须重新发送 DHCP Discover 发现信息来请求新的 IP 地址。

另外，如果客户端改变了所处的网络，在开机时联系不上 DHCP 服务器，那么即使租约并未到期，也会将所获得的 IP 地址释放掉。

2. IP 地址的续约

DHCP 的租约期限一般默认 8 天，DHCP 客户端必须在租约过期前对它进行续约。

当 DHCP 服务器向客户端出租的 IP 地址租期达到一半（50%）时，就需要重新更新租约，客户端直接向提供租约的服务器发送 DHCP Request 包，要求更新现有的地址租约。如果 DHCP 服务器应答则租约延期。如果服务器始终没有应答，则在租期达到四分之三（87.5%）时，客户端将进行第二次续约。如果第二次续约仍不成功，那么客户端会在租约到期（100%）时，重新发送 DHCP Discover 广播包进行租约申请。如果此时网络中再没有任何的 DHCP 服务器，那么客户端只能放弃当前的 IP 地址，而获得一个 169 网段的自动专用 IP 地址。

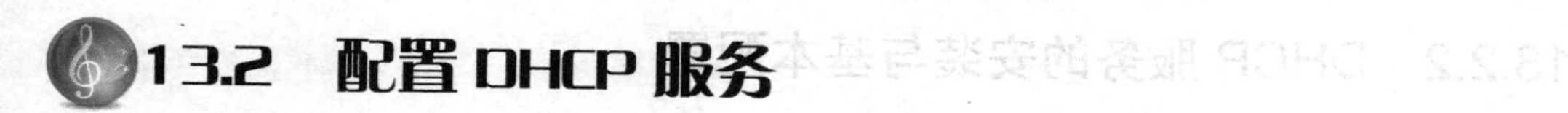

13.2 配置 DHCP 服务

任务描述

本任务将介绍 Linux 系统中 DHCP 服务器的基本配置，以及如何为指定的客户端分配固定的 IP 地址。

任务分析及实施

13.2.1 规划 IP 地址段

在安装 DHCP 服务之前，需要规划以下信息：

- 确定 DHCP 服务器应分发给客户端的 IP 地址范围。
- 为客户端确定正确的子网掩码。
- 确定 DHCP 服务器不应向客户端分发的所有 IP 地址（如保留一些固定 IP 地址提供给指定客户端使用等）。
- 决定 IP 地址的租期期限。通常，租用期限应等于该子网上的客户端的平均活动时间。例如，如果客户端是很少关闭的桌面计算机，租期可以设置得适当长一些；如果客户端是经常离开网络或在子网之间移动的移动设备，那么租期则应设置得短一些。

下面着重介绍如何规划 IP 地址段。

在企业内部网络中主要使用私有 IP 地址，包括以下几个地址段：

- 192.168.0.0 至 192.168.255.255，子网掩码：255.255.255.0（适用于小型网络）。
- 172.16.0.0 至 172.31.255.255，子网掩码：255.255.0.0（适用于中型网络）。
- 10.0.0.0 至 10.255.255.255，子网掩码 255.0.0.0（适用于大型网络）。

在小型网络中，使用 192.168.x.x 段的 IP 地址即可，不过应尽量避免使用 192.168.0.0 和 192.168.1.0 段。因为某些网络设备（如宽带路由器或无线路由器）或应用程序拥有自动分配 IP 地址功能，而且默认的 IP 地址池往往位于这两个地址段，容易导致 IP 地址冲突。

在计算机数量较多的大型网络中，可选用 10.0.0.1～10.255.255.254 或 172.16.0.1～172.31.255.254 地址段。不过建议采用 255.255.255.0 作为子网掩码，以获取更多的 IP 地址段，并使每个子网中所容纳的计算机数量都较少。在通常情况下，不建议采用过大的子网掩码，每个网段的计算机数量都不要超过 250 台。同一网段的计算机数量越多，广播包的数量就越多，有效带宽损失得也越多，导致网络传输效率降低。

在我们的实验环境中所采用的 IP 地址段是 192.168.80.0/24。其中预留 IP 地址段 192.168.80.1～192.168.80.20，用于为服务器配置静态 IP 地址，不分配给客户端。客户端使用 IP 地址段 192.168.80.21～192.168.80.254，网关为 192.168.80.2，首选 DNS 服务器为 192.168.80.10。

13.2.2 DHCP 服务的安装与基本配置

1. 安装 DHCP 服务

Linux 系统中 DHCP 服务的软件名为 dhcp，服务名为 dhcpd，默认情况下系统中并没有安装 dhcp 服务，可以执行“yum install dhcp”命令进行安装，在 RHEL 6 系统中所对应的 Rpm 安装包为“dhcp.x86_64 12:4.1.1-31.P1.el6”。

DHCP 服务安装好之后，还不能够直接启动，因为此时 dhcp 服务的配置文件中还没有实质内容，配置文件中的内容需要我们手工来添加（这个比较特殊）。这里可以先执行“chkconfig dhcpd on”命令将服务设置为开机自动运行。

2. 主配置文件 dhcpd.conf

DHCP 服务的主配置文件是“/etc/dhcp/dhcpd.conf”，配置文件中的默认设置如图 13-6 所示。

```
#
# DHCP Server Configuration file.
#   see /usr/share/doc/dhcp*/dhcpd.conf.sample
#   see 'man 5 dhcpd.conf'
#
```

图 13-6 dhcpd.conf 配置文件默认设置

配置文件中的第 2 行提示我们去看一个示例文件，这其实是一个配置文件模板，用户可以参照该文件在主配置文件中添加相应的设置项，也可以把这个示例文件直接复制过来并更名为 dhcpd.conf，以作为主配置文件使用。

```
[root@localhost ~]#cp /usr/share/doc/dhcp-4.1.1/dhcpd.conf.sample /etc/dhcp/dhcpd.conf
```

在 dhcpd.conf 文件中，每行开头的“#”表示注释，除了注释以外，其他每一行应以“;”结尾。

dhcpd.conf 配置文件的格式如下：

```
全局参数
声明 {
    配置选项/局部参数
    配置选项/局部参数
    ……
}
```

在 dhcpd.conf 中最主要是对作用域进行设置，作用域是网络设置的逻辑范围，在作用域中可以设置分配给客户端的 IP 地址范围及其他相关选项。作用域用 subnet 语句声明，subnet 后面要跟上子网的网络地址和子网掩码，作用域中的内容要包括在大括号里。

一份配置好的 dhcpd.conf 文件内容如图 13-7 所示。

```
option domain-name-servers 192.168.80.10;
subnet 192.168.80.0 netmask 255.255.255.0 {
        range 192.168.80.21 192.168.80.254;
        option routers 192.168.80.2;
        default-lease-time 86400;
        max-lease-time 172800;
}
```

图 13-7 配置好的 dhcpd.conf 文件

对其中各个设置项的解释如下。

- "option domain-name-servers 192.168.80.10;"，用于设置 DNS 服务器选项，这个选项可以放在全局配置部分，也可以放在局部配置。这里放在全局配置部分，将对服务器中的所有作用域都生效。
- "subnet 192.168.80.0 netmask 255.255.255.0 { ……; }"，用于定义作用域。在一台 DHCP 服务器中可以设置多个作用域。
- "range 192.168.0.80 21 192.168.90.254;"，用于指定当前作用域中可供分配的 IP 地址范围。
- "option routers 192.168.0.254;"，用于指定当前作用域中的网关。
- "default-lease-time 86400"，用于指定当前作用域的默认租约时间，单位为秒。
- "max-lease-time 172800"，表示允许客户端请求的最大租约时间，当客户端未请求明确的租约时间时，服务器将采用默认租约时间，单位为秒。最大租约时间通常应设置为默认时间的 2 倍

这样一个基本的 dhcpd.conf 配置文件就设置好了，保存退出后，就可以正常启动 dhcpd 服务。

```
[root@localhost ~]#service dhcpd start
```

13.2.3 客户端的配置与测试

下面在一台 Windows 客户端上测试能否成功从 DHCP 服务器申请到 IP 地址及相关选项。

1. 关闭 VMWare 虚拟网卡的 DHCP 功能

由于 VMWare 的虚拟网络默认也提供了 DHCP 功能，因而为了避免对实验造成干扰，需要先关闭虚拟机网卡的 DHCP 功能。

打开"虚拟网络编辑器"，将各个虚拟网卡的 DHCP 功能关闭，如图 13-8 所示。

2. 测试能否租用到 IP 地址

打开一台安装有 Windows XP 系统的虚拟机，测试是否可以从 DHCP 服务器处自动获得 IP 地址。

DHCP 客户端的设置非常简单，只要在"TCP/IP 属性设置"中将 IP 地址与 DNS 服务器

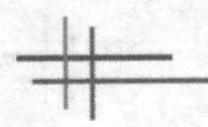

都设成自动获得即可。

然后打开本地连接状态界面，在“支持”选项卡中单击“详细信息”，可以看到客户端已经获得了地址池中的第一个 IP 地址 192.168.80.21，以及其他相关配置选项，并且还可以看到为其分配地址的 DHCP 服务器为 192.168.80.10，还可以得知 IP 地址的租约期限，如图 13-9 所示。

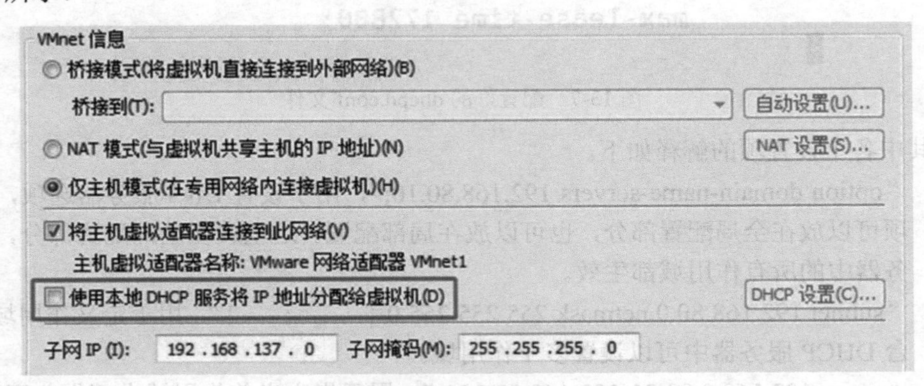

图 13-8　关闭虚拟网卡的 DHCP 功能

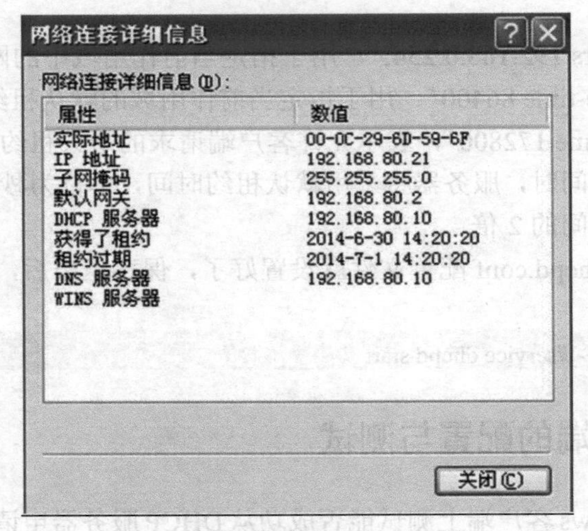

图 13-9　客户端成功租用到 IP 地址

3．IP 地址的释放与重新申请

在 Windows 客户端有两条非常重要的与 DHCP 服务相关的命令。

- ipconfig /release：释放已经获得的 IP 地址。
- ipconfig /renew：重新申请 IP 地址。

“ipconfig /release”命令可以在 IP 租约未到期之前，主动将地址释放掉。而执行“ipconfig /renew”命令可以强制开始地址申请过程，使客户端重新获得新的 IP 地址。

4．自动专用 IP 地址

对于 Windows 客户端，如果由于种种原因而未能从 DHCP 服务器处获得 IP 地址，此时系统就会自动为其分配一个“自动专用 IP 地址”。

自动专用地址是指 169.254.0.0/16 网段中的地址，这是一个临时的备用地址，即如果客户端未能从 DHCP 服务器处申请到 IP 地址，而且也没有在“TCP/IP 属性”设置中启用“备用配置”时，系统会自动分配一个临时地址。

如将客户端与服务器之间的网络暂时断开，然后再次执行“ipconfig /release”和“ipconfig /renew”命令，这时就会发现系统使用了自动专用地址。

当客户端计算机在得到一个自动专用 IP 地址之后，它会每隔 5min 发一次广播，试图去得到一个合法的 IP 地址。

如果网络中的两台计算机都使用自动专用 IP 地址，它们之间也可以正常通信。但这毕竟是一种意外情况，所以如果发现某台计算机使用的是 169.254.0.0/16 网段的自动专用地址，那么也就意味着这台计算机与 DHCP 服务器之间出现了问题。

13.2.4 保留特定的 IP 地址

1．保留 IP 地址的作用

DHCP 服务器可以保留特定的 IP 地址给指定的客户端使用，也就是说，当这个客户端每次向 DHCP 服务器索取 IP 地址或更新租约时，DHCP 服务器都会给该客户端分配相同的 IP 地址。

例如，某教师要轮流在 A、B 两间教室上课，为了方便教学，在每间教室都需要使用固定 IP。如在 A 教室时使用 IP 地址 192.168.1.100，在 B 教室时使用 IP 地址 192.168.2.100，为了省去反复修改 IP 的不便，就可以在 DHCP 服务器上的相应两个作用域里，分别为其保留 IP 地址。

2．保留 IP 地址的配置

保留 IP 地址是通过将客户端的 MAC 地址与需要保留的 IP 地址进行绑定而实现的。比如之前的 Windows 客户端已经分配到了一个 IP 地址 192.168.80.21，现在想要为它指定一个 IP 地址 192.168.80.88，可以先用 arp 命令查出客户端的 MAC 地址，然后在 dhcpd.conf 配置文件的相应作用域设置中，加入如图 13-10 所示的 host 语句。

```
option domain-name-servers 192.168.80.10;
subnet 192.168.80.0 netmask 255.255.255.0 {
        range 192.168.80.21 192.168.80.254;
        option routers 192.168.80.2;
        default-lease-time 86400;
        max-lease-time 172800;

        host teacher {
                hardware ethernet 00:0c:29:6d:59:6f;
                fixed-address 192.168.80.88;
        }
}
```

图 13-10 设置地址保留

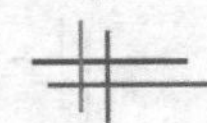

- “host teacher”，指定为其保留 IP 地址的客户端名称，名称可以随便设置，如这里设为“teacher”。
- “hardware ethernet”，指定客户端计算机的 MAC 地址。
- “fixed-address”，指定对应的保留 IP 地址。

将 dhcpd 服务重启之后，在客户端上执行命令“ipconfig /release”将之前申请的 IP 地址释放，然后执行“ipconfig /renew”命令重新申请 IP 地址，可以发现重新获得的 IP 并非地址池中的第一个 IP，而是所设置的保留地址 192.168.80.88。

思考与练习

选择题

1．DHCP 客户端申请 IP 地址租约时，首先发送的信息是（　　）。

A．DHCP Discover　　B．DHCP Offer

C．DHCP Request　　D．DHCP Ack

2．启动 DHCP 服务的命令是（　　）。

A．service dhcp restart　　B．service dhcp start

C．service dhcpd start　　D．service dhcpd restart

3．DHCP 服务器的主配置文件是（　　）。

A．/etc/dhcp　　B．/etc/dhcpd.conf

C．/etc/dhcp.conf　　D．/usr/share/doc/dhcp

4．DHCP 是动态主机配置协议的简称，能自动地为一个网络中的主机分配（　　）地址。

A．TCP　　B．MAC　　C．网络　　D．IP

5．如果想查看当前 Linux 系统中是否已安装 DHCP 服务器，命令正确的是（　　）。

A．rpm -ql dhcp　　B．rpm –q dhcpd

C．rpm -q dhcp　　D．rpm -ql

操作题

架设 DHCP 服务器，为 192.168.0.0/24 网段分配 ip 地址，地址范围是 192.168.0.200～192.168.0.220，网关指向 192.168.0.254，DNS 指向自己的 ip，租约时间使用默认值即可。

第14章

构建邮件服务器

电子邮件是 Internet 中最早的应用程序，至今仍然是 Internet 中的主要应用。电子邮件是利用网络传递信息给远程计算机的一种信息传递方式，这些邮件都是通过一个或多个邮件服务器进行传递的。目前，邮件传输的相关协议主要有 SMTP、POP、IMAP 等。其中 SMTP，即简单邮件传输协议，是为了保证电子邮件可靠和高效传递的协议。它是一组用于控制由源地址到目的地址传送邮件的规则，属于 TCP/IP 协议簇。邮件服务器具有接收邮件（POP3）和发送邮件（SMTP）的功能，在 RHL 6 中，既可以使用 sendmail 程序包，也可以使用 postfix 程序包。但相比之下，postfix 在性能和安全方面都有很多 sendmail 所没有的优势。

本项目以 postfix 服务包来实现邮件功能。

14.1 了解 Mail 的工作过程

任务描述

配置 Mail 服务之前，先了解 Mail 的工作过程，将有助于我们更好地配置和部署 Mail 服务器。

本任务将介绍 Mail 的工作过程及邮件相关协议。

任务分析及实施

14.1.1 Mail 的工作过程

对于一个完整的电子邮件系统而言，电子邮件系统分为用户代理（MUA）、传输代理（MTA）和投递代理（MDA）。邮件服务器是邮件系统的核心。每个收信人在邮件服务器上都有一个邮箱（mailbox），这个邮箱用于管理和维护自己的邮件消息。

① 邮件用户代理 MUA（Mail User Agent），用于用户端发送邮件或者阅读邮件，客户端的软件相当于 MUA。

② 邮件传输代理 MTA（Mail Tranfer Agent），相当于一个邮局，接收 MUA 发来的邮件，并把邮件发送给下一个 MTA，相当一个邮件路由（Mail Router）。服务器端的软件就属于 MTA，如 Linux 中的 sendmail 软件。

③ 邮件投递代理 MDA（Mail Devilery Agent），主要是将 MTA 所接受的邮件，依照邮件的目的地将邮件放到本机账号下或者给下一个 MTA。

例如，假设 Alice 想给 Bob 发一封邮件，Alice 首先在计算机 1 上提供用户名和口令登录到邮件服务器 A 上进行认证，打开自己的邮箱以后才能够给 Bob 发送邮件。邮件发送出去以后，Bob 的邮件经服务器 A 投递服务器 B，即用户 Bob 邮箱所在的服务器。当用户 Bob 想查看自己邮箱中的邮件消息时，也需要在计算机 2 上提供用户名和口令登录到邮件服务器 B 进行认证，从而打开自己的邮箱，查看邮件，如图 14-1 所示。

14.1.2 邮件相关协议

在邮件代理程序之间进行通信时，需要使用到邮件传输的相关协议，主要有 SMTP、POP、IMAP 等协议。

1. SMTP 协议

SMTP 即简单邮件传送协议，是因特网电子邮件系统的应用层协议，它使用的是 TCP 协议，提供的是可靠的数据传输服务，把邮件消息从发信人的邮件服务器传送到收信人的邮件服务器。SMTP 同时运行在客户端和服务器端，当一个邮件服务器在向其他邮件服务器发送邮件消息时，它是作为 SMTP 客户运行的。当一个邮件服务器从其他邮件服务器接收邮件消息时，它是作为 SMTP 服务器运行的。

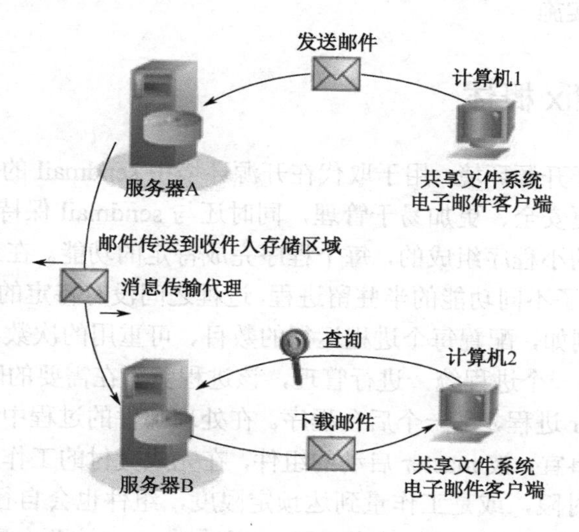

图 14-1　Mail 工作过程

2．POP 协议

POP（Post Office Protocol，邮局协议），用于电子邮件的接收，它使用 TCP 的 110 端口。现在常用的是第 3 版，所以简称为 POP3。它是因特网电子邮件的第一个离线协议标准，POP3 允许用户从服务器上把邮件存储到本地主机（自己的计算机）上，同时删除保存在邮件服务器上的邮件。POP3 仍采用 Client/Server 工作模式，Client 被称为客户端，Server（服务器）就是邮件服务器（MDA）。

3．IMAP 协议

IMAP 即互联网信息访问协议，是一种优于 POP 的新协议。和 POP 一样，IMAP 也能下载邮件、从服务器中删除邮件或询问是否有新邮件，但 IMAP 克服了 POP 的一些缺点。例如，它可以决定客户机请求邮件服务器提交所收到邮件的方式，请求邮件服务器只下载所选中的邮件而不是全部邮件。客户机可先阅读邮件信息的标题和发送者的名字再决定是否下载这个邮件。使用的端口号是 143。

14.2　配置 postfix

任务描述

本任务将介绍Linux系统中postfixr 基本配置，要求Linux邮件服务器的域名为lztd.com，创建一个邮件服务器，使得企业内部网的 IP 地址既能读邮件，也能写邮件，而通过外部 IP

只能阅读邮件。

任务分析及实施

14.2.1 postfix 概述

postfix 是一款基于开源环境，用于取代在开源环境中 sendmail 的一种尝试。与 sendmail 相比，postfix 更快、更安全、更加易于管理，同时还与 sendmail 保持了足够的兼容性。

postfix 是由很多的小程序组成的，每个程序完成特定的功能。在系统运行时，这些程序被加载到系统中，构成了不同功能的半驻留进程，进程之间没有特定的父子关系，这些 postfix 进程是可以配置的。例如，配置每个进程运行的数目、可重用的次数、生存的时间等。但大多数的 postfix 进程由一个进程统一进行管理，该进程负责在需要的时候调用其他进程，这个管理进程就是 master 进程，是一个后台程序。在处理邮件的过程中，master 会启动对应功能的组件来处理相关事宜，被 master 启动的组件，在完成交付的工作之后会自行结束；如果组件的处理时间超过时限，或是工作量到达预定限度，组件也会自行结束。master daemon 会常驻在系统中，当管理员启动它时，它从 main.cf 和 master.cf 这两个配置文件获取启动参数。

postfix 组件之间的合作全靠队列（Queue）交换邮件，邮件队列管理进程是整个 postfix 邮件系统的心脏，postfix 系统中有多个队列，这些队列由队列管理器（Queue Manager）负责控制管理。postfix 组件将邮件交付给 Queue Manager，由其代为放入适当的队列。当需要处理特定工作时，Queue Manager 将队列里的邮件交付给正确的组件进行处理。

14.2.2 邮件队列（mail queues）类型

① maildrop：本地邮件放置在 maildrop 中，同时也被复制到 incoming 中。

② incoming：放置正在到达或队列管理进程尚未发现的邮件。

③ active：放置队列管理进程已经打开了并正准备投递的邮件，该队列有长度的限制。

④ deferred：放置不能被投递的邮件。

队列管理进程仅仅在内存中保留 active 队列，并且对该队列的长度进行限制，这样做的目的是为了避免进程运行内存超过系统的可用内存。

14.2.3 邮件处理过程

1. 接收新邮件

新邮件由 cleanup 进程进行最后的处理，包括添加信头中丢失的 Form 信息；为将地址重写成标准的 user@fully.qualified.domain 格式进行排列；从信头中抽出收件人的地址；将邮件投入 incoming 队列中，并请求邮件队列管理进程处理该邮件；请求 trivial-rewrite 进程将地址转换成标准的 user@fully.qualified.domain 格式。当 postfix 接收到一封新邮件时，新邮件首选在 incoming 队列处停留，然后针对不同的情况进行不同的处理。

① 来自本地的邮件：local 进程负责接收，存放在 maildrop 队列中，然后由 pickup 进程对 maildrop 中的邮件进行完整性检测。maildrop 目录的权限必须设置为某一用户不能删除其他用户的邮件。

② 来自网络的邮件：smtpd 进程负责接收，并且进行安全性检测。可以通过 UCE（Unsolicited Commercial Email）控制 smtpd 的行为。

③ 由 postfix 进程产生的邮件：这些邮件由 bounce 后台程序产生，主要是为了将不可投递的信息返回发件人。

④ 由 postfix 自己产生的邮件：提示 postmaster（postfix 管理员）postfix 运行过程中出现的问题，如 SMTP 协议问题、违反 UCE 规则的记录等。

2. 投递邮件的过程

新邮件一旦到达 incoming 队列，postfix 依据收件地址的类型，判断是否要收下邮件及如何进行投递操作。主要的地址类型有本地（Local）、虚拟别名（Virtual Alias）、虚拟邮件（Virtual Mailbox）及转发（Relay）。如果收件地址不在这 4 种主要类型之中，则邮件会被交给 Smtp Client，通过网络寄送出去；否则，Queue Manager 便依据地址的类型，选择适当的 MDA 来投递邮件。

（1）本地邮件

邮件被交给 Local MDA 处理，凡是收件地址的网域名称与 mydestination 参数列出的任一网域名称相符，这类邮件都算是本地邮件。对于送到任何 mydestination 网域的任何有效账户的邮件，Local MDA 会先检查收件人是否有个人的.forward 文件，如果没有，则邮件会被存入用户的个人邮箱；否则，则依据.forward 文件的内容来进行投递操作。

（2）转发邮件

实际邮箱位于其他 MTA 控制管理的网域，但是 postfix 愿意代收并转寄的邮件，称为转发邮件。这类网域的名称列在 relay_domains 参数中，其邮件由 smtp MDA 通过网络送到目标网域的 MTA。

（3）虚拟邮箱邮件

虚拟邮箱的网域名称列在 virtual_mailbox_domains 参数中。每个网域都可以有自己的用户群，而且有各自独立的命名空间，换言之，即不同的虚拟邮箱网域可以有同名的用户，用户与邮箱之间的对应关系，定义在 virtual_mailbox_maps 参数所指定的查询表中，虚拟邮箱与系统上的 Shell 账户之间没有关联性，虚拟邮箱邮件的投递操作由 Virtual MDA 负责运行。

（4）虚拟别名地址的邮件

虚拟别名的网域名称列在 virtual_alias_domains 参数中，每个虚拟网域都可以有自己的一组用户，不同的虚拟网域可以容许有同名的用户。用户与其真实地址之间的对应关系，列在 virtual_alias_maps 参数所指定的查询表中。当 Queue Manager 发现邮件的收件地址的网域部分 virtual_alias_domains 所列出的网域之一，则会重新提交邮件，以便传到真实地址。

3. postfix 安装与启动

默认情况下，RHEL 6 自动安装有 postfix 程序包，可以通过 rpm 命令查看是否有 postfix 程序。

```
[root@server ~]# rpm–qa | grep postfix
[root@server ~]#
```

如果没有任何反应，说明没有安装该程序包。进入光盘中的 Packages 安装目录，利用 rpm 命令安装相关的程序包，程序包在安装过程中可能依赖其他的程序包，因而，安装过程中要将其他的程序包一起安装。

```
[root@server ~]# rpm–ivh postfix
[root@server ~]#
```

因为程序包的名称比较复杂，常用的做法是在安装过程中，输入“postfix”后连续两次按 Tab 键，由系统列出安装程序的名称，如图 14-2 所示。

```
[root@www Packages]# rpm -ivh postfix-2.6.6-2.el6.i686.rpm
warning: postfix-2.6.6-2.el6.i686.rpm: Header V3 RSA/SHA256 Signature, key ID fd
431d51: NOKEY
Preparing...                ########################################### [100%]
   1:postfix                ########################################### [100%]
[root@www Packages]# 
```

图 14-2　postfix 的安装

由于邮件使用的协议 SMTP 包含在 imap 程序包中，RHEL 6 中的 imap 包含在 dovecot 程序包中，所以还需要安装 dovecot 程序包，如图 14-3 所示。

```
[root@server ~]# rpm–ivh dovecot
[root@server ~]#
```

```
[root@www Packages]# rpm -ivh dovecot-2.0-0.10.beta6.20100630.el6.i686.rpm
warning: dovecot-2.0-0.10.beta6.20100630.el6.i686.rpm: Header V3 RSA/SHA256 Sign
ature, key ID fd431d51: NOKEY
Preparing...                ########################################### [100%]
   1:dovecot                ########################################### [100%]
[root@www Packages]# rpm -ivh dovecot-mysql-2.0-0.10.beta6.20100630.el6.i686.rpm

warning: dovecot-mysql-2.0-0.10.beta6.20100630.el6.i686.rpm: Header V3 RSA/SHA25
6 Signature, key ID fd431d51: NOKEY
Preparing...                ########################################### [100%]
   1:dovecot-mysql          ########################################### [100%]
[root@www Packages]# 
```

图 14-3　dovecot 的安装

（1）主配置文件 main.cf

该文件保存在/etc/postfix/目录下，此文件中保存 postfix 的主要配置。它的设置格式为：

```
参数名 1＝固定值或者参数名 1＝$参数名 2
表示给参数 1 进行赋值，值的类型可以是固定值，也可以引用其他参数的值。
```

例如：

```
myhostname = mail.lztd.com
表示指定收发电子邮件的主机名为 mail.lztd.com，必须是完整的主机名称。
```

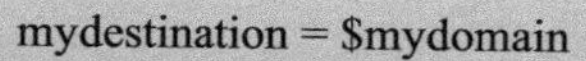

```
mydestination = $mydomain
```

表示参数 mydestination 的值由 mydomain 参数的值决定。

注意，等号的两边要留有空格。

常用的参数：

① myhostname 参数

指定运行 postfix 服务的邮件主机的主机名称，可以不进行设置。

```
myhostname =mail.lztd.com
```

② mydomain 参数

指定该主机的域名称，也可以不进行设置，默认情况下，myhostname 参数被设置为本地主机名，而且 postfix 会自动将 myhostname 参数值的第一部分删除并将其余部分作为 mydomain 参数的值。

```
mydomain =lztd.com
```

③ myorigin 参数

设置由本台邮件主机寄出的每封邮件的邮件头中 mail from 的地址。由于 postfix 默认使用本地主机名作为 myorigin 参数的值，因此一封由本地邮件主机寄出的邮件头中就会含有“From: ‘yanglp’<yanglp@mail.lztd.com>”这样的内容，表明邮件是从 mail.lztd.com 主机发来的。因此，一般情况下将 myorigin 参数设置为本地邮件主机的域名（“myorigin = lztd.com”或“$mydomain”），由本地邮件主机寄出的邮件头中含有“From: ‘yanglp’<yanglp@lztd.com>”这样的内容，更具有可读性。

```
myorigin = $mydomain
```

④ inet_interfaces 参数

默认情况下，被设置为 localhost，表明只能在本地邮件主机上寄信。如果邮件主机上有多个网络接口，而又不想使全部的网络接口都开放 postfix 服务，就可以用主机名指定需要开放的网络接口。通常是将所有的网络接口都开放，以便接收从任何网络接口来的邮件，即将 inet_interfaces 参数的值设置为“all”。

```
inet_interfaces = all
```

⑤ mydestination 参数

设置邮件的收件人地址。当发邮件的收件人地址与该参数值相匹配时，postfix 才会接收该邮件。一般情况下，将该参数值设置为$mydomain 和$myhostname，表明无论来信的收件人地址是 xxx@lztd.com（其中 xxx 表示邮件账户名），还是 xxx@mail.lztd.com，postfix 都会接收这些邮件。

```
mydestination =$mydomain，$myhostname
```

⑥ mynetworks 参数

设置可转发（Relay）哪些网络的邮件，可将该参数值设置为所信任的某台主机的 IP 地址，也可设置为所信任的某个 IP 子网或多个 IP 子网（用逗号或者空格分隔）。这里，将 mynetworks 参数值设置为 10.1.10.0/24，则表示这台邮件主机只转发子网 10.1.11.0/24 中的客户端所发来的邮件，而拒绝为其他子网转发邮件。

```
mynetworks = 10.10.11.0/24
```

⑦ relay_domains 参数

设置邮件来源的域名或主机名。例如，将该参数值设置为 lztd.com，表示任何由域 lztd.com 发来的邮件都会被认为是信任的，postfix 会自动对这些邮件进行转发。

```
relay_domains = lztd.com
```

其他参数的设置，请参考相关的资料。

（2）dovecot.conf 配置文件

该配置文件是用来配置邮件传输协议的文件，保存在/etc/dovecot/目录下。主要是 protocol 参数的设置，表示配置邮件传输协议。编辑完以后，也需要重启服务。

```
protocols=imap pop3 lmtp
ssl_disable=yes                    //禁用 ssl 机制
disable_plaintext_auth=no          //允许明文密码认证
```

（3）DNS 配置文件

postfix 程序收到一封待发送的邮件的时候，它需要根据目标地址确定将信件投递给对应的服务器，目标地址的解析是通过 DNS 实现的。例如，一封邮件的目标地址是 tom@lztd.com，postfix 首先确定这个地址的格式是用户名（tom）+机器名（lztd.com），然后，通过查询 DNS 来确定需要把信件投递给哪个服务器。DNS 数据中，与电子邮件相关的是 MX 记录。例如，在 lztd.com 域的 DNS 数据文件中添加两条语句：

```
mail A 10.1.11.22                  //添加解析邮件服务器的 IP 地址
mail MX 10 10.1.11.22
```

邮件服务器配置完成以后，需要重新启动 DNS 服务器、postfix 服务器和 dovecot 服务。

```
service named restart
service postfix restart
service dovecot restart
```

4．配置邮件服务器

邮件服务器的配置，涉及主机名、DNS 等内容，配置的步骤包括：

① 配置主机名称/etc/sysconfig/network，并重启网络服务；
② 配置 DNS 的相关文件，并重新启动 DNS 服务；
③ 配置 postfix 主配置文件/etc/postfix/main.cf，并重新启动 postfix 服务；
④ 配置 dovecot 配置文件/etc/dovecot/dovecot.conf，并重新启动 dovecot 服务；
⑤ 关闭防火墙，保留 25 号端口和 110 号端口开放状态；
⑥ 配置客户端 outlook。

接下来按照这几个步骤对 postfix 服务器进行配置。

（1）配置网络主机名

打开 network 文件，在文件中将 HOSTNAME 的值修改为 lztd.com，然后重新启动网络服务，检查网络服务是否生效，如图 14-4 所示。

```
[root@lztd ~]# vim /etc/sysconfig/network
HOSTNAME=lztd.com
[root@lztd ~]# service network restart
正在关闭接口 eth0： 设备状态：3 (断开连接)
                                                          [确定]
关闭环回接口：                                            [确定]
弹出环回接口：                                            [确定]
弹出界面 eth0： 活跃连接状态：激活的
活跃连接路径：/org/freedesktop/NetworkManager/ActiveConnection/1
                                                          [确定]
[root@lztd ~]# hostname
lztd.com
```

图 14-4　配置网络主机名

（2）配置 DNS 服务

DNS 的配置方法有很多种，本文所采用的方法与之前介绍的 DNS 配置方法相一致，即修改/var/named/named.localhost 配置文件，如图 14-5 所示。

```
$TTL 1D
@       IN SOA  lztd.com. rname.invalid. (
                                0       ; serial
                                1D      ; refresh
                                1H      ; retry
                                1W      ; expire
                                3H )    ; minimum
                NS              lztd.com.
@               A               10.1.11.22
@               MX 10           10.1.11.22
mail.lztd.com.  IN      A       10.1.11.22
ftp             CNAME           lztd.com.
dev             IN      A       10.1.11.22
soft            IN      A       10.1.11.22
~
```

图 14-5　配置 DNS 服务

需要说明的是，配置文件中修改主机名称为 lztd.com。因而在第二行中，把原来的 www.lztd.com 修改为 lztd.com，域服务器的名称（NS）也修改为 lztd.com。添加两条记录，一是“@　MX　10　10.1.11.22”，表示在本域名服务器中添加一条邮件记录，优先级为 10，IP 地址为 10.1.11.22；二是“mail.lztd.com.　IN　A　10.1.11.22”，表示域名为 mail.lztd.com 邮件服务器的 IP 地址为 10.1.11.22。修改完成以后，重新启动 DNS 服务，测试的结果如图 14-6 所示，表示邮件服务器的域名能够被 DNS 服务器解析。

（3）修改 postfix 的主配置文件 main.cf

一般情况下，/etc/postfix/目录下的主配置文件 main.cf 修改的内容并不多，在文件中查找到下面的几行内容，把相应行的注释符“#”删除即可，修改以后重新启动 postfix 服务。

```
myhostname = lztd.com               //设置运行 postfix 主机的域名全称
mydomain = lztd.com                 //运行 postfix 主机的域名
myorigin = $Mydomain                //由本机寄出的邮件所使用域名或主机名称
inet_interfaces = all               //监听的网络接口
```

```
//设置可接收邮件的主机名或域名
mydestination = $myhostname, localhost.$mydomain, localhost, $mydomain
mynetworks = 10.1.11.0/24          //可转发来自哪些IP地址或子网的邮件
relay_domains = $mydestination     //可转发来自哪些域名或主机名的邮件上
home_mailbox = Maildir/            //设置邮件存储位置和格式
```

```
[root@www ~]# nslookup lztd.com
Server:         10.1.11.22
Address:        10.1.11.22#53

Name:   lztd.com
Address: 10.1.11.22

[root@www ~]# nslookup mail.lztd.com
Server:         10.1.11.22
Address:        10.1.11.22#53

Name:   mail.lztd.com
Address: 10.1.11.22

[root@www ~]# host -t MX lztd.com
lztd.com mail is handled by 10 10.1.11.22.lztd.com.
```

图 14-6　配置 DNS 服务测试结果

修改完成以后，存盘退出，检查配置文件的语法正确性，之后重新启动 postfix 服务，如图 14-7 所示。

```
[root@lztd ~]# postfix check
[root@lztd ~]# service postfix restart
关闭 postfix:                                              [确定]
启动 postfix:                                              [确定]
```

图 14-7　重新启动 postfix 服务

（4）修改 dovecot 文件

该文件保存在/etc/dovecot/目录下，文件名为 dovecot.conf，这个文件主要是启动邮件服务协议 POP3 和 SMTP。找到 protocols 参数，把前面的注释符“#”删除，再添加一行，如表中所示，之后重新启动 dovecot 服务，如图 14-8 所示。

```
protocols=imap pop3 lmtp          //使邮件服务器协议生效
disable_plaintext_auth=no         //允许明文密码认证
```

```
[root@lztd ~]# service dovecot restart
停止 Dovecot Imap:                                         [确定]
正在启动 Dovecot Imap:                                     [确定]
```

图 14-8　修改 dovecot 文件，重新启动 dovecot 服务

（5）配置防火墙

临时开放 25 号和 110 号端口，如图 14-9 所示。

```
[root@lztd ~]# iptables -I INPUT -p tcp --dport 25 -j ACCEPT
[root@lztd ~]# iptables -I INPUT -p tcp --dport 110 -j ACCEPT
```

图 14-9　配置防火墙

（6）添加用户

```
useradd  user1
```

（7）配置客户端

① 设置 IP 地址，如图 14-10 所示。

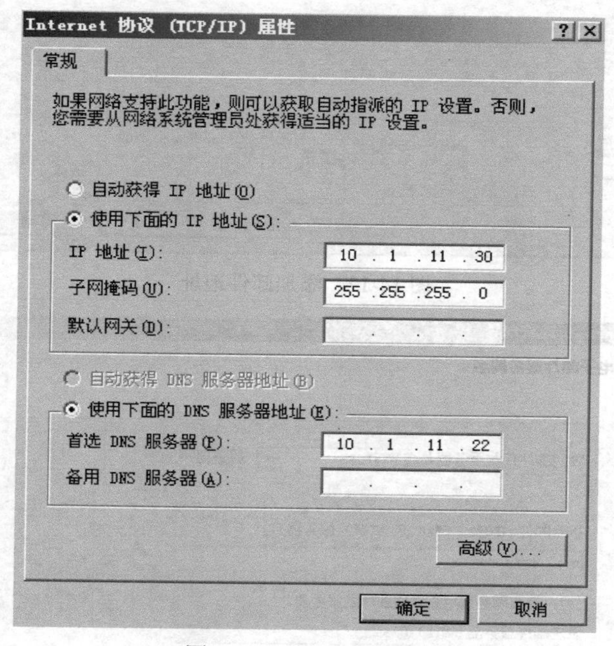

图 14-10 设置 IP 地址

② 打开 outlook，添加收件用户，如图 14-11～图 14-14 所示。

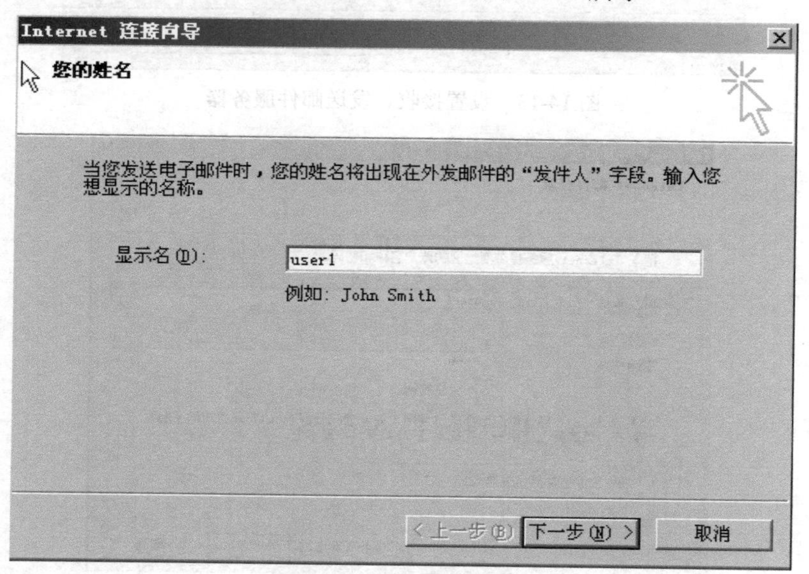

图 14-11 添加收件用户

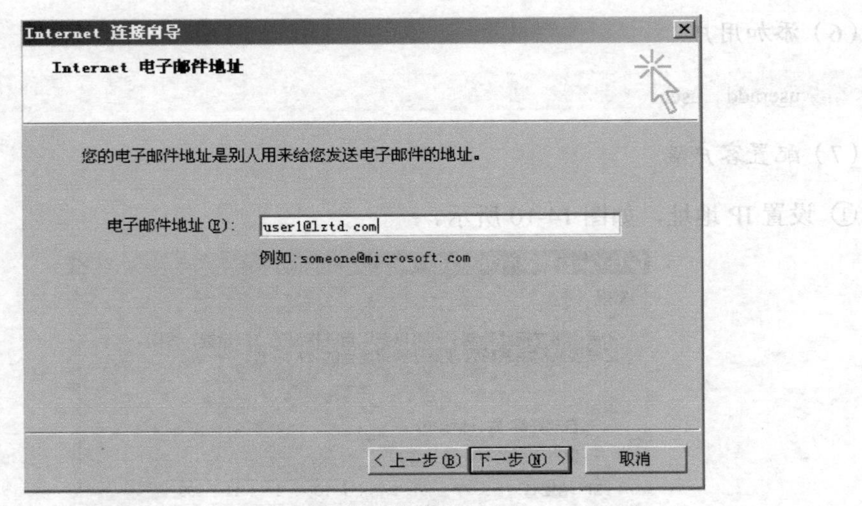

图 14-12　添加邮件地址

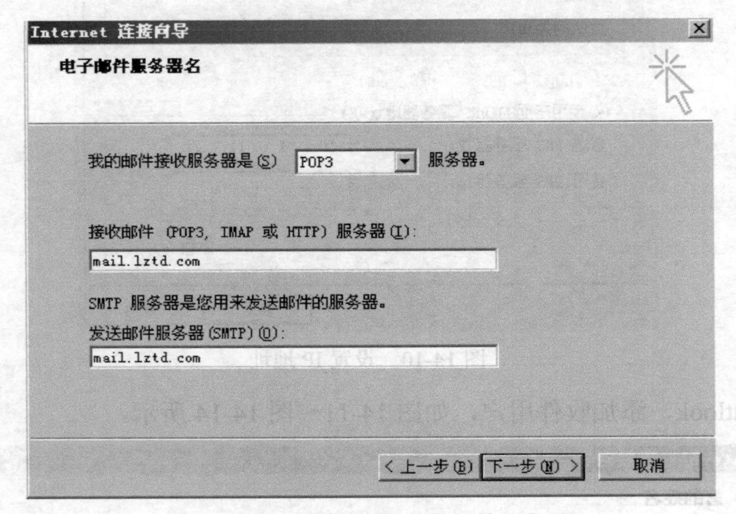

图 14-13　设置接收、发送邮件服务器

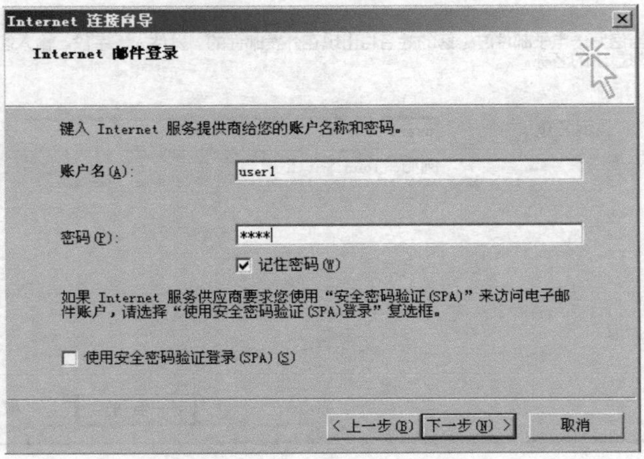

Internet 连接向导

Internet 邮件登录

键入 Internet 服务提供商给您的账户名称和密码。

账户名(A):　user1

密码(P):　****

☑ 记住密码(W)

如果 Internet 服务供应商要求您使用"安全密码验证(SPA)"来访问电子邮件账户，请选择"使用安全密码验证(SPA)登录"复选框。

☐ 使用安全密码验证登录(SPA)(S)

< 上一步(B)　下一步(N) >　取消

图 14-14　Internet 邮件登录

收件人的邮箱、账户名和密码，要与刚才在邮件服务器中添加的用户名、密码相一致。

③ 检验邮件的收发，如图 14-15 和图 14-16 所示。

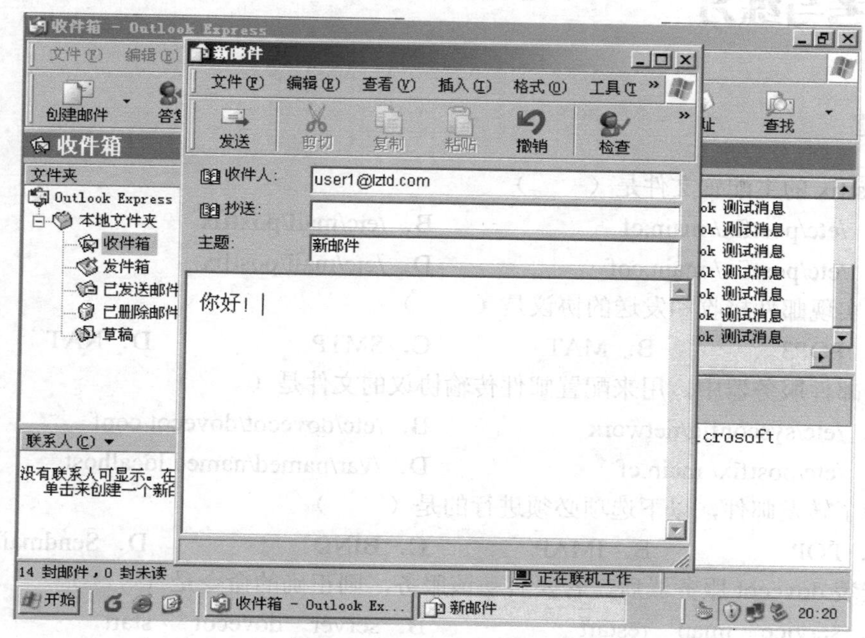

图 14-15　Internet 邮件收发

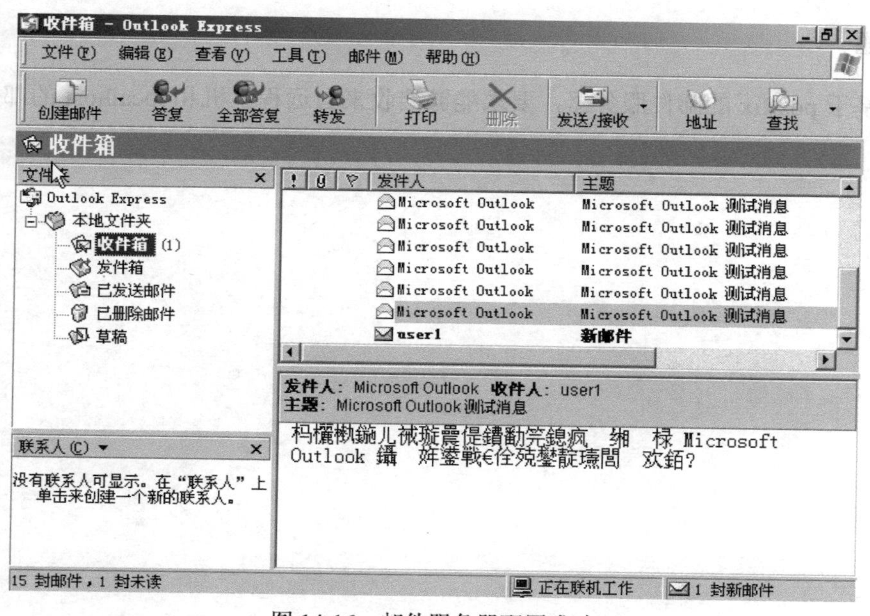

图 14-16　邮件服务器配置成功

从图 14-16 所示的结果来看，邮件服务器配置成功。

思考与练习

选择题

1．postfix 的主配置文件是（　　）

A．/etc/postfix/ main.cf　　B．/etc/mail/poxtfix

C．/etc/postfix/ main.cof　　D．/etc/mail/postfix

2．能实现邮件接收和发送的协议是（　　）

A．POP3　　B．MAT　　C．SMTP　　D．NAT

3．在邮件服务器中，用来配置邮件传输协议的文件是（　　）

A．/etc/sysconfig/network　　B．/etc/dovecot/dovecot.conf

C．/etc/postfix/ main.cf　　D．/var/named/named.localhost

4．为了转发邮件，以下选项必须进行的是（　　）

A．POP　　B．IMAP　　C．BIND　　D．Sendmail

5．安装 dovecot 服务器后，若要启动该服务，则正确的命令是（　　）

A．service　imap　restart　　B．server　dovecot　start

C．service　dovecot　start　　D．/etc/rc.d/init.d/imap　restart

操作题

架设基于 postfix 的邮件服务器，要求能够接收来自远程主机和 localhost 的邮件。

第15章

服务器配置综合训练

15.1 综合训练一

项目背景

如图 15-1 所示的网络拓扑，假设服务器 B 是安装 Linux 操作系统的服务器，IP 地址为 10.1.11.22/24，如果你是公司的网络管理员，现要求完成如下的任务：

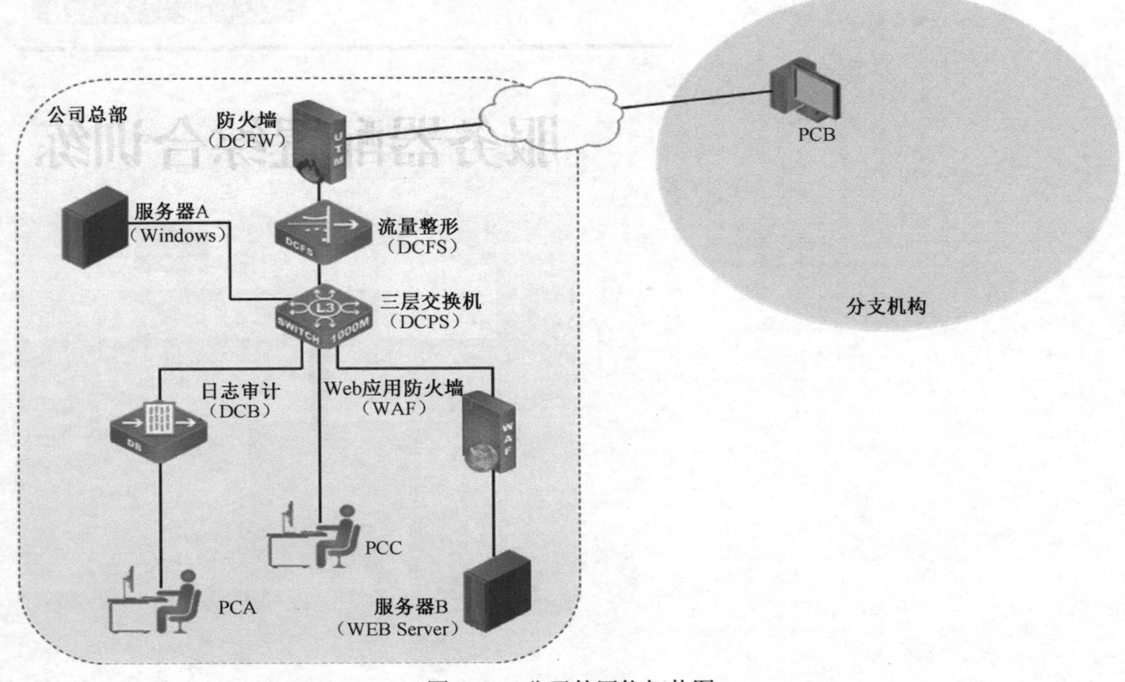

图 15-1　公司的网络拓扑图

① 假设有一网络的 IP 为 10.1.11.0/24，其中 DNS 服务器的 IP 为 202.103.224.68，网关为 10.1.11.254，且 10.1.11.1 为保留地址，10.1.11.100 固定分配给 MAC 地址为 00：0C：29：D9：2E：B0（服务器的物理地址），并验证配置的成功。

② 将服务器设置为 IP 多域名虚拟主机站点，其中一个主机地址为 soft.lztd.com，设置该站点首页内容信息为“欢迎进入 Red Hat，你是通过 Internet 访问！”；另一个主机地址为 dev.lztd.com，设置该站点首页内容信息为“Red Hat 欢迎你，你是通过内部网络访问！”。

② 要求设置该服务器为 FTP 服务器，用户可以直接使用 ftp.lztd.com 域名进行登录，但允许“信息部”的成员能够上传下载文件，允许“销售部”的成员下载文件，匿名用户只能查看文件。

③ 假设 Linux 邮件服务器的域名为 lztd.com，请创建一个邮件服务器，使得企业内部网的 IP 地址既能读邮件，也能写邮件，而通过外部 IP 只能阅读邮件。

本项目所涉及的知识点包括 Apache、DNS、FTP、Mail、DHCP 等知识点。

15.1.1　DHCP 服务器的配置

任务描述

DHCP 指的是动态主机配置协议，由服务器控制一段 IP 地址范围，客户机登录服务器时就可以自动获得服务器分配的 IP 地址和子网掩码。担任 DHCP 服务器的计算机需要安装 TCP/IP 协议，并为其设置静态 IP 地址、子网掩码、默认网关等内容。

本任务假设有一网络号为 10.1.11.0/24，其中 DNS 服务器 IP 为 202.103.224.68，网关为 10.1.11.254，且 10.1.11.1 为保留地址，10.1.11.100 固定分配给 MAC 地址为 00：0C：29：D9：2E：B0（服务器的物理地址）。

任务分析及实施

1. DHCP 的安装与启动

（1）配置服务器 IP 地址

要把服务器设置为 DHCP 服务器，必须为该服务器配置固定的 IP 地址。在 Linux 中配置 IP，可以在命令方式下修改配置文件 ipcfg-the0 的方式设置 IP 地址，因为该文件保存在 /etc/sysconfig/network-scripts/目录下，使用 vi 命令进行编辑时，需要加上文件的路径：

```
[root@localhost~]# vim/etc/sysconfig/network-scripts/ifcfg-eth0
```

可以在配置文件中把 IPADDR 的值修改为 10.1.11.0/24，DNS 的值修改为 202.103.224.68，GATEWAY 的值修改为 10.1.11.254，如图 15-2 所示。

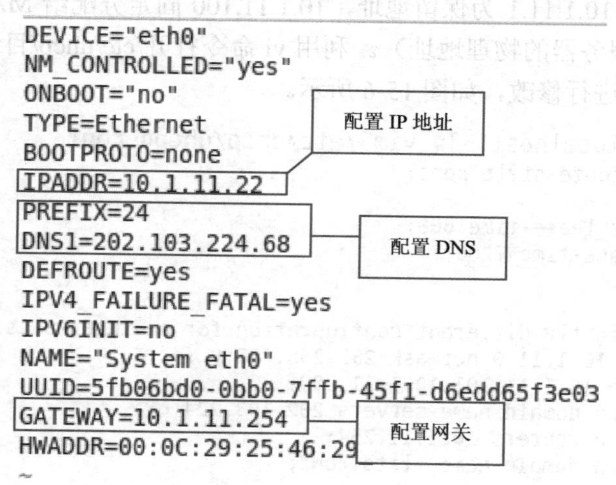

图 15-2　修改服务器 IP 地址

（2）安装和配置 DHCP 服务器

在安装 Red Hat Linux6 的过程中，可以选择自定义安装，默认情况下，DHCP 服务器软件包不会安装，所以在配置 DHCP 服务器之前，需要安装 dhcp-4.1.1-12.P1.el6.i686.rpm 服务包，如图 15-3 所示。

```
[root@localhost ~]# cd /media/RHEL_6.0\ i386\ Disc\ 1/Packages/
[root@localhost Packages]# rpm -vih dhcp-4.1.1-12.P1.el6.i686.rpm
warning: dhcp-4.1.1-12.P1.el6.i686.rpm: Header V3 RSA/SHA256 Signature, key ID f
d431d51: NOKEY
Preparing...                ########################################### [100%]
        package dhcp-12:4.1.1-12.P1.el6.i686 is already installed
[root@localhost Packages]# 
```

图 15-3 安装 DHCP 服务器

media/RHEL_6.0 是光盘所在目录，因而，在安装 DHCP 服务包之前，必须要先找到安装包所在的位置，然后通过 rpm 命令安装 DHCP 包或用 yum 方式安装也可，如图 15-4 所示。

```
[root@localhost ~]# rpm -qa|grep dhcp
dhcp-4.1.1-12.P1.el6.i686
[root@localhost ~]# 
```

图 15-4 通过 rpm 命令安装 DHCP 包

利用 rpm -qa | grep dhcp 可以查看到刚才安装的 DHCP 服务。DHCP 服务的配置文件是/etc/dhcp/dhcpd.conf，默认情况下这个文件不存在，但是在 DHCP 安装以后，提供了一个配置文件模板。因而，要对 DHCP 的配置文件进行修改，首先要把模板文件复制到/etc/dhcp 目录下，并更名为 dhcpd.conf，然后再使用 vi 编辑命令打开文件进行编辑，如图 15-5 所示。

```
[root@localhost ~]# cp /usr/share/doc/dhcp-4.1.1/dhcpd.conf.sample  /etc/dhcp/dh
cpd.conf
cp：是否覆盖"/etc/dhcp/dhcpd.conf"？ y
```

图 15-5 对 DHCP 的配置文件进行修改

任务要求把 DHCP 的网络号修改为 10.1.11.0/24，DNS 服务器 IP 为 202.103.224.68，网关为 10.1.11.254，且 10.1.11.1 为保留地址，10.1.11.100 固定分配给 MAC 地址为 00：0C：29：D9：2E：B0（服务器的物理地址）。利用 vi 命令打开/etc/dhcp/目录下的 dhcpd.conf 文件，对照相应的参数进行修改，如图 15-6 所示。

```
[root@localhost ~]# vim /etc/dhcp/dhcpd.conf
ddns-update-style none;

default-lease-time 600;
max-lease-time 7200;


# A slightly different configuration for an internal subnet.
subnet 10.1.11.0 netmask 255.255.255.0 {
  range 10.1.11.101 10.1.11.200;
  option domain-name-servers 202.103.224.68;
  option routers 10.1.11.254;
  option domain-name "lztd.com";
}

host fantasia {
  hardware ethernet 00:0C:29:D9:2E:B0;
  fixed-address 10.1.11.100;
}
```

图 15-6 修改 dhcpd.conf 文件参数

修改完成以后，重启 DHCP 服务，如图 15-7 所示。

```
[root@localhost ~]# service dhcpd restart
关闭 dhcpd：                                                    [确定]
正在启动 dhcpd：                                                [确定]
```

图 15-7　重启 DHCP 服务

为了验证 DHCP 配置是否成功，在计算机中添加一块网卡，把网卡获取 IP 地址的方式设置为自动，如图 15-8 所示。

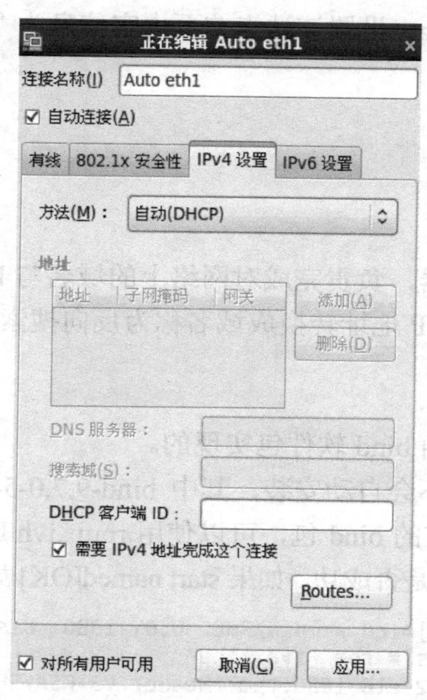

图 15-8　设置网卡的 IP 地址

利用 ifconfig 命令可以查看到网卡的 IP 地址，图 15-9 中显示的 eth1 的 IP 地址为 10.1.11.101，说明 DHCP 服务配置成功。

```
[root@localhost ~]# ifconfig
eth0      Link encap:Ethernet  HWaddr 00:0C:29:25:46:29
          inet addr:10.1.11.22  Bcast:10.1.11.255  Mask:255.255.255.0
          inet6 addr: fe80::20c:29ff:fe25:4629/64 Scope:Link
          UP BROADCAST RUNNING MULTICAST  MTU:1500  Metric:1
          RX packets:683 errors:0 dropped:0 overruns:0 frame:0
          TX packets:788 errors:0 dropped:0 overruns:0 carrier:0
          collisions:0 txqueuelen:1000
          RX bytes:61771 (60.3 KiB)  TX bytes:43611 (42.5 KiB)
          Interrupt:19 Base address:0x2000

eth1      Link encap:Ethernet  HWaddr 00:0C:29:25:46:33
          inet addr:10.1.11.101  Bcast:10.1.11.255  Mask:255.255.255.0
          inet6 addr: fe80::20c:29ff:fe25:4633/64 Scope:Link
          UP BROADCAST RUNNING MULTICAST  MTU:1500  Metric:1
          RX packets:43 errors:0 dropped:0 overruns:0 frame:0
          TX packets:46 errors:0 dropped:0 overruns:0 carrier:0
          collisions:0 txqueuelen:1000
          RX bytes:5298 (5.1 KiB)  TX bytes:9916 (9.6 KiB)
```

图 15-9　显示网卡的 IP 地址

15.1.2 DNS 服务器的配置

任务描述

本项目的任务是要将服务器设置为 IP 多域名虚拟主机站点，其中一个主机地址为 soft.lztd.com，设置该站点首页内容信息为“欢迎进入 Red Hat，你是通过 Internet 访问！”；另一个主机地址为 dev.lztd.com，设置该站点首页内容信息为“Red Hat 欢迎你，你是通过内部网络访问！”。

任务分析及实施

1. DNS 的安装与启动

DNS 的全称是域名解析器，负责完成对网络上的域名与 IP 地址进行映射。把域名转换成 IP 地址称为正向搜索，把 IP 地址转换成域名称为反向搜索。

（1）DNS 的安装

Linux 中的 DNS 服务是由 bind 软件包实现的。

bind 软件包默认情况下不会自动安装，其中 bind-9.7.0-5-P2.el6.i686.rpm 包是必须安装的软件包，如果需要安装所有的 bind 包，可以使用 rpm -ivh bind*命令。安装完成以后，使用 service named start 测试安装是否成功，如果 start named[OK]表示安装成功，如图 15-10 所示。

```
[root@localhost Desktop]# cd /media/RHEL_6.0\ i386\ Disc\ 1/Packages/
[root@localhost Packages]# rpm -ivh bind*
warning: bind-9.7.0-5.P2.el6.i686.rpm: Header V3 RSA/SHA256 Signature, key ID f
431d51: NOKEY
Preparing...                ########################################### [100%]
   1:bind-libs              ########################################### [ 20%]
   2:bind                   ########################################### [ 40%]
   3:bind-dyndb-ldap        ########################################### [ 60%]
   4:bind-utils             ########################################### [ 80%]
   5:bind-chroot            ########################################### [100%]
[root@localhost Packages]# service named start
Starting named:                                            [  OK  ]
```

图 15-10　安装 bind 软件包

（2）DNS 的配置文件

DNS 服务包括一些重要的配置文件，这些配置文件设置了主机名和域名，以及域名解析和反向解析等信息。

① /etc/hosts 文件。

该文件用于在本地主机上进行域名解析，用户可以在这个文件中配置域名和 IP 地址解析，这个文件包含了主机的 IP 地址、域名和别名，如图 15-11 所示。

```
10.1.11.22 instructor.lztd.com        instructor
127.0.0.1        localhost.localdomain    localhost
```

图 15-11　/etc/hosts 文件

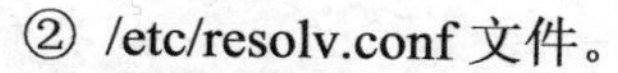

② /etc/resolv.conf 文件。

该文件存储了当前主机的主要 DNS 服务器和辅助 DNS 服务器的 IP 地址。本任务指定的 IP 地址是 10.1.11.22，如图 15-12 所示。

```
domain lztd.com
search lztd.com
nameserver 10.1.11.22
```

图 15-12　/etc/resolv.conf 文件

③ /etc/named.conf 文件。

这个文件是 DNS 服务器重要的配置文件，它存储了 DNS 服务器的域名解析区域文件和反向解析文件的信息。使用 vim 编辑命令打开文件，可以看到图 15-13 所示的内容。

```
options {
        listen-on port 53 { any; };
        listen-on-v6 port 53 { any; };
        directory       "/var/named";
        dump-file       "/var/named/data/cache_dump.db";
        statistics-file "/var/named/data/named_stats.txt";
        memstatistics-file "/var/named/data/named_mem_stats.txt";
        allow-query     { any; };
        recursion yes;

        dnssec-enable yes;
        dnssec-validation yes;
        dnssec-lookaside auto;

        /* Path to ISC DLV key */
        bindkeys-file "/etc/named.iscdlv.key";
};

logging {
        channel default_debug {
                file "data/named.run";
                severity dynamic;
        };
};

zone "." IN {
        type hint;
        file "named.ca";
};

include "/etc/named.rfc1912.zones";
```

图 15-13　/etc/named.conf 文件内容

（3）DNS 的数据库文件

DNS 服务器把域名解析的数据存储在一组文件中，这些文件存储于目录/var/named 中，编辑的文件名称与/etc/named.conf 文件中 zone 定义的名称相关联。例如，在 named.conf 文件中定义 zone“lztd.com” IN{}，则/var/named/目录中文件的名称为 lztd.com.zone。当然也可以直接编辑/etc/named.rfc1912.zones 文件（因为在/etc/named.conf 文件的最后一行包含有 include“/etc/named.rfc1912.zones”）。这两种方法所能达到的效果都一样，但后者可能更灵活，本任务采用第二种方法来配置 DNS 服务器参数。

打开的/etc/named.rfc1912.zones 文件内容如图 15-14 所示。

```
zone "localhost.localdomain" IN {
        type master;
        file "named.localhost";
        allow-update { none; };
};

zone "localhost" IN {
        type master;
        file "named.localhost";
        allow-update { none; };
};

zone "1.0.0.0.0.0.0.0.0.0.0.0.0.0.0.0.0.0.0.0.0.0.0.0.0.0.0.0.0.0.0.0.ip6.arpa" IN {
        type master;
        file "named.loopback";
        allow-update { none; };
};

zone "1.0.0.127.in-addr.arpa" IN {
        type master;
        file "named.loopback";
        allow-update { none; };
};

zone "0.in-addr.arpa" IN {
        type master;
        file "named.empty";
```

图 15-14　/etc/named.rfc1912.zones 文件的内容

这个文件的主要目的是用来配置 DNS 服务器的正向解析区域和反向解析区域，利用这个方法来配置 DNS 服务器，还需要再修改/var/named/目录下的 named.localhost（正向搜索区域配置文件）和 named.loopback（反向搜索区域配置文件）两个文件的内容。

named.localhost 文件的内容如图 15-15 所示。

```
$TTL 1D
@       IN SOA  @ rname.invalid. (
                                        0       ; serial
                                        1D      ; refresh
                                        1H      ; retry
                                        1W      ; expire
                                        3H )    ; minimum
        NS      @
        A       127.0.0.1
        AAAA    ::1
```

图 15-15　named.localhost 文件的内容

named.loopback 文件的内容如图 15-16 所示。

```
$TTL 1D
@       IN SOA  @ rname.invalid. (
                                        0       ; serial
                                        1D      ; refresh
                                        1H      ; retry
                                        1W      ; expire
                                        3H )    ; minimum
        NS      @
        A       127.0.0.1
        AAAA    ::1
        PTR     localhost.
```

图 15-16　named.loopbackt 文件的内容

（4）创建 DNS 服务器

① 编辑/etc/named.conf。

安装 DNS 的服务包以后，首先打开/etc/resolv.conf 文件，将参数 nameserver 后面的地址改为 DNS 服务器的 IP 地址（本次任务的 DNS 服务器地址为 10.1.11.22）。之后再编辑文件/etc/named.conf，如图 15-17 所示。

```
options {
        listen-on port 53 { any; };
        listen-on-v6 port 53 { any; };
        directory       "/var/named";
        dump-file       "/var/named/data/cache_dump.db";
        statistics-file "/var/named/data/named_stats.txt";
        memstatistics-file "/var/named/data/named_mem_stats.txt";
        allow-query     { any; };
        recursion yes;

        dnssec-enable yes;
        dnssec-validation yes;
        dnssec-lookaside auto;

        /* Path to ISC DLV key */
        bindkeys-file "/etc/named.iscdlv.key";
};
```

图 15-17　/etc/named.conf 文件的内容

只需要修改 listen-on port 53、listen-on-v6 port 53 和 allow-query 后面的参数，全都改成 any。

② 编辑/etc/named.rfc1912.zones 文件（图 15-18）。

```
[root@localhost ~]# vim /etc/named.rfc1912.zones
zone "lztd.com" IN {                    正向解析
        type master;
        file "named.localhost";
        allow-update { none; };
};

zone "localhost" IN {
        type master;
        file "named.localhost";
        allow-update { none; };
};

zone "1.0.0.0.0.0.0.0.0.0.0.0.0.0.0.0.0.0.0.0.0.0.0.0.0.0.0.0.0.0.0.0.ip6.arpa" IN
{
        type master;
        file "named.loopback";
        allow-update { none; };
};

zone "11.1.10.in-addr.arpa" IN {        反向解析
        type master;
        file "named.loopback";
        allow-update { none; };
};
```

图 15-18　/etc/named.rfc1912.zones 文件的内容

在文件中添加两个区域：zone “lztd.com” IN{}和 zone “11.1.10.in-addr.arpa” IN{}，其余参数不变。

③ 编辑/var/named/named.localhost 文件（图 15-19）。

```
[root@localhost ~]# vim /var/named/named.localhost
$TTL 1D
@       IN SOA  www.lztd.com. rname.invalid. (
                                        0       ; serial
                                        1D      ; refresh
                                        1H      ; retry
                                        1W      ; expire
                                        3H )    ; minimum
                NS          www.lztd.com.
www             A           10.1.11.22
net             CNAME       www.lztd.com.
ftp             CNAME       www.lztd.com.
info            CNAME       www.lztd.com.
```

图 15-19　/etc/named.rfc1912.zones 文件的内容

在文件中创建域名服务器 www.lztd.com，管理域的 IP 地址 10.1.11.22，分别管理 4 个别名为 net.lztd.com、info.lztd.com、ftp.lztd.com 的域名。注意域名后面的点号不能省略。

④ 编辑/var/named/named.loopback 文件（图 15-20）。

```
[root@localhost ~]# vim /var/named/named.loopback
$TTL 1D
@       IN SOA  www.lztd.com. rname.invalid. (
                                        0       ; serial
                                        1D      ; refresh
                                        1H      ; retry
                                        1W      ; expire
                                        3H )    ; minimum
        NS      www.lztd.com.
22      PTR     www.lztd.com.
```

图 15-20　/var/named/named.loopback 文件的内容

2. 重启 DNS 服务（图 15-21）

```
[root@localhost ~]# service named restart
停止 named：                                                [确定]
启动 named：                                                [确定]
[root@localhost ~]# █
```

图 15-21　重启 DNS 服务的内容

3. 测试 DNS 服务配置（图 15-22）

```
[root@localhost ~]# nslookup
> www.lztd.com
Server:         10.1.11.22
Address:        10.1.11.22#53

Name:   www.lztd.com
Address: 10.1.11.22
> 10.1.11.22
Server:         10.1.11.22
Address:        10.1.11.22#53

22.11.1.10.in-addr.arpa name = www.lztd.com.
```

图 15-22　测试 DNS 服务配置的内容

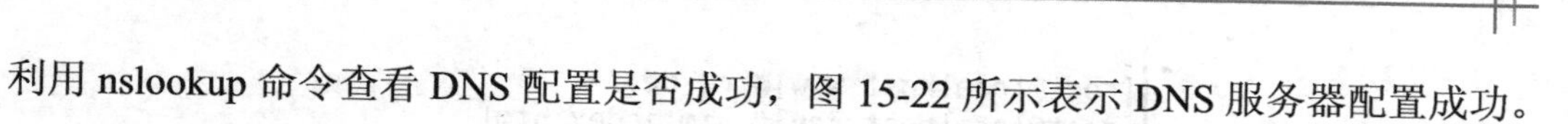

利用 nslookup 命令查看 DNS 配置是否成功，图 15-22 所示表示 DNS 服务器配置成功。

15.1.3　Apache 服务器的配置

任务描述

Apache 服务器是 Red Hat Enterprise Linux 系统上默认使用的 Web 服务器，它的特点是简单、速度快、性能稳定，可以用作代理服务器。

任务分析及实施

任务分析：本任务要求在同一台服务器上创建两个域名 soft.lztd.com 和 dev.lztd.com，是基于 IP 的多域名服务器。主要步骤是：首先，创建两个网站的主页所在的文件夹和主页文件；其次，修改 DNS 的配置文件/var/named/named.localhost，添加两条主机的记录；再次是修改 httpd.conf 配置文件；最后，通过 IE 浏览器进行验证。

1. 创建 Apache 服务器

（1）创建网站的目录

默认情况下，Apache 的虚拟根目录是/var/www，要创建网站文件的存放目录，必须是在 www 目录下。本任务的两个网站虚拟目录分别是 soft 和 dev，因而，首先需要在 www 下创建两目录，如图 15-23 所示。

```
[root@localhost ~]# cd /var/www/
[root@localhost www]#
[root@localhost www]# ls
cgi-bin  error  html  icons  manual  usage
[root@localhost www]# mkdi
mkdict       mkdir       mkdiskimage
[root@localhost www]# mkdir soft
[root@localhost www]# mkdir dev
```

图 15-23　网站的目录的创建

（2）创建网站的主页文件

在 soft 目录下创建文件 index.html，输入“欢迎进入 Red Hat，你是通过 Internet 访问！”的内容，如图 15-24 所示。

```
root@localhost www]# cd soft/
root@localhost soft]# vim index.html
欢迎进入Redhat，你是通过Internet访问！
~
```

图 15-24　创建网站的主页文件

在文件夹 dev 下创建主页文件 index.html，首页内容信息为“Red Hat 欢迎你，你是通过内部网络访问！”，如图 15-25 所示。

```
[root@localhost www]# cd dev/
[root@localhost dev]# vim index.html
Redhat欢迎你，你是通过内部网络访问!
~
~
```

图 15-25　首页内容信息

（3）修改 DNS 的配置文件/var/named/named.localhost（图 15-26）

```
[root@localhost ~]# vim /var/named/named.localhost
$TTL 1D
@       IN SOA  www.lztd.com. rname.invalid. (
                                        0       ; serial
                                        1D      ; refresh
                                        1H      ; retry
                                        1W      ; expire
                                        3H )    ; minimum
                NS              www.lztd.com.
www             A               10.1.11.22
net             CNAME           www.lztd.com.
ftp             CNAME           www.lztd.com.
info            CNAME           www.lztd.com.
dev             IN      A       10.1.11.22
soft            IN      A       10.1.11.22
```

图 15-26　配置文件 /var/named/named.localhost 的修改内容

在文件的最后面添加两条主机的记录。

（4）编辑/etc/httpd/conf/httpd.conf 配置文件（图 15-27）

```
[root@localhost soft]# vim /etc/httpd/conf/httpd.conf
```

图 15-27　编辑/etc/httpd/conf/httpd.conf 配置文件

配置 NameVirtualHost 参数为服务器的 IP 地址，如图 15-28 所示。

```
#
# Use name-based virtual hosting.
#
NameVirtualHost 10.1.11.22
#
# NOTE: NameVirtualHost cannot be used without a port specifier
# (e.g. :80) if mod_ssl is being used, due to the nature of the
# SSL protocol.
#
```

图 15-28　配置 NameVirtualHost 参数

利用<VirtualHost>…</VirtualHost>配置每个站点的参数，在 VirtualHost 后面写上域名的全称，这一对标签中最主的参数是 DocumentRoot 和 ServerName，分别用来设置网站的主页文件所在的位置和网站的域名，如图 15-29 所示。

```
<VirtualHost soft.lztd.com>
    ServerAdmin webmaster@dummy-host.example.com
    DocumentRoot /var/www/soft
    ServerName soft.lztd.com
    ErrorLog logs/dummy-host.example.com-error_log
    CustomLog logs/dummy-host.example.com-access_log common
</VirtualHost>
<VirtualHost dev.lztd.com>
    ServerAdmin webmaster@dummy-host.example.com
    DocumentRoot /var/www/dev
    ServerName dev.lztd.com
    ErrorLog logs/dummy-host.example.com-error_log
    CustomLog logs/dummy-host.example.com-access_log common
</VirtualHost>
```

图 15-29　DocumentRoot 和 ServerName 参数内容

（5）重启 httpd 服务，使配置生效（图 15-30）

```
[root@localhost soft]# service httpd restart
停止 httpd：                                              [确定]
正在启动 httpd：                                          [确定]
```

图 15-30　重启 httpd 服务

（6）使用 curl 命令验证配置是否生效（图 15-31）

```
[root@localhost soft]# curl soft.lztd.com
欢迎进入Redhat，你是通过Internet访问！
[root@localhost soft]# curl dev.lztd.com
Redhat欢迎你，你是通过内部网络访问！
[root@localhost soft]#
```

图 15-31　使用 curl 命令验证配置是否生效

（7）通过 windows 访问 Apache 服务器（图 15-32 和图 15-33）

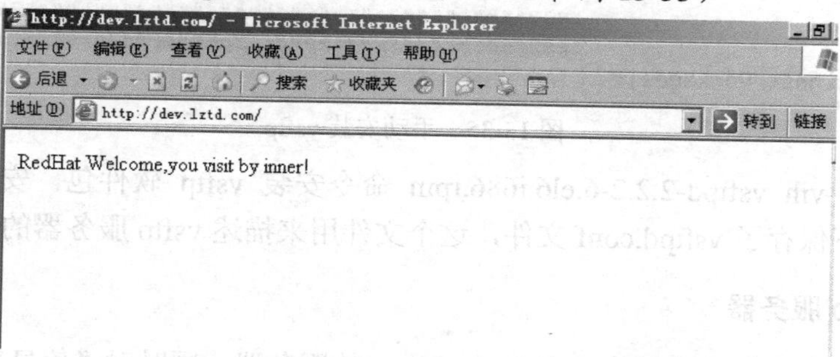

图 15-32　windows 来访问 Apache 服务器

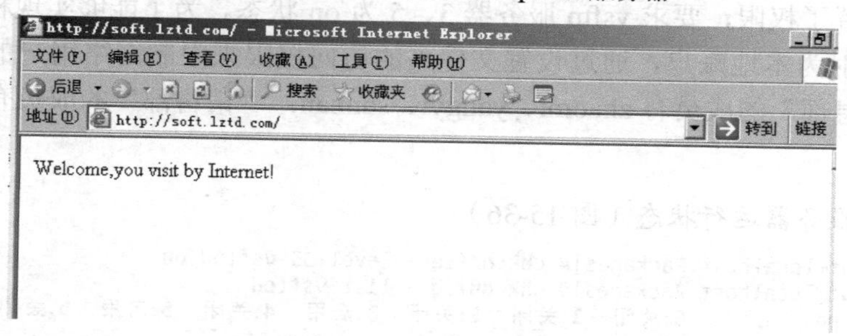

图 15-33　Apache 服务器显示内容

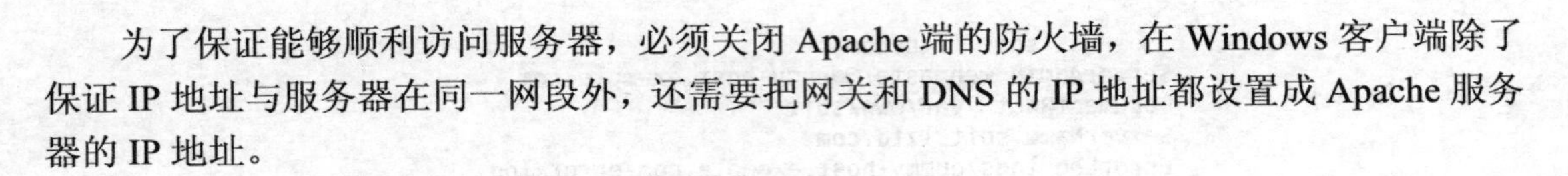

为了保证能够顺利访问服务器，必须关闭 Apache 端的防火墙，在 Windows 客户端除了保证 IP 地址与服务器在同一网段外，还需要把网关和 DNS 的 IP 地址都设置成 Apache 服务器的 IP 地址。

15.1.4 FTP 服务器的配置

任务描述

本项目要求设置 FTP 服务器，用户可以直接使用 ftp.lztd.com 域名进行登录，但允许“信息部”的成员能够上传下载文件，允许“销售部”的成员能够下载文件，匿名用户只能查看文件。

任务分析及实施

1. FTP 服务器的查询与安装

Red Hat Enterprise Linux6 操作系统中包含有一个应用程序 vsftpd 用来作为 FTP 服务器，利用 rpm –qa |grep vsftp 可以查看软件包是否安装，如果显示有 vsftp-2.2.2-6.el6.i686 软件包，表示已经安装有 vsftp 软件包，如图 15-34 所示。默认情况下，不会安装该程序包，需要用户手动安装。

```
[root@www ~]# rpm -qa |grep vsftp
vsftpd-2.2.2-6.el6.i686
```

图 15-34　已经安装有 vsftp 软件包

手动安装 vsftp 软件包，如图 15-35 所示。

```
[root@localhost Packages]# rpm -ivh vsftpd-2.2.2-6.el6.i686.rpm
warning: vsftpd-2.2.2-6.el6.i686.rpm: Header V3 RSA/SHA256 Signature, key ID fd4
31d51: NOKEY
Preparing...                ########################################### [100%]
   1:vsftpd                 ########################################### [100%]
[root@localhost Packages]# 
```

图 15-35　手动安装 vsftp

利用 rpm –vih vsftpd-2.2.2-6.el6.i686.rpm 命令安装 vsftp 软件包，安装完成以后，在 /etc/vsftp/目录下保存了 vsftpd.conf 文件，这个文件用来描述 vsftp 服务器的特征和功能。

2. 创建 ftp 服务器

任务分析：本项目要求创建一个 ftp.lztd.com 的服务器，同时对“信息部”、“销售部”及匿名用户设置了权限，要求 vsftp 服务器 3、5 为 on 状态。为了能够实现权限控制，必须把网络用户影射为本地账户，通过设置文件夹的访问权限来限制网络用户的上传和下载权限。假设“信息部”的成员有 zhaomi、yangyi、sunnan；“销售部”的成员有 weixun、suji、dongli、jiayi。

（1）设置服务器运行状态（图 15-36）

```
[root@localhost Packages]# chkconfig --level 35 vsftpd on
[root@localhost Packages]# chkconfig --list vsftpd
vsftpd          0:关闭   1:关闭   2:关闭   3:启用   4:关闭   5:启用   6:关闭
```

图 15-36　设置服务器运行状态

（2）查看 DB 数据库组件（图 15-37）

```
[root@localhost vsftpd]# rpm -qa db4*
db4-4.7.25-16.el6.i686
db4-utils-4.7.25-16.el6.i686
[root@localhost vsftpd]# 
```

图 15-37　查看 DB 数据库组件

因为需要设置用户（组）的权限，本项目使用数据库建立虚拟用户数据库口令文件，所以要安装 DB4 数据库组件。

（3）生成虚拟用户列表

在/etc/vsftpd/目录下创建一个 virtual.list 的文件，将所有用户都添加到该文件中，其中奇数行为用户名，偶数行为用户口令，如图 15-38 所示。

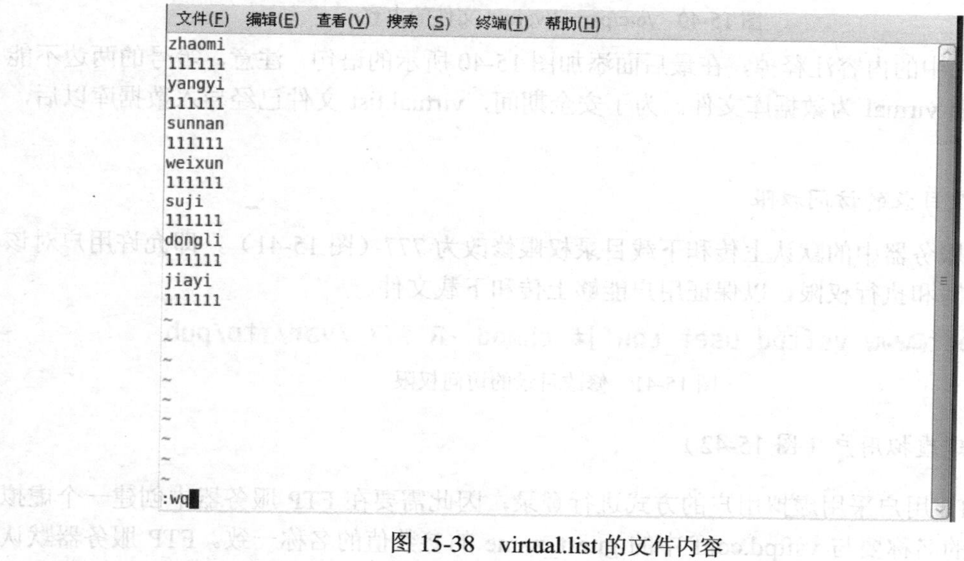
文件(F) 编辑(E) 查看(V) 搜索(S) 终端(T) 帮助(H)

```
zhaomi
111111
yangyi
111111
sunnan
111111
weixun
111111
suji
111111
dongli
111111
jiayi
111111
~
:wq
```

图 15-38　virtual.list 的文件内容

（4）导出用户列表

出于安全考虑，Linux 不希望 vsftpd 共享本地系统的用户认证信息，而采用自己独立的用户认证数据库来认证虚拟用户。和 Linux 下面大多数需要用户认证的程序一样，vsftpd 也采用 PAM 作为后端认证方式。

可以通过修改 vsftpd 的 PAM 配置文件/etc/pam.d/vsftpd 来决定 vsftpd 使用何种认证方式，这里采用 pam_userdb 模块，该模块采用独立的 Berkeley DB 格式用户认证数据库。为了建立 Berkeley DB 式的数据库，需要安装 db4.6-util 软件包。

将刚刚创建的文件 virtual.list 导入数据库中，保存在/etc/vsftpd/virtual.db 文件中，如图 15-39 所示。

```
[root@localhost vsftpd]# db_load -T -t hash -f virtual.list virtual.db
[root@localhost vsftpd]# file virtual.db
virtual.db: Berkeley DB (Hash, version 9, native byte-order)
[root@localhost vsftpd]# 
```

图 15-39　virtual.list 导入数据库，保存在/etc/vsftpd/virtual.db 文件中

（5）创建身份验证模块

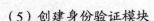

编辑身份验证模块文件/etc/pam.d/vsftpd（图 15-40），让 PAM 采用相应的认证模块和刚刚建立的用户数据库建立关联关系。

```
#%PAM-1.0
#session    optional     pam_keyinit.so  force revoke
#auth       required    pam_listfile.so item=user sense=deny file=/etc/vsftpd/ft
pusers onerr=succeed
#auth       required    pam_shells.so
#auth       include     password-auth
#account    include     password-auth
#session    required     pam_loginuid.so
#session    include     password-auth
auth       required    /lib/security/pam_userdb.so db=/etc/vsftpd/virtual
account    required    /lib/security/pam_userdb.so db=/etc/vsftpd/virtual
~
```

图 15-40 /etc/pam.d/vsftpd 文件的内容

把原文件中的内容注释掉，在最后面添加图 15-40 所示的语句，注意，等号的两边不能有空格。其中 virtual 为数据库文件。为了安全期间，virtual.list 文件已经导入数据库以后，可以删除。

（6）修改目录的访问权限

把 FTP 服务器中的默认上传和下载目录权限修改为 777（图 15-41），即允许用户对该目录拥有读/写和执行权限，以保证用户能够上传和下载文件。

```
[root@www vsftpd_user_conf]# chmod -R 777 /var/ftp/pub
```

图 15-41 修改目录的访问权限

（7）创建虚拟用户（图 15-42）

因为 FTP 用户采用虚拟用户的方式进行登录，因此需要在 FTP 服务器中创建一个虚拟用户，用户的名称要与 vsftpd.conf 中的 guest_name 的参数值的名称一致。FTP 服务器默认的目录为/var/ftp/pub。

```
[root@www ~]# useradd -d /var/ftp/put virtual
```

图 15-42 创建虚拟用户

（8）配置用户文件

为数据库的每个用户配置用户文件，用来设置每个用户的访问权限，把用户配置文件放到/etc/vsftpd_user_conf 目录中，如图 15-43 所示。项目要求用户分为两大类，为了节约时间，配置好一个文件以后，利用 cp 进行复制，如图 15-44 所示。

```
[root@www ~]# vim /etc/vsftpd_user_conf/zhaomi
#write_enable=YES
anon_upload_enable=YES
#anon_mkdir_write_enable=YES
anon_world_readable_only=NO
#anon_other_write_enable=YES
~
```

图 15-43 配置文件 /etc/vsftpd_user_conf 的内容

图 15-44 中，anon_upload_enable=YES 表示上传权限，anon_world_readable_only=NO 表示下载和浏览权限，anon_mkdir_write_enable=YES 表示创建目录权限，anon_other_write_enable=YES 表示修改和删除文件权限。

```
[root@www ~]# cp /etc/vsftpd_user_conf/zhaomi /etc/vsftpd_user_conf/yangyi
[root@www ~]# vim /etc/vsftpd_user_conf/weixun
#write_enable=YES
#anon_upload_enable=YES
#anon_mkdir_write_enable=YES
anon_world_readable_only=NO
#anon_other_write_enable=YES
~
root@www ~]# cp /etc/vsftpd_user_conf/weixun /etc/vsftpd_user_conf/suji
```

图 15-44　利用 CP 复制文件

（9）修改 FTP 配置文件

配置文件存放在/etc/vsftpd/目录下，文件名为 vsftpd.conf，如图 15-45 所示。

```
[root@www ~]# vim /etc/vsftpd/vsftpd.conf
#
# Allow anonymous FTP? (Beware - allowed by default if you comment this out).
anonymous_enable=NO
#
# Uncomment this to allow local users to log in.
local_enable=YES
#
# Uncomment this to enable any form of FTP write command.
write_enable=YES
#
# Default umask for local users is 077. You may wish to change this to 022,
# if your users expect that (022 is used by most other ftpd's)
local_umask=022
# Uncomment this to allow the anonymous FTP user to upload files. This only
```

图 15-45　配置文件 vsftpd.conf 的内容

要特别注意，图 15-46 中，guest_username 参数的值必须是刚才创建的虚拟用户名，参数 user_config_dir 后面的值必须是用户配置文件所在的目录，pam_service_name 的值是身份验证文件夹中/etc/pam.d/的文件名为 vsftpd 的文件。

```
pam_service_name=vsftpd
guest_enable=YES
guest_username=virtual
user_config_dir=/etc/vsftpd_user_conf
userlist_enable=YES
tcp_wrappers=YES
```

图 15-46　文件内容

修改完成以后，重新启动 FTP 服务（图 15-47）。为了保证客户端能够顺利完成上传和下载，需要关闭服务器端的防火墙和 selinux 服务。

```
[root@www vsftpd_user_conf]# service vsftpd restart
关闭 vsftpd：                                          [确定]
为 vsftpd 启动 vsftpd：                                [确定]
[root@www ~]# service iptables stop
[root@www ~]# setenforce 0
```

图 15-47　重启 FTP 服务

（10）在客户端验证 FTP

在 cmd 命令行中输入 ftp 10.1.11.22，连接成功后，要求输入用户名，本次验证用“信息部”的 zhaomi 和“销售部”的 dongli 两个用户。FTP 的几个常用命令：

① lcd c:\download，表示将本地机的上传下载目录设置为 C 盘下的 download 目录。

② get 1.txt，表示将服务器中的文件名为 1.txt 的文件下载到本地盘的下载目录。

③ put zc.txt，表示将本地盘上传下载目录下的 zc.txt 文件上传到 FTP 服务器。

④ !dir，表示查看上传下载目录中的文件及文件夹。

⑤ quit，表示退出 FTP 服务器。

利用“信息部”的 zhaomi 登录 FTP 服务器，图 15-48 和图 15-49 中所显示的信息表示能够向服务器上传文件和从服务器下载文件。

```
C:\Documents and Settings\Administrator>ftp 10.1.11.22
Connected to 10.1.11.22.
220 Welcome to blah FTP service.
User (10.1.11.22:(none)): zhaomi
331 Please specify the password.
Password:
230 Login successful.
ftp> lcd c:\download
Local directory now C:\download.
ftp> get 1.txt
200 PORT command successful. Consider using PASV.
150 Opening BINARY mode data connection for 1.txt (0 bytes).
226 Transfer complete.
```

图 15-48　从服务器下载文件

```
ftp> put 3.txt
200 PORT command successful. Consider using PASV.
150 Ok to send data.
226 Transfer complete.
```

图 15-49　向服务器上传文件

利用“销售部”的 dongli 登录服务器，利用 get 下载文件“complete”成功，利用 put 上传文件“Permissiong denied”表示被拒绝，如图 15-50 所示。

```
C:\Documents and Settings\Administrator>ftp 10.1.11.22
Connected to 10.1.11.22.
220 Welcome to blah FTP service.
User (10.1.11.22:(none)): dongli
331 Please specify the password.
Password:
230 Login successful.
ftp> lcd c:\download
Local directory now C:\download.
ftp> get 3.txt
200 PORT command successful. Consider using PASV.
150 Opening BINARY mode data connection for 3.txt (0 bytes).
226 Transfer complete.
ftp> put lp.txt
200 PORT command successful. Consider using PASV.
550 Permission denied.
ftp>
```

图 15-50　向服务器上传文件失败

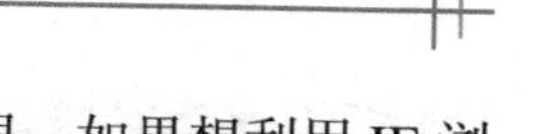

至此，搭建了一个 FTP 服务器，服务器为每个用户设置了访问权限。如果想利用 IE 浏览器进行登录，为了保证正常的上传和下载，必须把浏览器的安全级别设置为最低级别。

15.1.5 mail 服务器的配置

任务描述

要求 Linux 邮件服务器的域名为 lztd.com，请创建一个邮件服务器，使得企业内部网的 IP 地址既能读邮件，也能写邮件，而通过外部 IP 只能阅读邮件。

任务分析及实施

1. postfix 安装与启动

默认情况下，RHEL 6 自动安装有 postfix 程序包，可以通过 rpm 命令查看是否有 postfix 程序。

```
[root@server ~]# rpm–qa | grep postfix
[root@server ~]#
```

如果没有任何反应，说明没有安装该程序包。进入光盘中的 Packages 安装目录，利用 rpm 命令安装相关的程序包，程序包在安装过程中可能依赖其他的程序包，因而安装过程中要将其他的程序包一起安装。

```
[root@server ~]# rpm–ivh postfix
[root@server ~]#
```

因为程序包的名称比较复杂，常用的做法是在安装过程中，输入“postfix”后连续两次按 Tab 键，由系统列出安装程序的名称，如图 15-51 所示。

```
[root@www Packages]# rpm -ivh postfix-2.6.6-2.el6.i686.rpm
warning: postfix-2.6.6-2.el6.i686.rpm: Header V3 RSA/SHA256 Signature, key ID fd
431d51: NOKEY
Preparing...                ########################################### [100%]
   1:postfix                ########################################### [100%]
[root@www Packages]# 
```

图 15-51 postfix 服务器的安装

由于邮件使用的协议是 SMTP，包含在 imap 程序包中，RHEL 6 中的 imap 包含在 dovecot 程序包中，所以还需要安装 dovecot 程序包，如图 15-52 所示。

```
[root@server ~]# rpm–ivh dovecot
[root@server ~]#
```

（1）主配置文件 main.cf

该文件保存在/etc/postfix/目录下，此文件中保存这 postfix 的主要配置。
常用的参数设置：
① myhostname 参数。
指定运行 postfix 服务的邮件主机的主机名称，可以不进行设置。

myhostname =mail.lztd.com

```
[root@www Packages]# rpm -ivh dovecot-2.0-0.10.beta6.20100630.el6.i686.rpm
warning: dovecot-2.0-0.10.beta6.20100630.el6.i686.rpm: Header V3 RSA/SHA256 Sign
ature, key ID fd431d51: NOKEY
Preparing...                ########################################### [100%]
   1:dovecot                ########################################### [100%]
[root@www Packages]# rpm -ivh dovecot-mysql-2.0-0.10.beta6.20100630.el6.i686.rpm

warning: dovecot-mysql-2.0-0.10.beta6.20100630.el6.i686.rpm: Header V3 RSA/SHA25
6 Signature, key ID fd431d51: NOKEY
Preparing...                ########################################### [100%]
   1:dovecot-mysql          ########################################### [100%]
[root@www Packages]# 
```

图 15-52　dovecot 程序包的安装

② mydomain 参数。

指定该主机的域名称，也可以不进行设置，默认情况下，myhostname 参数被设置为本地主机名，而且 postfix 会自动将 myhostname 参数值的第一部分删除并将其余部分作为 mydomain 参数的值。

mydomain = lztd.com

③ myorigin 参数。

设置由本台邮件主机寄出的每封邮件的邮件头中 mail from 的地址。因此，一般情况下将 myorigin 参数设置为本地邮件主机的域名（“myorigin = lztd.com”或“$mydomain”），由本地邮件主机寄出的邮件头中含有“From：‘yanglp’<yanglp@lztd.com>”这样的内容，更具有可读性。

myorigin = $mydomain

④ inet_interfaces 参数。

默认情况下，被设置为 localhost，表明只能在本地邮件主机上寄信。如果邮件主机上有多个网络接口，而又不想使全部的网络接口都开放 postfix 服务，就可以用主机名指定需要开放的网络接口。通常是将所有的网络接口都开放，以便接收从任何网络接口来的邮件，即将 inet_interfaces 参数的值设置为“all”。

inet_interfaces = all

⑤ mydestination 参数。

设置邮件的收件人地址。当发邮件的收件人地址与该参数值相匹配时，postfix 才会接收该邮件。一般情况下，将该参数值设置为$mydomain 和$myhostname，表明无论来信的收件人地址是 xxx@lztd.com（其中 xxx 表示邮件账户名）还是 xxx@mail.lztd.com，postfix 都会接收这些邮件。

mydestination =$mydomain，$myhostname

⑥ mynetworks 参数。

设置可转发（Relay）哪些网络的邮件，可将该参数值设置为所信任的某台主机的 IP 地址，也可设置为所信任的某个 IP 子网或多个 IP 子网（用逗号或者空格分隔）。这里，将 mynetworks 参数值设置为 10.1.10.0/24，则表示这台邮件主机只转发子网 10.1.11.0/24 中的客户端所发来的邮件，而拒绝为其他子网转发邮件。

mynetworks = 10.10.11.0/24

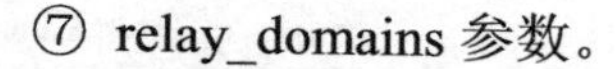

⑦ relay_domains 参数。

设置邮件来源的域名或主机名。这里，将该参数值设置为 lztd.com，表示任何由域 lztd.com 发来的邮件都会被认为可信任的，postfix 会自动对这些邮件进行转发。

```
relay_domains = lztd.com
```

（2）dovecot.conf 配置文件

该配置文件是用来配置邮件传输协议的文件，保存在/etc/dovecot/目录下。主要是 protocol 参数的设置，表示配置邮件传输协议。编辑完以后，也需要重启服务。

```
Protocols = imap pop3 lmtp
disable_plaintext_auth = no    //允许明文密码认证
```

注意，等号两边要留有空格。

（3）DNS 配置文件

postfix 程序收到一封待发送的邮件时，它需要根据目标地址确定将信件投递给对应的服务器，目标地址的解析是通过 DNS 实现的。DNS 数据中，与电子邮件相关的是 MX 记录，这里，在 lztd.com 域的 DNS 数据文件中添加两条语句：

```
mail A 10.1.11.22            //添加解析邮件服务器的 IP 地址
mail MX 10 10.1.11.22
```

邮件服务器配置完成以后，需要重新启动 DNS 服务器，postfix 服务器和 dovecot 服务。

```
service named restart
service postfix restart
service dovecot restart
```

2. 配置邮件服务器

（1）配置网络主机名

打开 network 文件，在文件中将 HOSTNAME 的值修改为 lztd.com，然后重新启动网络服务，检查网络服务是否生效，如图 15-53 所示。

```
[root@lztd ~]# vim /etc/sysconfig/network
HOSTNAME=lztd.com
[root@lztd ~]# service network restart
正在关闭接口 eth0： 设备状态：3（断开连接）
                                                          [确定]
关闭环回接口：                                            [确定]
弹出环回接口：                                            [确定]
弹出界面 eth0： 活跃连接状态：激活的
活跃连接路径：/org/freedesktop/NetworkManager/ActiveConnection/1
                                                          [确定]
[root@lztd ~]# hostname
lztd.com
```

图 15-53　配置网络主机名

（2）配置 DNS 服务

DNS 的配置方法有很多种，本文所采用的方法与之前介绍的 DNS 配置方法相一致，即修改/var/named/named.localhost 配置文件，如图 15-54 所示。

```
$TTL 1D
@       IN SOA  lztd.com. rname.invalid. (
                                        0       ; serial
                                        1D      ; refresh
                                        1H      ; retry
                                        1W      ; expire
                                        3H )    ; minimum
                NS              lztd.com.
@               A               10.1.11.22
@               MX 10           10.1.11.22
mail.lztd.com.  IN      A       10.1.11.22
ftp             CNAME           lztd.com.
dev.lztd.com.   IN      A       10.1.11.22
soft.lztd.com.  IN      A       10.1.11.22
www.lztd.com.   IN      A       10.1.11.22
~
```

图 15-54　/var/named/named.localhost 文件配置内容

需要说明的是，图 15-54 所示的配置文件中修改了主机名称为 lztd.com。因而在第二行中，把原来的 www.lztd.com 修改为 lztd.com，域服务器的名称（NS）也修改为 lztd.com。添加两条记录，一是“@　MX　10　10.1.11.22”，表示在本域名服务器中添加一条邮件记录，优先级为 10，IP 地址为 10.1.11.22；二是“mail.lztd.com.　IN　A　10.1.11.22”，表示域名为 mail.lztd.com 邮件服务器的 IP 地址为 10.1.11.22。修改完成以后，重新启动 DNS 服务，测试的结果如图 15-55 所示，表示邮件服务器的域名能够被 DNS 服务器解析。

```
[root@www ~]# nslookup lztd.com
Server:         10.1.11.22
Address:        10.1.11.22#53

Name:   lztd.com
Address: 10.1.11.22

[root@www ~]# nslookup mail.lztd.com
Server:         10.1.11.22
Address:        10.1.11.22#53

Name:   mail.lztd.com
Address: 10.1.11.22

[root@www ~]# host -t MX lztd.com
lztd.com mail is handled by 10 10.1.11.22.lztd.com.
```

图 15-55　DNS 服务器解析结果

（3）修改 postfix 的主配置文件 main.cf

一般情况下，在/etc/postfix/目录下的主配置文件 main.cf 修改的内容并不多，在文件中查找到下面的几行内容，把相应行的注释符“#”删除即可，修改以后重新启动 postfix 服务。

```
myhostname = lztd.com                  //设置主机的域名全称（运行 hostname 命令查看）
mydomain = lztd.com                    //运行 postfix 主机的域名
myorigin = $mydomain                   //由本机寄出的邮件所使用域名或主机名称
inet_interfaces = all                  //监听的网络接口
//设置可接收邮件的主机名或域名
mydestination = $myhostname, localhost.$mydomain, localhost, $mydomain
mynetworks = 10.1.11.0/24              //可转发来自哪些 IP 地址或子网的邮件
relay_domains = $mydestination         //可转发来自哪些域名或主机名的邮件上
home_mailbox = Maildir/                //设置邮件存储位置和格式
```

修改完成以后，存盘退出，检查配置文件的语法正确性，之后重新启动 postfix 服务，如图 15-56 所示。

```
[root@lztd ~]# postfix check
[root@lztd ~]# service postfix restart
关闭 postfix：                                        [确定]
启动 postfix：                                        [确定]
```

图 15-56　修改、存盘退出后，重新启动 postfix 服务

（4）修改 dovecot 文件

该文件保存在/etc/dovecot/目录下，文件名为 dovecot.conf，这个文件主要是启动邮件服务协议 POP3 和 SMTP。找到 protocols 参数，把前面的注释符“#”删除，再添加一行，如表中所示，之后重新启动 dovecot 服务，如图 15-57 所示。

```
protocols=imap pop3 lmtp          //使邮件服务器协议生效
disable_plaintext_auth=no         //允许明文密码认证
```

```
[root@lztd ~]# service dovecot restart
停止 Dovecot Imap：                                   [确定]
正在启动 Dovecot Imap：                               [确定]
```

图 15-57　重新启动 dovecot 服务

（5）配置防火墙

临时开放 25、110 号端口，如图 15-58 所示。

```
[root@lztd ~]# iptables -I INPUT -p tcp --dport 25 -j ACCEPT
[root@lztd ~]# iptables -I INPUT -p tcp --dport 110 -j ACCEPT
```

图 15-58　临时开放 25、110 号端口

（6）添加用户，并设置密码为“111111”

```
useradd  user1
passwd user1
```

（7）配置客户端

① 设置 IP 地址（图 15-59）。

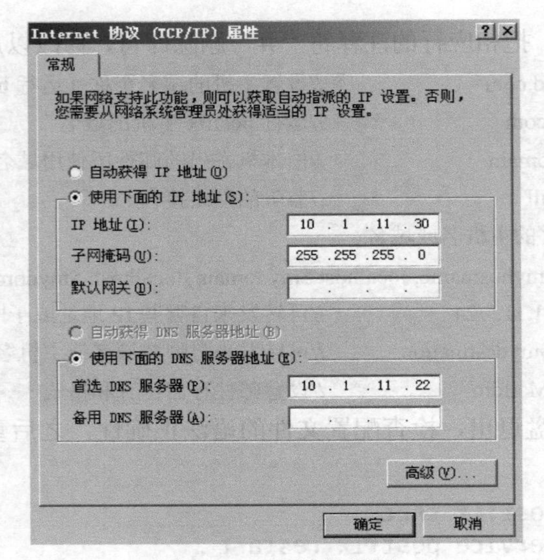

图 15-59　IP 地址设置

② 打开 outlook，添加收件用户，如图 15-60～图 15-63 所示。

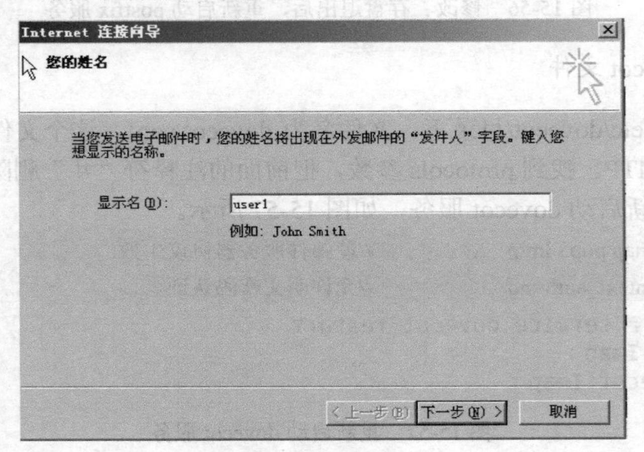

图 15-60　添加用户

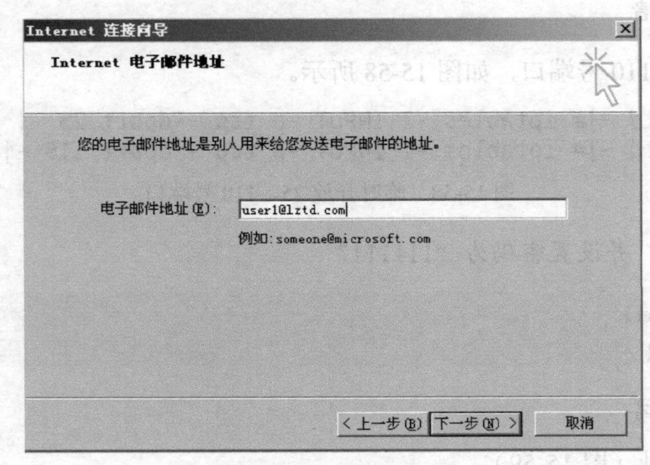

图 15-61　添加邮件地址

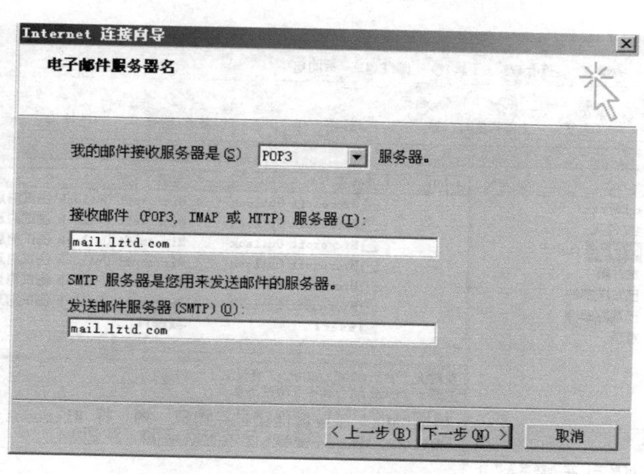

图 15-62 邮件服务器设置

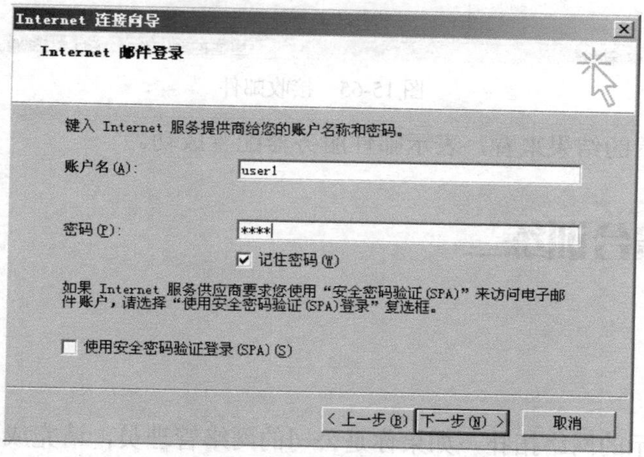

图 15-63 邮件登录

收件人的邮箱、账户名和密码，要与刚才在邮件服务器中添加的用户名、密码相一致。

③ 检验邮件的收发，如图 15-64 和图 15-65 所示。

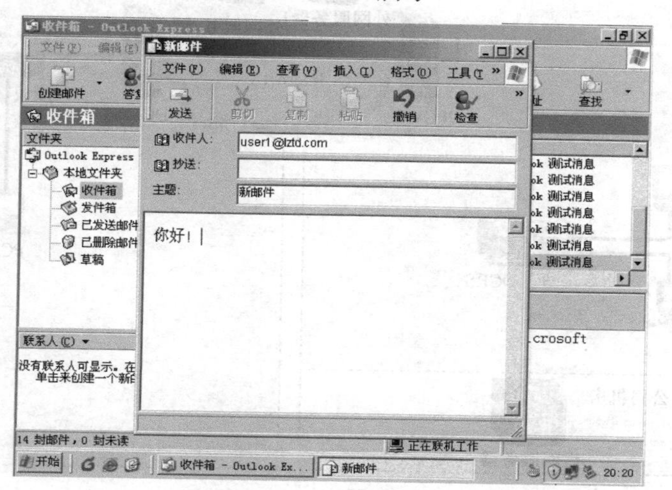

图 15-64 发送邮件

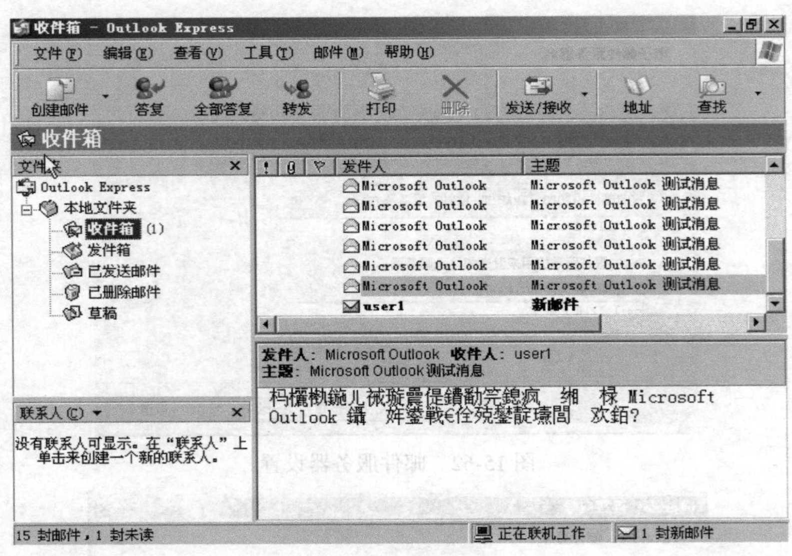

图 15-65 接收邮件

从图 15-65 所示的结果来看，表示邮件服务器配置成功。

15.2 综合训练二

项目背景

如图 15-66 所示的网络拓扑，如果你是公司的网络管理员，请完成下面的任务。

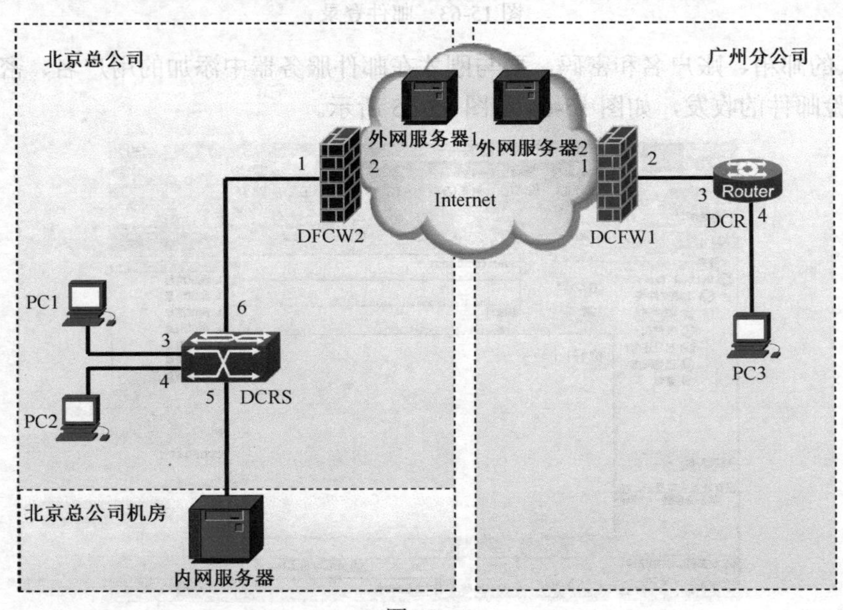

图 15-66

① 北京总公司机房的内部服务器是一个 mail 服务器和 FTP 服务器，服务器的主机名为 depart.com。

② 服务器的 IP 地址为 192.168.1.254，DNS 服务器的 IP 和网关的 IP 都是该地址。

③ 在内部服务器上创建一个网站，网址为 www.depart.com，主页的内容为"Welcome, Happy every day!"，主页文件的名称为 index.html，存放在/var/www/home/目录下。

④ 为公司总部的 mishu 和分公司的 sale 两个用户分配不同的 FTP 访问权限，总公司的人可以上传、下载、创建和删除文件或文件夹，分公司的人只能下载。更改服务器的上传下载目录为/var/ftp/public。

⑤ 新建 yxzc 和 ylp 两个用户，用来收发邮件。

15.2.1 DNS 服务器的配置

1. 设置 IP 地址（图 15-67）

```
DEVICE="eth0"
HWADDR="00:0C:29:97:5D:2D"
NM_CONTROLLED="yes"
ONBOOT="no"
TYPE=Ethernet
BOOTPROTO=static
IPADDR=192.168.1.254
PREFIX=24
DNS1=192.168.1.254
GATEWAY=192.168.1.254
NAME="System eth0"
~
```

图 15-67 IP 地址设置

注意，把参数 BOOTPROTO 的值设置为 static，表示为静态 IP。

2. 设置主机名称（图 15-68）

```
NETWORKING=yes
HOSTNAME=depart.com
~
```

图 15-68 设置主机名

3. 重启网络（图 15-69）

```
[root@depart ~]# service network restart
正在关闭接口 eth0： 设备状态：3（断开连接）
                                                        [确定]
关闭环回接口：                                          [确定]
弹出环回接口：                                          [确定]
[root@depart ~]# ifconfig
eth0      Link encap:Ethernet  HWaddr 00:0C:29:97:5D:2D
          inet addr:192.168.1.254  Bcast:192.168.1.255  Mask:255.255.255.0
          inet6 addr: fe80::20c:29ff:fe97:5d2d/64 Scope:Link
          UP BROADCAST RUNNING MULTICAST  MTU:1500  Metric:1
          RX packets:0 errors:0 dropped:0 overruns:0 frame:0
          TX packets:17 errors:0 dropped:0 overruns:0 carrier:0
          collisions:0 txqueuelen:1000
          RX bytes:0 (0.0 b)  TX bytes:3279 (3.2 KiB)
          Interrupt:19 Base address:0x2000
```

图 15-69 设置网络地址

如果重启服务不行，就重新启动系统。

4. 配置 resolv.conf（图 15-70）

```
# Generated by NetworkManager
search com
nameserver 192.168.1.254
~
```

图 15-70 配置 resolv.conf

把 nameserver 参数的值修改为 DNS 服务器的 IP（本机）。

5. 修改 DNS 配置文件

（1）修改 named.conf 文件

安装完成 bind 组件后，编辑/etc/named.conf 文件，如图 15-71 所示。

```
options {
        listen-on port 53 { any; };
        listen-on-v6 port 53 { any; };
        directory       "/var/named";
        dump-file       "/var/named/data/cache_dump.db";
        statistics-file "/var/named/data/named_stats.txt";
        memstatistics-file "/var/named/data/named_mem_stats.txt";
        allow-query     { any; };
        recursion yes;

        dnssec-enable yes;
        dnssec-validation yes;
        dnssec-lookaside auto;

        /* Path to ISC DLV key */
        bindkeys-file "/etc/named.iscdlv.key";
};
```

将这三处修改为 any

图 15-71 配置 named.conf 文件

（2）修改 named.rfc1912.zone 文件

添加正向搜索区域如图 15-72 所示。

```
zone "depart.com" IN {
        type master;
        file "named.localhost";
        allow-update { none; };
};
```

图 15-72　添加正向搜索区域

添加反向搜索区域如图 15-73 所示。

```
zone "1.168.192.in-addr.arpa" IN {
        type master;
        file "named.loopback";
        allow-update { none; };
};
```

图 15-73　添加反向搜索区域

其余部分不变。

（3）修改 named.localhost 文件（图 15-74）

```
$TTL 1D
@       IN SOA  depart.com. rname.invalid. (
                                        0       ; serial
                                        1D      ; refresh
                                        1H      ; retry
                                        1W      ; expire
                                        3H )    ; minimum
                NS      depart.com.
@               A       192.168.1.254
@               MX 10   192.168.1.254
www.depart.com. IN A    192.168.1.254
mail.depart.com. IN A   192.168.1.254
ftp.depart.com. IN A    192.168.1.254
```

图 15-74　配置 named.localhost 文件

（4）修改 named.loopback 文件（图 15-75）

```
$TTL 1D
@       IN SOA  depart.com. rname.invalid. (
                                        0       ; serial
                                        1D      ; refresh
                                        1H      ; retry
                                        1W      ; expire
                                        3H )    ; minimum
        NS      depart.com.
254     PTR     depart.com.
254     PTR     www.depart.com.
254     PTR     mail.depart.com.
254     PTR     fpt.depart.com.
```

图 15-75　配置 named.localhost 文件

（5）重启 DNS 服务，并测试（图 15-76）

```
[root@depart Packages]# service named restart
停止 named:                                                   [确定]
启动 named:                                                   [确定]
[root@depart Packages]# nslookup  mail.lztd.com
^Z
[1]+  Stopped                 nslookup mail.lztd.com
[root@depart Packages]# nslookup  mail.depart.com
Server:         192.168.1.254
Address:        192.168.1.254#53

[root@depart Packages]# host -t MX depart.com
depart.com mail is handled by 10 192.168.1.254.depart.com.
```

图 15-76　重启 DNS 服务，并测试

图 15-76 所示的信息表示测试成功。

15.2.2　Apache 服务器的配置

配置网站如下。

1．编辑 httpd.conf 文件（图 15-77）

```
NameVirtualHost 192.168.1.254
#
# NOTE: NameVirtualHost cannot be used without a port specifier
# (e.g. :80) if mod_ssl is being used, due to the nature of the
# SSL protocol.
#

#
# VirtualHost example:
# Almost any Apache directive may go into a VirtualHost container.
# The first VirtualHost section is used for requests without a known
# server name.
<VirtualHost www.depart.com>
    ServerAdmin webmaster@dummy-host.example.com
    DocumentRoot /var/www/home
    ServerName www.depart.com
    ErrorLog logs/dummy-host.example.com-error_log
    CustomLog logs/dummy-host.example.com-access_log common
</VirtualHost>
```

图 15-77　配置 httpd.conf 文件

2．创建文件夹和文件（图 15-78）

```
[root@depart Packages]# mkdir /var/www/home
root@depart Packages]# vim /var/www/home/index.html
```

图 15-78　创建文件夹和文件

3．重新服务（图 15-79）

```
[root@depart Packages]# service httpd restart
停止 httpd：                                               [失败]
正在启动 httpd：                                           [确定]
```

图 15-79 重新服务

4．测试（图 15-80）

```
[root@depart Packages]# curl www.depart.com
Welcome,happy every day!_
```

图 15-80 测试

5．关闭防火墙和 selinux（图 15-81）

```
[root@depart Packages]# service iptables stop
iptables：清除防火墙规则：                                 [确定]
iptables：将链设置为政策 ACCEPT：filter                    [确定]
iptables：正在卸载模块：                                   [确定]
[root@depart Packages]# setenforce 0
```

图 15-81 关闭防火墙和 selinux

6．客户端

设置 IP 地址和网关、DNS（图 15-82 和图 15-83）。

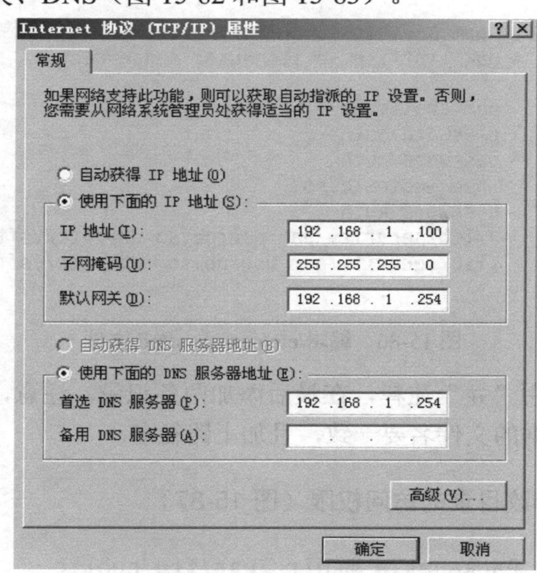

图 15-82 设置 IP 地址

http://www.depart.com/ - Microsoft Internet Explorer

文件(F) 编辑(E) 查看(V) 收藏(A) 工具(T) 帮助(H)

后退 搜索 收藏夹

地址(D) http://www.depart.com/

Welcome,happy every day!

图 15-83 访问 Apache 服务器

15.2.3　FTP 服务器的配置

1．创建虚拟登录用户文件，保存在/etc/vsftpd/目录下，文件名 virtual.list（图 15-84）

```
mishu
111111
sale
111111
~
```

图 15-84　创建虚拟登录用户文件，保存在/etc/vsftpd/目录下，文件名 virtual.list

2．导出数据，文件名为 vsftpd.db，保存在/etc/vsftpd/目录下（图 15-85）

```
[root@depart Packages]# db_load -T -t hash -f /etc/vsftpd/virtual.list /etc/vsft
pd/vsftpd_login.db
```

图 15-85　导出数据，文件名为 vsftpd.db，保存在/etc/vsftpd/目录下

3．编辑/etc/pam.d/vsftpd，创建身份验证模板（图 15-86）

```
#%PAM-1.0
#session    optional     pam_keyinit.so    force revoke
#auth       required    pam_listfile.so item=user sense=deny file=/etc/vsftpd/ftpuser
s onerr=succeed
#auth       required    pam_shells.so
#auth       include     password-auth
#account    include     password-auth
#session    required     pam_loginuid.so
#session    include     password-auth
auth        required     /lib/security/pam_userdb.so db=/etc/vsftpd/vsftpd_login
account     required    /lib/security/pam_userdb.so  db=/etc/vsftpd/vsftpd_login
~
```

图 15-86　编辑/etc/pam.d/vsftpd 文件

把文件原有的内容用“＃”注释，在最后添加两条记录。注意，db 后面的值与刚才所创建的虚拟用户导出数据的文件名要一致，且加上路径名。

4．创建文件夹，修改目录的访问权限（图 15-87）

```
[root@depart Packages]# mkdir /var/ftp/public
[root@depart Packages]# ls /var/ftp
pub  public
[root@depart Packages]# chmod -R 777 /var/ftp/public
```

图 15-87　创建文件夹，修改目录的访问权限

在/var/ftp/public 下创建一个 ftp.txt 文件，输入任意的内容。

5．添加虚拟用户（图 15-88）

```
[root@depart Packages]# useradd -d /var/ftp/public vsftpd_login
useradd：警告：此主目录已经存在。
不从 skel 目录里向其中复制任何文件。
[root@depart Packages]#
```

图 15-88 添加虚拟用户

6．编辑用户配置文件，存放在/etc/vsftpd_user_conf/目录下

mishu 文件的内容如图 15-89 所示。

```
anon_upload_enable=YES
anon_world_readable_only=NO
anon_mkdir_write_enable=YES
anon_other_write_enable=YES
~
```

图 15-89 mishu 文件的内容

上传、下载、创建和删除文件或文件夹。

Sale 文件的内容（分公司的人只能下载），如图 15-90 所示。

```
#anon_upload_enable=YES
anon_world_readable_only=NO
#anon_mkdir_write_enable=YES
#anon_other_write_enable=YES
~
```

图 15-90 用户配置文件

7．修改主配置文件 vsftpd.conf（图 15-91 和图 15-92）

```
#
# Allow anonymous FTP? (Beware - allowed by default if you comment this out).
anonymous_enable=NO
#
# Uncomment this to allow local users to log in.
local_enable=YES
#
# Uncomment this to enable any form of FTP write command.
write_enable=YES
#
# Default umask for local users is 077. You may wish to change this to 022,
# if your users expect that (022 is used by most other ftpd's)
local_umask=022
# Uncomment this to allow the anonymous FTP user to upload files. This only
```

图 15-91 主配置文件

```
pam_service_name=vsftpd
guest_enable=YES
guest_username=vsftpd_login
user_config_dir=/etc/vsftpd_user_conf
userlist_enable=YES
tcp_wrappers=YES
local_root=/var/ftp/public
```

图 15-92 文件内容

8. 客户端验证（图 15-93）

```
C:\Documents and Settings\Administrator>ftp 192.168.1.254
Connected to 192.168.1.254.
220 Welcome to blah FTP service.
User (192.168.1.254:(none)): mishu
331 Please specify the password.
Password:
230 Login successful.
ftp> dir
200 PORT command successful. Consider using PASV.
150 Here comes the directory listing.
-rw-r--r--    1 0        0              31 Jul 24 04:25 ftp.txt
226 Directory send OK.
ftp: 65 bytes received in 0.02Seconds 4.06Kbytes/sec.
ftp> lcd c:\download
Local directory now C:\download.
ftp> get ftp.txt
200 PORT command successful. Consider using PASV.
150 Opening BINARY mode data connection for ftp.txt (31 bytes).
226 Transfer complete.
ftp: 31 bytes received in 0.02Seconds 1.94Kbytes/sec.
ftp>
```

图 15-93　客户端验证

9. IE 模式设置（设置 IE 安全级别为最低）（图 15-94）

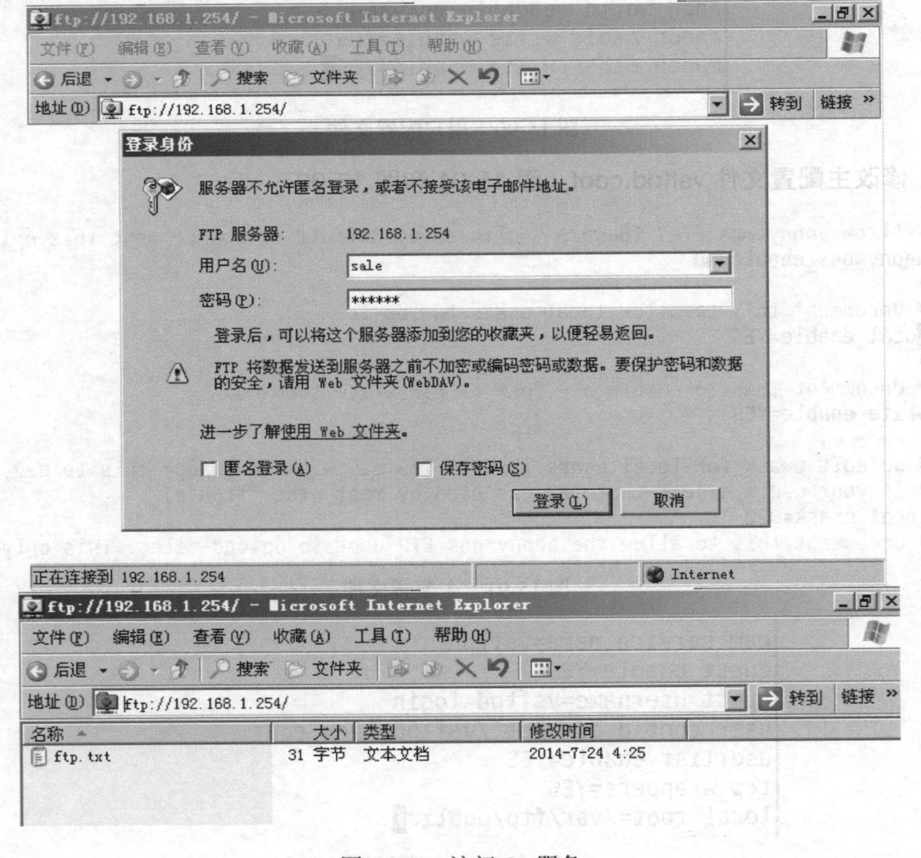

图 15-94　访问 ftp 服务

15.2.4 Mail 服务器的配置

1．配置主配置文件 main.cf（修改如下内容）

```
myhostname = depart.com                  //设置主机的域名全称（运行 hostname 命令查看）
mydomain = depart.com                    //运行 postfix 主机的域名
myorigin = $Mydomain                     //由本机寄出的邮件所使用域名或主机名称
inet_interfaces = all                    //监听的网络接口
//设置可接收邮件的主机名或域名
mydestination = $myhostname, localhost.$mydomain, localhost, $mydomain
mynetworks = 192.168.1.0/24              //可转发来自哪些 IP 地址或子网的邮件
relay_domains = $mydestination           //可转发来自哪些域名或主机名的邮件上
home_mailbox = Maildir/                  //设置邮件存储位置和格式
```

2．编辑 dovecot.conf 文件（修改如下内容）

```
protocols=imap pop3 lmtp                 //使邮件服务器协议生效
disable_plaintext_auth=no                //允许明文密码认证
```

3．添加用户（不允许登录系统）（图 15-95）

```
[root@depart Packages]# useradd yxzc
[root@depart Packages]# passwd yxzc
更改用户 yxzc 的密码 。
新的 密码：
无效的密码： 它没有包含足够的 DIFFERENT 字符
无效的密码： 是回文
重新输入新的 密码：
passwd： 所有的身份验证令牌已经成功更新。
[root@depart Packages]# useradd ylp
[root@depart Packages]# passwd ylp
更改用户 ylp 的密码 。
新的 密码：
无效的密码： 它没有包含足够的 DIFFERENT 字符
无效的密码： 是回文
重新输入新的 密码：
passwd： 所有的身份验证令牌已经成功更新。
```

密码都设置为“111111”。

图 15-95 添加用户（不允许登录系统）

4．开放 25、110 号端口（图 15-96）

```
[root@lztd ~]# iptables -I INPUT -p tcp --dport 25 -j ACCEPT
[root@lztd ~]# iptables -I INPUT -p tcp --dport 110 -j ACCEPT
```

图 15-96 开放 25、110 号端口

5．windows 验证（图 15-97 和图 15-98）

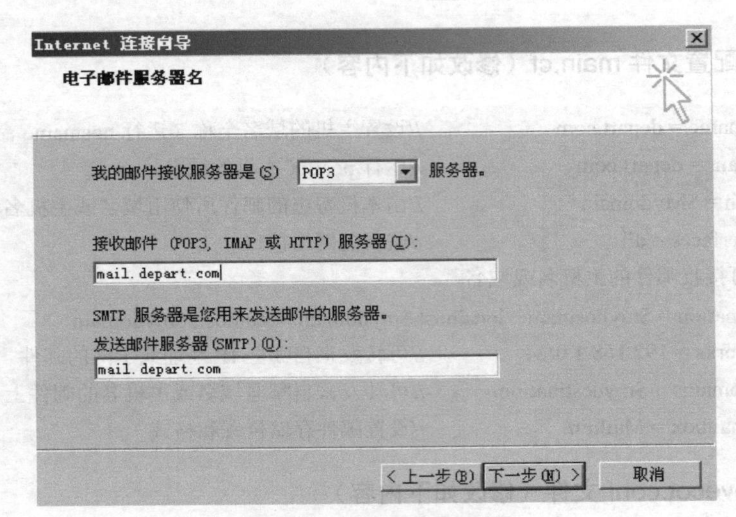

图 15-97　邮件服务器配置

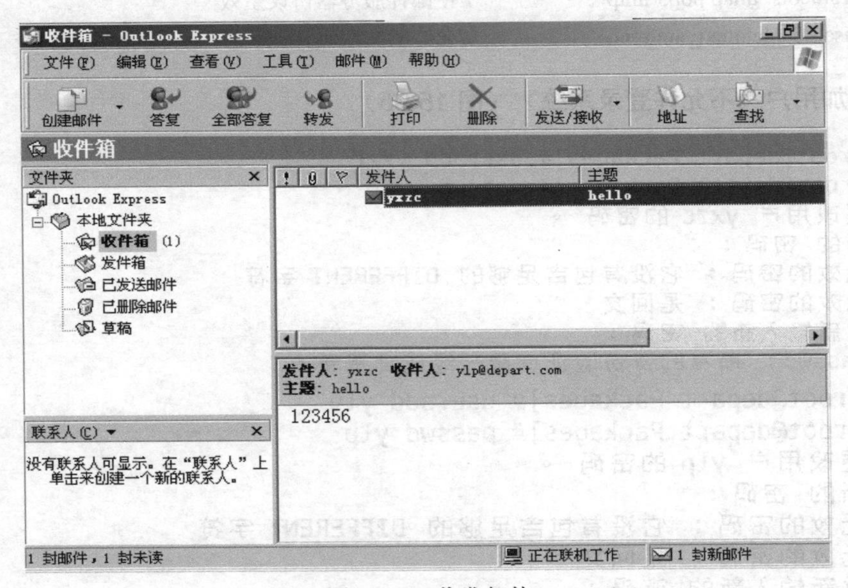

图 15-98　收发邮件

图 15-98 所示表示邮件服务器配置成功。

反侵权盗版声明

举报电话：（010）88254396；（010）88258888
传　　真：（010）88254397
E-mail：　dbqq@phei.com.cn
通信地址：北京市万寿路 173 信箱
　　　　　电子工业出版社总编办公室
邮　　编：100036